创住宅精品工程施工技术指南

本书编委会 编

中国建筑工业出版社

图书在版编目(CIP)数据

创住宅精品工程施工技术指南/《创住宅精品工程施
工技术指南》编委会编 .一北京:中国建筑工业出版社,
2003

ISBN 7-112-05925-9

Ⅰ.创... Ⅱ.创... Ⅲ.住宅—建筑工程—工程施
工—指南 Ⅳ.TU745.5-62

中国版本图书馆 CIP 数据核字(2003)第 055947 号

本书以住宅工程为主题,详细介绍了在创住宅精品工程施工中各分部
分项工程的施工工艺、质量要求、精品策划、过程控制和精品案例。全书共
有 7 章,即建筑结构、建筑装饰装修、建筑屋面、建筑给排水及采暖工程、建
筑电气、通风空调和住宅电梯。

本书内容详尽、技术先进、标准要求高、实用性强,是施工企业和工程技
术人员的施工技术指南。

* * *

责任编辑 胡永旭 周世明

创住宅精品工程施工技术指南
本书编委会 编

*

中国建筑工业出版社出版、发行 (北京西郊百万庄)
新 华 书 店 经 销
世界知识印刷厂印刷

*

开本:787×1092毫米 1/16 印张:25½ 字数:636千字
2003年7月第一版 2003年7月第一次印刷
印数:1—30000 册 定价:**40.00**元

ISBN 7-112-05925-9
TU · 5203(11564)

本社网址:http://www.china-abp.com.cn
网上书店:http://www.china-building.com.cn

《创住宅精品工程施工技术指南》
编委会名单

顾　　问：金德钧
主 任 委 员：王素卿
副主任委员：徐　波　张玉平
委　　员：邵长利　赵宏彦　郭万清　杨玉江　汪黎明　卢同和　叶军献
　　　　　刁爱国　唐世海　马　田　王晓惠　王绍国　申善强　刘宗孝
　　　　　任春峰　李世永　殷时奎　潘延平　吴公稳　郑荣科　段衡金
　　　　　顾勇新　彭尚银　郑伟革

编写人员：
第1章　鲁锦成　徐　良　王海山　吴　获　刘　宾　陈　蕾　李希双　杨春雷
　　　　陈振魁　冯二女　高　杰　杨晓放　张锡恒　裴向阳　李　萌　景　万
　　　　倪建西
第2章　石国祥　范志浩　张国峰　聂　红　许旭明　刘智章　贡浩平　黄　锐
　　　　周善荣　陶建成　瞿羌军　易爱军
第3章　弓经远　李子新　李克明　徐　锋　唐　兵　刘新玉　石伟国　卞国详
　　　　刘秋生　朱国梁
第4章　毕可敏　纪永仁　王建华　王大伟
第5章　王荣村　丁永生
第6章　毕可敏　王　源　王晓东　宋　蕾　侯文祺
第7章　沈铁成　谢贵乾　庚润同　陆树勇　龚多海　何云涛
统　　稿：吴松勤
组织编写单位：中国建筑业协会工程建设质量监督分会
参加编写单位：
第1章　北京市建筑工程质量监督总站
　　　　中建一局建设发展公司
　　　　北京房建建筑股份有限公司
　　　　北京住总集团有限责任公司
　　　　北京城乡建设集团有限责任公司
第2章　上海市建设工程质量安全监督总站
　　　　上海市第七建筑工程有限公司
　　　　上海市住安建设发展有限公司
　　　　上海市建筑装饰工程有限公司
　　　　江苏省建设工程管理局

前　言

住宅工程质量直接关系到广大人民群众的切身利益,提高住宅工程质量,消除各类质量通病,改善居住区环境和房屋居住功能,是全面建设小康社会的基本要求。各级建设行政主管部门和广大建设职工要以对人民高度负责的精神,增强搞好住宅工程质量的紧迫感和使命感。

近年来,我国住宅工程质量水平迅速提高,不论是规划、设计或是施工水平,都取得了长足的进步,群众的满意程度不断提高,这是有目共睹的事实。但住宅工程质量形势不容乐观,有些问题还很严重。主要表现在设计施工不够精细,各类影响住宅使用的通病仍然很突出,仍是群众投诉的热点。

本书的宗旨就是向广大企业和建设者介绍一种创住宅精品的施工技术指南。

本书提倡有创造性地执行规范标准,达到并超过标准。突出策划和过程控制,用过程精品保证工程精品。通过一次创优,避免返工和重复,从而实现质量效益型发展模式。本书的指导思想是:

1. 突出"创"字

——创新。认识上树立创新,管理上开拓新思路,技术上开拓新材料、新工艺、新技术。

——创优。优化工艺,优化控制器具,优化综合工艺,提倡一次成活,一次成优,不断创新工艺水平。

——创高。不断提高企业人员素质、企业标准水平,提高质量目标,创出高水平的操作工艺、管理体系和工程质量。

2. 突出过程控制和标准化管理

——突出工序质量控制的研究,编制企业工艺标准、操作规程,不断改进操作技术,提高操作技能,用操作质量来实现工程质量。

——突出预控和过程控制,生产控制、合格控制到位,突出过程精品,提倡一次成优,一次成精品,实现精品和效益双赢。

——突出整体质量,达到道道工序是精品,每个工序的环节、过程都是精品,用过程控制来达到整个过程是精品。

3. 突出质量目标的不断提高

——创建优质工程是一个不断提高企业管理水平和技术素质的过程,管理水平、技术素质和优质工程是既互相促进又互相依托的。

——不断提高技术素质,工程技术人员理论和实践结合,不断完善提高,突出企业特点优势,不断完善改进企业标准水平,并不断筛选优化组合,形成综合工艺,提高企业实用技术水平;操作人员要培训考核,形成一批高级的操作人员。

——质量目标要不断更新。结构要更安全可靠,使用功能更完善,装饰更协调更美观。

本书是由建设部工程质量安全监督与行业发展司主持并提出思路,由中国建筑业协会工程建设质量监督分会具体组织编写的。本书力求通过对质量要求、精品策划、过程控制及精品案例等四个方面的描述,提供一种创精品工程的思路和方法,旨在抛砖引玉,希望能有更多更好的方法和措施产生出来,把工程建设标准贯彻得更好,把工程质量搞得更好。我们组织了七个省市 25 个单位的同志,参加本书编写和讨论,总结了各地创优的做法,广泛征求有关方面的意见,并得到了建设部有关司同志的大力支持和指导,在此表示感谢。本技术指南图文并茂,直观具体,便于理解,是建筑工程施工人员、工程管理人员、监理人员及工程质量监督人员工作必备参考书,对其他工程管理人员及相关专业的师生也具有较好的参考价值。

目　录

5　建 筑 电 气

1 建 筑 结 构

1.1 土 方

土方工程在施工前应进行挖、填方的平衡计算,综合考虑土方运距最短、运程合理和各个工程项目的合理施工程序等,做好土方平衡调配,减少重复挖运。

对于地下水位以下开挖或深基坑不能自然放坡的情况,应根据工程设计及地基勘探资料进行降水、阻水、必要的回灌等基坑支护方案设计。

1.1.1 土方开挖

1.1.1.1 质量要求

土方开挖应严格按《建筑地基基础工程施工质量验收规范》(GB 50202—2002)要求控制。

土方开挖工程的质量检验应符合表 1.1.1 的要求。

土方开挖工程质量检验标准(mm)   表 1.1.1

项	序	项 目	允许偏差或允许值					检 验 方 法
			柱基基坑基槽	挖方场地平整		管沟	地(路)面基层	
				人工	机械			
主控项目	1	标 高	−50	±30	±50	−50	−50	水准仪
	2	长度、宽度(由设计中心线向两边量)	+200 −50	+300 −100	+500 −150	+100	—	经纬仪,用钢尺量
	3	边 坡	设 计 要 求					观察或用坡度尺检查
一般项目	1	表面平整度	20	20	50	20	20	用2m靠尺和楔形塞尺检查
	2	基底土性	设 计 要 求					观察或土样分析

注:地(路)面基层的偏差只适用于直接在挖、填方上做地(路)面的基层。

1.1.1.2 精品策划

1. 施工准备

(1)主要机具:

挖土机械有:挖土机、推土机、铲运机、自卸汽车等。

(2)作业条件:

1)土方开挖前应绘制土方开挖图,确定开挖路线、顺序、范围、基底标高、边坡坡度、排水沟、集水井位置以及挖出的土方堆放地点等。

2) 土方开挖前,应根据施工方案的要求,将施工区域内的地下、地上障碍物清除和处理完毕。

3) 开挖有地下水的基坑、槽、管沟时,应根据当地工程地质资料,采取措施降低地下水位。一般要降至开挖面以下 0.5m,稳定后才能开挖。

4) 建筑物或构筑物的位置或场地的定位控制线(桩)、标准水平桩及开槽的灰线尺寸,必须经过检验合格;并办完预检手续。

5) 夜间施工时,应有足够的照明设施;在危险地段应设置明显标志,并要合理安排开挖顺序,防止错挖或超挖。

6) 施工机械进入现场所经过的道路、桥梁和卸车设施等,应事先经过检查,必要时要进行加固或加宽等准备工作。

7) 选择土方机械,应根据施工区域的地形与作业条件、土的类别与厚度、总工程量和工期综合考虑,以能发挥施工机械的效率来确定。一般深度 2m 以内的:大面积基坑开挖,宜采用推土机推土、装载机装车;对长度和宽度均较大的大面积土方一次开挖,可用铲运机铲土;对面积大且深的基础,多采用 0.5m³、1.0m³ 斗容量的液压正铲挖掘;如操作面较狭窄,且有地下水,土的湿度大,可采用液压反铲挖掘机在停机面一次开挖;深 5m 以上,宜分层开挖或开沟道用正铲挖掘机下入基坑分层开挖;对面积很大很深的设备基础基坑或高层建筑地下室深基坑,可采用多层接力开挖方法,土方用翻斗汽车运出;在地下水中挖土可用拉铲或抓铲,效率较高。

8) 施工区域运行路线的布置,应根据作业区域工程的大小、机械性能、运距和地形起伏等情况加以确定。

9) 在机械施工无法作业的部位和修整边坡坡度、清理槽底等,均应配备人工进行。

2. 控制要点

(1) 严格按设计边坡坡度开挖;

(2) 开挖基坑(槽)或管沟时,应合理确定开挖顺序、路线及开挖深度。

(3) 土方开挖宜从上到下分层分段依次进行。随时作成一定坡势,以利泄水。

1.1.1.3　过程控制

1. 工艺流程

施工放线→分段分层依次下挖→修边和清底→验收。

2. 施工工艺

(1) 施工放线:按照建筑物的定位控制线及土方开挖图在施工场地用白灰撒开挖线。

(2) 土方开挖:

1) 基坑底标高不一时,机械开挖次序一般采取先整片挖至一平均标高,然后再挖个别较深部位。当一次开挖深度超过挖土机最大挖掘高度 (5m 以上)时,宜分二～三层开挖,并修筑 10%～15% 坡道,以便挖土及运输车辆进出。

2) 对面积和深度均较大的基坑,通常采用分层挖土施工法,使用大型土方机械,在坑下作业。如为软土地基或在雨期施工,进入基坑行走需铺垫钢板或铺路基垫道。

3) 对大型软土基坑,为减少分层挖运土方的复杂性,可采用"接力挖土法",它是利用两台或三台挖土机分别在基坑的不同标高处同时挖土。一台在地表,两台在基坑不同标高的台阶上,边挖土边向上传递到上层由地表挖土机装车,用自卸汽车运至弃土地点。上部可用大型挖土机,中、下层可用液压中、小型挖土机,以便挖土、装车均衡作业,机械开挖不到之处,再配以人工开挖修坡、找平。用本法开挖基坑,可一次挖到设计标高,一般两层挖土可挖到 – 10m,三层挖土可挖到 – 15m 左右,可避免将载重汽车开进基坑装土、运土作业,工作条件好,效率高,并可降低成本。

4) 对某些面积不大、深度较大的基坑,一般亦宜尽量利用挖土机开挖,不开或少开坡道,采用机械接力挖运土方法和人工与机械合理的配合挖土,最后用搭枕木垛的方法使挖土机开出基坑。

5) 基坑边角部位,机械开挖不到之处,应用少量人工配合清坡,将松土清至机械作业半径范围内,再用机械运走。大基坑宜另配推土机清土。

6) 机械开挖应由深而浅,基底及边坡应预留一层 300 ~ 500mm 厚土层用人工清底、修坡、找平,以保证基底标高和边坡坡度正确,避免超挖和土层遭受扰动。

(3) 运土坡道应尽可能修在以后需挖方向而无须回填或少回填的部位,同时应与护坡方式一并考虑收口做法。

(4) 修边和清底:在距槽底设计标高 30 ~ 50cm 处,抄出水平线,钉上小木橛,然后用人工将暂留土层挖走。同时由两端轴线引桩拉通线(用小线或钢丝),检查距槽边尺寸,修整槽边至满足设计要求,最后清除槽底土方。

(5) 验收(见检验标准)

3. 检验标准

为了使建(构)筑物有一个比较均匀的下沉,除土方挖方标高、平整度、平面尺寸等常规检查外,对地基应进行严格的检验。当地基开挖至设计基底标高后,应由设计、建设和施工单位共同进行验槽,核对地质资料,检查地基土与工程地质勘查报告、设计图纸要求是否相符,有无破坏原状土结构或发生较大的扰动现象。

现场用钎探的方法检验持力层的均匀性。

(1) 钢钎用直径 22 ~ 25mm 的钢筋制成,钎尖呈 60°尖锥状,长度 1.8 ~ 2.0m。大锤用重 3.6 ~ 4.5kg 铁锤。打锤时,举高离钎顶 50 ~ 70cm,将钢钎垂直打入土中,并记录每打入土层 30cm 的锤击数。

(2) 钢钎测试钎孔布置和测定深度详见表 1.1.2。

钎 孔 布 置　　　　　　　　表 1.1.2

基槽宽(mm)	排列方式及图示		间距(m)	钎探深度(m)
< 800	中心一排		1 ~ 2	1.2
800 ~ 2000	两排错开		1 ~ 2	1.5
> 2000	梅花形		1 ~ 2	2.0

基槽宽(mm)	排列方式及图示	间距(m)	钎探深度(m)
柱 基	梅花形 	1~2	≥1.5m并不浅于短边宽度

注：1. 对于较软弱的新近沉积黏性土和人工杂填土的性质,钎孔间距应不大于1.5m。

2. 按钎探孔位平面布置图放线,在孔位钉上小木桩或洒白灰点。

3. 钎杆上应事先划好300mm横线。

钎探前先绘制基础平面图,并在图上注明钎探点的位置和编号;钎探时按平面图上标定的钎探点顺序进行,并按规定表格要求项目填好记录,并做出结果分析。

1.1.1.4 精品案例

以下为某住宅工程土方开挖实例。施工过程中应经常测量和校核平面位置、水平标高和边坡坡度。做好基坑变形的监测,保证基坑支护的安全。由于基坑较深,为保证开挖质量及施工安全,采用接力挖土方式,见图1.1.1、图1.1.2、图1.1.3所示。并进行人工清土方修整边坡及进行基底钎探见图1.1.4、图1.1.5所示。

图1.1.1 第一步土方开挖

图1.1.2 第二步土方开挖

图1.1.3 土方收土

基坑较深时,可利用2~3台挖土机进行接力挖土。

1.1.2 土方回填

1.1.2.1 质量要求

土方回填应严格按《建筑地基基础工程施工质量验收规范》(GB 50202—2002)要求控制。

填方施工的标高、边坡坡度、压实程度等应符合表1.1.3规定。

填土工程质量检验标准(mm)　　　　　　　　　　　　　　　　表 1.1.3

项目	序	项 目	允许偏差或允许值					检 验 方 法
			柱基基坑基槽	挖方场地平整		管沟	地(路)面基层	
				人工	机械			
主控项目	1	标 高	−50	±30	±50	−50	−50	水准仪
	2	分层压实系数	设 计 要 求					按 规 定 方 法
一般项目	1	回填土料	设 计 要 求					取样检查或直观鉴别
	2	分层厚度及含水量	设 计 要 求					水准仪及抽样检查
	3	表面平整度	20	20	30	20	20	用靠尺或水准仪

图 1.1.4　人工清槽

图 1.1.5　钎探点布置

并应特别注意

1. 回填土料的质量控制需符合设计要求。

2. 回填土必须按规定分层夯压密实,对每层回填土的质量进行检验。

1.1.2.2　精品策划

1. 材料及主要机具:

(1)土:应优先选用及槽中挖出的土,但不含有机杂质,粒径不超过 50cm。含水率应符合规定。

(2)主要机具:

蛙式打夯机、手工木夯等。

2. 作业条件

(1)施工前应根据工程特点、填方土料种类、密实度要求、施工条件等,合理地确定填方土料含水量控制范围、虚铺厚度和压实遍数等参数;有些回填土方工程,其参数应通过压实试验来确定。

(2)填土前应对填方基底和已完工程进行检查和中间验收,合格后要作好隐蔽检查和验收手续。

(3)施工前,应做好水平高程标志布置。如大型基坑或沟边上每隔 1m 钉上水平桩橛或在邻近的固定建筑物上抄上标准高程点。大面积场地或地坪每隔一定距离钉上水平桩。

(4)确定好土方机械。车辆的行走路线,应事先经过检查,必要时要进行加固加宽等准备工作。同时要编好施工方案。

3. 控制要点

(1) 严格控制填土粒径及含水量。

(2) 严格控制填土施工的分层厚度及压实遍数。

1.1.2.3 过程控制

1. 工艺流程

基底清理→ 检验土质→ 分层铺土→ 分层夯实→ 检验密实度→ 修整找平验收

2. 施工工艺

(1) 填土前,应将基土上的垃圾等杂物清除干净。

(2) 检验土质。检验回填土料的种类、粒径,有无杂物,是否符合规定,以及土料的含水量是否在控制范围内;如含水量偏高,可采用翻松、晾晒或均匀掺入干土等措施;如遇填料含水量偏低,可采用预先洒水润湿等措施。

(3) 填土应分层铺摊。每层铺土的厚度应根据土质、密实度要求和机具性能确定。

(4) 夯实时,夯迹应相互搭接,防止漏压或漏夯。长宽比较大时,填土应分段进行。上下层错缝距离不应小于 1m。

(5) 一般回填土用蛙式或柴油打夯机分层夯密实,边角处辅以人工夯打。

(6) 回填土方每层压实后,应按规范规定进行环刀取样,测出干土的质量密度,达到要求后,再进行上一层的铺土。

(7) 回填全部完成后,表面应进行拉线找平,凡超过标准高程的地方,及时依线铲平;凡低于标准高程的地方,应补土找平夯实。

(8) 雨、冬期施工:

1) 雨期施工的回填工程,应连续进行尽快完成;工作面不宜过大,应分层分段进行,并应尽量在雨期前完成。

2) 雨施时,应有防雨措施或方案,要防止地面水流入基坑和地坪内,以免边坡塌方或基上遭到破坏。

3) 冬期回填前,应清除基底上的冰雪和保温材料;填方边坡表层 100cm 以内不得采用含有冻土快的土填筑;填方上层应用未冻、不冻胀或透水性好的土料填筑,其厚度应符合设计要求。

4) 冬期回填土方,每层铺筑厚度应比常温施工时减少 20% ~ 25%,其中冻土块体积不得超过填方总体积的 15%;其粒径不得大于 150mm。铺冻土块要均匀分布,逐层压(夯)实。回填土方的工作应连续进行,防止基土或已填方土层受冻。并且要及时采取防冻措施。

3. 检验标准

(1) 有密实度要求的填方,在夯实或压实之后,要对每层回填土的质量进行检验。一般采用环刀法(或灌砂法)取样测定土的干密度,求出土的密实度,或用小轻便触探仪直接通过锤击数来检验干密度和密实度,符合设计要求后,才能填筑上层。

(2) 基坑和室内填土,每层按 30 ~ 100m² 取样一组;场地平整填方,每层按 400 ~ 900m² 取样一组;基坑和管沟回填每 20 ~ 50m 取样一组,但每层均不少于一组,取样部位在每层压实后的下半部。用灌砂法取样应为每层压实后的全部深度。

(3) 填土压实后的干密度应有 90% 以上符合设计要求,其余 10% 的最低值与设计差,不得大于 0.08t/m³,且不应集中。

1.1.2.4 精品案例

以下为一工程土方回填操作实例。施工中注意控制：土料过筛见图 1.1.6 配料正确，拌合均匀，见图 1.1.7，分层虚铺厚度符合规定，夯压密实，表面无松散；留槎和接槎，分层留接槎的位置、方法正确，接槎密实平整，见图 1.1.8、图 1.1.9；管道下部必须人工夯实，防止管道下方空虚，造成管道折断渗漏；灰土应当日铺填夯实，入槽的灰土不得隔日夯打；在进行回填土施工时，一定要注意防水层及保护层等成品的保护。

图 1.1.6　土料过筛

图 1.1.7　灰土配比的控制

图 1.1.8　基槽边回填(分层回填，
每层厚度约 250～300mm)

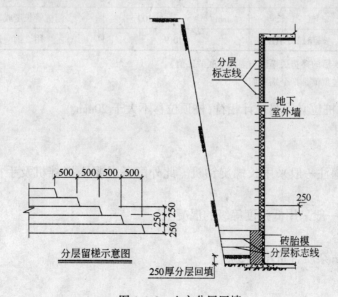

图 1.1.9　土方分层回填

1.2 地基基础工程

为了保证建筑物的结构安全,地基应满足两个基本要求:

1. 地基应有足够的强度和稳定性。

2. 在设计荷载的作用下地基不能产生过大的变形,其压缩变形值必须在容许变形值的范围内,不致使建筑物产生过大的沉降或不均匀沉降而影响使用功能。

地基应具有较高的承载力和较低的压缩性,基础必须埋设在具有足够承载力的持力层上。

1.2.1 CFG 桩复合地基

1.2.1.1 质量要求

CFG 桩复合地基应严格按《建筑地基基础工程施工质量验收规范》(GB 50202—2002)要求控制。

CFG 桩复合地基的质量检验标准应符合表 1.2.1 规定。

CFG 桩复合地基质量检验标准　　　　　　　　　　表 1.2.1

项	序	检查项目	允许偏差或允许值		检查方法
			单位	数 值	
主控项目	1	原材料	设 计 要 求		查产品合格证书或抽样送检
	2	桩 径	mm	− 20	用钢尺量或计算填料量
	3	桩身强度	设 计 要 求		查 28d 试块强度
	4	地基承载力	设 计 要 求		按规定的办法
一般项目	1	桩身完整性	按桩基检测技术规范		按桩基检测技术规范
	2	桩位偏差	满堂布桩≤0.40D 条基布桩≤0.25D		用钢尺量,D 为桩径
	3	桩垂直度	%	≤1.5	用经纬仪测桩管
	4	桩 长	mm	+ 100	测桩管长度或垂球测孔深
	5	褥垫层夯填度	≤0.9		用 钢 尺 量

注:1. 夯填度指夯实后的褥垫层厚度与虚体厚度的比值。

　　2. 桩径允许偏差负值是指个别断面。

并应特别注意桩位必须与设计相符,桩顶位移不大于 20mm。

1.2.1.2 精品策划

1. 机具设备

CFG 桩成孔、灌注一般采用长螺旋钻机。此外配备混凝土搅拌机及手推车、吊斗等机具。

2. 材料要求(一般采用低强度等级的混凝土)

(1) 碎石

粒径 5 ~ 32mm,杂质含量小于 5%。

(2) 砂

宜采用中砂。

（3）粉煤灰

不低于Ⅱ级。

（4）水泥

用强度等级为42.5的普通硅酸盐水泥,新鲜无结块。

3. 作业条件

（1）基槽开挖至设计桩顶标高以上40cm,肥槽宽度不小于50cm。

（2）长螺旋钻机、混凝土输送泵、混凝土输送管路等设备应经检查、维修,保证浇筑过程顺利进行。

（3）检查电源、线路,并做好照明准备工作。

（4）配齐所有管理人员和施工人员,并对所有人员进行技术交底、安全交底。

（5）CFG桩施工前清整施工道路,保证混凝土运输通畅。

4. 控制要点

（1）控制桩身混合料的配合比、塌落度。

（2）注意控制灌入量,桩的充盈系数要达到1.3以上。

（3）桩体达到一定强度后,方可进行基槽开挖。

1.2.1.3 过程控制

1. 工艺流程

桩机就位→试桩施工→桩基顺序施工→清槽至桩顶标高→凿桩头→检测→褥垫层施工

2. 施工工艺

（1）放线:施工前根据放出的外墙轴线或外墙皮线,四周交点用钢钎打入地下,按照桩位布置图统一进行测放桩位线,桩位中心点用钎子插入地下,并用白灰明示,桩位偏差小于2cm。

（2）成孔:长螺旋钻机成孔,应匀速钻进,避免形成螺旋孔;成孔深度在钻杆上应有明确标记,成孔深度误差不超过0.1m,确保桩端进入持力层深度大于200mm;垂直度偏差小于1%。

（3）混凝土灌注:成孔至设计深度后,现场指挥员应通知钻机停钻提升钻杆,并同时通知司泵开始灌注混凝土并保持连续灌注。灌注混凝土至桩顶时,应适当超过桩顶设计标高70cm左右(至槽面上30cm左右),以保证桩顶标高和桩顶混凝土质量均符合设计要求;灌注混凝土之前,应检查管路是否顺畅稳固;每班第1根桩灌注前,应用水泥砂浆湿润管路。压灌混凝土时一次提钻高度小于25cm,混凝土埋钻高度大于1.0m;现场设专人负责检查混凝土灌注质量及意外情况的处理;商品混凝土进场后应立即灌注(2h内),严禁长时间搁置;保证桩身混凝土至少24h养护,避免扰动;

施工过程中应认真填写施工记录,每台班或每日留取试块1~2组。

（4）清土及剔桩:

1）第一步清土在灌压桩施工完毕后立即将多余混凝土铲除;

2）第二步在成桩后5d左右剔桩,避免因桩身强度提高较大时剔桩困难;

3）清土采用小型机械设备及人工开挖、运输,避免断桩及对地基土的扰动;

4）清土预留至少20cm人工清除,找平;

5）清槽后人工截桩,采用3根钢钎间隔120°,沿径向楔入桩体,直至上部桩体断开,桩顶采用小钎修平;

6）因剔桩造成桩顶开裂、断裂,按桩基混凝土接桩规定,断面凿毛,刷素水泥浆后用高一级混凝土填补并振捣密实。

(5) 褥垫层:

1) 复合地基施工、检测合格后,方可进行褥垫层施工;

2) 褥垫层材料使用 5~32mm 碎石或级配砂石;褥垫层虚铺 22~24cm,采用平板振动仪振密,平板振动仪功率大于 1500kW,压振 3~5 遍,控制振速,振实后的厚度与虚铺厚度之比小于 0.93,干密度不做要求。

3. 检验标准

施工完成后应进行桩承载力检验。

(1) 静载桩检测:检测单桩承载力。

(2) 低应变动力检测:检测单桩的桩身质量及完整性,包括桩混凝土体质量,断裂,离析及沉渣等。

1.2.1.4 精品案例

下为一住宅工程 CFG 桩施工图例。施工过程中特别注意控制长螺旋钻机成孔的孔深偏差和桩位偏差。其控制过程见图 1.2.1~图 1.2.4。

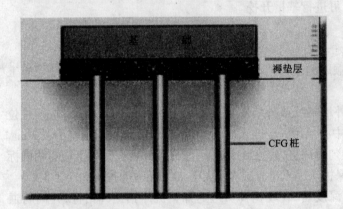

图 1.2.1 CFG 桩示意图

图 1.2.2 长螺旋钻机钻孔

图 1.2.3 CFG 桩完成后效果

图 1.2.4 静载试验

1.2.2　混凝土预制桩

1.2.2.1　质量要求

混凝土预制桩应严格按《建筑地基基础工程施工质量验收规范》(GB 50202—2002)要求控制。

桩在现场预制时,应对原材料、钢筋骨料检查,并符合表1.2.2规定;采用工厂生产的成品桩时,桩进场后应进行外观及尺寸检查。

预制桩钢筋骨架质量检验标准(mm)　　　　　表 1.2.2

项	序	检 查 项 目	允许偏差或允许值	检 查 方 法
主控项目	1	主筋距桩顶距离	±5	用 钢 尺 量
	2	多节桩锚固钢筋位置	5	用 钢 尺 量
	3	多节桩预埋铁件	±3	用 钢 尺 量
	4	主筋保护层厚度	±5	用 钢 尺 量
一般项目	1	主筋间距	±5	用 钢 尺 量
	2	桩尖中心线	10	用 钢 尺 量
	3	箍筋间距	±20	用 钢 尺 量
	4	桩顶钢筋网片	±10	用 钢 尺 量
	5	多节桩锚固钢筋长度	±10	用 钢 尺 量

钢筋混凝土预制桩的质量检验标准应符合表1.2.3的要求,并应注意:

钢筋混凝土预制桩的质量检验标准　　　　　表 1.2.3

项	序	检 查 项 目	允许偏差或允许值		检 查 方 法
			单 位	数 值	
主控项目	1	桩体质量检验	按基桩检测技术规范		按基桩检测技术规范
	2	桩 位 偏 差	按建筑地基基础工程施工质量验收规范		用 钢 尺 量
	3	承 载 力	按基桩检测技术规范		按基桩检测技术规范
一般项目	1	砂、石、水泥、钢材等原材料(现场预制时)	符合设计要求		查出厂质保文件或抽样送检
	2	混凝土配合比及强度(现场预制时)	符合设计要求		检查称量及查试块记录
	3	成品桩外形	表面平整,颜色均匀,掉角深度 <10mm,蜂窝面积小于总面积0.5%		直 观
	4	成品桩裂缝(收缩裂缝或起吊、装运、堆放引起的裂缝)	深度 < 20mm,宽度 <0.25mm,横向裂缝不超过边长的一半		裂缝测定仪,该项在地下水有侵蚀地区及锤击数超过500击的长桩不适用
	5	成品桩尺寸: 横截面边长 桩顶对角线差 桩尖中心线 桩身弯曲矢高 桩顶平整度	mm mm mm mm	±5 <10 <10 <1/1000l <2	用钢尺量 用钢尺量 用钢尺量 用钢尺量,l 为桩长 用水平尺量

续表

| 项 | 序 | 检 查 项 目 | 允许偏差或允许值 | | 检 查 方 法 |
			单　位	数　值	
一般项目	6	电焊接桩:焊缝质量 电焊结束后停歇时间 上下节平面偏差 节点弯曲矢高	按建筑地基基础工程施工质量验收规范		见规范要求 秒表测定 用钢尺量 用钢尺量,l 为两节桩长
			min	>1.0	
			mm	<10	
				<$1/1000l$	
	7	硫磺胶泥接桩:胶泥浇注时间 浇注后停歇时间	min	<2	秒表测定
			min	>7	秒表测定
	8	桩顶标高	mm	±50	水 准 仪
	9	停锤标准	设 计 要 求		现场实测或查沉桩记录

(1) 打桩时预制桩强度必须达到设计强度的 100%。

(2) 施工前必须打试验桩,数量不小于 2 根,确定贯入度。

1.2.2.2　精品策划

1. 材料及主要机具

(1) 预制钢筋混凝土桩:规格质量必须符合设计要求和施工规范的规定,并有出厂合格证。

(2) 焊条(接桩用):型号、性能必须符合设计要求和有关标准的规定。

(3) 钢板(接桩用):材质、规格符合设计要求,宜用低碳钢。

(4) 主要机具有:柴油打桩机、电焊机、桩帽、运桩小车、索具、钢丝绳、钢垫板或槽钢等。

2. 作业条件

(1) 桩基的轴线和标高均已测定完毕,并经过检查办了预检手续。桩基的轴线和高程的控制桩,应设置在不受打桩影响的地点,并应妥善加以保护。

(2) 处理完高空和地下的障碍物。如影响邻近建筑物或构筑物的使用或安全时,应会同有关单位采取有效措施,予以处理。

(3) 根据轴线放出桩位线,用木橛或钢筋头钉好桩位,并用白灰作标志,以便于施打。

(4) 场地应碾压平整,排水畅通,保证桩机的移动和稳定垂直。

(5) 选择和确定打桩机进出路线和打桩顺序,制定施工方案,作好技术交底。

3. 控制要点

(1) 根据地基土质情况及现场条件确定打桩顺序。

(2) 桩身断裂。由于桩身弯曲过大、强度不足及地下有障碍物等原因造成,或桩在堆放、起吊、运输过程中产生断裂,没有发现而致,应及时检查。

(3) 顶碎裂。由于桩顶强度不够及钢筋网片不足、主筋距桩顶面太小或桩顶不平、施工机具选择不当等原因所造成。应加强施工准备时的检查。

(4) 桩身倾斜。由于场地不平、打桩机底盘不水平或稳桩不垂直、桩尖在地下遇见硬物等原因所造成。应严格按工艺操作规定执行。

(5) 接桩处拉脱开裂。连接处表面不干净、连接铁件不平、焊接质量不符合要求、接桩上下中心线不在同一条线上等原因所造成。应保证接桩的质量。

1.2.2.3 过程控制

1. 工艺流程

就位桩机→起吊预制桩→稳桩→打桩→接桩→送桩→中间检查验收→移桩机至下一个桩位

2. 施工工艺

(1) 就位桩机:打桩机就位时,应对准桩位,保证垂直稳定,在施工中不发生倾斜、移动。

(2) 起吊预制桩:先拴好吊桩用的钢丝绳和索具,然后应用索具捆住桩上端吊环附近处,一般不宜超过30cm,再起动机器起吊预制桩,使桩尖垂直对准桩位中心,缓缓放下插入土中,位置要准确;再在桩顶扣好桩帽或桩箍,即可除去索具。

(3) 稳桩:桩尖插入桩位后,先用较小的落距冷锤1~2次,桩人土一定深度,再使桩垂直稳定,10m以内短桩可目测或用线坠双向校正,10m以上或打接桩必须用线坠或经纬仪双向校正,不得用目测。桩插入时垂直度偏差不得超过0.5%。桩在打入前,应在桩的侧面或桩架上设置标尺,以便在施工中观测、记录。

(4) 打桩:用落锤或单动锤打桩时,锤的最大落距不宜超过1.0m;用柴油锤打桩时,应使锤跳动正常。

1) 打桩宜重锤低击,锤重的选择应根据工程地质条件、桩的类型、结构、密集程度及施工条件来选用。

2) 打桩顺序根据基础的设计标高,先深后浅;依桩的规格宜先大后小,先长后短。由于桩的密集程度不同,可自中间向两个方向对称进行或向四周进行;也可由一侧向单一方向进行。

(5) 接桩:

1) 在桩长不够的情况下,采用焊接接桩,其预制桩表面上的预埋件应清洁,上下节之间的间隙应用铁片垫实焊牢;焊接时,应采取措施,减少焊缝变形;焊缝应连续焊满。

2) 接桩时,一般在距地面1m左右时进行。上下节桩的中心线偏差不得大于10mm,节点折曲矢高不得大于1‰桩长。

3) 接桩处入土前,应对外露铁件,再次补刷防腐漆。

(6) 送桩:设计要求送桩时,则送桩的中心线应与桩身吻合一致,才能进行送桩。若桩顶不平,可用麻袋或厚纸垫平。送桩留下的桩孔应立即回填密实。

3. 检验标准

控制钢筋混凝土桩的设计质量控制,通常是以贯入度和设计标高两个指标来检验,打桩贯入度的检验,一般是以桩最后10击的平均贯入度应该小于或等于通过荷载试验确定的控制数值。

1.2.3 混凝土灌注桩

1.2.3.1 质量要求

混凝土灌注桩应严格按《建筑地基基础工程施工质量验收规范》(GB 50202—2002)要求控制。

灌注桩的桩位偏差必须符合表1.2.4的规定,桩顶标高至少要比设计标高高出0.5m。每浇注50m³必须有1组试件,小于50m³的桩,每根桩必须有1组试件。

灌注桩的平面位置和垂直度的允许偏差　　　　　表 1.2.4

序号	成孔方法		桩径允许偏差（mm）	垂直度允许偏差（%）	桩位允许偏差(mm)	
					1～3根、单排桩基垂直于中心线方向和群桩基础的边桩	条形桩基沿中心线方向和群桩基础的中间桩
1	泥浆护壁钻孔桩	$D \leq 1000mm$	±50	<1	$D/6$，且不大于100	$D/4$，不大于150
		$D > 1000mm$	±50		$100 + 0.01H$	$150 + 0.01H$
2	套管成孔灌注桩	$D \leq 500mm$	-20	<1	70	150
		$D > 500mm$			100	150
3	干成孔灌注桩		-20	<1	70	150
4	人工挖孔桩	混凝土护壁	+50	<0.5	50	150
		钢套管护壁	+50	<1	100	200

注：1. 桩径允许偏差的负值是指个别断面。
　　2. 采用复打、反插法施工的桩，其桩径允许偏差不受上表限制。
　　3. H 为施工现场地面标高与桩顶设计标高的距离，D 为设计桩径。

混凝土灌注桩的质量检验标准应符合表 1.2.5、表 1.2.6 的规定，并应注意：

混凝土灌注桩钢筋笼质量检验标准（mm）　　　　　表 1.2.5

项	序	检查项目	允许偏差或允许值	检查方法
主控项目	1	主筋间距	±10	用钢尺量
	2	长度	±100	用钢尺量
一般项目	1	钢筋材质检验	设计要求	抽样送检
	2	箍筋间距	±20	用钢尺量
	3	直径	±10	用钢尺量

混凝土灌注桩质量检验标准　　　　　表 1.2.6

项	序	检查项目	允许偏差或允许值		检查方法
			单位	数值	
主控项目	1	桩位	见表1.2.4		基坑开挖前量护筒，开挖后量桩中心
	2	孔深	mm	+300	只深不浅，用重锤测，或测钻杆、套管长度，嵌岩桩应确保进入设计要求的嵌岩深度
	3	桩体质量检验	按基桩检测技术规范。如钻芯取样，大直径嵌岩桩应钻至桩尖下50cm		按基桩检测技术规范
	4	混凝土强度	设计要求		试件报告或钻芯取样送检
	5	承载力	按基桩检测技术规范		按基桩检测技术规范
一般项目	1	垂直度	见表1.2.4		测套管或钻杆，或用超声波探测，干施工时吊垂球
	2	桩径	见表1.2.4		井径仪或超声波检测，干施工时用钢尺量，人工挖孔桩不包括内衬厚度

续表

项	序	检查项目	允许偏差或允许值		检查方法
			单 位	数 值	
一般项目	3	泥浆比重（粘土或砂性土中）	1.15～1.20		用比重计测，清孔后在距孔底50cm处取样
	4	泥浆面标高（高于地下水位）	m	0.5～1.0	目 测
	5	沉渣厚度：端承桩摩擦桩	mm mm	≤50 ≤150	用沉渣仪或重锤测量
	6	混凝土坍落度：水下灌注干施工	mm mm	160～220 70～100	坍 落 度 仪
	7	钢筋笼安装深度	mm	±100	用 钢 尺 量
	8	混凝土充盈系数	>1		检查每根桩的实际灌注量
	9	桩 顶 标 高	mm	+30 -50	水准仪，需扣除桩顶浮浆层及劣质桩体

（1）钢筋笼在堆放、运输、起吊、入孔等过程中应严格按操作规定执行，防止钢筋笼变形。

（2）对于泥浆护壁成孔灌注桩：

1）泥浆护壁成孔时，发生斜孔、弯孔、缩孔和塌孔或沿套管周围冒浆以及地面沉陷等情况，应停止钻进。经采取措施后，方可继续施工。

2）施工中应经常测定泥浆密度，并定期测定黏度、含砂率和胶体率。泥浆粘度18～22s，含砂率不大于4%～8%。胶体率不小于90%。

1.2.3.2 精品策划

1. 材料及主要机具：

（1）水泥：宜采用强度等级为42.5的普通硅酸盐水泥或矿渣硅酸盐水泥。

（2）砂：中砂或粗砂，含泥量不大于5%。

（3）石子：粒径为0.5～3.2cm的卵石或碎石，含泥量不大于2%。

（4）水：应用自来水或不含有害物质的洁净水。

（5）黏土：可就地选择塑性指数 $I_P \geq 17$ 的黏土。

（6）外加早强剂应通过试验确定。

（7）钢筋：钢筋的级别、直径必须符合设计要求，有出厂证明书及复试报告。

（8）主要机具有：回旋钻孔机、翻斗车或手推车、混凝土导管、套管、水泵、水箱、泥浆池、混凝土搅拌机、平尖头铁锹、胶皮管等。

2. 作业条件：

（1）地上、地下障碍物都处理完毕，达到"三通一平"。施工用的临时设施准备就绪。

（2）场地标高一般应为承台梁的上皮标高，并经过夯实或碾压。

（3）制作好钢筋笼。

（4）根据图纸放出轴线及桩位点，抄上水平标高木橛，并经过预检签字。

(5) 要选择和确定钻孔机的进出路线和钻孔顺序,制定施工方案,做好技术交底。

(6) 正式施工前应做成孔试验,数量不少于两根。

(7) 制浆设施、材料准备就绪。

(8) 护筒设置无误。

3. 控制要点

(1) 钻进过程中每 1 ~ 2m 要检查一次成孔的垂直度情况。

(2) 钻进速度,应根据土层情况、孔径、孔深、供水或供浆量的大小、钻机负荷以及成孔质量等具体情况确定。

(3) 清孔过程中,必须及时补给足够的泥浆,并保持浆面稳定。

1.2.3.3 过程控制

1. 工艺流程

钻孔机就位→钻孔→注泥浆→下套管→继续钻孔→排渣→清孔→吊放钢筋笼→射水清底→插入混凝土导管→浇筑混凝土→拔出导管→插桩顶钢筋

2. 施工工艺

(1) 钻孔机就位:钻孔机就位时,必须保持平稳,不发生倾斜、位移,为准确控制钻孔深度,应在机架上或机管上作出控制的标尺,以便在施工中进行观测、记录。

(2) 钻孔及注泥浆:调直机架挺杆,对好桩位(用对位圈),开动机器钻进,出土,达到一定深度(视土质和地下水情况)停钻,孔内注入事先调制好的泥浆,然后继续进钻。

(3) 下套管(护筒):钻孔深度到 5m 左右时,提钻下套管。

1) 套管内径应大于钻头 100mm,其上部宜开设 1 ~ 2 个溢浆孔。

2) 套管位置应埋设正确和稳定,套管与孔壁之间应用粘土填实,套管中心与桩孔中心线偏差不大于 50mm。

3) 套管埋设深度:在粘性土中不宜小于 1m,在砂土中不宜小于 1.5m,并应保持孔内泥浆面高出地下水位 1m 以上。

(4) 继续钻孔:防止表层土受振动坍塌,钻孔时不要让泥浆水位下降,当钻至持力层后,设计无特殊要求时,可继续钻深 1m 左右,作为插入深度。施工中应经常测定泥浆相对密度。

(5) 孔底清理及排渣

1) 在黏土和粉质黏土中成孔时,可注入清水,以原土造浆护壁,排渣泥浆的相对密度应控制在 1.1 ~ 1.2。

2) 在砂土和较厚的夹砂层中成孔时,泥浆相对密度应控制在 1.1 ~ 1.3;在穿过砂夹卵石层或容易坍孔的土层中成孔时,泥浆的相对密度应控制在 1.3 ~ 1.5。

3) 吊放钢筋笼:钢筋笼放前应绑好砂浆垫块;吊放时要对准孔位,吊直扶稳,缓慢下沉,钢筋笼放到设计位置时,应立即固定,防止上浮。

(6) 射水清底;使用正螺旋钻机时,在钢筋笼内插入混凝土导管(管内有射水装置),通过软管与高压泵连接,开动泵水即射出。射水后孔底的沉渣即悬浮于泥浆之中。

(7) 浇筑混凝土:停止射水后,应立即浇筑混凝土,随着混凝土不断增高,孔内沉渣将浮在混凝土上面,并同泥浆一同排回贮浆槽内。

1) 水下浇筑混凝土应连续施工;导管底端应始终埋入混凝土中 0.8 ~ 1.3m 导管的第一

节底管长度应≥4m。

2）混凝土的配制：

① 配合比应根据试验确定,在选择施工配合比时,混凝土的试配强度应比设计强度提高 10% ~ 15%。

② 水灰比不宜大于 0.6。

③ 有良好的和易性,在规定的浇筑期间内,坍落度应为 16 ~ 22cm;在浇筑初期,为使导管下端形成混凝土堆,坍落度宜为 14 ~ 16cm。

④ 水泥用量一般为 350 ~ 400kg/m³。

⑤ 砂率一般为 40% ~ 45%。

（8）拔出导管:混凝土浇筑到桩顶时,应及时拔出导管。但混凝土的上顶标高一定要符合设计要求。

（9）插桩顶钢筋:桩顶上的插筋一定要保持垂直插入,有足够锚固长度和保护层,防止插偏和插斜。

（10）同一配合比的试块,每班不得少于 1 组。每根灌注桩不得少于 1 组。

3. 检验标准

成桩的质量检验有两种基本方法,一种是静载载荷试验法（或称破损试验）;另一种是动测法(或称无破损试验)。

（1）静载试验法

静载试验的目的,是采用接近于桩的实际工作条件,通过静载加压,确定单桩的极限承载力,作为设计依据,或对工程桩的承载力进行抽样检验和评价。

桩的静载试验,是模拟实际荷载情况,通过静载加压,得出一系列关系曲线,综合评定确定其容许承载力,它能较好地反映单桩的实际承载力。荷载试验有多种,通常采用的是单桩竖向抗压静载试验、单桩竖向抗拔静载试验和单桩水平静载试验。

（2）动测法

又称动力无损检测法,是检测桩基承载力及桩身质量的一项新技术。作为静载试验的补充。

动测法是相对静载试验法而言,它是对桩土体系进行适当的简化处理,建立起数学-力学模型,借助于现代电子技术与量测设备采集桩-土体系在给定的动荷载作用下所产生的振动参数,结合实际桩土条件进行计算,所得结果与相应的静载试验结果进行对比,在积累一定数量的动静试验对比结果的基础上,找出两者之间的某种相关关系,并以此作为标准来确定桩基承载力。另外,可应用波动理论,根据波在混凝土介质内的传播速度,传播时间和反射情况,用来检验、判定桩身是否存在断裂、夹层、颈缩、空洞等质量缺陷。

1.2.3.4 精品案例

某住宅工程混凝土灌注桩施工实例,见图 1.2.5 ~ 图 1.2.8。

图 1.2.5 钢护筒吊人

护筒定位时应先对桩位进行复核,然后以桩位为中心,定出相互垂直的十字控制桩线,并作十字栓点控制,挖护筒孔位,吊放入护筒,护筒周围孔隙填入粘土并夯实,同时用十字线校正护筒中心及桩位中心,使之重合一致,并保证其护筒中心位置与桩中心偏差小于2cm。

图 1.2.6 机械成孔

在钻进过程中,一定要保持泥浆面,不得低于护筒顶50cm。在提钻时,须及时向孔内补浆,以保证水头。

图 1.2.7 钢筋笼放入坑内

吊放时,吊直、扶稳,保证不弯曲、扭转。对准孔位后,缓慢下沉,避免碰撞孔壁。

图 1.2.8 混凝土浇筑

水下混凝土灌注必须连续进行,中间不得间断。

1.3 地 下 防 水

1.3.1 防水混凝土

1.3.1.1 质量要求

防水混凝土施工应严格按《地下防水工程质量验收规范》(GB 50208—2002)要求控制。

1. 防水混凝土的原材料、配合比及坍落度必须符合设计要求。

2. 防水混凝土的抗压强度和抗渗压力必须符合设计要求。

3. 防水混凝土的变形缝、施工缝、后浇带、穿墙管道、埋设件等设置和构造,均须符合设计要求,严禁有渗漏。

4. 防水混凝土结构表面应坚实、平整,不得有露筋、蜂窝等缺陷;埋设件位置应正确。

5. 防水混凝土结构表面的裂缝宽度不应大于 0.2mm,并不得贯通。

6. 防水混凝土结构厚度不应小于 250mm,其允许偏差为 + 15mm、– 10mm;迎水面钢筋保护层厚度不应小于 50mm,其允许偏差为 ± 10mm。

并应重点控制混凝土中外加剂,应符合国标《混凝土外加剂中释放氨限量》的要求。

1.3.1.2 精品策划

1. 材料及主要机具

(1) 水泥品种应按设计要求选用,其强度等级不应低于 32.5 级,不得使用过期或受潮结块水泥;

(2) 碎石或卵石的粒径宜为 5 ~ 40mm,含泥量不得大于 1.0%,泥块含量不得大于 0.5%;

(3) 砂宜用中砂,含泥量不得大于 3.0%,泥块含量不得大于 1.0%;

(4) 拌制混凝土所用的水,应采用不含有害物质的洁净水;

(5) 外加剂的技术性能,应符合国家或行业标准一等品及以上的质量要求;

(6) 粉煤灰的级别不应低于二级,掺量不宜大于 20%;硅粉掺量不应大于 3%,其他掺合料的掺量应通过试验确定;

(7) 主要机具:混凝土搅拌机、翻斗车,手推车、振捣器、溜槽、串桶、吊斗,计量器具磅秤等。

2. 作业条件:

(1) 钢筋、模板上道工序完成,办理隐检、预检手续。注意检查固定模板的铁丝、螺栓是否穿过混凝土墙,如必须穿过时,应采取止水措施。特别是管道或预埋件穿过处是否已做好防水处理。木模板提前浇水湿润,并将落在模板内的杂物清理干净。

(2) 根据施工方案,做好技术交底。

(3) 如地下水位高,地下防水工程施工期间继续做好降水、防水。

3. 控制要点

(1) 细部构造处理是防水的薄弱环节,施工前应审核图纸,特殊部位如变形缝、施工缝、穿墙管、预埋件等细部要精心处理。

(2) 穿墙管外预埋带有止水环的套管,应在浇筑混凝土前预埋固定,止水环周围混凝土要细心振捣密实,防止漏振。

1.3.1.3 过程控制

1. 工艺流程

模板预检→混凝土搅拌→运输→混凝土浇筑→养护→拆模

2．施工工艺

(1) 模板

1) 模板应平整,且拼缝严密不漏浆,并应有足够的刚度、强度,吸水性要小。以钢木、覆膜木模为宜。

2) 模板构造应牢固稳定,可承受混凝土拌合物的侧压力和施工荷载,且应装拆方便。

3) 固定模板的螺栓(或铁丝)不宜穿过防水混凝土结构,以避免水沿缝隙渗入,在条件适宜的情况下,可采用滑模施工。

4) 当必须采用对拉螺栓固定模板时,应在预埋套管或螺栓上加焊止水环。止水环直径及环数应符合设计规定。若设计无规定,止水环直径一般为 8 ~ 10cm,且至少一环。

采用对拉螺栓固定模板时方法如下:

① 螺栓加焊止水环做法

在对拉螺栓中部加焊止水环,止水环与螺栓必须满焊严密。拆模后应沿混凝土结构边缘将螺栓割断。此法将消耗所用螺栓(图 1.3.1)。

② 预埋套管加焊止水环做法

套管采用钢管,其长度等于墙厚(或其长度加上两端垫木的厚度之和等于墙厚),兼具撑头作用,以保持模板之间的设计尺寸。止水环在套管上满焊严密。支模时在预埋中穿入对拉螺栓拉紧固定模板。拆模后将螺栓抽出,套管内以膨胀水泥砂浆封堵密实。套管两端有垫木的,拆模时连同垫木一并拆除,除密实封堵套管外,还应将两端垫木留下的凹坑用同样方法封实。此法可用于抗渗要求一般的结构 (图 1.3.2)。

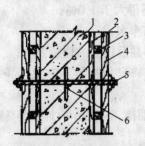

图 1.3.1　螺栓加焊止水环示意图
1—围护结构;2—模板;3—小龙骨;
4—大龙骨;5—螺栓;6—止水环

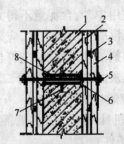

图 1.3.2　预埋套管支撑示意图
1—防水结构;2—模板;3—小龙骨;4—大龙骨;
5—螺栓;6—垫木(与模板一并拆除后,连同套管
一起用膨胀水泥砂浆封堵);7—止水环;8—预埋套

③ 螺栓加堵头做法

在结构两边螺栓周围做凹槽,拆模后将螺栓沿平凹底割去,再用膨胀水泥砂浆将凹槽封堵(图 1.3.3)。

(2) 钢筋

钢筋相互间应绑扎牢固,以防浇捣混凝土时,因碰撞、振动便绑扣松散、钢筋移位,造成露筋。

绑扎钢筋时,应按设计规定留足保护层,不得有负误差。留设保护层,应以相同配合比的细石混凝土或水泥砂浆制成垫块,将钢筋垫起,严禁以钢筋垫钢筋,或将钢筋用铁钉、铅丝直接固定在模板上。

钢筋及铅丝均不得接触模板,若采用铁马凳架设钢筋时,在不能取掉的情况下,应在铁马凳上加焊止水环,防止水沿铁马凳渗入混凝土结构。

当钢筋排列稠密,以致影响混凝土正常浇筑时,可同设计人员协商,采取措施,以保证混凝土的浇筑质量。

(3) 混凝土搅拌

严格按选定的施工配合比,准确计算并称量每种用料,投入混凝土搅拌机。外加剂的掺加方法应遵从所选外加剂的使用要求。

防水混凝土应采用机械搅拌,搅拌时间比普通混凝土略长,一般不少于120s;掺入引气型外加剂,则搅拌时间约为120~180s;掺入其他外加剂应根据相应的技术要求确定搅拌时间。适宜的搅拌时间也可通过现场实测选定。

为保证防水混凝土有良好的匀质性,不宜采用人工搅拌。

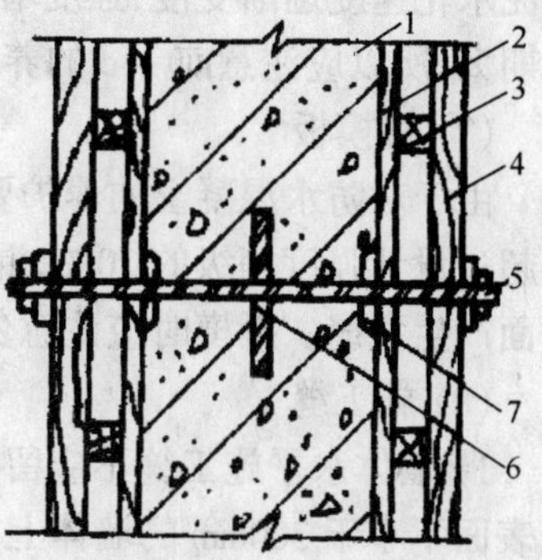

图 1.3.3　螺栓加堵头
1—围护结构;2—模板;3—小龙骨;
4—大龙骨;5—螺栓;6—止水环;
7—堵头(拆模后将螺栓沿平凹底割
去,再用膨胀水泥砂浆封堵)

(4) 混凝土运输

混凝土在运输过程中要防止产生离析现象及坍落度和含气量的损失,同时要防止漏浆。拌好的混凝土要及时浇筑,常温下应于半小时内运至现场,于初凝前浇筑完毕。运送距离较远或气温较高时,可掺入缓凝型减水剂。浇筑前发生显著泌水离析现象时,应加入适量的原水灰比的水泥浆复拌均匀,方可浇筑。

(5) 混凝土浇筑和振捣

浇筑前,应清除模板内的积水、木屑、钢丝、铁钉等杂物,并以水湿润模板。使用钢模应保持其表面清洁无浮浆。

浇筑混凝土的自落高度不得超过1.5m,否则应使用串筒、溜槽或溜管等工具进行浇筑,以防产生石子堆积,影响质量。

在结构中若有密集管群,以及预埋件或钢筋稠密之处,不易使混凝土浇捣密实时,应改用相同抗渗等级的细石混凝土进行浇筑,以保证质量。

在浇筑大体积结构中,遇有预埋大管径套管或面积较大的金属板时,其下部的倒三角形区域不易浇捣密实而形成空隙,造成漏水,为此,可在管底或金属板上预先留置浇捣振捣孔,以利浇捣和排气,浇筑后,再将孔补焊严密。

混凝土浇筑应分层,每层厚度不宜超过30~40cm,相邻两层浇筑时间间隔不应超过2h,夏季可适当缩短。

防水混凝土应采用机械振捣,不应采用人工振捣。并应防止漏振、欠振。

(6) 混凝土的养护

防水混凝土的养护对其抗渗性能影响极大,特别是早期湿润养护更为重要,一般在混凝土进入终凝(浇筑后4~6h)即应覆盖,浇水湿润养护不少于14d。因为在湿润条件下,混凝土内部水分蒸发缓慢,不致形成早期失水,有利于水泥水化,特别是浇筑后的前14d,水泥硬化速度快,强度增长几乎可达28d标准强度的80%,由于水泥充分水化,其生成物将毛细孔堵塞,切断毛细通路,并使水泥石结晶致密,混凝土强度和抗渗性均能很快提高;14d以后,水泥水化速度逐渐变慢,强度增长亦趋缓慢,虽然继续养护依然有益,但对质量的影响不如早期大,所以应注意前 14d 的养护。

(7) 拆模板

由于对防水混凝土的养护要求较严,因此不宜过早拆模。拆模时防水混凝土的强度必须超过设计强度等级的 70%,混凝土表面温度与环境温度之差,不得超过 15℃,以防混凝土表面产生裂缝。拆模时应注意勿使模板和防水混凝土结构受损。

(8) 施工缝

1) 墙体水平施工缝不应留在剪力与弯矩最大处或底板与侧墙的交接处,应留在高出底板表面不小于 300mm 的墙体上。拱(板)墙结合的水平施工缝,宜留在拱(板)墙接缝线以下 150~300mm。处墙体有预留孔洞时,施工缝距孔洞边缘不应小于 300mm;

2) 垂直施工缝应避开地下水和裂隙水较多的地段,并宜与变形缝相结合;

3) 施工缝防水的构造形式见图 1.3.4。

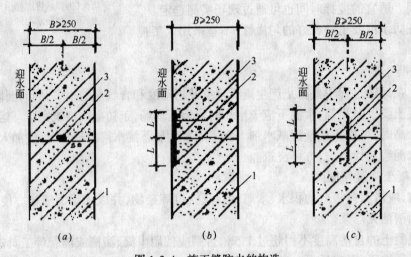

图 1.3.4 施工缝防水的构造
防水基本构造(一):1—先浇混凝土;2—遇水膨胀止水条;3—后浇混凝土;
防水基本构造(二):外贴止水带 $L \geq 150$;外涂防水涂料 $L = 200$;
外抹防水砂浆 $L = 200$;1—先浇混凝土;2—外贴防水层;3—后浇混凝土
防水基本构造(三):钢板止水带 $L \geq 100$;橡胶止水带 $L \geq 125$;钢边
橡胶止水带 $L \geq 120$;1—先浇混凝土;2—中埋式止水带;3—后浇混凝土

4) 水平施工缝浇灌混凝土前应,将其表面浮浆和杂物清除,先铺净浆再铺 30~50mm 厚的 1:1 水泥砂浆或涂刷混凝土界面处理剂,并及时浇灌混凝土;

5) 垂直施工缝浇灌混凝土前,应将其表面清理干净,并涂刷水泥净浆或混凝土界面处理剂,并及时浇灌混凝土;

6) 选用的遇水膨胀止水条应具有缓胀性能,其 7d 的膨胀率不应大于最终膨胀率的 60%;

7) 遇水膨胀止水条应牢固地安装在缝表面或预留槽内;

8) 采用中埋式止水带时,应确保位置准确,固定牢靠。

(9) 特殊部位的细部作法

防水混凝土结构内的预埋铁件、穿墙管道,以及结构的后浇缝部位,均为可能导致渗漏水的薄弱之处,应采取措施,仔细施工。

1）预埋铁件的防水作法

用加焊止水钢板的方法既简便又可获得一定防水效果。在预埋铁件较多较密的情况下,可采用许多预埋件共用一块止水钢板的作法。施工时应注意将铁件及止水钢板周围的混凝土浇捣密实、保证质量(图1.3.5)。

2）穿墙管道防水处理

① 套管加焊止水环法

在管道穿过防水混凝土结构处,预埋套管,套管上加焊止水环,止水环应与套管满焊严密,止水环数量按设计规定。安装穿墙管道时,先将管道穿过预埋套管,按图将位置尺寸找准,予以临时固定,然后一端以封口钢板将套管及穿墙管焊牢,再从另一端将套管与穿墙管之间的缝隙以防水材料(防水油膏、沥青玛瑞脂等)填满后,用封口钢板封堵严密(图1.3.6)。

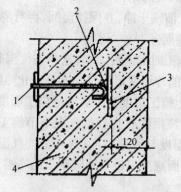

图 1.3.5 预埋件防水处理
1—预埋螺栓;2—焊缝;3—止水钢板;
4—防水混凝土结构

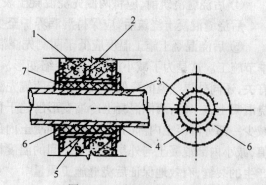

图 1.3.6 套管加焊止水环
1—防水结构;2—止水环;3—管道;4—焊缝;
5—预埋套管;6—封口钢板;7—沥青玛瑞脂

② 群管穿墙防水作法

在群管穿墙处预留孔洞,洞口四周预埋角钢固定在混凝土中,封口钢板焊在角钢上,要四周满焊严密,然后将群管逐根穿过两端封口钢板上的预留孔,再将每管与封口钢板沿管周焊接严密(焊接时宜用对称方法或间隔时间施焊,以防封口钢板变形),从封口钢板上的灌注孔向孔洞内灌注沥青玛瑞脂,灌满后将预留的沥青灌注孔焊接封严(图1.3.7)。

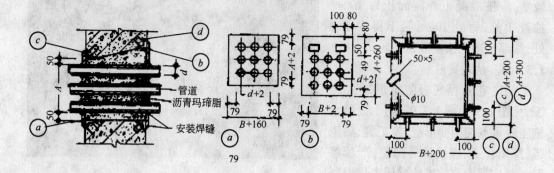

图 1.3.7 群管穿墙防水做法

③ 单管固埋法

有现浇和预留洞后浇两种方法,虽然构造简单、施工方便,但均不能适应变形,且不便更换,一般不宜采用。当需用此法埋设管道时,应注意将管及止水环周围的混凝土浇捣密实,特别是管道底部更应仔细浇捣密实。

3) 后浇缝

① 后浇部位的混凝土应采用补偿收缩混凝土,强度等级应与两侧先浇混凝土强度等级相同。

② 后浇缝的位置、形式、尺寸,应按设计规定施工。

③ 后浇混凝土与两侧先浇混凝土的施工间隔时间至少为 6 个星期。这期间两侧先浇混凝土的体积收缩变形已趋于稳定,此时再浇筑后浇缝混凝土,在两侧先浇混凝土及钢筋的限制作用下,后浇的补偿收缩混凝土在限制下膨胀产生相向变形,使混凝土内部密实,且因膨胀而与两侧先浇混凝土相接密合,成为整体的、无变形缝的结构。

④ 后浇缝浇筑前,应将两侧先浇混凝土表面凿毛、清洗干净,并保持湿润,再行浇筑。

后浇缝混凝土浇筑后,应保持湿润养护至少 4 个星期。

⑤ 后浇混凝土施工温度应低于两侧先浇混凝土施工时的温度,并宜选择在气温较低的季节施工。这是为了减小混凝土的冷缩变形。混凝土的冷缩变形不仅与本身水化热的散失有关,还同外界气温的降低有关。由于两侧先浇混凝土施工温度高于后浇缝施工温度,待后浇混凝土施工时,两侧混凝土冷缩变形已趋于稳定,后浇混凝土在较低气温季节施工,可以减少一部分混凝土内部的温升,降低混凝土内部最高温度与稳定温度(外界平均气温)的差值,减小内部混凝土与外层混凝土之间的温度梯度,从而减少或避免因限制下的冷缩变形而产生的裂缝,有效地保证后浇缝施工质量。

3. 检验标准

(1) 防水混凝土抗渗性能,应采用标准条件下养护混凝土抗渗试件的试验结果评定。试件应在浇筑地点制作。

连续浇筑混凝土每 $500m^3$ 应留置一组抗渗试件(一组为 6 个抗渗试件),且每项工程不得少于两组。采用预拌混凝土的抗渗试件,留置组数应视结构的规模和要求而定。

抗渗性能试验应符合现行《普通混凝土长期性能和耐久性能试验方法》(GBJ 82)的有关规定。

(2) 防水混凝土的施工质量检验数量,应按混凝土外露面积每 $100m^2$ 抽查 1 处,每处 $10m^2$,且不得少于 3 处;细部构造应按全数检查。

1.3.1.4 精品案例

某住宅工程底板防水混凝土施工,见图 1.3.8、图 1.3.9。防水混凝土施工时重点控制变形缝、施工缝、后浇带、穿墙管道、埋设件等部位,严禁渗漏。并应采取有效措施减缓表层混凝土与外界环境温度进行热交换的速

图 1.3.8 底板防水混凝土施工

度,降低混凝土内外温差,避免混凝土温
度应力的产生。

1.3.2 卷材防水层

1.3.2.1 质量要求

卷材防水层施工应严格按《地下防
水工程质量验收规范》(GB 50208—2002)
要求控制。

图 1.3.9 底板防水混凝土面层搓毛

1. 卷材防水层所用卷材及主要配套
材料必须符合设计要求。

2. 卷材防水层及其转角处、变形缝、
穿墙管道等细部做法均须符合设计要
求。

3. 卷材防水层的基层应牢固,基面
应洁净、平整,不得有空鼓、松动、起砂和脱皮现象;基层阴阳角处应做成圆弧形。

4. 卷材防水层的搭接缝应粘(焊)结牢固,密封严密,不得有皱折、翘边和鼓泡等缺陷。

5. 侧墙卷材防水层的保护层与防水层应粘结牢固,结合紧密、厚度均匀一致。

6. 卷材搭接宽度的允许偏差为 – 10mm。

7. 冷粘法铺贴卷材应符合下列规定:

(1) 胶粘剂涂刷应均匀,不露底,不堆积;

(2) 铺贴卷材时应控制胶粘剂涂刷与卷材铺贴的间隔时间,排除卷材下面的空气,并辊
压粘结牢固,不得有空鼓;

(3) 铺贴卷材应平整、顺直,搭接尺寸正确,不得有扭曲、皱折;

(4) 接缝口应用密封材料封严,其宽度不应小于 10mm。

8. 热熔法铺贴卷材应符合下列规定:

(1) 火焰加热器加热卷材应均匀,不得过分加热或烧穿卷材;厚度小于 3mm 的高聚物
改性沥青防水卷材,严禁采用热熔法施工;

(2) 卷材表面热熔后应立即滚铺卷材,排除卷材下面的空气,并辊压粘结牢固,不得有
空鼓、皱折;

(3) 滚铺卷材时接缝部位必须溢出沥青热熔胶,并应随即刮封接口使接缝粘结严密;

(4) 铺贴后的卷材应平整、顺直,搭接尺寸正确,不得有扭曲。

并应注意控制:

(1) 卷材防水层应采用高聚物改性沥青防水卷材和合成高分子防水卷材。所选用的基
层处理剂、胶粘剂、密封材料等配套材料,均应与铺贴的卷材材性相容。

(2) 两幅卷材短边和长边的搭接宽度均不应小于 100mm。采用多层卷材时,上下两层
和相邻两幅卷材的接缝应错开 1/3 幅宽,且两层卷材不得相互垂直铺贴。

1.3.2.2 精品策划

1. 高聚物改性沥青防水卷材材料准备(以 APP3mm + 3mm 为例)

(1) 冷底子油

用汽油按重量比 30∶70 调配 MZ-91 型橡胶改性沥青冷胶剂做为冷底子油。

(2) 地下防水工程 APP 防水卷材

采用聚酯胎、PE 膜 APP 高聚物改性沥青防水卷材Ⅲ3mm＋ Ⅲ3mm 型。

(3) 改性沥青胶粘剂

采用改性沥青胶粘剂。

(4) 密封膏

采用改性沥青密封膏。

2．施工机械及工具

汽油喷灯、羊毛滚刷、壁纸刀、彩色粉袋、压铲、$\phi40 \times 50mm$ 手持压滚、灭火器等。

3．施工条件

(1) 基层必须牢固、无松动、起砂等缺陷。

(2) 基层应干燥,含水率宜小于 9%。

(3) 排水口、地漏应低于基体表面;管道的接口部位应高于基体表面不少于 20mm。

4．控制要点

(1) 施工中烘烤要适度,以卷材粘接表面既出现溶融层,而又不冒黑烟、反面不发黑为准。切忌慢火烘烤或强火在一处集中烘烤。

(2) 防止折皱和空鼓。粘接时要注意卷材紧贴基体。

(3) 对特殊部位如转角处、穿墙管、变形缝处等应重点控制。

1.3.2.3 过程控制

1．工艺流程

高聚物改性沥青防水卷材

基层表面处理→涂刷冷底子油→弹线→满粘阴阳角及穿墙管根部卷材附加层→铺贴底层改性沥青防水卷材→底层卷材热熔封边→铺贴面层改性沥青防水卷材→面层卷材热熔封边→防水层清理、检查、修补→验收→防水保护层施工

2．施工工艺

(1) 基层表面处理

基层表面必须平整、无起砂、空鼓、开裂等缺陷,基层的阴阳角、管根处要用 1:2.5 水泥砂浆抹出 150mm 的平顺圆角,并用空压机将基层表面浮尘吹净。同时检验基层表面干燥度,方法是:将 $1m^2$ 卷材覆盖在基层表面上,放置 3h,如紧贴基层一面无水印,说明基层含水率小于 9%,适宜做防水施工。

(2) 涂刷冷底子油

基层隐检合格后,在基层用滚刷涂刷一道冷底子油,涂刷质量要均匀一致,不得漏刷。干燥 12h 或手摸涂层表面不粘手后,方可进行下道工序施工。

(3) 弹线

用彩色粉袋在基层表面弹出均匀的铺贴边线。方法是:根据卷材宽度、留出卷材搭接宽度(长边不小于 100mm,短边不小于 150mm)弹出平面横线;根据相邻卷材搭接要错缝 500mm 宽的原则弹出平面纵线;根据立面卷材搭接缝必须留在距根部 600mm 处的原则弹出立面纵线。

(4) 特殊部位防水附加层处理

1) 转角部位防水附加层处理

根据阴阳角细部形状剪好宽度为500mm的卷材,在细部试贴一下,合适后,将卷材底面用汽油喷灯加热烘烤(喷灯与卷材距离保持50~100mm),待其底面呈热熔状态(热熔胶熔化并发黑有光泽)时,立即粘贴在已处理好的基层上(不要刻意拉紧卷材,自然松铺无皱折即可),并用橡胶压滚压实铺牢。

2)穿墙管防水附加层处理

根据穿墙管管径大小,在宽度为(500mm+管径)的卷材上开洞,同时在穿墙管根部500mm范围内涂一道改性沥青胶粘剂(注:地下防水工程仅此部位用冷粘法施工),卷材穿过套管铺贴在管子根部,用密封膏封严(图1.3.10)。

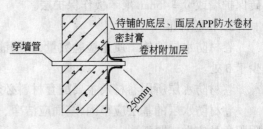

图1.3.10 穿墙管防水做法

3)变形缝防水附加层处理

根据变形缝设计宽度用热熔法铺贴附加层卷材,在结构厚度的中央设置止水带,止水带的中心圆环应正对变形缝正中,变形缝内可用浸过沥青的木丝板填满,缝口用密封膏嵌缝。

(5)铺贴第一层改性沥青防水卷材

1)铺贴平面第一层改性沥青防水卷材

在弹好的边线上裁剪并试铺卷材,合格后,按间隔法分步骤铺贴卷材。即第一步铺贴单数段,一人从铺贴起始端开始用汽油喷灯烘烤卷材,一人缓慢向前滚铺熔好的卷材,随后一人手持压滚滚压卷材,排出空气,将卷材粘牢在基层上。第二步铺贴双数段,操作方法同单数段,只是双数段的卷材要按规定与单数段卷材在横纵两个方向搭接。

2)铺贴立面与底面相连的第一层卷材

铺贴立面与底面相连的第一层卷材(包括三角面的卷材)时,一定由平面向立面自下而上紧贴阴阳角热熔铺贴,并用压滚压实排气。

3)铺贴立面第一层改性沥青防水卷材

采用外防外贴法从底面转到立面铺贴的卷材,恰为有热熔胶的底面背对立墙基面,因此这部位卷材用冷贴法粘铺在立墙上,与其衔接继续向上铺贴的卷材仍用热熔法铺贴,且上层卷材盖过下层卷材应不小于150mm;同时注意在不能连续做防水施工的间隙,立面防水层外部应做临时保护墙,其顶端应临时固定。

(6)第一层卷材热熔封边

将卷材边缝用压铲轻轻掀起,手持喷灯从接缝外斜向烘烤卷材,热熔后用压铲抹压一遍至封口密实。

(7)铺贴第二层改性沥青防水卷材

第一层卷材铺贴完毕并验收合格后方可铺贴第二层卷材,第二层卷材铺贴方法与第一层基本相同,只是上下两层卷材的搭接缝应错开1/3幅宽。同时注意在三面角的面层卷材接缝应留在底面上,距墙根不小于600mm处。

(8)第二层卷材热熔封边

大面积铺完面层卷材后,将卷材边缝用压铲轻轻掀起,按照底层卷材封边方法,将面层卷材封边压实。

(9)水层清理、检查、修补

对于已铺好的卷材要及时清理表面杂物和堆放品,未铺牢的卷材用压铲掀起重新热熔铺贴,破损处要重新铺贴。

(10) 防水保护层施工

平面防水层采用 $\delta = 45mm$、C10 的细石混凝土作保护层;立面防水层采用 $\delta = 120mm$ 的砖保护墙或 $\delta = 45mm$ 聚苯板作保护层。

3．检验标准

卷材防水层的施工质量检验数量,应按铺贴面积每 $100m^2$ 抽查 1 处,每处 $10m^2$,且不得少于 3 处。

卷材防水层所用卷材及主要配套材料必须符合设计要求。

卷材防水层的基层应牢固,基面应洁净、平整,不得有空鼓、松动、起砂和脱皮现象;基层阴阳角处应做成圆弧形。

卷材防水层的搭接缝应粘(焊)结牢固,密封严密,不得有皱折、翘边和鼓泡等缺陷。

1.3.2.4 精品案例

某工程地下防水工程采用高聚物改性沥青防水卷材施工。对阴阳角、管根等特殊部位,在防水施工前,应做增强处理,并根据具体部位采取有效措施。防水层施工完成后,要做好成品保护,并及时按设计要求做保护层。其做法见图 1.3.11 ~ 图 1.3.13。

图 1.3.11 铺贴第一层改性沥青防水卷材　　图 1.3.12 铺贴立面与底面相连的第一层卷材

图 1.3.13 铺贴面层改性沥青防水卷材

1.4 模 板 工 程

1.4.1 概述

　　模板工程是混凝土成型施工中最重要的组成部分,对于创住宅精品工程施工来说,模板工程的质量不仅直接关系到混凝土的质量和观感效果,而且也直接影响到工程建设的工期和造价,因此,制定一个科学合理的模板方案是确保模板工程质量的关键,同时,在经济上也具有特别重要的意义。目前,就住宅工程模板体系而言主要有大钢模板体系、组合钢模板体系和竹木胶合板模板三种。

1.4.2 大钢模板

1.4.2.1 质量要求

　　1. 依据《混凝土工程施工质量验收规范》(GB 50204—2002),同时满足以下要求。

　　2. 模板及其支架应具有足够的强度、刚度、稳定性、严密性,使混凝土外观达到清水效果。

　　3. 允许偏差项目见表1.4.1。

模板质量允许偏差项目　　　　　　　　　　　　表 1.4.1

项 次	项 目		允许偏差值(mm)	检 查 方 法
1	轴 线 位 移		3	尺 量
2	底模上表面标高		±3	水准仪或拉线尺量
3	截面模内尺寸	基 础	±5	尺 量
		柱、墙、梁	±3	
4	层高垂直度	层高不大于5m	3	经纬仪或吊线尺量
		大于5m	5	
5	相邻两板表面高低差		2	尺 量
6	表面平整度		2	靠尺、塞尺
7	阴阳角	方 正	2	方尺、塞尺
		顺 直	2	线 尺
8	预埋铁件	中心线位移	2	拉线、尺量
9	预埋管、螺栓	中心线位移	2	拉线、尺量
		螺栓外露长度	+5 -0	
10	预留孔洞	中心线位移	5	拉线、尺量
		内孔洞尺寸	+5 -0	
11	门窗洞口	中心线位移	3	拉线、尺量
		宽、高	±5	
		对角线	6	
12	插 筋	中心线位移	3	尺 量
		外露长度	+10 -0	

1.4.2.2　精品策划

1. 方案选择

大钢模板是一种大型工具式模板体系,模板整体刚度好,周转次数多,冬期施工时,模板背面利于做固定保温,由于大钢模板体系采用工业化生产方式,施工工艺简单,特别适用于多、高层住宅剪力墙结构的墙体模板;当建筑物地上地下建筑平面基本一致时,地下室墙体可优先选用大钢模板体系,当层高不同时,可采用模板上拼或水平分段二次施工的方法;框架结构中大截面柱模板,当需要周转次数较多时,也可选用大钢模板体系。

2. 模板设计

根据图纸要求,模板设计要对阴阳角模板、模板侧拼和上拼等构造节点进行设计;对刀把口处等容易出现问题的墙体模板要进行特殊的模板设计。

节点设计:

精品工程需对下列施工部位进行模板设计,如拆装式门窗口钢模板、丁字墙门口处整体模板、带串筒窗口模板、墙体门窗口一体式大钢模板。

模板整体尺寸设计:

按图纸及模板加工条件因地制宜进行模板尺寸设计,阴角应采用标准设计,尺寸不宜太小,250mm 左右,对组拼模板来说,不合模数部分宜在墙体中间位置调整拼板尺寸,使拼缝易于控制。

板面设计:

按周转次数及投入条件决定面板厚度,一般为 4～6mm。

螺栓、龙骨、支撑设计:

经计算确定。

拼缝设计:

阴角和墙体大模板子母口设计,拼缝 2mm,提高观感效果。见图 1.4.1。

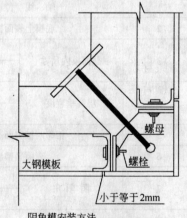

阴角模安装方法

图 1.4.1　阴角和墙体
大模板子母口设计

3. 模板计算

(1) 模板计算内容包括:

1) 混凝土侧压力及荷载计算;

2) 板面承载力及刚度验算;

3) 次龙骨承载力及刚度验算;

4) 主龙骨承载力及刚度验算;

5) 穿墙螺栓承载力的验算;

6) 对水平构件模板要有支撑体系的验算。

(2) 模板计算实例

模板高度 $H=2800$mm,面板 $\delta=6$mm,竖肋为 8 号槽钢,横背楞为双向 10 号槽钢,竖肋布置间距为 300mm,横背楞布置间距风下图,现计算模板的强度与刚度。

荷载计算

采用内部振捣器振捣的方法混凝土侧压力标准值:

$$F = 0.22rt_0\beta_1\beta_2V^{1/2}$$

式中　r——为混凝土重力密度,普通钢混凝土取 24kN/m³;

　　t_0——新浇混凝土初凝时间,$t_0 = 200/(T + 15)$,T 为混凝土温度;

　　T——常温下取 15℃,$t_0 = 6.67$;

　　V——混凝土浇注速度 2m/h;

　　β_1——外加剂影响系数,加外加剂时取 1.2;

　　β_2——混凝土坍落度修正系数,泵送混凝土取 1.15。

所以:$F = 0.22rt_0\beta_1\beta_2V^{1/2} = 0.22 \times 24 \times 6.67 \times 1.2 \times 1.15 \times 2^{1/2} = 68.73\text{kN/m}^2$

振捣混凝土对垂直模板所产生的荷载为 4kN/m²。

垂直模板侧压力设计值为:$F_1 = 68.73 + 4 = 72.73\text{kN/m}^2$。

穿墙螺栓计算:

根据《建筑施工手册》中穿螺栓的计算公式

$N \leq A_n \times f_b$　f_b 为 Q235 钢抗拉强度设计值选用 $\phi30$ 穿墙螺栓;$A_n = 560.6\text{mm}^2$。

$$F_b = 215\text{N/mm}^2$$

$$A_n \times f_b = 560.6 \times 215\text{N/mm}^2 = 120.53\text{kN}$$

按穿墙螺栓横向最大拉力间距 1.1m,纵向最大间距 1.35m 计算穿墙螺栓承受的拉力为:

$$N = 1.1 \times 1.35 \times 72.73 = 108.004\text{kN} < A_n \times f_b$$

故穿墙螺栓满足要求

横背楞的计算:

强度的计算

横背楞是以穿墙螺栓为支座的连续梁。

$$q = f \times l = 72.73 \times 1.1 = 80.003\text{kN·m}$$

　f——混凝土侧压力最大值;

　l——穿墙螺栓最大间距。

所以横背楞最大弯距为 $M_{max} = 1/8ql^2$

$$\alpha = M_{max}/W$$

其中:查表得双向[10 号槽钢的净截面抵抗距为

$$W_x = 39.7 \times 2 = 79.4\text{cm}^3$$

$$\alpha = M_{max}/W = 1/8 \times 80.003 \times 1.1^2 \times 10^6/79400 = 152.39\text{N/mm}^2$$

依据手册 Q235 钢抗拉强度设计值为 $[f] = 215\text{N/mm}^2$

$\alpha < [f]$　故强度满足要求

刚度计算:

依《建筑施工手册》:

$$f_{max} = -5 \backslash 384 \times q_1 \times l^4 \qquad l = 1.1\text{m}$$

而 q_1 是横背楞的载荷标准

$$q_1 = 72.73 \times 1.1 = 80.003$$

悬臂部分：

$$V_{max} = q_1 a^4/8EI_x$$

其中：E 为弹性模量，其值为 2.06×10^5

I_x 惯性矩，其值为 $396.6 cm^4$

$a = 150mm$（模板两边最大悬臂长度）

则：
$$V_{max} = 80.003 \times 150^4/8 \times 2.06 \times 396.6 \times 10^9 = 0.0049mm$$

许用挠度 $[V] = 150/500 = 0.3mm$

$$V_{max} < [V]$$

故悬臂部分满足要求

跨中部分：

依《建筑施工手册》

$$V_{max} = q_1 l^4 [5 - 24(a/l)^2]/384EI_x$$

其中：

$$a/l = 150/1100 = 0.136$$

$$V_{max} = 80.003 \times 1100^4(5 - 24 \times 0.136^2)/384 \times 2.06 \times 396.6 \times 10^9 = 1.7mm$$

$$V_{max} < [V] = 1/500 = 1100/500 = 2.2mm$$

故跨中部分刚度满足要求

竖肋计算：

竖肋是支承在横背楞上的连续梁。

强度计算：

竖肋布置间距一般 $h = 300mm$ 左右考虑

$$q = F_1 \times h = 68.73 \times 0.3 = 20.62kN \cdot m$$

依据《建筑施工手册》，考虑载荷最为不利时

$$M_{max} = Kmqh^2$$

式中 K_m 为弯矩影响系数，最大利情况下取 0.125 查表得匚 8 号 $W_x = 25300cm^3$ $I_x = 101000cm^4$

$$M = 0.125 \times 20.62 \times 1.35^2 = 4.697kN.m$$

$$\alpha = M_{max}/W_X = 4.697 \times 10^6/1.01 \times 25.3 \times 10^3 = 183.8N/mm^2 < [f] = 215$$

故   强度满足要求

刚度计算：

悬臂部分：

而
$$V_{max} = q_1 \times h \times l^4/8EI_x$$

$$q_1 = f \times h = 72.73 \times 0.30 = 21.82$$

h 为竖肋最大悬臂长度取 300mm

$$V_{max} = 21.82 \times 300^4/8 \times 2.06 \times 101.3 \times 10^9 = 0.1mm$$

许用挠度 $[V] = 300/500 = 0.6mm$

$$V_{max} < [V]$$

跨中部分：$V_{max} = q_1 \times q_2^4 (5 - 24a^2)/384EI_x$

其中：a 悬臂部分与跨中部分长度之比 $a = 300/1350 = 0.22$；

h 为跨中最大跨距 1350mm。

$$V_{max} = 21.82 \times 1350^4 \times (5 - 24 \times 0.22^2)384 \times 2.06 \times 101 \times 10^9 = 2.45mm$$

许用挠度 $[V] = 1350/500 = 2.7mm$

$$V_{max} < [V]$$

吊钩的计算：

依据《混凝土结构设计规范》(GBJ 10—89)规定,吊钩计算拉应力不应大于 $50kN/m^2$,吊钩的截面面积

$$A_n = P_x/2 \times 50(mm^2)$$

P_x 吊装时所承受大模板的自重载荷值,按模板块最大尺寸为 6500×2800 模板自重按 $120kg/m^2$ 考虑

$$P = 120 \times 6.5 \times 1.80 = 2184kN$$

$$P_x = 1.3 \times 2184 = 2839.2kN \text{ 式中 1.3 为动荷载系数}$$

$$A_n = 308.37mm^2$$

而 A_n 的设计值:吊钩采用 $\phi = 20mm$ 圆钢,其净截面面积为 $314mm^2$,每个模板装两个吊钩 $A_{n1} = 628mm^2 > A_n$

故吊钩满足要求。

4. 控制要点

(1) 严密性：

拼缝：

角模、侧拼、模板上拼、层间水平拼缝处清理干净,加贴海绵条,上齐拧紧侧拼螺栓和角模钩头螺栓等紧固件。

层间接槎

外墙、楼梯间、电梯井、窗口,精确控制,垂直允许偏差为零。

(2) 几何尺寸

控制墙厚:螺栓塑料套管长度为墙厚减 2mm,穿墙螺栓拧紧即可。

控制墙体位置正确:弹墙体位置线和控制线,墙体位置线作为模板就位的依据,墙体控制线用于检查模板位置正确。

垂直度控制:使用拖线板控制模板大小面垂直。

(3) 支撑要求

大模板应设支腿用于模板垂直控制的支撑,模板较高时应对模板支撑进行特殊设计。

1.4.2.3 过程控制

1. 工艺流程

加工制作→加工拼装验收→模板安装→安装验收→混凝土浇筑→模板拆除→清理刷脱模剂→转下一安装工序

2. 模板制作

（1）设计高度

大钢模板的设计高度＝楼层层高－最薄处楼板的厚度＋50mm（预估软弱层厚度）。

（2）模板接高处的加工

模板在接高加工时，接缝处增加背楞，同时竖向背楞也要延长加高，以保证加高部分的接缝要求。

（3）阴角模与平模接缝处的制作

阴角模宜设计成标准尺寸，尺寸不宜太小，至少大于250mm，以免变形。阴角模与平模以企口形式相连，拼缝宽度≤2mm；角模要设加强肋。

（4）大模边框的制作

平模最底部边框最好用⎾8号的槽钢代替⎾80×8的角钢，以防止操作者拆模时用撬棍撬模板，造成墙体根部漏浆现象的发生。

（5）大模板面板的制作

阴、阳角模做整体模板，接缝处做成企口缝，缝宽1.5mm。面板接缝磨光打平，缺陷处补铁腻子。

（6）材料要求

角模及大模板面板的厚度，宜为4～6mm。固定角模的配件应采用槽钢及ϕ12拉钩。

（7）模板加工精度

模板加工的偏差和积累偏差必须小于模板的安装允许偏差，使模板拼缝控制在2mm模板设计要求得以实现。

3．进场验收

模板必须严格进行验收，周转次数较多的模板，其边楞磨损变形较大，不宜作为创精品工程的模板，如必须使用时，要经过筛选和仔细的修理，使模板的质量满足创精品工程的需要。

对加工的模板，特别是大钢模板，可以整体组装一间，验收拼缝效果是否符合模板设计要求。

钢模板安装前，要对模板板面涂刷脱模剂的效果进行验收，不允许未清理干净的模板或脱模剂涂刷质量不高的模板进入安装作业面，避免因此造成混凝土粘模，影响混凝土观感效果。

4．模板的安装方法

（1）作业条件

支模前必须搭好相关脚手架，电梯井筒模每层施工完后，安装封堵式防护门，并且筒内每4层设置水平安全网。顶板混凝土上表面必须水平，使大模板底面与顶部混凝土上表面无缝隙，这是防止混凝土跑浆控制烂根的最有效的方法。同时，每一道墙的两侧，标高必须一致，误差不应超过2mm，使两侧的大模板起始标高一致，螺栓孔中心线等高。

（2）组模及安装程序

大模板面朝下放平→安装支腿→安装平台架→拧紧全部螺栓→起板立板→拼板拼接→刷隔离剂→吊装就位（入模）→上穿墙大螺栓→检查调整→浇灌混凝土→凝固脱模起板→落板清理→移位另行支模

（3）模板安装前的准备工作：

1) 弹线控制:模板安装前放出墙体位置线和模板控制线,待竖向钢筋绑扎完成后,在每层竖向主筋上部标出标高控制点。

2) 杂物清理:模板安装前首先检查模板的杂物清理情况,板面修整情况、脱模剂涂刷情况等。

3) 上道工序(钢筋、水电安装、预留洞口、埋件等)验收完毕,签字齐全。按要求安装好门窗洞口模板、预留孔洞模板,经过专项验收合格。防止模板漏浆、烂根、错位等的设施设置完毕。

(4) 模板安装要点

1) 门口处的模板:

丁字墙门口的处理

大模板施工时,丁字墙两翼的墙模板,丁字墙中间两侧的竖向阴角模板,门洞口模板。5块模板要保证板面在一条直线上,经混凝土浇筑和振捣后仍不变形,在施工上是非常困难的,因此必须采用适宜的方法,解决模板错位的问题,方法是,将阴角模和门口模取消,改为一块整模板,为使门口梁下的模板可以吊出来,此处的模板距梁底200mm,设附加板,拆模时先拆下附加板,再将整板拆除。可减少模板拼缝,提高混凝土的观感质量。图1.4.2为改进后的模板,图1.4.3为改进前的模板。

用大模板直接拼接出门窗洞口

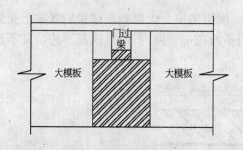

图1.4.2 改进后的模板

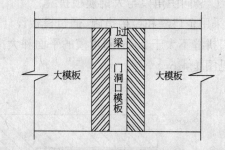

图1.4.3 改进前的模板

可以在模板设计时,用大钢模板直接拼配出门窗口,避免门口模板与墙模板夹不紧漏浆,此种支模方法不易跑模、涨模,模板的固定相对容易,但造成非标准板较多,成本高。

2) 阴角模的安装

阴角模与平模之间采用5道钩头螺栓与平模背楞进行拉结,避免错台现象的发生。

阴角模板的角钢与平模的竖楞以及平模的竖楞与平模的竖楞之间的连接螺栓应加垫片、弹簧垫双螺母拧紧,如图1.4.4所示。

大模板拼缝处加钢筋顶模棍,防止模板内嵌变形,已变形的角模应及时修理更换。见图1.4.5。

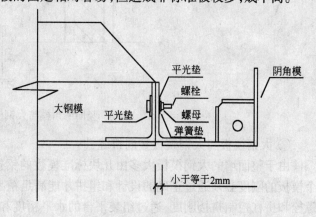

图1.4.4 连接螺栓加垫片

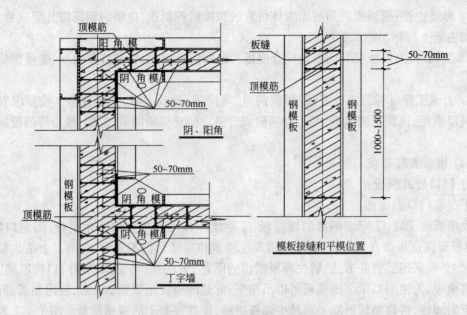

图 1.4.5 大钢模板顶模筋定位图

3) 大模板拼缝控制

① 竖向阴角模与大钢模板拼缝:

采用企口缝和拉接措施,通过模板设计解决。使阴角模与大模板在拼接的缝隙上受到控制,拼缝不大于 2mm,阴角模的平面和大模板的平面在一平面内,阴角模即不进墙又不出墙,见图 1.4.6。

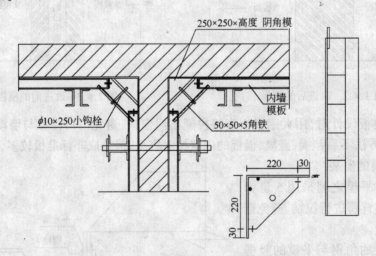

图 1.4.6 竖向阴角模与大钢模板拼缝

② 大钢模板与大钢模板竖向拼缝:

由于整面墙的大钢模板大多由几块标准模数的钢模板拼接而成,因此拼缝的平整及整个模板的刚度必须通过正确的设计和组拼才能满足精品工程的需要,通常的方法是,用侧拼螺栓和拼杠控制拼接刚度,通过组装平台的水平精度和控制侧拼螺栓孔与螺栓的孔隙来控制大钢模板与大钢模板竖向拼缝。也可用打磨和铁腻子来修整拼缝处的缺陷,见图 1.4.7。

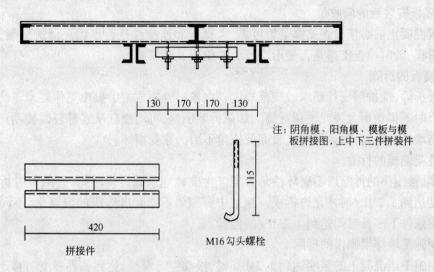

注：阴角模、阳角模、模板与模板拼接图，上中下三件拼装件

M16勾头螺栓

拼接件

图1.4.7 大钢模板与大钢模板竖向拼缝

③ 大钢模板与加高板水平向拼缝：

通过模板设计和组拼解决，注意大钢模板与加高板之间的水平缝隙处，不能有残余混凝土、焊包等杂物。

④ 大钢模板与阳角模拼缝：

阳角模为整体式模板，阳角处不得有拼接缝，阳角模与大模板的拼缝方法与阴角模与大模板的拼缝方法相同，拼缝控制在2mm。见图1.4.8。

⑤ 大钢模板与楼板间的拼缝：

通过施工精度控制大钢模板与楼板间的拼缝，主要通过顶板混凝土浇筑上表面标高误差不大于2mm，再通过找平砂浆或海绵条控制大钢模板与楼板间的拼缝，不使混凝土漏浆。

⑥ 大钢模板与门窗洞口模板侧壁的拼缝：

门窗洞口模板的侧模与墙厚尺寸相同，同一道墙有多个门窗口时，其侧模尺寸要一致。控制缝隙的方法为在门窗洞口模板侧壁加2mm×5mm的海绵条。

4）大模板的接槎控制

楼梯间（电梯间同）处的大模板接槎，采用刨

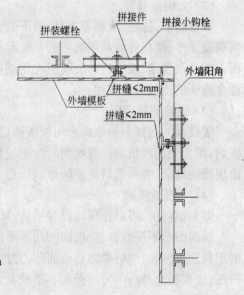

拼装螺栓 拼接件 拼接小钩栓

外墙模板 拼缝≤2mm 外墙阳角

拼缝≤2mm

图1.4.8 大钢模板与阳角模拼缝

光的方木，用下道墙的螺栓孔穿钩头螺栓托住方木，方木与墙面贴紧，可夹海绵条，方木必须水平，此处模板垂直精度控制在零。

外墙处外大模板与顶板外模板的接槎控制必须严格，方法是上层大模板和顶板外模都要利用下层大模板最上一排螺栓眼进行固定，控制模板错台。顶板和上层墙体支模前，都要用砂轮锯在混凝土接槎部位切一道水平线，深5mm，使混凝土接槎平直。通过精确测量，控制模板的垂直度，精度为零。

5. 模板安装后的验收

浇筑混凝土前必须检查支撑是否可靠、大螺栓和连接件是否牢固。浇筑混凝土时必须设专人看模，随时检查支撑是否变形、松动，并组织及时恢复。

6. 模板的拆除

模板拆除，应按照设计要求或规范规定。在模板专项方案中提出具体要求。

拆模时不得使用大锤或硬撬乱捣。如果拆除困难，可用撬杠从底部轻微撬动；保持起吊时模板与墙体的距离，保证混凝土表面及棱角不因拆除受损坏。

墙柱梁侧模的拆除

墙体、梁侧模的拆除以不破坏棱角为准。为准确地掌握拆模时间，必须留置拆模试块，试块强度达到 1.2MPa 时才允许拆模。施工中要积累不同强度等级的混凝土、不同水泥、在不同气温条件下多长时间达到 1.2MPa 的经验。

冬期施工墙体梁侧模的拆除

冬期施工当混凝土的强度达到 1.2MPa 时，松动穿墙螺栓，达到临界强度时移走模板。

7. 大模板放置、清理、涂刷脱模剂、维修

(1) 大模板堆放

场地平整，放置时应面对面，倾斜角度 75°~80°，且相邻两块大模板面板一侧流出 0.5~1m 的距离，以便于清理。另外无支腿的大模板统一放置在钢管插板架内。

(2) 大模板清理

准备扁铲、拖把、滚刷等工具，拆下的大钢模板，必须先用扁铲将钢模板内、外和周边灰浆清理干净，模板外侧和零部件的灰浆和残存混凝土也应清理干净，然后用拖把将吸附在板面上的浮灰擦净，擦净后的大模板在用滚刷均匀涂刷隔离剂，完成后贴清理合格证。未贴清理合格证的模板禁止使用。

(3) 脱模剂的应用

脱模剂的选择必须根据所用模板而定。钢模用油性脱模剂或清机油，木模采用水性脱模剂，禁止使用废机油。脱模剂的涂刷应均匀，不漏涂，涂刷时，伴随用棉丝擦掉浮油，防止出现流坠现象，经雨雪后应重新涂刷一遍。

(4) 大模板维修

对大钢模板，可以在现场设置平台，用于调整大模板的板面平整、校正角模。

板面凹凸不平的修整：板面凹凸不平的部位多发生在穿墙螺栓周围，其原因是穿墙螺栓的塑料套管偏长，模板受力后板面压力过大，造成凹陷，或者塑料管偏短，被穿墙螺栓的螺母挤压，造成板面外凸。另一板面不平现象常发生在龙骨中间，主要原因是板面刚度不够，受力后发生变形。

修理方法是：将大模板放倒，板面向上，用磨石机将板面的砂浆和脱模剂打磨干净。板面凸出部位可用大锤砸平或用气焊烘烤后砸平。穿墙螺栓孔处的凹陷，可在板面和纵向龙骨间放上花篮丝杠，拧紧螺母，把板面顶回原来的位置。整平后，在螺栓孔两侧加焊一道扁钢或角钢，以加强板面的刚度。对于因板面刚度差而出现的不平，应更换面板。

焊缝开裂常发生在板面与横向龙骨和周边之间。板面拼缝处发生开焊时，应将缝隙内砂浆清理干净，然后用气焊边烤边砸，将面板整平后再满补焊缝，然后用砂轮磨平。周边开焊时，首先将砂浆灰渣清理干净，然后用卡子将板面与边框卡紧，进行补焊。

地脚螺栓损坏：多为模板落地时受撞击所致，但螺杆与底盘不会同时损坏，损坏后应对损坏的螺杆或底盘进行更换。

1.4.2.4 精品案例

某住宅工程，建筑面积 19200m²，全现浇结构，地下 2 层地上 28 层，墙厚 200～250mm，顶板厚 100～180mm。

竖向墙体配置大钢模板，采用 5mm 冷轧钢板，背楞采用 8 号槽钢。模板加工做到牢固严密、不变形。使用中加强大模板的清理、维护。见图 1.4.9～图 1.4.18。

图 1.4.9 大模板外观

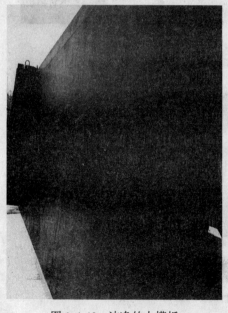
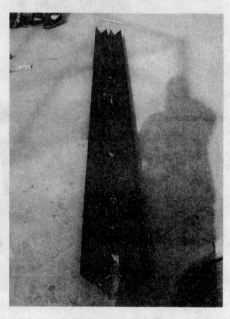

图 1.4.10 洁净的大模板　　　　　图 1.4.11 阴角模

图 1.4.12　楼梯间模板接槎控制

图 1.4.13　直接用大模板拼出门口

图 1.4.14　大模板与门口模之间加海绵条

洞口模板采用烘干白松木料外包竹模板,安装时加海绵条
将平面封严,防止跑浆。

图 1.4.15 防止螺栓孔漏浆的塑料垫   图 1.4.16 拆模后混凝土外观效果

图 1.4.17 墙体阳角混凝土外观   图 1.4.18 内墙阴角混凝土外观

该工程采用清水模板施工技术取得较好的成效,经过专家检查评审,该工程获得结构长城杯,竣工后被评为市优质工程。

1.4.3 小钢模板

小钢模板在创精品工程中已较少使用,但小钢模板可在楼层、开间、层高不规则,变化较多的情况下使用。

1.4.3.1 质量要求

(1)依据《混凝土工程施工质量验收规范》(GB 50204—2002),同时满足以下要求。

(2)模板及其支架应具有足够的强度、刚度、稳定性、严密性,使混凝土达到清水效果。

(3)允许偏差项目见表 1.4.2

模板质量允许偏差项目   表 1.4.2

项 次	项 目	允许偏差值(mm)	检 查 方 法
1	轴线位移	3	尺 量
2	底模上表面标高	±3	水准仪或拉线尺量

项 次	项 目		允许偏差值(mm)	检 查 方 法
3	截面模内尺寸	基 础	±5	尺 量
		柱、墙、梁	±3	
4	层高垂直度	层高不大于5m	3	经纬仪或吊线尺量
		大于5m	5	
5	相邻两板表面高低差		2	尺 量
6	表面平整度		2	靠尺、塞尺
7	阴阳角	方 正	2	方尺、塞尺
		顺 直	2	线 尺
8	预埋铁件	中心线位移	2	拉线、尺量
9	预埋管、螺栓	中心线位移	2	拉线、尺量
		螺栓外露长度	+5 −0	
10	预留孔洞	中心线位移	5	拉线、尺量
		内孔洞尺寸	+5 −0	
11	门窗洞口	中心线位移	3	拉线、尺量
		宽、高	±5	
		对角线	6	
12	插筋	中心线位移	3	尺 量
		外露长度	+10 −0	

1.4.3.2 精品策划

1. 方案选择

对于地下室、设备层等层高、平面布局与标准层有较大不同时,可以采用小钢模板。

为保证精品工程质量,模板宜选用60系列小钢模,配100宽工具式带孔模板,用于对拉螺栓,角模必须使用定型专用配套角模,不合模数处镶嵌的木模板,尺寸限制在150mm以内,木模一面刨光,厚度与钢模板厚度相同,侧面打孔,与相邻小钢模板用螺栓连接。

2. 模板设计

根据施工的不同部位,做好模板设计,根据图纸和工程实际优选模板体系做出细致可靠的节点设计,编制出模板施工方案。

(1) 尽量采用大规格模板,减少木模嵌补量。

(2) 合理排列,以提高模板的整体性。模板的长边宜与结构的长边平行布置。以采用错缝拼接为宜,也可齐缝拼接,但应使每块钢模板下最少有两道钢楞支撑,以免在齐缝处出现弯折。

(3) 使用U形卡或L形插销,要保证连接孔对齐。

(4) 两侧模板对拉螺栓的孔洞要保证对正。

(5) 配板方案选定之后,应绘制模板配板图。

(6) 要有小钢模设计配板计算书。

(7) 如果采用小模板时,宜使用市政模板(60系列模板),接缝严密性好。见图1.4.19。

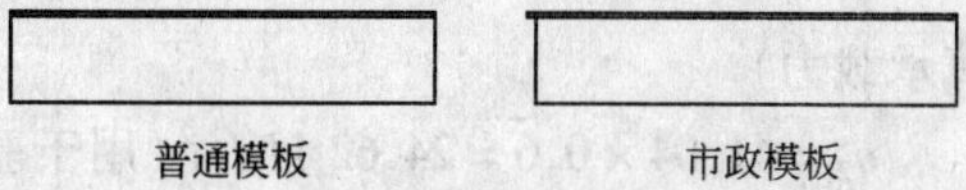

3. 模板计算

(1) 模板及其支架的设计应考虑的荷载

1) 模板及其支架自重;

2) 新浇筑混凝土自重;

3) 钢筋自重;

4) 施工人员及施工设备荷载;

5) 振捣混凝土时产生的荷载;

6) 新浇混凝土对模板侧面的压力;

7) 倾倒混凝土时产生的荷载。

图 1.4.19 普通模板与市政模板

(2) 模板计算内容包括

1) 混凝土侧压力及荷载计算;

2) 板面承载力及刚度验算;

3) 次龙骨承载力及刚度验算;

4) 主龙骨承载力及刚度验算;

5) 穿墙螺栓承载力的验算;

6) 对水平构件模板要有支撑体系的验算。

(3) 地下室墙体计算举例:

采用 6015 系列的组合钢模板,横向楞间距为 2 根 ϕ48,间距为 750mm,竖向背楞采用 2 根 ϕ48 钢管,间距为 700mm。对拉螺杆双向间距 750mm × 750mm,对拉螺杆采用 M14。

混凝土自重(γ_c)为 24kN/m³,强度等级 C40(按电梯中筒计算),坍落度为 12 ~ 14cm,采用导管卸料,浇筑速度为 1.2m/h,混凝土温度取 20℃,用插入式振捣器振捣。

1) 荷载设计值

混凝土侧压力:

① 混凝土侧压力标准值:$t_0 = 200/20 + 15 = 5.71$

$$F_1 = 0.22\gamma_c t_0 \beta_1 \beta_2 V^{1/2} = 0.22 \times 24 \times 5.71 \times 1 \times 1.15 \times 1.2^{1/2} = 37.9\text{kN/m}^2$$

$$F_2 = \gamma_c H = 24 \times 7.9 = 189.6\text{kN/m}^2$$

取两者中小值,即 $F_1 = 37.9\text{kN/m}^2$,

② 混凝土侧压力设计值:

$$F = 37.9 \times 1.2 \times 0.85 = 38.66\text{kN/m}^2$$

倾倒混凝土时产生的水平荷载

查表为 2kN/m²

荷载设计值为 $2 \times 1.4 \times 0.85 = 2.38 \text{ kN/m}^2$

$$F' = 38.66 + 2.38 = 41.04\text{kN/m}^2$$

2) 面板验算

查表得 6012 模板($\delta = 3\text{mm}$)得截面特征:$A = 24.56\text{cm}^2$ $I_x = 58.87\text{cm}^4$ $w_x = 13.02\text{cm}^3$ 考虑到模板的实际尺寸,取计算模型为三跨连续梁,取三跨连续结构计算。将面均布荷载化为线均布荷载,取 1m 宽板带计算,

① 荷载计算

$q_1 = 38.66 \times 0.6 = 23.20 \text{kN/m}^2$（用于验算承载力）

$q_2 = 41.04 \times 0.6 = 24.62 \text{ kN/m}^2$（用于验算挠度）

② 计算简图（图 1.4.20）

③ 抗弯强度验算

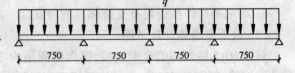

图 1.4.20　模板计算简图

$M = K_m q_1 l^2 = -0.125 \times 24.62 \times 400^2 = -0.39 \times 10^6 \text{Nmm}$

$\sigma = M/W = 6 \times 0.39 \times 10^6 / 13.02 \times 10^3 = 30.25 \text{N/mm}^2 \leqslant f_m = 215 \text{N/mm}^2$（可）

④ 挠度验算

$$w = K_\omega q_2 l^4 / 100 EI = 0.677 \times 23.2 \times 750^4 / 100 \times 2.06 \times 10^5 \times 58.87 \times 10^4$$
$$= 0.03 \text{mm} \leqslant 1.2 \text{mm}（可）$$

3）内钢楞验算

① 荷载计算

查表得 2 根 $\phi48$ 钢管的截面特征 $I = 21.56 \text{cm}^4$　$w = 8.98 \times 10^3 \text{cm}^4$

$q_1 = 38.66 \times 0.6 = 23.20 \text{kN/m}^2$（用于验算承载力）

$q_2 = 41.04 \times 0.6 = 24.62 \text{kN/m}^2$（用于验算挠度）

② 计算简图（图 1.4.21）

③ 抗弯强度验算

图 1.4.21　模板计算简图

$M = 0.107 q_1 l^2 = 0.105 \times 24.62 \times 750^2 = 145.4 \times 10^4 \text{N} \cdot \text{mm}$

$\sigma = M/W = 145.4 \times 10^4 / 8.98 \times 10^3 = 161.9 \text{N/mm}^2 \leqslant 215 \text{N/mm}^2$（可）

④ 挠度验算

$\omega = 0.632 q_2 l^4 / 100 EI = 0.632 \times 23.20 \times 750^4 / 100 \times 2.06 \times 10^5 \times 21.56 \times 10^4 = 1.02 \text{mm} \leqslant 1.2 \text{mm}$（可）。

4）对拉螺杆验算

对拉螺杆双向间距 750mm × 750mm，对拉螺杆采用 M14。

模板拉杆承受的拉力为：

$$N = F' \quad A = 41.04 \times 0.75 \times 0.75 = 17.6 \text{kN}$$

对拉螺杆的应力为：

$$\sigma = N/A = 17.6 \times 10^3 / 105 = 167.6 \text{N/mm}^2$$
$$\leqslant 170 \text{N/mm}^2（可）。$$

4. 控制要点

(1) 严密性：

1）拼缝：

角模、侧拼、模板上拼、层间水平拼缝。

2）层间接槎：

外墙、楼梯间、电梯井、窗口。

(2) 几何尺寸

长、宽、高、对角线、方正、角度、厚度、标高、形状尺寸、位置。

(3) 支撑要求

稳定性、立柱下垫板、三层连续支撑、板的边缘距最边支撑的距离不宜过大,以 250~300mm 为宜。单侧模板支撑要抗浮且既拉又顶。必要时下地锚。

1.4.3.3 过程控制

1. 工艺流程

小钢模板验收→组装前检查→安装门窗口模板→模板摆底→安装内龙骨→调整模板→安装模板以及螺栓→安装外龙骨→加斜撑并调整模板平直→模板安装验收

2. 小钢模板材料验收

由于小钢模板拼缝多,必须对模板进行严格的验收,磨损变形较大的旧模板不能使用,要求模板板面平整、边肋没有变形,边孔对齐,孔径一致,板间拼缝不大于 2mm。

3. 小钢模板安装要点

(1) 要点

阴、阳角部位应使用专用的阴阳角模板,阴角处不宜使用方木,阳角处不宜使用固定角模板。

墙体小钢模板施工应采用 600mm 宽度系列模板配 100mm 宽工具式模板或与钢模板等厚方木,用在工具式模板或方木上配对拉螺栓的方法,使板面平整,缝隙严密不漏浆,其方法为:

600mm 宽中型系列钢模板和 100mm 宽系列小钢模板间隔布置,模数不够的部位用木方子组拼,木方内侧刨光,厚度与钢模板板肋相同,侧面打贯通孔,用钩头螺栓与两侧钢模板连接见图 1.4.22。

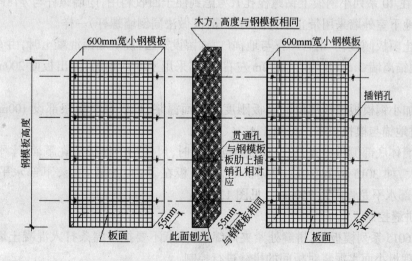

图 1.4.22　钢模板与木方拼接做法

其中 100mm 宽系列小钢模板上依照螺栓竖向间距打穿墙螺栓孔。见图 1.4.23。

水平、竖向龙骨均采用双根 $\phi 48$ 钢管,水平龙骨间距为 750mm、675mm、600mm,竖向龙骨间距为 700mm,交点处穿 $\phi 14$ 穿墙螺栓,其中外墙采用防水螺栓,即采用螺栓中间焊 50mm×

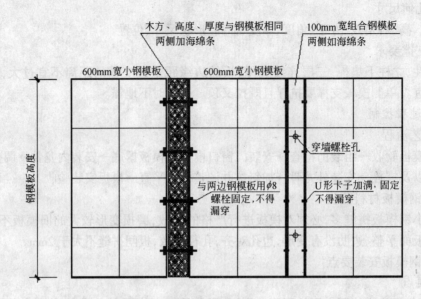

图 1.4.23　小钢模在 100mm 宽系列模板上或木方上加螺栓的方法

50mm,厚 1.5mm 的止水片,内墙穿墙螺栓加直径为 20 塑料套管,螺栓周转使用。穿墙螺栓与龙骨之间用 3 形扣件和螺母固定,拼缝一律采取硬拼接缝,接缝加塞 5mm 厚海绵条。

在梁端部、柱根角部,剪力墙转角处留置清扫口,顶板浇筑前将模板、钢筋上的杂物用高压气泵清理干净。

6015 小钢模和 1015 小钢模长向接缝错开布置,相临钢模板的边肋,都应用 U 型卡插牢,板缝之间贴海绵条,横向背楞为 2φ48 钢管@750,竖向背楞为 2φ48@700,对拉螺杆为 φ14@750×700(在 10 系列小钢模上钻螺栓孔),考虑到便于回收利用,内墙螺杆与 φ18PVC 套管配套使用。地下室外墙采用带止水片的对拉螺杆(做法同倒墙螺杆)一样。

为防止模板倾覆,加钢管斜撑与地锚(地锚留设方法:浇筑底板混凝土时,由专人在板上放地锚,地锚离墙 2.5m 左右,间距 2m 左右,地锚采用 φ25 的钢筋,露出板面 200mm)连接撑紧。

为增加小钢模板墙根部位的模板刚度和板面漏浆,可以在模板根部设 100mm×100mm 方木,通过地锚与模板顶牢。见图 1.4.24。

由于墙体底部侧压力大,故当模板竖向拼接时,尺寸小的模板放在下面,水平龙骨间距小,刚度大,如 3015 板和 3012 板竖拼时,3012 板在下,3015 板在上,下部水平龙骨间距 600mm,上部水平龙骨间距 750mm。见图 1.4.25。

(2) 拼缝控制

使用 6015 系列模板时,拼缝处紧夹海绵条,注意不要把海绵条打入混凝土墙内。通过选板和清理板小面水泥浆对板间的拼缝进行控制。

工具式模板的螺栓孔与螺栓的缝隙采用工具式孔垫的方法控制。

用龙骨将梁的模板拼缝顶实可以减少漏浆。

采用市政模板的企口接缝方法可以控制拼缝。

竖向模板与顶板面的缝隙,通过顶板浇筑混凝土时控制表面平整度来控制。

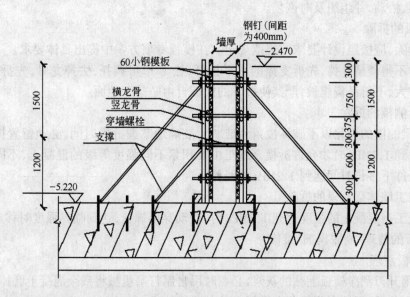

图 1.4.24　通过地锚和方木控制模板下口不跑浆

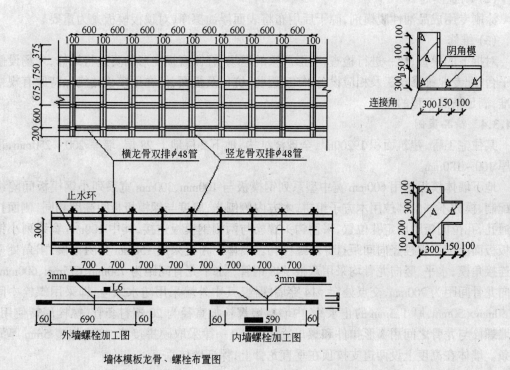

图 1.4.25　1015 和 6015 组合小钢模板布置图

通过满上 U 形卡子和 300 ~ 500mm 间距的顶模棍,控制板面的平整。

4. 模板安装后的验收

必须检查 U 形卡子是否上齐,螺栓是否拧紧,缝隙是否拼严,模板的平整度、几何尺寸、支撑是否可靠,扣件是否松动。浇筑混凝土时必须由模板支模班组设专人看模,随时检查支撑是否变形、松动,并组织及时恢复。

5. 模板的拆除

模板拆除,应按照设计要求或规范规定。在模板专项方案中提出具体要求。

拆模时不得硬橇乱捣,先拆支撑的水平拉杆,松 U 形可调托,去掉龙骨,先拆除少量模板再逐步扩大,不得乱橇模板,严禁使拆下的模板自由坠落于地面。

墙柱梁侧模的拆除

墙体、梁侧模的拆除以不破坏棱角为准。为准确地掌握拆模时间,必须留置拆模试块,试块强度达到 1.2MPa 时才允许拆模。施工中要积累不同强度等级的混凝土、不同水泥、在不同气温条件下多长时间达到 1.2MPa 的经验。

冬期施工墙体梁侧模的拆除

冬期施工当混凝土的强度达到 1.2MPa 时,松动穿墙螺栓,达到临界强度时移走模板。

6. 模板的清理、刷脱模剂、维修

(1) 模板清理

刮浆,用开刀刮净模板上粘的灰浆,必要时用自制打磨机械将残余混凝土磨掉。

擦灰,刮浆后,用抹布将残留在模板上的灰浆渣擦净。

(2) 刷脱模剂

涂刷专用成品油性脱模剂,晾干后用布将表面浮油擦净,对顶板模板尤为重要。

(3) 维修

对拆下的模板,逐一进行检查,变形严重的退场,轻微磨损变形的要进行维修,现场设修理平台,配专业维修技工及相应设备,修整边肋、坑包及板面,使在用模板始终保持原有规格标准,满足精品工程的需要。

1.4.3.4　精品案例

某住宅工程,建筑面积 19200m²,全现浇结构,地下 2 层地上 28 层,墙厚 200～250mm,顶板厚 100～180mm。

地下墙体模板采用 600mm 宽中型系列钢模板与 100mm、300mm 宽系列小钢模板间隔组装配制,模数不够的部位用木方子组拼,木方内侧刨光,厚度与钢模板板肋高度相同,侧面打贯通孔,孔位同板肋固定孔位置,采用钩头螺栓与两侧钢模板连接,其中 100mm 宽系列小钢模板板面上依照螺栓竖向间距打穿墙螺栓孔。墙体阴角处采用 150mm 宽阴角模,阳角处采用连接角模;水平、竖向龙骨均采用双根 $\phi48$ 钢管,水平龙骨间距为 750mm、675mm、600mm,竖向龙骨间距为 700mm,交点处穿 $\phi14$ 穿墙螺栓,其中外墙采用防水螺栓,即采用螺栓中间焊 50mm×50mm,厚 1.5mm 的止水片,内墙穿墙螺栓加直径为 20 塑料套管,螺栓周转使用。穿墙螺栓与龙骨之间用 3 形扣件和螺母固定,拼缝一律采取硬拼接缝,接缝加塞 5mm 厚海绵条。墙体在高度上设两道支撑顶在垂直龙骨上,保证墙体垂直。

穿墙螺栓用法:地下室外墙螺栓加焊 50mm×50mm 止水片并在支模时两端穿 15mm 厚木垫片,拆模后,将木垫片剔出,从根部切割穿墙螺栓外露部分以使钢筋不突出墙面,并用微膨胀砂浆将墙面修平。内墙螺栓穿塑料套管,套管长度同墙宽。用垫片、螺母拧紧。

合模按先横墙后纵墙的安装顺序,安装前先将底部混凝土表面抹平,钢模板底侧粘贴 5mm 厚海绵条,海绵条不得伸入墙身;将墙体一面的模板安装就位后,安塑料套管和穿墙螺栓,清扫墙内杂物,安装另一侧模板,调整斜撑使模板垂直,拧紧穿墙螺栓;检查螺栓是否紧固,检查模板与楼板,楼梯墙面间隙,模板拼缝是否严密,模板板肋上的 U 形卡是否全部安装牢固无遗漏,防止出现漏浆、错台现象并及时办理预检。

该工程采用清水模板施工技术取得较好的成效,经过专家 3 次检查评审,该工程获得结构长城杯,竣工后被评为市优质工程。

1.4.4 竹胶模板工程

1.4.4.1 质量要求

(1) 依据《混凝土工程施工质量验收规范》(GB 50204—2002),同时满足以下要求。

(2) 模板及其支架应具有足够的强度、刚度、稳定性、严密性,使混凝土达到清水效果。

(3) 允许偏差项目见表 1.4.3。

模板质量允许偏差项目   表 1.4.3

项 次	项 目		允许偏差值(mm)	检 查 方 法
1	轴 线 位 移		3	尺 量
2	底模上表面标高		±3	水准仪或拉线尺量
3	截面模内尺寸	基 础	±5	尺 量
		柱、墙、梁	±3	
4	层高垂直度	层高不大于 5m	3	经纬仪或吊线尺量
		大于 5m	5	
5	相邻两板表面高低差		2	尺 量
6	表 面 平 整 度		2	靠尺、塞尺
7	阴 阳 角	方 正	2	方尺、塞尺
		顺 直	2	线 尺
8	预 埋 铁 件	中心线位移	2	拉线、尺量
9	预 埋 管、螺 栓	中心线位移	2	拉线、尺量
		螺栓外露长度	+ 5 − 0	
10	预 留 孔 洞	中心线位移	5	拉线、尺量
		内孔洞尺寸	+ 5 − 0	
11	门 窗 洞 口	中心线位移	3	拉线、尺量
		宽、高	±5	
		对 角 线	6	
12	插 筋	中心线位移	3	尺 量
		外露长度	+ 10 − 0	

1.4.4.2 精品策划

1. 方案选择

胶合板模板、竹模板:

此类模板块大缝少,使混凝土观感效果较好,但由于自身刚度小,作墙体模板时需密加小龙骨,而在模板侧拼、阴角模处的拼缝处理较为困难,周转次数少,因此,胶合板模板更适合作柱子模板、梁模板和顶板模板。

2．模板设计

根据施工的不同部位,做好模板设计,根据图纸和工程实际优选模板体系做出细致可靠的节点设计,编制出模板施工方案。模板设计内容见下表。

3．模板计算

（1）模板及其支架的设计应考虑的荷载

1）模板及其支架自重;

2）新浇筑混凝土自重;

3）钢筋自重;

4）施工人员及施工设备荷载;

5）振捣混凝土时产生的荷载;

6）新浇混凝土对模板侧面的压力;

7）倾倒混凝土时产生的荷载。

（2）模板计算内容包括

1）混凝土侧压力及荷载计算;

2）板面承载力及刚度验算;

3）次龙骨承载力及刚度验算;

4）主龙骨承载力及刚度验算;

5）穿墙螺栓承载力的验算;

6）对水平构件模板要有支撑体系的验算。

（3）计算示例

顶板计算:

模板采用15mm厚双面覆模木模板,下铺50mm×100mm木方次龙骨,间距为250mm,下铺100mm×100mm木枋主龙骨,间距为1200mm。木枋下钢管间距为1200mm,支撑用满堂红碗扣式脚手架,立杆间距1.2m(楼板厚取250mm)。

1）荷载计算（取1m宽板带）:

底模自重 $0.015 \times 10 \times 1 \times 1.2 = 0.18$ kN/m

混凝土自重 $24 \times 0.3 \times 1 \times 1.2 = 8.64$ kN/m

钢筋荷重 $1.1 \times 0.2 \times 1 \times 1.2 = 0.264$ kN/m

施工人员及设备荷载 $2.5 \times 1 \times 1.4 = 3.5$ kN/m

合计: $ql = 9.70$ kN/m

2）面板验算（图1.4.26）:

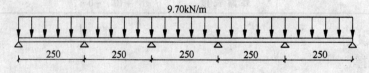

图 1.4.26 板计算简图

取五跨连续结构计算,弯距系数 $K_m = -0.105$,挠度系数 $K_w = 0.644$。

强度验算:

$$M = K_m ql^2 = -0.105 \times 9.70 \times 2502 = -0.064 \times 106 \text{Nmm}$$

$$\sigma = M/W = 6 \times 0.064 \times 106/1000 \times 152 = 3.84 \text{N/mm}^2 \leqslant f_m = 60 \text{N/mm}^2 (可)$$

挠度验算:

$q = 9.70 \text{kN/m}$,

$I = bh^3/12 = 1000 \times 153/12 = 2.81 \times 105 \text{mm}^4$

$w = K_w ql^4/100EI = 0.644 \times 9.70 \times 2504/100 \times 8500 \times 2.81 \times 105 = 0.10 \text{mm} \leqslant 1/400 = 0.625 \text{mm}(可)$

3) 背枋次龙骨验算:

取计算模型为简支梁,计算跨度为 1.2m,$q = 9.67 \times 250/1200 = 2.02 \text{kN/m}$

计算简图(图 1.4.27)

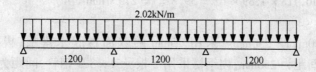

2.02kN/m

1200　　1200　　1200

图 1.4.27　次龙骨计算简图

强度验算:

$M = ql^2/8 = 2.02 \times 1.22/8 = 0.37 \text{kN·m}$

$\sigma = M/W = 6 \times 0.37 \times 106/50 \times 1002 = 4.44 \text{N/mm}^2 \leqslant f_m = 13 \text{N/mm}^2 (可)$

挠度验算:

$q = 2.02 \text{kN/m}$,

$I = bh^3/12 = 50 \times 1003/12 = 4.17 \times 106 \text{mm}^4$

$\omega = 5ql^4/384EI = 5 \times 2.02 \times 12004/384 \times 9000 \times 4.17 \times 106 = 0.91 \text{mm} \leqslant 1/400 = 3 \text{mm}(可)$

4) 背枋主龙骨验算

取计算模型为简支梁,计算跨度为 1.2m,

$$q = 2.02 \times 1200/1200 = 2.02 \text{kN/m}$$

计算简图(图 1.4.28)

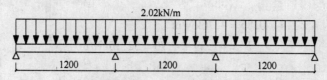

2.02kN/m

1200　　1200　　1200

图 1.4.28　主龙骨计算简图

强度验算:

$$M = ql^2/8 = 2.02 \times 1.22/8 = 0.37 \text{kNm}$$

$$\sigma = M/W = 6 \times 0.37 \times 106/100 \times 1002 = 2.22 \text{N/mm}^2 \leqslant f_m = 13 \text{N/mm}^2 (可)$$

挠度验算:

$$q = 2.02 \text{kN/m},$$

$$I = bh^3/12 = 100 \times 1003/12 = 8.34 \times 106 \text{mm}^4$$

$$\omega = 5ql^4/384EI = 5 \times 2.02 \times 12004/384 \times 9000 \times 8.34 \times 106 = 1.82 \text{mm} \leqslant 1/400 = 3 \text{mm}(可)$$

5）支撑架计算

支撑架采用 $\phi 48$ 钢管，立杆间距 1.2m，横杆间距 1.2m，钢管主要截面特征如下：截面积 $A = 4.89 \times 10^2 \text{mm}^2$，惯性距 $I = 12.19 \times 10^4 \text{mm}^4$，抵抗矩 $W = 5.00 \times 10^3 \text{mm}^3$，回转半径 $i = 15.8 \text{mm}$，抗弯强度设计值 $f = 215 \text{N/mm}^2$，弹性模量 $E = 2.06 \times 10^5 \text{N/mm}^2$。

荷载计算：

模板支架荷载为 9.70kN/m²，每个段格面积为 $1.2 \times 1.2 = 1.44 \text{m}^2$，每根立杆承受的荷载为：$1.44 \times 9.70 \times 10^3 = 13968 \text{kN}$。

强度验算：

轴向压应力：$N/A = 13968/4.89 \times 10^2 = 28.6 \text{N/mm}^2 \leqslant f = 215 \text{N/mm}^2$（可）

稳定性验算：立杆长细比为：$\lambda = l/i = 1200/15.8 = 76$，得稳定系数 $\Psi = 0.718$

$N/\Psi A = 13968/0.718 \times 4.89 \times 10^2 = 39.8 \leqslant f = 215 \text{N/mm}^2$（可）

6）墙体计算：

取墙高为 3900m，厚 250mm。采用 15mm 的双面覆膜木模板，模板尺寸为 $1125 \times 2000 \text{mm}$，竖向背枋间距为 250mm，内钢楞采用 2 根 $\phi 51 \times 3.5$ 钢管，间距为 550mm，外钢楞采用同一规格钢管，间距为 667mm。对拉螺杆双向间距 550mm，对拉螺杆采用 M16。

混凝土自重（γ_c）为 24kN/m³，强度等级 C30（按电梯中筒计算），坍落度为 14～16cm，采用导管卸料，浇筑速度为 1.8m/h，混凝土温度取 25℃，用插入式振捣器振捣。

荷载设计值：

混凝土侧压力：

① 混凝土侧压力标准值：$t_0 = 200/20 + 15 = 5.71$

$$F_1 = 0.22 \gamma_c t_0 \beta_1 \beta_2 V^{1/2} = 0.22 \times 24 \times 5.71 \times 1 \times 1.15 \times 1.8^{1/2} = 46.46 \text{kN/m}^2$$

$$F_2 = \gamma_c H = 24 \times 3.9 = 93.6 \text{kN/m}^2$$

取两者中小值，即 $F_1 = 46.46 \text{kN/m}^2$，

② 混凝土侧压力设计值：

$$F = 46.46 \times 1.2 \times 0.85 = 47.39 \text{kN/m}^2$$

倾倒混凝土时产生的水平荷载

查表为 4kN/m²

荷载设计值为 $4 \times 1.4 \times 0.85 = 4.76 \text{kN/m}^2$

$$F' = 47.39 + 4.76 = 52.15 \text{kN/m}^2$$

面板验算：

考虑到模板的实际尺寸，取计算模型为五跨连续梁，取五跨连续结构计算，弯距系数 $K_m = -0.105$，挠度系数 $K_\omega = 0.644$。将面均布荷载化为线均布荷载，取 1m 宽板带计算，

荷载计算：

$q_1 = 52.15 \times 1 = 52.15 \text{kN/m}^2$（用于验算承载力），

$q_2 = 47.39 \times 1 = 47.39 \text{kN/m}^2$（用于验算挠度），

计算简图（图 1.4.29）

抗弯强度验算：

$$M = K_m q_1 l^2 = -0.105 \times 52.15 \times 250^2 = -0.342 \times 10^6 \text{Nmm}$$

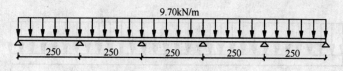

图 1.4.29　板计算简图

$\sigma = M/W = 6 \times 0.342 \times 10^6/1000 \times 15^2 = 9.31\text{N/mm}^2 \leqslant f_m = 13\text{N/mm}^2(\text{可})$

挠度验算：

$q_2 = 47.39\text{kN/m}$,

$I = bh^3/12 = 1000 \times 15^3/12 = 2.81 \times 10^5\text{mm}^4$

$w = K_\omega q_2 l^4/100EI = 0.644 \times 47.39 \times 250^4/100 \times 8500 \times 2.81 \times 10^5 = 0.50\text{mm} \leqslant 1/400 = 0.625\text{mm}(\text{可})$

内钢楞验算：

查表得 2 根 $\phi51 \times 3.5$ 钢管的截面特征 $I = 2 \times 14.8 \times 1 \times 10^4$；$w = 2 \times 5.81 \times 10^3\text{mm}$；$q_1 = 52.15 \times 667/1000 = 34.78\text{kN/m}^2$（用于验算承载力），

$q_2 = 47.39 \times 667/1000 = 31.61\text{kN/m}^2$（用于验算挠度），

计算简图（图 1.4.30）

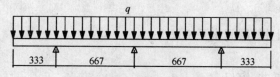

图 1.4.30　内钢楞计算简图

抗弯强度验算

$M = 0.105q_1 l^2 = 0.105 \times 34.78 \times 667^2 = 162 \times 10^4\text{N·mm}$

$\sigma = M/W = 162 \times 10^4/2 \times 5.81 \times 10^3 = 139.82\text{N/mm}^2 \leqslant 215\text{N/mm}^2(\text{可})$

挠度验算：

$w = 0.273q_2 l^4/100EI = 0.273 \times 31.61 \times 667^4/100 \times 2.06 \times 10^5 \times 2 \times 14.81 \times 10^4 = 0.28\text{mm} \leqslant 600/1000 = 0.6\text{mm}(\text{可})$。

外钢楞验算：

查表得 2 根 $\phi51 \times 3.5$ 钢管的截面特征 $I = 2 \times 14.8 \times 1 \times 10^4$

$W = 2 \times 5.81 \times 10^3\text{mm}$

$q_1 = 52.15 \times 550/1000 = 28.68\text{kN/m}^2$（用于验算承载力），

$q_2 = 47.39 \times 550/1000 = 26.06\text{kN/m}^2$（用于验算挠度），

计算简图（图 1.4.31）

抗弯强度验算：

$M = q_1 l^2/2 = 28.68 \times 275^2/2 = 108.45 \times 10^4\text{N·mm}$

$\sigma = M/W = 108.45 \times 10^4/2 \times 5.81 \times 10^3 = 93.33\text{N/mm}^2 \leqslant 215\text{N/mm}^2(\text{可})$

挠度验算

$w = q_2 m^2(-l^3 + 6ml^2 + 3m^3)/24EI = 26.06 \times 275(-550^3 + 6 \times 275 \times 550^2 + 3 \times 275^3)/24$

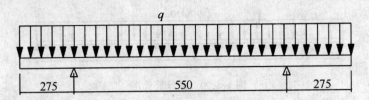

图 1.4.31 外钢楞计算简图

$\times 2.06 \times 10^5 \times 2 \times 14.81 \times 10^4 = 2.07\text{mm} \leqslant 3.0\text{mm}(\text{可})$。

7) 对拉螺杆验算

对拉螺杆采用双向间距为 550mm,选用 M16 螺栓,净截面面积 $A = 144\text{mm}^2$。

模板拉杆承受的拉力为:

$$N = F' \quad A = 34.14 \times 0.667 \times 0.55 = 19.13\text{kN}$$

对拉螺杆的应力为:

$$\sigma = N/A = 19.13 \times 10^3/144 = 132.86\text{N/mm}^2$$
$$\leqslant 170\text{N/mm}^2(\text{可}),满足要求。$$

4. 控制要点

(1) 严密性:

1) 拼缝:

角模、侧拼、模板上拼、层间水平拼缝。

2) 层间接槎

外墙、楼梯间、电梯井、窗口。

(2) 几何尺寸

长、宽、高、对角线、方正、角度、厚度、标高、形状尺寸、位置。

(3) 支撑要求

稳定性、立柱下垫板、三层连续支撑、板的边缘距最边支撑的距离不宜过大,以 250 ~ 300mm 为宜。单侧模板支撑要抗浮且既拉又顶。必要时下地锚。

1.4.4.3 过程控制

胶合板的厚度有 12mm、15mm、18mm,要根据计算选择模板的厚度,即要经济又要实用。

1. 工艺流程

模板设计→模板加工→模板安装→模板验收→浇筑混凝土→拆模

柱模板工艺流程:弹柱位置线→抹找平层、焊定位筋→安装柱模→安装柱箍→安拉杆或斜撑进行校正加固→验收

墙模板工艺流程:弹线→抹找平层、焊定位筋→安装门窗洞口→安一侧模板→插入螺栓及套管→安另一侧模板→校正加固→验收

顶板模板工艺流程:弹线→搭立杆→调整标高→安装梁底模(与墙或柱接触面的处理)→安装侧模→安装大小龙骨→铺板(与墙接触面的处理)→校正标高→加立杆的水平杆→验收

2. 模板的配置加工

(1) 一般要求

模板在裁切时,应直顺,尺寸准确,误差控制在 1 ~ 2mm;裁切后模板的小侧边用漆封边。

因竹模板强度低,龙骨间距要适宜,可参见表1.4.4竹模板龙骨档距参考表,表中龙骨要刨平。

竹模板龙骨档距参考表　　　　　　　表1.4.4

楼板厚(cm)	12mm厚竹胶板		15mm厚竹胶板	
	跨距(cm)	控制荷重(kN/m²)	跨距(cm)	控制荷重(kN/m²)
8	47	6.04	56	6.08
10	45	6.64	53	6.68
12	43	7.25	50	7.28
15	41	8.15	48	8.19
18	39	9.06	46	9.09
20	38	9.66	45	9.69
22	37	10.27	43	10.29
25	36	11.17	42	11.20
30	34	12.67	40	12.71

作业队根据方案编制好配模图后,按图编号逐块制作模板,每块模板严格按加工图尺寸下料。

木方与模板接触面先用压刨刨平刨直,然后用手刨刨平,同时用2m靠尺检查平直度。

模板下料时先用钢卷尺量好尺寸,弹好墨线后,用手锯下料,模板四条侧边全部用手刨刨平,用2m靠尺检查平直度;

将模板平铺在操作平台上,从一侧向另一侧弹好纵横龙骨边线;

从一侧向另一侧钉木龙骨,钉木龙骨过程中,在模板拼缝处粘贴密封胶条,密封胶条不得凸出模板内侧面;穿吊钩与上口100mm×100mm木方上钉子按@150间距,其余木枋上钉子按@200间距;

龙骨与面板钉装完毕后,从一侧至另一侧弹出螺栓孔十字线,用电钻钻出螺栓孔。

制作完毕后,按大模板制作质量检查标准,由工长、质检员分别检查验收,验收合格后,立放在模板支架上。

按需求均匀涂刷脱模剂,等待吊装。

(2) 墙体模板

所有阴角必须做预制阴角模,每边长度视具体部位确定,内墙模板尽量配制整数相交板,余下的模数加到阴角模板里,采用1220mm×2440mm的木胶板,厚度为15~18mm厚,模板的背面龙骨采用50mm×100mm的木方,接缝处采用100mm×100mm的木方,水平方向主龙骨采用φ48钢管(双排)板面接缝表面平整、方正,接缝处用5mm×10mm的海绵条填塞严密防止砼漏浆。阴阳角模板之一见图1.4.32,阴阳角模板之二见图1.4.33。

外墙大模板要将竖向龙骨下伸,用下层螺栓孔将其与墙面固定严密见图1.4.34。

由于要保证木模板具有足够的强度、刚度、稳定性,故要求大块模板配完后在背面采用φ48钢管固定,以防止吊装时模板扭曲变形,钢管采用"7"字形φ12的钢筋套丝固定在次龙骨上。注意:阴阳角相邻处的模板开孔必须错开5cm,以便交茬钢管相伴固定。

(3) 柱模板

柱模的高度按结构层高减去梁的高度外加3cm,采用四片企口式模板拼接。根据柱子截面尺寸背面配2~4根50mm×100mm的木方,龙骨竖向分布,次龙骨对接用帮条木方固定

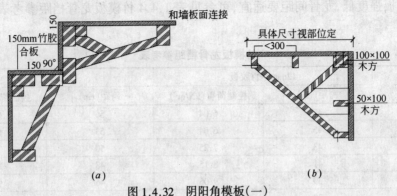

图 1.4.32　阴阳角模板(一)

(a)阳角模板做法;(b)阴角模板做法

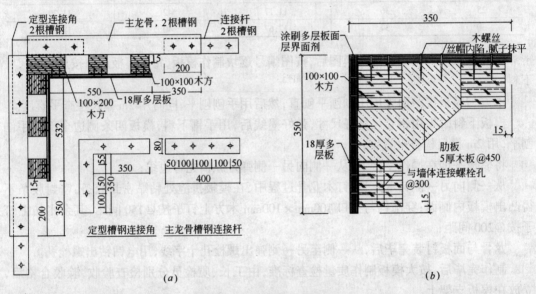

图 1.4.33　阴阳角模板(二)

(a)墙体阳角模;(b)墙体阴角模

(接缝同墙模一样要求)

(4) 梁模板

梁的底板采用 15~18mm 厚覆面木胶板,侧模板采用 12mm 竹胶合板,次龙骨采用 50mm × 100mm 的木方,大于 600mm 的梁高,必须穿一道螺栓,用 φ48 钢管加固,接缝与墙体一样做法,梁底与侧模的接触面采用企口连接。用底托帮的方法,避免阳角跑浆。跨度大于 4m 的梁底模起拱 1‰~3‰。

3. 模板的安装

(1) 安装柱模板

柱模由预拼装的四片企口式大板一面一片就位,用铅丝与柱主筋绑扎临时固定,通排柱拉通线安装。

安装柱箍采用 14 号槽钢制成柱箍,用螺栓拉紧,柱箍间距为 400mm,螺栓眼孔间距为 1050mm。

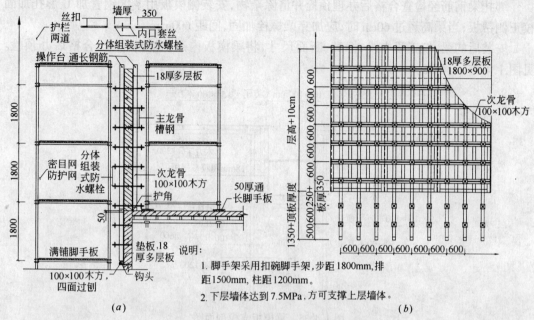

图 1.4.34 外墙大模板要将竖向龙骨下伸

(a)外墙模板支撑图;(b)外墙外侧模板拼装图

安装柱模的拉杆或斜撑,柱模每边设 2 根拉杆固定于事先预埋的楼板内的地锚上进行校正,拉杆与地面的夹角尽量保持 45°~60°,地锚桩与柱距离在 3/4 柱高,用吊线坠或经纬仪校正柱的垂直度。

将柱模内清理干净,封闭清扫口,办理预检。

(2) 安装墙模板

按照图纸,弹好墙体位置线及门窗洞口位置线。

抹好地面找平层,焊接模板定位筋,防止下口模板移位。

按位置线安装门窗洞口模板和各预埋件以及各专业预埋洞口及框架梁梁豁口。

安装一侧模板(外墙先安外侧)并先固定防止倒下伤人,然后安装穿墙螺栓和塑料套管(内墙用)。

清扫墙内杂物,安装另一侧模板,拧紧穿墙螺栓,控制好墙径尺寸,穿墙螺栓用 $\phi 18$ 间距为 $600\text{mm} \times 400\text{mm}$。

调节模板的垂直度,并用斜撑进行加固,每道墙不少于 4 道斜支撑。

检查斜撑及拉杆的扣件及螺栓是否紧固,模板拼缝及下口是否严密,封堵清扫口,办好预检手续。

(3) 安装梁模板

柱子墙体拆模后在混凝土上弹出轴线和水平线,架好柱节点处的模板,制成四片企口式模板,开好梁豁口。

搭设梁底架子采用 $\phi 48$ 钢管,下口垫 50mm 厚木板。采用双排架子,支柱钢管纵横间距为 100cm,支柱上架一道水平钢管后铺 10×10cm 方木,间距为 40cm,支柱双向加剪刀支撑和水平拉杆,离地 30cm 设一道,以上每隔 1.6m 设一道。

按设计标高,调整支柱的标高,安装梁底板并拉线找直,梁底板要起拱。

　　绑扎梁钢筋经检查合格后办理预栓并清除杂物,安装侧模板用 $\phi48$ 钢管加 U 形托加固校正侧帮板;当梁高超过 60cm 时,应加穿梁螺栓加固,间距 600mm。

　　安装后的梁,校正梁中线、标高、断面尺寸,将梁模板内杂物清理干净,合格后办预检。见图 1.4.35、1.4.36。

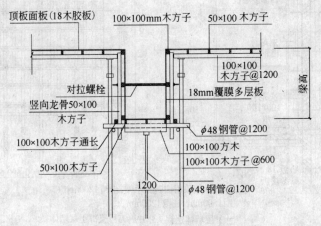

图 1.4.35　梁模板支模剖面图

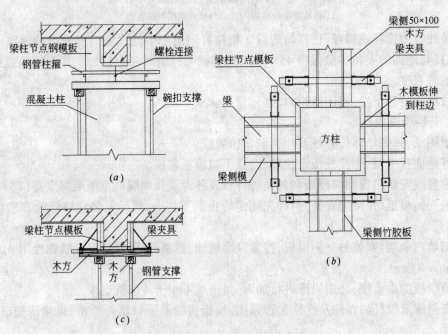

图 1.4.36　梁模板支模安装图

(a)梁柱节点图;(b)梁柱节点图;(c)梁支撑方案图

(4) 顶板模板安装

　　顶板支柱采用梁架的支柱,外加顶托,梁间距大于 1.2m 时,中间加一道支柱,加顶托作为顶板支柱。

　　安装顶板大龙骨,间距为 120cm,调节支柱顶托高度,将大龙骨找平,然后安小龙骨,间距为 250～300mm。

单间铺板从一侧开始铺,在接缝处用海绵条堵塞挤严,使接缝严密、平整、无错台、防漏浆。见图1.4.37。

平板铺完后用水平仪测量模板标高,进行校正并用靠尺找平。

标高校完后,支柱间加水平拉杆,离地面30cm处设一道,往上纵横方向每隔1.6m设一道,并检查紧固件是否牢固。将板内杂物清理干净,办预检。顶板模板支模方法见图1.4.38。

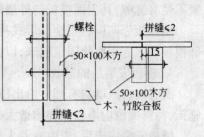

图1.4.37　竹模板拼缝图

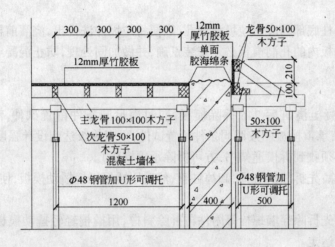

图1.4.38　顶板模板支模剖面图

（5）顶板、梁模板起拱处模板安装

梁、板跨度≥4m时,在跨中按跨度起拱。以梁、板跨度中心最高起拱点为准,依次用木楔一步步垫起次龙骨,木楔高度逐渐递减。见图1.4.39,计算公式如下:

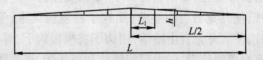

图1.4.39　模板起拱

$$H = (L - 2 \times L_1) \times n‰$$

式中　L——梁板总跨度;

L_1——以梁板跨中为基点,两侧每一起拱支撑点距跨中的水平投影长度;

H——距离跨中起拱支撑点长度L_1处的起拱高度;

$n‰$——1‰～4‰内取值。

（6）胶合板拼缝

顶板模板采用对缝,缝隙下面设计龙骨,成对钉钉子分别将两块模板固定在同一龙骨上。

模板裁切时,要弹线采用电动工具按线裁切,侧面打磨刷漆,防止雨水膨胀。

顶板模板安装完毕,用水泥腻子将个别缝隙填实磨光。

顶板模板与墙的缝隙采用墙体混凝土标高控制,剔除软弱层后,墙体混凝土应高于顶板混凝土底标高5mm,弹线用砂轮锯将接槎位置切齐切直。将侧面刨光的龙骨与混凝土墙贴紧不使有缝隙,其上铺模板与外墙贴紧。

墙体相邻两模板用企口形式拼接,拼缝宽度小于等于2mm,并应把拼缝所在的木方与相邻模板的木方用螺栓固定起来,以便保证模板的整体性和严密性,防止漏浆。

4. 模板安装后的验收

所有梁、柱、墙均有翻样给出模板排列图和排架支撑图,经项目总工程师审核后交班组施工,特殊部位应增加细部构造大样图。

模板安装完毕后,应由专业人员对轴线、标高、尺寸、支撑系统、扣件螺栓,拉结螺栓进行全面检查,浇混凝土过程中应有技术好、责任心强的木工看模,发现问题及时报告施工组、技术组。

在板、梁、墙、柱底部均应留垃圾清理孔,以便将垃圾冲洗排出,浇灌前再封闭。

所有楼板、墙板内的孔洞模板必须安装正确,并做加固处理,防止混凝土浇筑时冲动。

5. 模板的拆除

模板的拆除:

墙柱模板混凝土浇筑后24h拆除模板,同时满足同条件留置试件,混凝土强度达到1.2MPa方可拆除;承重模板的按照同条件留置试件,强度等级达到设计强度的100%方可拆除承重模板(即必须收到拆模通知书,方可拆除承重模板)。

柱子模板拆除:先拆柱斜支撑,卸掉柱箍,然后用撬棍轻轻撬动模板,使模板与混凝土脱离。

墙模板拆除:先拆除穿墙螺栓等附件再拆除斜撑,用撬棍轻轻撬动模板,使模板离开墙体,即可把模板吊运走。

楼板、梁模板拆除:应先拆梁侧帮模,再拆除楼板模板,拆楼板模板先拆掉水平拉杆,然后拆除支柱,每根龙骨留1~2根支柱暂不拆;操作人员站在已拆除空隙,拆去近旁余下的支柱,使其龙骨自由坠落,用钩子将模板钩下,等该段的模板全部脱模后,集中近旁余下的支柱,使其龙骨自由坠落,用钩子将模板钩下,等该段的模板全部脱模后,集中运出,堆中集放。有穿墙螺栓者,先拆穿墙螺栓和梁托架,再拆除底模。拆除模板时严禁模板直接从高处往下扔,以防止模板变形和损坏。

6. 模板的清理维修、存放、刷脱模剂

(1) 模板清理维修

拆除后的模板运至后台进行清理维修,将模板表面清理干净,板边刷封边漆,堵螺栓孔,要求板面平整干净,严重破损的予以更换。

(2) 模板的堆放

现场拆下的模板应放入插板架内,不要码放,须修整的及时运至后台。

清理好的模板所放地点要高出周围地面150mm,防止下雨时受潮。

(3) 刷脱模剂

模板清理干净,擦掉浮灰后,刷专用水质脱模剂,不得漏刷,刷后擦净。

1.4.4.4 精品案例

某住宅工程,建筑面积19200m²,全现浇结构,地下2层地上28层,墙厚200~250mm,顶板厚100~180mm。见图1.4.40~图1.4.47。

图 1.4.40　外墙阳角支模效果

图 1.4.41　内墙阴角支模效果

图 1.4.42　顶板模板硬拼缝

图 1.4.43　顶板支撑

图 1.4.44　模板侧面加海绵条

图 1.4.45　门口模板加海绵条

竖向墙体配置竹模板,采用 15mm 竹胶板,竖龙骨 80mm×120mm 方木,水平龙骨 8 号槽

图1.4.46　墙体混凝土外观

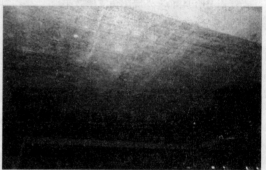

图1.4.47　顶板上面混凝土外观

钢。穿墙螺栓用 $\phi18$ 间距为 $600mm \times 400mm$。

模板加工做到牢固严密、不变形。使用中加强模板的清理、维护。调节模板的垂直度,并用斜撑进行加固。

顶板用 12mm 厚竹胶模板,硬拼接缝不加胶条,竖向支撑采用碗扣支撑系统。主龙骨为 $100mm \times 100mm$ 方木,次龙骨为 $50mm \times 100mm$ 方木,主龙骨间距不大于 1.2m,次龙骨间距不大于 0.25m。

顶板增加一次测量放线,重点控制口、角、接缝、施工缝。

顶板模板起拱按 1/1000 进行,大于 4m 的梁底模需起 2/1000 的拱,起拱用木楔在模板与小龙骨背起。

洞口模板采用烘干白松木料外包竹模板,安装时加海绵条将平面封严,防止跑浆。所有门窗口、大阳角吊立线,并在外墙及顶板弹出控制线,保证门窗洞口位置准确,大角方正、通顺。

该工程采用清水模板施工技术取得较好的成效,经过专家 3 次检查评审,该工程获得结构长城杯,竣工后被评为市优质工程。

1.4.5　其他模板

1.4.5.1　质量要求

1. 依据《混凝土工程施工质量验收规范》(GB 50204—2002),同时满足以下要求:
2. 模板及其支架应具有足够的强度、刚度、稳定性、严密性,使混凝土达到清水效果。

3．允许偏差项目见表 1.4.5。

模板质量允许偏差项目 表 1.4.5

项 次	项 目		允许偏差值(mm)	检 查 方 法
1	轴 线 位 移		3	尺 量
2	底模上表面标高		±3	水准仪或拉线尺量
3	截面模内尺寸	基 础	±5	尺 量
		柱、墙、梁	±3	
4	层高垂直度	层高不大于 5m	3	经纬仪或吊线尺量
		大于 5m	5	
5	相邻两板表面高低差		2	尺 量
6	表 面 平 整 度		2	靠尺、塞尺
7	阴 阳 角	方 正	2	方尺、塞尺
		顺 直	2	线 尺
8	预 埋 铁 件	中心线位移	2	拉线、尺量
9	预埋管、螺栓	中心线位移	2	拉线、尺量
		螺栓外露长度	+5 −0	
10	预 留 孔 洞	中心线位移	5	拉线、尺量
		内孔洞尺寸	+5 −0	
11	门 窗 洞 口	中心线位移	3	拉线、尺量
		宽、高	±5	
		对角线	6	
12	插 筋	中心线位移	3	尺 量
		外露长度	+10 −0	

1.4.5.2 精品策划

1．方案选择

精品工程应根据工程规模、施工条件、质量目标对门窗、楼梯、洞口模板选择不易变形，周转次数多，磨损少，拆装方便、拆卸组装尺寸精度高的模板。

节点模板如弧型、装饰线条、滴水线等，必须使用定型模板，才能做出精品工程。

2．模板设计

根据施工的不同部位，做好模板设计，根据图纸和工程实际优选模板体系做出细致可靠的节点设计，编制出模板施工方案。

节点设计：精品工程需对下列施工部位进行模板设计，如清水楼梯踏步、外门窗口滴水线、外墙企口式门窗口模板、装饰线条模板、拆装式门窗口钢模板、丁字墙门口处整体模板、带串筒窗口模板、墙体门窗口一体式大钢模板。

模板整体尺寸设计：按图纸及模板加工要求。

板面设计：按周转次数及投入条件。

拼缝设计：硬拼缝、企口缝等。

螺栓、龙骨、支撑设计:经计算确定。

起拱设计:按跨度和荷载制定方案。

3. 控制要点

(1) 严密性

1) 拼缝:

角模、侧拼、模板上拼、层间水平拼缝。

2) 层间接槎:

外墙、楼梯间、电梯井、窗口。

(2) 几何尺寸

长、宽、高、对角线、方正、角度、厚度、标高、形状尺寸、位置。

(3) 支撑要求

稳定性、立柱下垫板、三层连续支撑、板的边缘距最边支撑的距离不宜过大,以 250～300mm 为宜。单侧模板支撑要抗浮且既拉又顶。必要时下地锚。

1.4.5.3　过程控制

1. 梁柱节点模板

梁柱节点模板是框架结构中质量控制的重点。为此,需要做到以下几点:

(1) 柱子混凝土的浇注时要高于主梁梁底,弹梁底标高线,剔除浮浆后仍高于梁底 1cm,在柱子和梁交界的阴角处,弹线,用云石机按线切直柱子混凝土水平接槎,以利于梁底模板与柱子间的硬拼缝。

(2) 梁柱节点模板要下伸,便于打两道柱箍。

(3) 节点模板应专门加工制做,不宜用标准模板组拼。

2. 门窗洞口模板

方法 1:

门窗洞口模板应专门加工制作,采用可拆卸的钢支撑及连接铰页,对于外墙门窗洞口要做企口,立窗后外檐可以不抹灰。模板采用烘干白松木料外包胶合板,铰页固定连接,支撑体系为可调节角钢。窗檐直接做出滴水线,窗台作出泛水坡度。为固定门口模板位置,应在顶板预埋钢筋将门口模板卡死。为解决模板周转和混凝土强度增长的需求,可配两套模板周转使用。门窗口模板的支模形式见图 1.4.48。

门窗口模板材料,木模板板厚不小于 50mm,固定角采用工具式,支撑上中下 3 道。窗下口留气孔和观察孔。宽度大于 2m 的窗口,可在中间加 100mm × 100mm 的串筒,避免窗台中部混凝土灌筑不密实。

外门窗安装时,必须按实际控制线安装,控制线用经纬仪从下到上弹线在混凝土外墙上,上下层窗口对正,允许偏差 2mm。

方法 2:

门窗洞口模板面板采用 15mm 厚覆膜多层板,内衬沿墙厚内外两侧采用 50mm × 100mm 木枋作为支撑。可采用以下两种做法,详见图 1.4.49、1.4.50。

门窗模板安装

支模前须弹好各楼层墙的中心线、门窗洞口位置线、弹好模板安装位置线和支模控制线,并核对标高找平,为了防止门模跑模,洞口四周焊好限位筋(用 φ14@600mm 的短钢筋焊

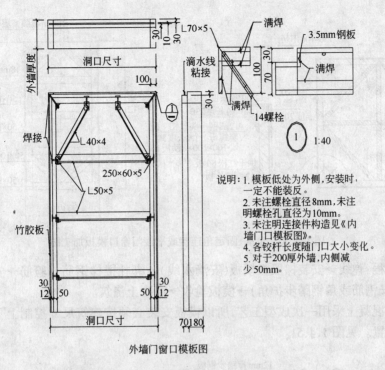

说明：1. 模板低处为外侧,安装时,一定不能装反。
2. 未注螺栓直径8mm,未注明螺栓孔直径为10mm。
3. 未注明连接件构造见《内墙门口模板图》。
4. 各铰杆长度随门口大小变化。
5. 对于200厚外墙,内侧减少50mm。

外墙门窗口模板图

图 1.4.48　木模板钢支撑门口模板加工图

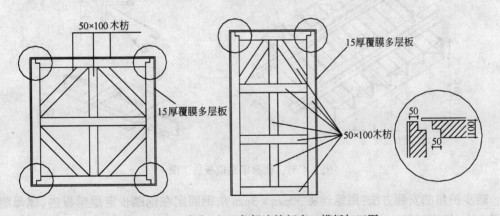

图 1.4.49　全木、企口角部连接门窗口模板加工图

在附加筋上端头刷防锈漆),按位置线安装好门窗洞口模板。

a. 预埋件、预留洞口尺寸须按图纸位置留设准确。

b. 预留洞口支模时须执行正偏差 + 4 ~ + 5mm,以保证混凝土成型后其尺寸不小于图纸的要求。

c. 为便于拆模,其洞口模板须刨平刨光,并涂刷好脱模剂。

3. 楼梯模板

方法 1：

梁、平台支撑系统采用碗扣架,模板采用 12mm 厚竹模板;踏步模板采用 10 ~ 12mm 厚钢板,按图纸尺寸切割成型,用 10 号工字钢做龙骨焊成踏步板面,加工必须精细。

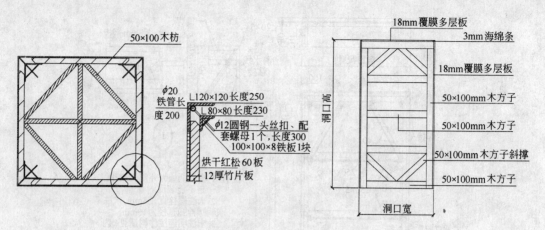

图 1.4.50 全木、固定角连接或平接门窗口模板加工图

安装流程:弹线→安装梯段板模板(安滴水线)→绑扎楼梯钢筋→验筋→安装定型楼梯踏步模板(安钢筋或角钢踏步护角)→模板验收→混凝土浇筑。

因楼梯混凝土采用一次成型工艺,所以模板安装必须按建筑尺寸控制上下平台标高和踏步尺寸位置。见图 1.4.51。

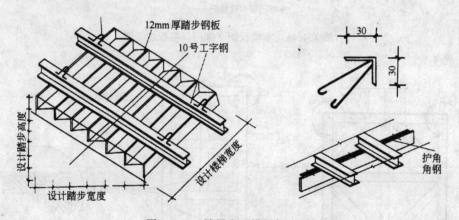

图 1.4.51 楼梯定型模板加工图

踏步护角的安装方法:用螺丝将 30mm×3mm 角钢固定在钢踏步定型模板内,螺母朝向混凝土内,拆模时用改锥退出螺杆。钢筋直径为 6mm,长度大于或等于 120mm,间距 400mm。

梯段板下面距外端 30mm,可直接在底模上安装滴水线。

方法 2:

楼梯模板设计:

楼梯底模板采用覆膜木模板,背枋为 50mm×100mm 间距 250mm,底模超出侧模 2~3cm。制作前事先根据楼梯几何尺寸及装修厚度计算好踏步高度,配制模板时按此数据用木模板做成倒三角形。

楼梯模板安装:

安装时木工现场放大样,现场弹线定出楼梯安装位置,先支好休息平台模板,再支设楼梯底模,支架采用 $\phi48$ 钢管,钢管垂直支撑,间距为 1000mm,扣件连接。见图 1.4.52。为了保证踏步板一次成型,踢步模板下口背枋倒45°角,便于铁抹子收光。见图1.4.53。

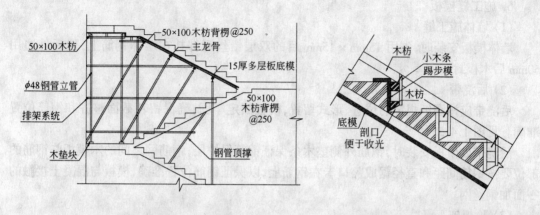

图 1.4.52 楼梯模板及支撑安装   图 1.4.53 楼梯踏步模板安装

4. 电梯井、积水坑模板

电梯井、积水坑模板安装见图1.4.54。

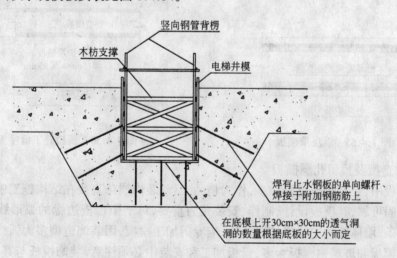

图 1.4.54 电梯井、积水坑模板

5. 企口门窗、滴水线模板

为避免外檐抹灰,外墙窗口做成企口式,外檐窗口抹灰部分直接用混凝土打出,装修时安装外窗后,只作内窗口抹灰既可。企口图式如下,门窗口模板如下。

突出外墙面的造型,要考虑直接将滴水线在混凝土结构施工中直接设置到位,如外窗、阳台、雨罩等。为满足滴水线与外檐装饰的位置关系,结构施工滴水线时,尺寸必须满足建筑图尺寸要求,所以滴水线的固定必须非常仔细的按图施工,避免设置失败造成重新剔凿抹灰。

滴水线安装:

为了在装修时减少工作量和因抹灰层日久而脱落,提前在窗口模具、阳台模板上安装窗口塑料槽等形式的滴水线,实现外窗口、阳台滴水槽随结构清水混凝土一次浇筑成型。为防止混凝土浆流入滴水槽,浇筑混凝土前,用油腻子将滴水线填实,拆模后将腻子清理干净。

6. 施工缝模板

(1) 墙体施工缝

墙体模板安装时,先用 15mm × 15mm 目的双层铅丝网绑扎在墙体钢筋上,然后外边用 50mm 后木板封挡。

(2) 后浇带

后浇带应按图纸规定的位置、形式留置,模板固定牢固,确保留茬截面整齐和钢筋位置准确。见图 1.4.55。

后浇带处模板安装时,钢筋外侧垫木条保证钢筋保护层;钢筋网之间的木模板临钢筋的部位要按钢筋间距和直径锯成豁口卡在钢筋上,以保证钢筋位置准确,模板与混凝土接触的一面加钢丝网。

(3) 顶板施工缝

施工缝处顶板钢筋下铁处垫木板,板厚等于保护层厚度,顶板施工缝断面处用竹模板做侧模,侧模与下铁接触的模板按下铁钢筋间距锯成豁口,卡在铁筋上。见图 1.4.56。

图 1.4.55 后浇带模板

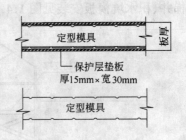

图 1.4.56 顶板施工缝模板

7. 装饰造型及预留孔洞模板

住宅工程中,装饰线条逐渐增多,作为精品工程,装饰线条直接在结构施工中浇筑成型,既经济又牢固可靠,其模板设计、制作、安装尤为重要,对于阳台板边缘的弧形线条,阳台栏板的装饰线条,墙体结构中突出的檐线板,应专门加工模板,因装饰造型多为弧线形,所以模板材料以钢模板和玻璃钢模板为多,模板加工和安装中必须注意,装饰模板与其他模板交界的缝隙控制在 1mm 以内,并有防止混凝土漏浆的措施。

预留孔洞的制做安装

圆孔采用钢管或塑料管做模具,在顶板模板或墙体钢筋上做中心线,控制位置准确,保证模具的高度或厚度符合断面尺寸规定,模具固定牢固,确使振捣时不致偏移变形,控制拆模时间,不致拆模时损坏混凝土棱角。

电线盒先定位,安盒、装填充物、包胶带、使线盒固定牢固位置准确,线盒外口位置确保贴模。

方形孔洞,做预留孔盒子模板,不得使用表面粗糙的薄板做模板,应使用竹胶模板加方木龙骨。盒子应有 10mm 梢,便于拆模。孔洞变形主要原因有三个,一为模板刚度不够变形,另一个为模板固定不牢固振捣时模板变形,第三为前两者兼而有之。精品施工应精心制做孔洞模板,按洞口的大小和埋置深度设计模板,模板固定要全方位控制,即要控制左右位置变形,又要控制上下位置变形。

螺栓孔漏浆的控制

螺栓孔处采用采用模具式塑料套口,可以有效的防止螺栓孔漏浆。也可用在螺栓孔处加海绵条的方法,螺栓垫片应为弹簧垫片。

8.对施工中模板变形及磨损的处置

施工中模板的变形及磨损比较突出,创精品工程需要模板始终保持最佳状态,所以,模板在施工中应经常进行调整和修理,变形较大的需要更换。对大钢模板,可以在现场设置平台,用于调整大模板的板面平整、校正角模,对临混凝土浇筑面的木模板,要根据磨损程度,随时净面刨光,需要补条换板的必须及时进行。对小钢模板应随时修理变形的边楞和板面,胶合板模板在正确使用、保养合理的前提下,如变形磨损较大,必须更换,通过对施工中模板变形及磨损的处置,使混凝土的几何观感在模板的控制下始终达到理想的效果。

1.4.5.4 精品案例

某住宅工程,建筑面积19200m²,全现浇结构,地下2层地上28层,墙厚200~250mm,顶板厚100~180mm。

带弧形装饰檐的阳台采用特制模板,与顶板一同浇筑,并做出装饰檐和滴水线。见图1.4.57。

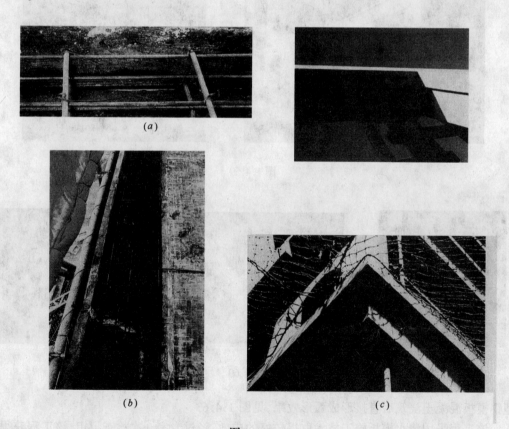

图 1.4.57

(a)预埋滴水线;(b)阳台弧形檐一次支模成型;(c)拆模后的阳台混凝土装饰檐

楼梯模板采用定型钢模板。见图1.4.58。

洞口模板采用烘干白松木料外包竹模板,洞口模板形式为企口式,窗檐直接做出滴水线。安装时加海绵条将平面封严,防止跑浆。所有门窗口、大阳角吊立线,并在外墙及顶板弹出控制线,保证门窗洞口位置准确,大角方正、通顺。见图1.4.59。

预留孔洞模板及拆模效果见图1.4.60。

顶板施工缝模板实际支模效果见图1.4.61。

阳台栏板采用定型钢模板,直接打出月亮门的装饰效果,图1.4.62为浇筑后的阳台栏板混凝土外观。

在窗口模板上直接安装滴水线模板,浇筑混凝土后直接形成滴水线不再抹灰。

阳台模板安装的同时安装弧形装饰造型定

图1.4.58

图1.4.59

图1.4.60

型钢模板混凝土浇筑后直接形成弧形效果,见图1.4.63。

该工程采用清水模板施工技术取得较好的成效,经过专家3次检查评审,该工程获得结构长城杯,竣工后被评为市优质工程。

图 1.4.61　　　　　　　　　　　　　　　图 1.4.62

图 1.4.63

1.5　钢　筋　工　程

1.5.1　质量要求

以国家标准《混凝土工程质量验收规范》(GB 50204—2002)为依据,对主控项目、一般项目进行检验和评定。对允许偏差项目按下表进行检测控制。

1.5.1.1　钢筋加工的允许偏差(表 1.5.1)

钢筋加工的允许偏差　　　　　　　　　　　　　　　　　　　　表 1.5.1

项　　目	允许偏差(mm)	项　　目	允许偏差(mm)
受力钢筋顺长度方向全长的净尺寸	±10	弯起钢筋的弯折位置	±15

项　目	允许偏差(mm)	项　目	允许偏差(mm)
箍筋内净尺寸	±3	顶模棍	±1
箍筋135°弯钩平直长度	0，+5	梯子筋、马凳	±2

1.5.1.2 钢筋安装位置的偏差(表1.5.2)

钢筋安装位置的允许偏差　　　　　　　　　　　表1.5.2

项　　目			允许偏差(mm)	检 查 方 法
绑扎钢筋网		长、宽	±10	钢尺检查
		网眼尺寸	±20	钢尺量连续3档，取最大值
绑扎钢筋骨架		长	±10	钢尺检查
		宽、高	±5	钢尺检查
绑扎箍筋、横向钢筋间距			±20	尺量连续5个间距
钢筋弯起点位移			20	尺　量
受力钢筋		间　距	±10	钢尺量两端、中间各一点，取最大值
		排　距	±5	钢尺检查
	保护层厚度	基　础	±5	钢尺检查
		梁、柱	±3	钢尺检查
		墙板、楼板	±3	钢尺检查
埋　件		中心线位置	5	钢尺检查
		水平高差	+3，0	钢尺和塞尺检查
电渣压力焊焊包凸出钢筋表面			≥4	尺　量
不等强锥螺纹接头 外露丝扣		锥筒外露整扣	≥1个	目　　测
		锥筒外露半扣	≥3个	
梁板受力钢筋搭接 锚固长度		入支座节点搭接	+10－5	尺　量
		入支座节点锚固	±5	
两端镦头的预应力钢丝束长度		同一束钢丝长度	±5	尺　量
		同一组钢丝长度	±2	
无粘结筋位置 垂直偏差		板　内	±5	尺　量
		梁　内	±5	
预应力筋承压板		中心线位置	3	尺　量
		垂直度	0	

1.5.1.3 钢筋连接的外观质量

以国家标准《混凝土工程质量验收规范》(GB 50204—2002)和行业标准《钢筋机械连接通用技术规程》(JGJ 107—96)、《带肋钢筋套筒挤压连接技术规程》(JGJ 108—96)、《钢筋锥螺纹接头技术规程》(JGJ 109—96)、《钢筋焊接及验收规程》(JGJ 18—96)、《镦粗直螺纹钢筋接头》(JGJ/T 3057—1999)及经过批准的企业标准(或工法)为依据，对主控项目、一般项目、允许偏差项目进行检验和评定。钢筋机械连接和焊接的外观质量要求见表1.5.3。

钢筋机械连接和焊接的外观质量要求　　　　　表 1.5.3

连 接 方 式				外 观 质 量 要 求
机械连接	不等强	冷挤压		挤压后套筒长度应为原套筒长度的 1.10～1.15 倍;或压痕处套筒的外径波动范围为原套筒外径的 0.8～0.9 倍。 挤压接头的压痕道数应符合型式检验确定的道数。 接头处弯折角不得大于 4°。 挤压后的套筒不得有肉眼可见裂缝
		锥螺纹	丝扣外观	牙形饱满,无断牙、秃牙缺陷,与牙形规的牙形吻合,牙齿光洁。 丝头锥度与卡规或环规吻合,小端直径在卡规或环规的允许误差之内
			接头外观	钢筋与连接套的规格一致,接头丝扣无完整丝扣外露。 用质检的力矩扳手检查接头拧紧力矩值,应符合规范要求。
	等强	滚压直螺纹	丝扣外观	加工丝头的牙形、螺距必须与连接套的牙形、螺距一致。有效丝扣段内的秃牙部分累计长度小于一扣的周长,并用相应的环规和丝头卡板检测。 钢筋丝头螺纹中径尺寸的检验应符合通环规能顺利旋入有效扣长度,而止环规旋入丝头的深度小于等于 3P(P 为螺距)。 钢筋丝头螺纹的长度用专用丝头卡板检测,允差不大于 1P
			接头外观	被连接的两钢筋端面应顶紧,处于连接套的中间位置,偏差不大于 1P。 钢筋与连接套规格一致,接头外露完整丝扣不大于 1 扣
		剥肋滚压直螺纹	丝扣外观	丝头的牙形饱满,牙顶宽超过 0.6 秃牙部分累计长度不应超过 1.5 螺纹周长。 量规检查螺纹:通端量规应能通过螺纹超过 3P,而止端量规则不应通过螺纹 3P(P 为螺距)
			接头外观	外露完整丝扣不应超过 P;同时每拧紧一个,标识一个以防漏拧。
		墩粗直螺纹	丝扣外观	牙形饱满,牙顶宽超过 0.6mm 秃牙部分累计长度不应超过一个螺纹周长。 外形尺寸,包括螺纹直径及丝头长度应满足产品设计要求
			接头外观	接头拼接时用管钳扳手拧紧,应使两个丝头在套筒中央位置互相顶紧。 拼接完成后,套筒每端不得有一扣以上的完整丝扣外露,加长型接头的外露丝扣不受限制,但应另有明显标记,以检查进入套筒的丝头长度是否满足要求
焊接		电渣压力焊		四周焊包凸出钢筋表面的高度 ≥4mm。 钢筋与电极接触处,应无烧伤缺陷。 接头处弯折角不得大于 4°。 接头处的轴线偏移不得大于钢筋直径的 0.1 倍,且不得大于 2mm
		搭接焊、帮条焊		清渣后,焊缝表面应平整,不得有凹陷或焊瘤。 焊接接头区域不得有裂纹。 帮条沿接头中心线的纵向偏移 0.5d。 接头处钢筋轴线的偏移不得大于钢筋直径的 0.1 倍,且不得大于 3mm。 接头处弯折角不得大于 4°。 焊缝厚度 +0.05d,0;焊缝宽度 +0.1d,0;焊缝长度 −0.5d。横向咬边深度 0.5mm。 在 2d 焊缝表面上的气孔及夹渣,数量 2,面积 6mm²

1.5.2　精品策划

1.5.2.1　施工准备

1. 审图

(1) 如梁柱节点,剪力墙的门窗洞口钢筋过密,要提前放样。

(2) 要考虑悬挑构件的绑扎、钢筋接头的控制等。

(3) 要重视抗震结构的构造要求,如加强区、箍筋加密区、边跨柱头等。

(4) 钢筋在构造上满足抗裂要求,如女儿墙根部等。

2. 翻样

(1) 通过翻样暴露钢筋过密对混凝土振捣造成的质量障碍,与设计协商解决。

(2) 精确翻样是提高加工质量的前提。

(3) 对复杂的节点要翻样设计,有问题时与设计共同研究解决,把钢筋绑扎的穿铁、上箍筋的先后顺序考虑周全,底板纵横多向钢筋的铺铁方法,柱梁结合部位的主筋位置、箍筋配制、保护层的控制应统筹考虑,满足设计要求的同时应简化施工。

(4) 对控制钢筋位置正确的辅助工具,如梯子筋、马凳、定位箍筋、双 F 撑等,通过精确翻样,引导其加工质量和控制效果。

3. 机具准备

根据需要准备钢筋加工机械、工具(不同直径的弯曲机轴和弯曲不同直径钢筋箍筋的工具卡盘);钢筋连接机械、钢筋焊接设备等,机械设备完好,操作人员要经过培训持证上岗。

1.5.2.2　精品质量控制点

保证原材质量、是根本的要求,通过严格的质量管理流程,从钢筋生产出厂开始追踪各个流通环节的产品流向,保留相关资料,经过材料抽样复试,验证原材质量,按照 ISO9000 管理模式,对原材料进行标识和管理,确保钢筋原材质量满足质量要求。

控制加工质量、是钢筋的预控措施,许多质量通病是因为钢筋加工质量不符合要求造成的,钢筋精确加工是提高钢筋绑扎质量的基础。必须通过交底培训、制作模具、加工样板、预检验收、挂牌标识等多个环节来控制钢筋加工质量。

重点控制钢筋位置正确、是基本的要求,严格按图纸、图集、设计变更通知单的要求进行钢筋位置正确的控制,仔细阅读图纸、熟悉并掌握图集,详细多次有针对性地交底,样板引路,预控培训,控制工具的正确使用,是重点控制钢筋位置正确的有效方法。

确保接头质量是重点的要求,钢筋连接工艺新技术多,如有缺陷对工程结构造成影响的概率高,必须对连接材料、设备、工艺标准、检验工具、工人操作水平、各阶段的验收等各个环节进行严格的控制。

1.5.3　过程控制

1.5.3.1　工艺流程

原材验收→钢筋加工→钢筋预检→钢筋绑扎前的准备→钢筋连接→钢筋绑扎(预留预埋)→验收

1.5.3.2　原材验收

钢筋原材进场时,必须核对材质合格证炉批号与实际标牌炉批号要一致。

进场钢筋取样复试必须合格,有必要时需做化学成分检验或其他专项检验。

对有抗震设防要求的框架结构,其纵向受力钢筋的强度应满足设计要求;对一、二级抗震等级,钢筋的抗拉强度实测值与屈服强度实测值的比值不应小于 1.25;钢筋的屈服强度实测值与强度标准值的比值不应大于 1.3。

钢筋复试的批量和见证取样的百分率,应符合规定。

1.5.3.3　钢筋加工

冷拉钢筋必须按规定控制冷拉率,经计算标识钢筋的拉长区段,冷拉钢筋原始长度有变化时,要调整计算值。

钢筋加工必须按翻样尺寸精确加工,不同箍筋、各种梯子筋、鸭筋、吊筋等应做出加工样板,配上详细的加工交底图和专门的验收工具,作为样板对钢筋加工指引正确的加工方法;梯子筋等要加工精确的加工模具,技术员验收合格后使用。对钢筋加工的质量控制起到较好的效果。

钢筋切断加工时,梯子筋横棍、机械连接钢筋、电渣焊钢筋、顶模棍钢筋不能使用切断机,应使用切割机械,使钢筋的切口平,与竖直方向垂直,对钢筋连接质量和控制精度有利。

钢筋弯曲加工时,弯曲机的心轴直径必须满足绑扎施工对弯曲半径的需要。弯折钢筋的短边尺寸和长边尺寸必须同时满足允许偏差的要求,弯折角度必须准确,有验收模具。

钢筋弯曲构造简图见图1.5.1。

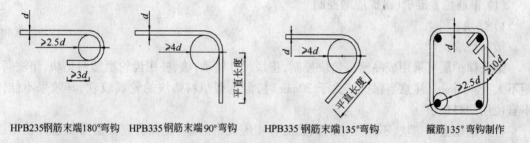

HPB235钢筋末端180°弯钩　　HPB335钢筋末端90°弯钩　　　HPB335钢筋末端135°弯钩　　　箍筋135°弯钩制作

图1.5.1　钢筋弯曲构造简图

加工箍筋的卡盘,应分规格制作,专盘专用以使主筋与箍筋贴合严密。也可加工可调节卡盘,可以提高效率和加工质量。箍筋加工时应对每一个弯折长度进行控制。箍筋135°弯钩两钩平行,不能劈口,平直段两钩等长,两钩垂直距离应满足单排钢筋或双排钢筋的绑扎需要,平直段长度尺寸符合规范要求,箍筋的几何尺寸、方正、平面等应符合设计要求。

加工后的钢筋应进行标识,表明规格、数量、图形、几何尺寸、使用部位、加工人、加工时间。

1.5.3.4　钢筋加工预检

外加工钢筋的进场验收:

半成品钢筋出厂合格证明上填写的内容必须与原材质量证明书、原材试验报告单相对应。有接头的钢筋其接头质量要经过检验。对箍筋等加工品,要对照加工单量尺逐份验收,不符合要求的退回返工。

现场钢筋加工的预检:

现场加工的钢筋,加工后必须进行预检,不合格的必须返工,加工不合格的钢筋不允许进入绑扎现场。对竖向梯子筋、水平梯子筋、暗柱位置控制梯子筋、双F撑、箍筋等对其加工精度的控制要严,允许偏差2mm。对其他钢筋的允许偏差控制按精品质量要求进行。

钢筋加工预检,按工程验收规范填写正式表格存档备查。

钢筋加工品的存放:

钢筋加工场应搭设棚架,集中码放材料,防雨淋锈蚀。成品半成品钢筋亦应有标识。

1.5.3.5 钢筋绑扎

钢筋安装时,受力钢筋的品种、级别、规格和数量必须符合设计要求。

1. 绑扎前的准备工作:

"七不准":

(1) 已浇筑混凝土浮浆未清除干净不准绑钢筋;

(2) 钢筋污染清除不干净不准绑钢筋;

(3) 控制线未弹好不准绑钢筋

(4) 钢筋偏位未检查、校正合格不准绑钢筋;

(5) 钢筋接头本身质量未检查合格不准绑钢筋;

(6) 技术交底未到位不准绑钢筋;

(7) 钢筋加工未通过车间验收不准绑钢筋。

2. 绑扎中的过程控制

(1) 钢筋位置准确(保护层的控制)

1) 垫块:

塑料垫块:

钢筋保护层可采用成品塑料垫块控制,垫块尺寸精确,墙、柱用齿轮型塑料垫块,垫块间距不大于 400mm。注意当保护层大于 30mm 时,齿轮型塑料垫块的轮翼较软,其效果不佳,不宜使用塑料垫块。

板用槽型塑料垫块,不同规格的钢筋配有相应规格的塑料垫块,应根据需要选择使用。塑料垫块见图 1.5.2。

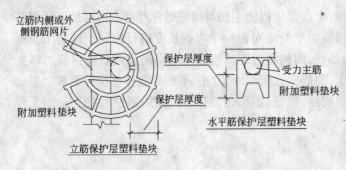

图 1.5.2　塑料垫块

砂浆垫块:

强度 C15,规格 40×40×15~30mm,制作方法:1:2 水泥砂浆,做模板有固定高度的边模,以保证每一垫块的厚度。垫块砂浆终凝前插入火烧丝,至少常温下养护 5d 方可使用。

混凝土垫块:

强度 C20 以上,规格 60×60×40~50mm,采用豆石混凝土,专用模板,保证厚度一致,常温养护 7d 才能使用。

2) 马凳:

刚度要求,不能太软,一踩就弯,马凳支腿间距不大于 1.5m 为宜,马凳排距以保证上层钢筋的位置正确,按马凳及上层钢筋规格重量确定。顶板垂直施工缝、悬挑构件根部应通长放置马凳,以确保钢筋位置正确和结构安全。马凳见图 1.5.3 和图 1.5.4。

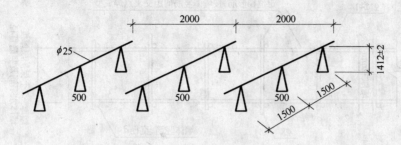

图 1.5.3 马凳示意图

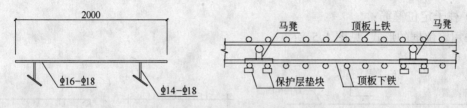

图 1.5.4 顶板马凳制作及布置图

3) 梯子筋:

墙体水平筋间距用竖向梯子筋控制,见图 1.5.5,竖向梯子筋的水平梯凳间距等于墙体水平筋间距,其中 3～4 个水平梯凳为顶模梯凳,其长度等于墙厚减 2mm,上、中、下均匀分布;其余梯凳为不顶模梯凳,长度控制在墙厚减 20mm。梯子筋竖筋位置控制墙体水平筋保护层,梯子筋两根竖筋最外皮的距离为墙厚减 2 个墙体水平筋保护层再减 2 个水平筋直径。竖向梯子筋代替墙体竖向主筋时,梯子筋竖向钢筋直径应比墙体竖向钢筋直径增加一级。梯子筋的放置数量以每道墙 2～3 个,距离 3m 左右为宜。顶模撑用切割机切平无毛边,两端刷防锈漆。

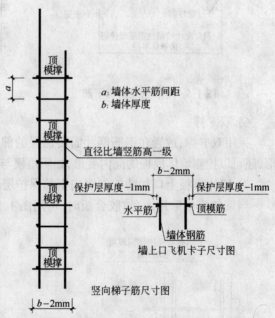

图 1.5.5 竖向梯子筋

墙体竖向钢筋间距用水平梯子筋控制,见图 1.5.6,水平梯子筋的水平梯凳间距等于墙体竖向钢筋间距,其中 3～4 个水平梯凳为顶模梯凳,其长度等于墙厚减 2mm,水平均匀分布;其余梯凳为不顶模梯凳,长度控制在墙厚减 20mm。其他基本与竖向梯子筋相同;需要注意的是,水平梯子筋必须每道墙通长设置,且只有将水平梯子筋放在墙体大模板以内才可以控制墙体竖向钢筋的保护层,否则只能控制竖向墙体钢筋的水平间距。

4) 节点(暗柱)钢筋的控制方法:

可用钢管焊成定位钢筋,固定暗柱及门口尺寸,见图 1.5.7:

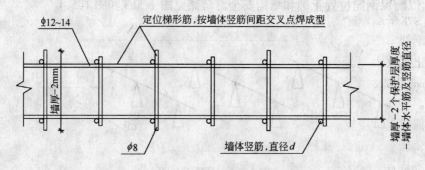

图 1.5.6 水平梯子筋

5) 柱子定位箍筋:

采用定位框的形式,见图 1.5.8:

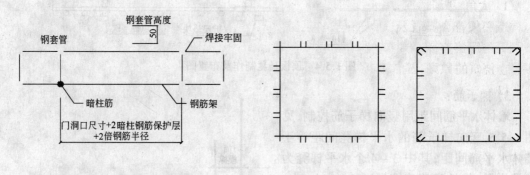

图 1.5.7 节点控制梯子筋   图 1.5.8 柱子定位箍筋

6) 双 F 撑:

采用双 F 撑,放置在钢筋网片需要加强的部位,可以控制网片既不向内变形又不向外变形,还可以控制墙体模板的向内变形,如阴角模与大模板接缝的边缘部位,墙模上口部位等。

7) 墙体模板上口加肋控制竖向钢筋保护层的方法:

当墙体模板采用木、竹胶合板时,可用图 1.5.9 所示来控制钢筋保护层厚度。

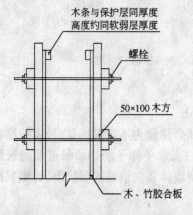

图 1.5.9 竹模板上口加肋控制
竖向钢筋保护层的方法

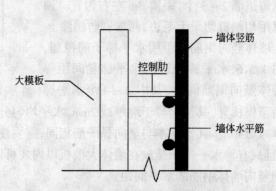

图 1.5.10 钢模板上口加肋控制
竖向钢筋保护层的方法

　　墙体采用大钢模板时,也可采用控制肋的方法,见图1.5.10,控制肋固定在大钢模板上,控制尺寸为水平筋保护层 + 水平筋直径。

　　墙体钢筋

　　为防止模板上口立筋位移,采用内撑外挤的方式控制。内撑:即在混凝土面层以上100～150mm处加水平支撑梯子筋;外挤:即在模板上加钢筋保护层控制肋(或木条),保证墙筋不位移。

　　遇套筒时保护层控制方法

　　为了使套筒处的保护层满足规范要求,可通过调节箍筋间距的方法来解决。计算套筒位置,要求同一位置的套筒高度在一个平面内,使套筒正好处于两个箍筋之间。见图1.5.11。

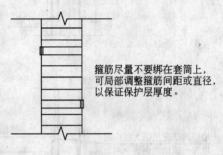

箍筋尽量不要绑在套筒上,可局部调整箍筋间距或直径,以保证保护层厚度。

图 1.5.11

　　(2) 节点构造正确

　　1) 大角、丁子墙、小墙肢、端部暗柱、连梁等节点构造必须符合图纸及图集的规定,当图纸不详或图纸与图集有矛盾时,应本着简化节点有利于混凝土浇筑的原则,提前与设计和监理协商,统一意见,统一做法,统一验收标准。见图1.5.12。

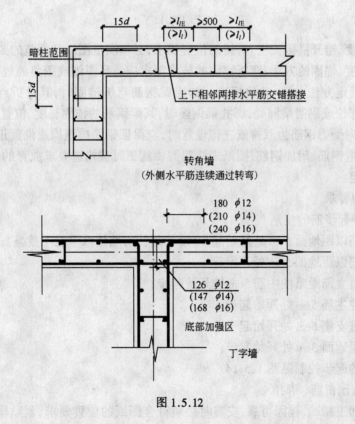

转角墙
(外侧水平筋连续通过转弯)

丁字墙

图 1.5.12

　　2) 墙体水平向改变截面时,钢筋绑扎的构造要求必须符合规定。竖向封顶钢筋应按图纸要求锚固在顶板内。

墙体变截面时钢筋做法如图 1.5.13。

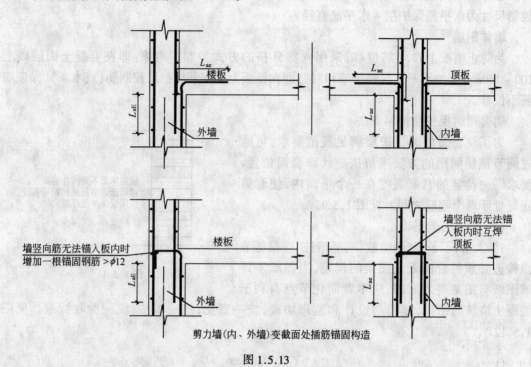

剪力墙(内、外墙)变截面处插筋锚固构造

图 1.5.13

3) 搭接长度、错开搭接长度、搭接的位置要求,必须满足图纸及规范的要求。

4) 锚固长度、锚固的方法、弯折锚固的技术要求应满足图纸或图集的规定,在样板钢筋绑扎时要统一确定方法,统一验收标准。如连梁钢筋弯折锚固时,其弯折点必须过墙中心线。预留梁豁部位或剔凿梁洞处,绑扎梁钢筋时,其梁钢筋的锚固长度、位置应准确。

5) 梁的纵向受力钢筋为双排或三排设置时,应保证钢筋排距构造位置正确。

6) 各种构造钢筋、附加钢筋、图纸未注明需要施工时按构造要求放置的钢筋,应满足规范和图集的规定。

(3) 绑扎的要求

1) 柱、墙等起步筋的控制

独立柱箍筋以距地面 5cm 处开始起步(墙体暗柱与墙体水平筋不重叠);

墙体水平筋以距地面 5cm 处开始起步;

墙体第一道立筋距暗柱主筋 5cm 处开始起步;

梁箍筋距柱主筋 5cm 处开始起步;

过梁箍筋进支座 5cm 处开始起步;

暗柱箍筋距地面 3cm 处开始起步;

钢筋绑扎的起步控制见图 1.5.14。

2) 预埋件、预留筋、绑扣

预埋件应加工精确,锚固可靠,安装时必须符合图纸的位置要求,紧贴模板设置并固定牢固使预埋件外表面与混凝土外表面应相平,相邻预埋件水平标高在一条线,垂直上下在一条线,方正美观,表面刷防锈漆。

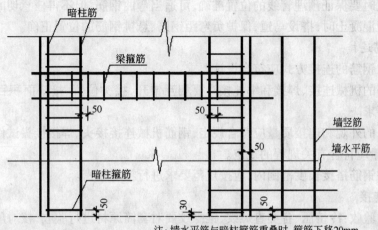

注:墙水平筋与暗柱箍筋重叠时,箍筋下移20mm

图 1.5.14　钢筋绑扎的起步控制

预留筋主要为二次结构填充墙的圈梁、组合柱和墙压筋,组合柱钢筋应在顶板模板打孔,下插上留;墙压筋采用安装贴模筋的方法,贴模筋必须上下位置准确,表面与模板贴紧,拆模后预留筋外露。QBG400 钢筋不能采用贴模筋的方法进行预留。

绑扣不得松扣、缺扣,火烧丝尾部要弯入钢筋网以内,防止出墙造成锈点,工人可以站在左网片一侧绑右网片钢筋,站在右网片一侧绑左网片钢筋。

绑扣形式主要有斜扣、缠扣、套扣、交叉套扣等几种,其牢固程度按上述顺序逐步加强。

斜扣:用于一般板墙纵横筋交叉点。要求相邻扣变换方向,不得绑成一顺,以免影响网片或接头处的刚度。

缠扣:用于主要受力钢筋的十字交点,同样要求相邻点变换方向。

套扣:用于主要受力竖筋,是用于柱子、门口等部位与箍筋固定的绑扎方法。

交叉扣:用于重要受力钢筋间要求绑扎得非常牢固的部位,主要用于柱子、大梁及其交叉部位。

所有绑扎搭接处不得少于三个扣,且不得用斜扣。

(4) 两次扶正、一次预调(强调门窗口的放线)、成品保护

1) 两次扶正,是指墙体、顶板浇注混凝土时,必须安排钢筋工扶正钢筋,在混凝土初凝前,将浇注混凝土时因扰动造成的钢筋位移,修整正确,使保证钢筋位置正确的措施得以实现。

2) 一次预调,是指顶板模板支模后绑筋前,增加一次放线,依线按 1:6 的方法,调整门窗口暗柱钢筋和竖向仍有位移的钢筋。将钢筋位移调整在顶板厚度之内。顶板混凝土浇注高度很低,不会产生多大的冲击力,调整后的钢筋在混凝土浇注过程中,不会再有大的位移,达到控制钢筋位置正确的目的。

3) 成品保护,绑扎钢筋时严禁碰撞预埋件,如碰动按设计位置重新固定牢靠。

模板面刷隔离剂不得污染钢筋,墙、柱上口钢筋在浇筑混凝土前缠塑料布保护避免混凝土污染,浇筑后如有污染的混凝土及时清理干净。

各工种操作人员不准任意蹬踩钢筋,顶板钢筋绑扎时搭马道用于走人。

钢筋绑扎时要保证预埋管线的位置准确,可适当弯曲钢筋,但不得任意切断钢筋。

浇注顶板混凝土时,搭设马道,保护负弯距钢筋、悬挑钢筋的位置正确。

1.5.3.6　钢筋连接

纵向受力钢筋的连接方式应符合设计要求。

受力钢筋的机械连接、焊接和绑扎接头要相互错开,接头位置、接头面积百分率应符合设计和规范要求。

钢筋接头的外观和连接质量应符合规定,钢筋机械连接接头、焊接接头试件应做力学性能试验,其质量应符合有关规程的规定。

梁柱构件钢筋搭接长度范围内,应按规范要求进行箍筋加密。

1.　机械连接

套筒原材验收:冷挤压、各类直螺纹、锥螺纹要对套筒原材进行验收,核对厂家提供的产品合格证书和形式检验报告,应核对原件,保留留复印件,复印件上注明原件存放处,并盖原件保留单位的公章。应核对形式检验报告中钢筋规格级别及套筒长度是否与施工一致;对直螺纹,还要检查企业标准和省级以上的批准使用文件。以上验收必须全部符合规范、规程的规定。

工艺检验:检查设备完好、计量仪表有合格证并处在检定期内,核对技术参数,检验钢筋母材,全部符合要求后,每批钢筋,每钢筋规格,各做一组工艺检验试件送试验室试拉,工艺检验合格后,才准许在工程上按此种钢筋机械连接工艺进行施工。

技术培训持证上岗:机械连接的操作人员,必须经过专业的技术培训,经考试合格持有在有效期内的上岗证书,不符合上述条件的一律不准上岗。

施工要点及现场检验:

(1) 冷挤压

冷挤压所采用的机械、设备及套筒材料应符合《带肋钢筋挤压连接技术及验收规程》YB 9250—93中的相关规定。

操作人员经培训考试合格后发放合格证,严格要求持证上岗。

在进行钢筋对接前,对钢筋端部连接位置的油污、铁锈等污染物进行清理。对于端部有弯折现象的钢筋进行调直或截断处理,保证对接处偏转小于4°。在钢筋对接端部必须设置定位及检查标志,定位标志距端部为钢套筒的一半,检查标志据定位标志距离为10mm(套筒长度小于200mm)或15mm(套筒长度大于或等于200mm)。

挤压操作必须从接头中间压痕开始,依次向端部进行。对于竖向连接,可在地面先完成一侧的压接后,再在工作面上完成另一侧的压接工作。

挤压操作过程中要求严格遵守操作规程,工作油压严禁超过额定压力,额定压力见表1.5.4,遇到异常现象,应立即停止操作,检查原因,排除故障后,方可继续进行施工。

冷挤压额定工作压力　　　　　　　　　　表1.5.4

钢筋型号	额定工作压力(kN)	钢筋型号	额定工作压力(kN)
φ18	551～570	φ25	494～513
φ20	475～494	φ28	551～570
φ22	475～494	φ32	570～589

在工作面检查挤压施工时,液压机应放置在承台上,禁止直接放置在钢筋上,放置其液压油泄漏污染钢筋。

(2) 剥肋滚压直螺纹

钢筋剥肋滚压丝头加工:

进行丝头加工的钢筋,不得使用切断机、气焊断料,应使用切割机械断料,保证切口平直,钢筋长度的尺寸准确。

剥肋滚压直螺纹制作分两道工序:①钢筋切削剥肋,②滚压螺纹。两道工序在同一台设备上完成。

加工丝头时,应采用水溶性切削液,当气温低于0℃时,应掺入15%～20%亚硝酸钠,严禁用机油作切削液或不加切削液加工丝头。

丝头加工时,其丝头加工长度为3.5cm(标准套筒长度的$l/2$),公差为$+2P$(P为螺距)。丝头的牙形饱满,牙顶宽超过0.6秃牙部分累计长度不应超过1.5螺纹周长。

量规检查螺纹:通端量规应能通过螺纹超过$3P$,而止端量规则不应通过螺纹$3P$。

在剥肋滚压直螺纹套丝中,要求每加工10个丝头用通止环检查一次,检查率100%。

经自检合格的丝头,应由质检员随机抽样进行检验,以一个工作班内生产的丝头为一个验收批,随机抽检10%,且不得少于10个,并按要求填写钢筋头检验记录表。当合格率小于95%应加倍抽检,复检中合格率仍小于95%时,应对全部钢筋丝头逐个进行检验,切去不合格丝头查明原因立即解决,重新加工螺纹。

检验合格的丝头应加以保护,在其端头加带保护帽或用套筒拧紧,防止丝头被污物或水泥沾污以及丝头被磕碰损坏。

现场钢筋连接施工

连接钢筋时,钢筋规格和套筒的规格必须一致,钢筋和套筒的丝扣应干净、完好无损。

滚压直螺纹应使用管钳和力矩扳手进行施工,将两个钢筋丝头在套筒中间位置相互顶紧,接头拧紧应符合表1.5.5的规定,力矩扳手的精度为±5%。

接头拧紧力矩　　　　　　　　　　　　　　　　　表1.5.5

钢筋直径(mm)	20～22	25	28	32
拧紧力矩(N·m)	200	250	280	320

现场接头检验:

① 接头力学性能抽样试验:

钢筋接头应达到《钢筋机械连接通用技术规程》(JGJ 107—96)中A级接头标准,按照现场检验验收按批量进行。同一施工条件下采用同一批材料的同等级、同型式、同规格接头,以500个为一个验收批进行检查与验收,不足500个也作为一个验收批。对接头的每一个验收批,必须在工程结构中随机截取3个试件单向拉伸试验合格时,该验收批评为合格;如有一个试件的强度不合格应再取6个试件进行复检,复检中如仍有一个试件试验不合格,则该验收批评为不合格。

② 所有接头进行外观检查:

经拧紧并检查完后的滚压直螺纹接头应马上用红油漆作出标记,单边外露完整丝扣不应超过$1P$;同时每拧紧一个,标识一个以防漏拧。

2. 电渣压力焊接

基本要求:

焊剂的性能符合 GB 5293 碳素钢埋弧焊用焊剂的规定,焊剂型号为 HJ431,需用为熔炼型高锰高硅低氟焊剂或中锰高硅低氯焊剂。

焊剂要存放在干燥的库房内,防止受潮,使用前必须经 250～300℃烘焙,烘焙时间不小于 2h。

使用回收的焊剂,要除去熔渣和杂物,并与新焊剂混合均匀使用。

焊剂必须有出厂合格证。

焊接电源,要采用次级空载电压较高(TSV 以上)的交流焊接电源(采用容量为 600A 的焊接电源)。

焊工必须持有有效的焊工考试合格证。

作业条件:

① 设备要符合要求,电压表,时间显示器应配备齐全。

② 电源要符合要求,当电源电压下降大于 5%,则不要焊接。

③ 作业场地要有安全防护措施,制定和执行安全技术措施加强焊工的劳动保护。

操作工艺:

工艺流程:检查设备,电源→钢筋端头制备→选择焊接参数→安装焊接夹具和钢筋→安放焊剂罐、填装焊剂→试焊、试件→确定焊接参数→施焊

电渣压力焊的工艺过程:

闭合电路→引弧→电弧→过程→电渣过程→挤压断电

暗柱筋电渣压力焊接头质量要求

钢筋下料时一律用砂轮锯根据料单长度切割,保证端头齐平,其焊接工艺要满足施工工艺标准,做好焊接接头的试验和检验工作。

暗柱纵筋接头必须依据抗震等级按图纸和规范要求错开,在焊接过程中,焊工要认真进行自检、若发生偏心、弯折、烧伤、偏包夹渣咬肉等缺陷,要切除该接头重焊并查找原因及时纠正。

现场接头检验:

① 接头力学性能抽样试验:

从每批接头中随机切取 3 个接头作拉伸试验,力学性能检验必须合格(钢筋接头的拉伸试验报告),以每一层楼或施工区段的 300 个同级别钢筋接头作为一批,不足 300 个接头仍为一批。钢筋电渣压力焊接头拉伸试验结果,三个试件均不得低于该级别钢筋的抗拉强度标准值。如有一个试样不符合要求时,要取双倍数量的试样进行复试,复验结果如仍有一个试样的强度达不到要求,则该批接头即为不合格品。

② 所有接头做外观检验:

焊包均匀突出部分最少高出钢表面 4mm。

接头外的弯折角度不大于 4°,接头外的轴线偏移不超过 0.1d 具不大于 2mm。

接头焊毕要停歇 20～30s 后才能卸下夹具,以免接头弯折。

3. 绑扎搭接

绑扎搭接接头位置、搭接长度、错开长度应符合图纸及规范的规定,见表 1.5.6。

绑扎搭接接头长度 表 1.5.6

钢筋类型		混凝土强度等级			
		C15	C20 ~ C25	C30 ~ C35	≥ C40
光圆钢筋	HPB235 级	45d	35d	30d	25d
带肋钢筋	HRB335 级	55d	45d	35d	30d
	HRB400 级	—	55d	40d	35d
	RRB400 级				

搭接长度的系数选用及修正应符合混凝土结构工程施工质量验收规范。

错开搭接示意图见图 1.5.15。

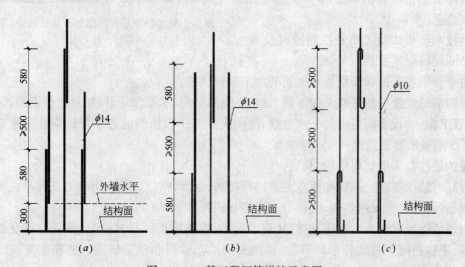

图 1.5.15 某工程钢筋搭接示意图

（a）人防层、设备层外墙竖筋；（b）人防、设备层内墙竖向筋；（c）一至十五墙体竖向钢筋

1.5.3.7 钢筋验收

1. 验收条件：水电预留孔洞模具安装完毕、电线盒、电线管施工完毕，土建预留洞模具安装完毕，门窗口模板安装固定完毕。

2. "五不验"：

（1）钢筋未完成不验收；

（2）钢筋定位措施不到位不验收；

（3）钢筋保护层垫块不合格、达不到要求不验收；

（4）钢筋纠偏不合格不验收；

（5）钢筋绑扎未严格按技术交底施工不验收。

3. 验收的质量标准：见本节 1.5.1

4. 埋件、线盒处钢筋验收要求

所有埋件、线盒不准焊在钢筋上，应在附加筋上焊接。附加筋与结构筋绑扎牢固。

1.5.3.8 防止钢筋污染的方法

可在竖向钢筋上加规格为直径 30、500mm 高 PVC 塑料管或绑缠塑料布，以免浇筑混凝土时污染钢筋。见图片 1.5.16。

1.5.4 精品案例(某工程钢筋部分)

某住宅工程,面积 21350 平方米,地下二层,地上 18 层。全现浇剪力墙结构,墙厚 200～250mm,顶板厚 130～180mm。钢筋连接方式为冷挤压和搭接,主要钢筋规格 HPB235 级 $\phi6～\phi12$,HRB335 级 $\phi12～\phi25$。主要钢筋加工由公司钢筋加工厂负责加工,现场由一个班组负责零星加工和钢筋控制工具的加工。钢筋绑扎分墙体钢筋和顶板钢筋由两个作业班组分别负责。

图 1.5.16 在钢筋上缠塑料布防止污染

由技术员和试验工负责控制原材及半成品的材料质量控制。

由专业钢筋工长和质量员对钢筋的加工进行预控。

对钢筋的位置控制采取了如下技术措施:墙体竖向、水平梯子筋、结点定位钢筋;钢筋顶模棍、双 F 撑;顶板支模后增加一次放线,用两次扶正一次预调的方法控制钢筋位置。采取 7 不绑、5 不验的管理措施

保护层控制采用塑料垫块、马凳。

绑扎方法严格按照图纸和规范要求进行控制,起步、搭接、锚固、绑扣方法等精益求精。

成品保护措施,采用垫板、塑料条缠裹等起到好的效果。

钢筋的连接方法为冷挤压连接,从培训入手,控制接头的原材验收,保证挤压设备和仪表完好,把住挤压工艺的各个环节,加强接头的工艺检验和施工试验。整理完整的施工资料。

工程效果见图 1.5.17～图 1.5.24。

图 1.5.17 采用挂牌制
追溯控制绑扎质量

通过加强控制,采用有效的技术措施,该工程的结构施工质量达到了较高的水平,被评为结构长城杯工程和竣工市优工程。

图 1.5.18　顶板模板上
放线控制钢筋位置

图 1.5.19　顶板钢筋绑扎

图 1.5.20　采用节点定位
梯子筋控制节点钢筋位置

图 1.5.21　成品塑料垫块　　　　图 1.5.22　采用双撑控制钢筋保护层

图 1.5.23　使用钢筋顶模棍

图 1.5.24　钢筋样板

1.6　混 凝 土 工 程

混凝土工程在结构工程中是非常重要的一环,如果出现工程质量隐患,对整个工程而言是致命的。因此要强调混凝土结构施工的预控,特别对在搅拌、配合比、计量、运输、浇捣、养护、试块的留置和施工缝等方面加强控制。

1.6.1　质量要求

1.混凝土工程施工和材料应符合的标准规范:

(1)《建筑工程施工质量验收统一标准》(GB 50300—2001);

(2)《混凝土结构工程施工质量验收规范》(GB 50204—2002);

(3)《民用建筑工程室内环境污染控制规范》(GB 50325—2001);

(4)《建筑工程冬期施工规程》(JGJ 104—97)。

2.设计不允许有裂缝的结构,严禁出现裂缝,设计允许裂缝的结构其裂缝宽度必须符合规范和设计要求。

3．施工缝(包括沉降缝、膨胀加强带、分段施工缝及其他需要设置的施工缝)处理必须符合规范规定和设计要求。

4．混凝土结构的主要受力部位严禁出现蜂窝、孔洞、露筋、疏松、夹渣、烂根以及有影响结构性能和使用功能的裂缝、软弱层等现象。

5．结构混凝土最大氯离子含量和最大碱含量必须符合《混凝土结构设计规范》(GB 50010—2002)第3、4条结构混凝土耐久性规定。

6．由混凝土工程施工引起的室内环境污染物氨的浓度限量：Ⅰ类民用建筑工程不大于 $0.2mg/m^3$，Ⅱ类民用建筑工程不大于 $0.5mg/m^3$。

7．混凝土结构外观要求：表面平整、密实、整洁、色泽基本一致；阴阳角方整、顺直、无缺棱、掉角、漏浆；墙体与楼板、墙体与墙体相交处线角顺直，标高一致；门窗洞口方正，尺寸和位置准确；梁柱板相交节点尺寸准确，无错位、颈缩、掉角、漏浆现象；梁、板起拱线面平顺，起拱高度准确；外立面阴阳角垂直；腰线、折线平顺；各层窗口上下顺直，同层窗口标高一致；阳台边角顺直、无错位；滴水线顺直，宽度和深度一致，楼梯间和外墙各层之间接缝平整、密实、无错台，结构断面尺寸准确，断面形状符合设计要求。

8．现浇结构混凝土拆模后的尺寸允许偏差应符合表 1.6.1 的规定，该表规定高于国家相关规范和标准的要求。

1.6.2 精品策划

1．建立完善的质量管理体系，明确创精品的质量目标。

现浇结构尺寸允许偏差和检验方法　　　　　　　　　表 1.6.1

项　目		允许偏差(mm)	检 验 方 法
轴线位置	基础、独立基础	10	钢尺检查
	柱、梁、墙(剪力墙)	5	
垂直度	层　高 ≤5m	5	经纬仪或吊线、钢尺检查
	层　高 >5m	8	
	全　高　　高　层	$H/1000$ 且 ≤30	经纬仪、钢尺检查
	多　层	$H/1000$ 且 ≤20	
标　高	层　高	±5	水准仪、钢尺检查
	全　高	±30	
截面尺寸	基　础	±5	钢 尺 检 查
	柱、墙、梁、板	±3	
表面平整度		3	2m靠尺和塞尺检查
角、线顺直		3	拉线、钢尺检查
保护层厚度	基　础	±5	钢 尺 检 查
	柱、墙、梁、板	+5、−3	钢 尺 检 查
楼梯踏步宽、高		±3	钢 尺 检 查
长、宽对定位中心线		+20、−0	钢 尺 检 查
电梯井筒	井筒全高(H)垂直度	$H/1000$ 且 ≤30	铅垂仪、钢尺检查
阳台、雨罩位置		5	吊线、钢尺检查

续表

项　目		允许偏差(mm)	检 验 方 法
预留洞中心线位置		10	钢 尺 检 查
预埋螺栓位置	中心线位置	3	钢 尺 检 查
	螺栓外露长度	+5、-0	
张拉端预应力	支承式锚具螺帽缝隙	1	
	支承式锚具加每块垫板缝隙	1	
筋的内缩量限值	锥塞式锚具	3	
	夹片式有顶压	3	
	夹片式无顶压	6~8	观察、钢板尺检查
锚固端保护层	凸出式锚固端锚具	≮50	
	外露预应力筋	≮50	
	易腐蚀预应力筋	≮50	

2．人员组织

(1) 创精品工程首先要组织一个强有力的项目班子,并根据工程规模大小和具体特点,安排与之相适应的混凝土专业管理人员和试验人员。

(2) 根据施工组织设计和混凝土施工方案的安排,组织落实劳务施工队伍,施工人员的编制、数量、素质须满足混凝土工程施工所需。

3．技术准备

(1) 组织有关人员认真学习图纸,根据设计图纸和施工组织设计编制混凝土施工方案和技术交底,混凝土施工方案包括混凝土泵送方案、大体积混凝土施工方案、高性能混凝土施工方案、后浇带(沉降带)和加强补偿带混凝土施工方案等。

(2) 根据设计图纸要求,排列工程各部位的混凝土强度等级,计算各部位的混凝土量,排列成表,根据该表编制混凝土生产(采购)计划,混凝土试验工作计划及砂、石、水泥、外加剂、掺合料等原材料计划。

(3) 配备齐混凝土工程施工所需的规范、标准、技术资料表格、质量评定表格和混凝土试验用具,包括混凝土坍落筒、混凝土试模、测温计、振捣器、回弹仪、温湿度自控仪、标养箱、天平秤、电炉等。

(4) 选择具有规定资质的试验室,根据设计要求,进行混凝土配合比设计。

4．制定奖罚办法,通过奖优罚劣这个经济手段强化施工人员创精品的意识。

5．通过"走出去"参观精品工程,观摩精品工程的施工过程;"请进来"请专家讲课,介绍创精品工程的做法,扩大视野,找出差距,少走弯路,有利于工程质量水平的提高。

6．积极推广"新材料、新设备、新工艺、新技术",通过推广应用新技术,提高工程的技术含量,降低成本,加快施工进度,缩短施工工期,治理质量通病,提高工程质量,达到精品的高标准要求,实现创精品工程的目的。

7．积极协调好外部(建设单位、设计单位、监理单位、混凝土供应商)和内部(钢筋、模板、水、电各专业)各方面的关系,是保证混凝土工程创精品的一项非常重要的工作。

8．优化设备投入,根据施工组织设计的安排,及时足量安排设备进场,混凝土施工设备包括:混凝土搅拌机、混凝土输送泵、塔式起重机、振捣器、翻斗车、磅秤、混凝土原材料自动上料计量设备、装载机等,进行调试后做好维护工作,保证随时投入使用。

9. 材料要求除必须符合《混凝土结构工程施工质量验收规范》(GB 50204—2002)中原材料的主控项目和一般项目外还应达到以下要求:

(1) 所用材料均需有产品合格证、出厂检验报告和进场复验报告。

(2) 建立合格材料供应商的档案,通过公开材料采购招标,确定材料供应商,严格把好材料进场验收关,确保材料质量。

10. 作业条件

(1) 浇筑混凝土处的模板、钢筋、预埋件及管线等全部安装完毕,经检查符合设计要求,并已办理完隐、预检手续。

(2) 浇筑混凝土用的架子、马道已支搭完毕,并经检查合格。

(3) 水泥、砂、石、外加剂、掺合料等经检查符合有关标准要求,试验室已下达混凝土配合比通知单。

(4) 磅秤或自动上料系统经检查核定计量准确,振捣器(棒)经检验试运转合格。

(5) 混凝土工长根据施工方案对操作班组已进行技术安全交底,混凝土浇筑申请书已被批准。

11. 作业准备:浇筑前应将模板内的杂物清理干净,将钢筋上的污染物清除干净,木模板应浇水湿润,部位交接处松散混凝土已剔凿至密实处,最后用压缩空气将模板吹净。

12. 混凝土质量控制要点

(1) 混凝土原材料质量控制:原材料质量必须符合国家规范的规定,材料进场时要检查合格证和检测报告,根据进场数量、批次做复试,合格后方可使用。

(2) 计量控制:砂、石、水泥、水、外加剂、掺合料必须过称(磅),砂石含水量及时测定,配合比及时调整,所有计量用具必须经过法定计量管理部门的鉴定并附有合格证,根据工程规模大小设专职或兼职计量员。

(3) 混凝土坍落度的控制:预拌混凝土每车都需测定坍落度,不合格者不用,现场搅拌的混凝土每班次不少于三次坍落度测定。

(4) 混凝土初凝时间的控制:混凝土运输、浇筑及间歇的全部时间不应超过混凝土的初凝时间,同一施工段的混凝土应连续浇筑,并应在底层混凝土初凝之前将上一层混凝土浇筑完毕,混凝土的初凝时间应根据工程实际情况计算确定,为了调整混凝土的初凝时间需要掺入的外加剂(缓凝剂)要做试验。

(5) 混凝土浇筑厚度的控制:浇筑厚度直接影响到混凝土的振捣密实度,按照方案和交底规定的浇筑厚度施工,并用尺杆来加以控制。

(6) 混凝土裂缝的控制:满足《混凝土结构设计规范》(GB 50010—2002)和设计图纸要求,严格控制有害裂缝的出现。

(7) 大体积混凝土施工的控制:详见"过程控制"。

(8) 混凝土冬期施工的控制:详见"过程控制"。

(9) 混凝土密实度的控制:通过控制混凝土浇筑厚度(高度),不漏振、不过振,确保混凝土振捣密实,避免出现麻面、蜂窝、孔洞、露筋、缝隙夹渣等现象。

(10) 表面平整度的控制:规范规定表面平整度为 8mm 以内,精品工程表面平整度要控制在 4mm 以内。

（11）结构混凝土氯离子含量和碱含量的控制：这二项指标直接影响到结构混凝土的耐久性，即建筑寿命问题，所以这二项指标必须符合《混凝土结构设计规范》（GB 50010）的规定。

（12）混凝土强度的控制：这是一项必保指标，混凝土强度必须满足工程设计要求。

（13）混凝土养护的控制：通过浇水、喷涂养护液、覆盖密封、保湿等手段对混凝土进行养护，确保其强度正常增长，杜绝或减少裂缝的出现。保证混凝土的施工质量。

（14）混凝土碱骨料反应的控制：混凝土发生碱骨料反应，要有三个条件，其一是混凝土所处的环境为潮湿环境或干湿交替的环境；其二是混凝土拌合料中的水泥、外加剂含有过多游离钾、钠离子；其三是混凝土拌合料中的砂、石骨料含有能有与游离钾、钠发生化学反应，其反应生成物吸水膨胀的岩石或矿物。处于潮湿环境或干湿交替环境的混凝土工程，混凝土拌合料中水泥、外加剂等的游离钾、钠离子之和碱当量必须在 0.6% 以下（氧化钠当量 7.5‰ 以上和掺入量占水泥用量 8% 以上的高碱混凝土膨胀剂为强制淘汰产品）；砂、石选用低碱活性骨料，掺加矿粉掺合料及低碱、无碱外加剂等有效措施，混凝土拌合料带入混凝土中的碱总量，不得超过 $3kg/m^3$。

1.6.3　过程控制

1.6.3.1　工艺流程

作业条件→作业准备→混凝土搅拌→混凝土运输→混凝土浇筑、振捣→混凝土养护→混凝土成品保护

1.6.3.2　混凝土搅拌

1. 确保配料的准确性，搅拌混凝土前，由技术负责人书写配合比小黑板（表 1.6.2）。

混凝土配合比计量表（参考表）　　　　　表 1.6.2

混凝土浇筑部位：		浇灌日期：		浇灌总量：			
混凝土（水泥）初凝时间：		混凝土配合比编号：		强度等级：			
水泥品种：		砂规格：		石子规格：			
电子秤加水每秒代表（kg）：		坍落度要求：					
配 合 比	水 泥	水	砂	石	外加剂	掺合料	其 他
重量比	1						
每盘重量（kg）	100						
含水率（kg）							
每盘调整后用量（kg）	100						
加车盘重（kg）						以上用台秤	
开盘鉴定	技术负责人：（签字） 砂石含水率测定人：（签字）						

注：未经技术负责人同意，任何人不得擅自改变小黑板内容。小黑板内容应保持到下次浇筑混凝土前。

2. 检查核实计量系统，如磅秤、电子秤是否运行正常，并定期和不定期进行取样核对，从而保证原材料用量的准确。

3. 混凝土原材料按重量计的允许偏差，不得超过下列规定：

水泥、外加掺合料　　　　　　±2%；

粗、细骨料	±3％；
水、外加剂溶液	±2％。

4．外加剂应根据每盘掺入重量预先分标准小包装计量。

5．测试粗细骨料的含水量,雨季施工期间要增加测试,随时调整用水量和粗细骨料的用量。

6．保证混凝土搅拌的均匀性,均匀性与投料顺序、搅拌机的类型和搅拌时间长短有关。搅拌前加水湿润搅拌机仓并空转 2～3min,将积水倒净,使拌筒充分润湿,随后首先进行石子减半混凝土拌制,并严格控制投料顺序。投料顺序为:石子→水泥→砂。每盘装料数量不得超过搅拌筒标准容量的 10％。搅拌好的混凝土要做到卸尽,在全部混凝土卸出之前不得再投入拌合料,更不能采取边出料、边进料的方法。

7．通过充分搅拌,应使混凝土的各种组成材料混合均匀,颜色一致;搅拌时间随搅拌机的类型及混凝土拌合物的和易性的不同而异。在生产中,应根据混凝土拌合料要求的均匀性及生产效率等因素考虑搅拌时间,通常搅拌时间不应小于 90s。

8．混凝土的稠度是影响施工难易程度和混凝土强度等级的重要因素。在入模处由试验员定期和不定期测定混凝土的坍落度,进行严格控制。

1.6.3.3　混凝土运输

1．混凝土自搅拌机卸出后,应及时运送到浇筑地点,防止混凝土离析、水泥浆流失、坍落度和组成发生变化等现象,若有离析现象时,必须在浇筑前进行二次拌合。

2．泵送混凝土时必须保证混凝土泵连续工作,如果发生故障,停歇时间超过 45min,应立即用压力水或其他方法冲洗管内残留混凝土。

3．混凝土在运输过程中,应以最少的转载次数和最短时间,从搅拌地点运到浇筑地点。混凝土从搅拌机中卸出后到浇筑完毕的延续时间控制应符合表 1.6.3 规定。

延续时间（min）　　　　　　　　　　　　　　　　　　　　表 1.6.3

气　温	采用搅拌车		采用其他运输设备	
	≤30	>C30	≤30	>C30
≤25℃	120	90	90	75
>25℃	90	60	60	45

注：当掺有外加剂和采用快硬水泥时,延续时间应通过试验确定。

4．在风雨或炎热天气运输混凝土时,容器上应加遮盖,以防进水或水分蒸发;冬期施工应加以保温。

1.6.3.4　混凝土浇筑

1．墙、柱混凝土浇筑

(1)浇筑混凝土之前,必须浇水湿润施工缝处的混凝土面,但表面不能有积水,以保证新旧混凝土结合牢固。

(2)为防止模板钢筋挂浆使落下的混凝土少浆,导致墙体出现烂根,在浇筑竖向结构混凝土之前,应先在大模板底部,人工用铁锹填以 30～50mm 厚与混凝土同配合比的无石子砂浆。

(3)浇筑混凝土时应分层连续浇筑,控制分层浇筑厚度,分层厚度以 45cm 为宜。利用标尺杆检查,将标尺杆插入模板中,标尺高度与模板等高,使标尺每步起止线与模板上口平齐,每次提升一步即为45cm。如遇有门窗洞口时,应使洞口两侧同时下料,高度保持一致。

(4) 振捣操作人员责任分工明确,按顺序振捣,做到分段落实到人,以防漏振,振捣棒的操作要做到"快插慢拔",使混凝土填满振捣棒抽出时形所的孔洞及使混凝土气泡排出,在振捣过程中,将振捣棒略微抽动,以使上下混凝土振捣均匀,从而减少气泡,在振捣上层混凝土时振捣棒插入下层混凝土50mm左右,以消除上下间的接缝,振捣棒插点要均匀排列,移动间距300～400mm,每一插点要掌握好振捣时间,以混凝土表面不再沉落、不再出现气泡,表面泛出浮浆为度。振捣棒使用时不宜紧靠模板振动,应尽量避免碰撞钢筋、预埋件、水电预留洞盒、电盒、电管等,配备看钢筋、看电管预埋件人员,发现问题及时解决,并在混凝土初凝前修整完。

(5) 墙柱混凝土浇筑高度控制在高于墙柱顶3cm,墙柱拆模后,剔掉上面2.5cm软弱层,使墙柱伸入顶板5mm,确保阴角整齐顺直。

2. 顶板混凝土浇筑

(1) 在浇筑混凝土之前,顶板模板必须吹净,木模需浇水湿润。浇筑混凝土时,用振捣棒采用"交错式"方法进行振捣,振捣棒移动间距不得大于300mm,振捣棒插点要均匀排列,以防止漏振,每一插点要掌握好时间,以混凝土表面呈水平不再下沉、不出气泡、表面泛出灰浆为准,振捣时尽量避免碰撞预埋件、水电预留盒、电盒等。

(2) 随时按标高控制线拉线检查平整度,用2～4m的铝合金大杠将表面刮平,再用木抹子搓平,在混凝土初凝之前搓两次以上,以防混凝土表面干缩裂缝。

(3) 为防止大模板根部不平造成漏浆、烂根,用4m铝合金大杠顺墙体竖向钢筋200mm范围,将混凝土搓平以及墙体两侧楼板混凝土用4m大杠穿过墙体钢筋搓平。

(4) 为确保楼面混凝土平整一致,楼板混凝土初凝前进行二次抹平搓毛,并用大毛刷拉出顺纹。

1.6.3.5 混凝土养护

分为自然养护和加热养护。

1. 自然养护一般平面结构混凝土宜采用覆盖浇水和蓄水养护方式,这种养护方式既经济,又能使混凝土在一定的时间内保持水泥水化作用所需要的适当温度和湿度条件确保混凝土强度的增长,尤其是大体积混凝土底板蓄水养护,既能起到混凝土徐徐降温,又能保证大体积混凝土的温度不至于很快散失,减小了大体积混凝土的内外温差。竖向结构一般采用涂刷养护液的方式,在混凝土表面形成一层薄膜,使混凝土与空气隔绝,封闭混凝土中的水分不再被蒸发,而完成混凝土水化的作用,在薄膜爆裂之前使混凝土达到设计强度。在冬期施工期间可采用塑料薄膜加草帘被,将混凝土表面敞露的部分全部严密地覆盖,保证薄膜内有凝结水和足够的强度增长温度。另外在模板周转要求不高的条件下,也可采用带模板养护的方式,即将模板螺栓松开,模板揭离混凝土表面后,先在墙体上部浇水养护以防墙体产生裂缝后再轻轻合上,保持混凝土内的水分不被蒸发而达到混凝土养护的目的。自然养护时间一般在混凝土浇筑完后12h进行,7d内保证混凝土表面湿润,抗渗混凝土养护不少于14d。

2. 加热养护是缩短养护时间的一种有效方法,加热养护有蒸汽养护,即将混凝土结构用棚、罩覆盖严密,向内充蒸汽,使混凝土在潮湿和较高温度内强度很快达到设计要求。但蒸汽养护应注意在混凝土浇筑完毕后 2~6h 进行养护,以增强混凝土升温阶段对结构破坏作用的抵抗能力;另外充蒸汽升温或撤蒸汽降温速度要进行有效控制,防止混凝土体积膨胀或收缩太快而产生有害裂缝,一般升温速度 10~25℃/h,在构件厚度 10cm 左右时,降温速度不大于 20~30℃/h;恒温阶段普通水泥混凝土不得大于 80℃,矿渣和火山水泥混凝土可达到 95℃,相对湿度保持 90%~100%

3. 另外根据不同地区和特定条件,加热养护还有热模养护和太阳能养护方式,均能收到良好效果。

1.6.3.6 成品保护

1. 混凝土成品保护的好坏,对外观、耐久性有直接影响。因而必须做好成品保护。

2. 墙体模板拆除,松大螺栓时应先转动 2~3 圈,防止螺栓孔周边混凝土炸开。

3. 大模板、角模吊运时应垂直起勾,防止碰撞混凝土表面形成外伤。

4. 墙体混凝土达到强度后方可拆除模板,通常外界温度 25℃ 以下 5~10h 可松螺栓。螺栓松动太早会导致粘模,太迟则退螺栓难度加大,会导致螺栓孔周边混凝土表面炸裂。

5. 阳角、门窗洞口模板拆除后应用塑料角或其他材料做好保护,以防继续施工对口角的破损。

6. 顶板混凝土浇筑后待达到一定强度后(同条件试块达到 1.2MPa 时)方可上人进行下道工序。进行下道工序前应做好对板面的保护。特别是吊运钢筋时不能集中堆放,底部必须垫木方,落勾时应轻轻放下,防止发生顶板裂缝。此外浇筑墙体混凝土时散落的混凝土,应及时清理干净,防止二次污染。

7. 楼梯踏步混凝土没有达到 1.2MPa 时,严禁上人踩踏。当楼梯模板拆除后,用角铁或旧竹编板将楼梯边角保护好,防止掉角。

1.6.3.7 混凝土的施工缝留置及控制

1. 墙体竖向施工缝留置在房间及连梁跨的 1/3 处,墙体竖向施工缝采用不大于 15mm×15mm 的双层钢丝网绑扎在墙体钢筋上,外用 50mm 厚木板加木方支顶封挡混凝土。墙模拆除后,在距施工缝 10mm 外的墙面上两侧弹线,用云石机沿墨线切一道 10mm 深的直缝,将直缝以外的混凝土剔掉露出石子,清理干净,保证混凝土接槎质量。竖向施工缝应保证垂直。若根部有斜向混凝土浆体必须剔凿清理干净。

2. 墙体模板拆除后,弹出顶板底线,在墨线上 5mm 处,用云石机切割一道 3mm 深的水平直缝,将直缝以上的混凝土软弱层剔掉露出石子,清理干净。

3. 墙体根部施工缝应在墙体两侧外皮线内 3mm 处弹线,并沿线用云石机切割 5mm 深直缝,将两缝间松散石子、混凝土浆剔凿并清理干净,露出石子以保证上下混凝土接槎质量。

4. 楼板顶板施工缝应留在板跨中 1/3 范围内,施工缝处顶板下铁钢筋垫 15mm 厚木条,保证下铁钢筋保护层,上、下铁钢筋之间用木板保证净距,与下铁钢筋接触的木板侧面按下铁钢筋间距锯成豁口,卡在下铁钢筋上,上铁钢筋以上用木板按上铁钢筋间距锯成割口,卡在上铁钢筋上。

5. 楼梯施工缝:在现浇结构施工中把楼梯梁的一半、休息平台的 1/3 处和剪力墙混凝土楼梯梁窝处(采用聚苯板外包塑料胶带与预留做法)全部留出不浇混凝土。在浇筑该处施工缝前应将梁窝处及混凝土接槎处剔凿整齐,露出石子并清理干净,确保混凝土接槎质量。

6. 后浇带混凝土的设置与施工浇筑:后浇带是一种为了在现浇钢筋混凝土结构施工过

程中克服由于温度收缩而可能产生有害裂缝而采取的措施,另一种是主楼与裙房之间,结构高差悬殊,为克服沉降差而设置的,两种后浇带内混凝土的浇筑时间必须严格遵从设计规定。浇筑后浇带内混凝土,施工前接槎处剔凿要到位,对接槎表面用钢丝刷清理干净,钢筋调整好,并做好隐检、预检。按设计要求,混凝土强度等级比所在部位的混凝土柱子强度等级提高一级,并掺加膨胀剂,以防混凝土收缩产生裂缝。接槎处振捣插棒间距加密,梁板表面压实抹平,以防裂缝。加强对后浇带的养护,在浇筑混凝土 12h 之内,要求梁板表面必须覆盖塑料薄膜,封盖严密,控制水分过早蒸发,并随时浇水养护,以保证混凝土处于湿润状态,其养护时间不少于 28d。

7. 柱子混凝土强度等级高于楼层梁板时,梁柱节点处的混凝土经设计同意可按以下规定处理

(1) 混凝土强度 $5N/mm^2$ 为一级,凡柱子混凝土强度高于梁板不超过一级者(如柱子为C30,梁为 C25)或柱子混凝土强度高于梁板不超过二级(如柱子为 C40,梁为 C30),而柱子四边皆有现浇梁者,在梁柱节点处之混凝土可随梁一同浇筑。

(2) 当不符合第(1)条规定条件时梁柱节点处之混凝土可按柱子混凝土强度单独浇筑。见图 1.6.1。

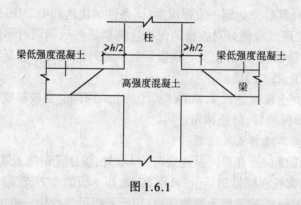

图 1.6.1

(3) 为了弥补在梁柱节点处之混凝土可随梁一同浇筑,该节点处的竖向荷载承载力不足及抗剪能力不足或按柱子混凝土强度单独浇筑,在梁支座处形成施工缝,成为薄弱环节,可采取以下措施:在节点区内增加纵向钢筋;在节点区内设置型钢;增加节点范围内的箍筋。

1.6.3.8 预拌混凝土施工

1. 使用预拌混凝土必须考虑混凝土运输问题。供应运输半径不宜超过 25km。对于进场混凝土应认真核对发货票与合同是否相符;现场制作混凝土试块,进行坍落度检验。不符合要求的一律拒收,并做好记录。

2. 填写预拌混凝土进场记录表:

施工单位   施工部位   浇筑日期

编号	车号	现场坍落度	出站时刻	到场时刻	开始卸料时刻	浇筑完毕时刻	路上时间	现场等候时间	浇筑时间	总耗用时间	备注

记录人: 审核(技术负责人):

3．预拌混凝土到场前应检查运送混凝土的容器和管道，应不吸水、不漏浆，并保证卸料及输送通畅。容器和管道在冬季要有保温措施，夏季要有隔热措施。

4．混凝土运送至浇筑地点，如混凝土拌合物出现离析或分层现象，应对混凝土拌合物进行二次搅拌。

5．混凝土拌合物运至浇筑地点时的温度，最高不宜超过35℃，最低不宜低于5℃。

1.6.3.9　大体积混凝土施工

大体积混凝土施工一般来说是指最小断面尺寸大于1m以上的混凝土结构，在创住宅精品工程过程中，建议将最小断面尺寸大于800mm以上的混凝土结构即按大体积混凝土结构考虑施工。为防止大体积混凝土出现有害裂缝的几项控制措施：

1．原材料的选择

(1) 用中、低水化热的水泥配制混凝土，如矿渣水泥、火山灰水泥、粉煤灰水泥等，降低水泥水化热。

(2) 用粒径较大，级配良好的粗骨料，掺加粉煤灰等掺合料；掺加减水剂，改善和易性，降低水灰比，以达到减少水泥用量，降低水化热的目的。

(3) 在厚大无筋或少筋的大体积混凝土中，掺加总量不超过20%的大石块，减少混凝土用量，以达到节省水泥和降低水化热的目的。

(4) 掺加相应的缓凝型减水剂，如木质素磺酸钙等。

2．混凝土浇捣

(1) 混凝凝土浇筑宜采用斜面分层布料方法施工，即"一次浇筑、一个坡度、分层浇筑、薄层覆盖、顺序推进、一次到顶"。采用插入式振捣棒，每个混凝土泵配备5台插入式振捣棒（3台工作，2台备用），分三道布置：第一道布置在出料点，为防止混凝土集中堆积，先振捣出料口处混凝土使混凝土形成自然流淌坡度；第二道布置在坡脚处，确保混凝土下部密实；第三道布置在斜面中部，在斜面上各点严格控制振捣时间、移动距离和插入深度。每个浇筑区域的振捣由专人负责，特别加强最后一层的振捣，严防漏振。此外，在混凝土凝固之前进行表面二次振捣，以防混凝土表面出现收缩裂缝。

(2) 为防止混凝土在钢筋下部泌水或混凝土表面产生细小裂纹，在混凝土初凝前和预沉后，用长刮杠刮平表面，初凝前反复用木抹子搓毛压实，搓毛后立即用塑料薄膜覆盖，防止混凝土温差过大和表面失水。

3．温度控制措施

(1) 降低混凝土的入模温度，以达到降低厚大体积混凝土的温度的目的。

(2) 在混凝土浇筑之后，做好混凝土的保温保湿养护，缓缓降温，充分发挥徐变特性，减低温度应力，夏季应注意避免曝晒，注意保湿，冬季应采取措施保温覆盖，以免发生急剧的温度梯度发生。

(3) 采取长时间的养护，规定合理的拆模时间，延缓降温时间和速度，充分发挥混凝土的"应力松弛效应"。

(4) 加强测温和温度监测与管理，实行信息化控制，随时控制混凝土内的温度变化，内外温差控制在25℃以内，基面温差和基底面温差均控制在20℃以内，及时调整保温及养护措施，使混凝土的温度梯度和湿度不至过大，以有效控制有害裂缝的出现。

(5) 在某些特殊工程的大体积混凝土结构内部预埋冷却管，通入循环冷却水，强制降低混凝土的水化热温度。

4. 主要施工措施

(1) 充分利用混凝土的后期强度,减少每立方米混凝土中的水泥用量。

(2) 选择级配良好的粗骨料,严格控制其含泥量,加强混凝土的振捣,提高混凝土密实度和抗拉强度,减小收缩变形,保证施工质量。

(3) 混凝土初凝时间的控制:混凝土运输(合同中详细规定)、浇筑及间歇的全部时间不应超过混凝土的初凝时间,同一施工段的混凝土应连续浇筑,并应在底层混凝土初凝之前将上一层混凝土浇筑完毕,混凝土的初凝时间应根据工程实际情况计算确定,为了调整混凝土的初凝时间需要掺入的外加剂(缓凝剂)要做试验。

(4) 合理安排施工工序,控制混凝土在浇筑过程中均匀上升,避免混凝土拌合物堆积过大高差。在结构完成后及时回填土,避免其侧面长期暴露。

(5) 采取分层或分块浇筑大体积混凝土,合理设置水平或垂直施工缝,或在适当的位置设置施工后浇带,以放松约束程度,减少每次浇筑长度的蓄热量,以防止水化热的积聚,减少温度应力。

(6) 大体积混凝土基础与岩石地基,或基础与厚大的混凝土垫层之间设置滑动层,如采用平面浇沥青胶铺砂、或刷热沥青或铺卷材。在垂直面、键槽部位设置缓冲层,可用铺设30~50mm 厚沥青木丝板或聚苯乙烯泡沫塑料,以消除嵌固作用,释放约束应力。

(7) 采取二次投料法,二次振捣法,浇筑后及时排除表面积水,加强早期养护,提高混凝土早期或相应龄期的抗拉强度和弹性模量。

1.6.3.10　混凝土冬期施工

冬期施工应及时准确做好各种施工过程记录。为防止混凝土早期受冻,减少强度损失,在混凝土受冻前达到临界强度的几项措施

1. 混凝土工程冬期施工前应根据各地区具体条件编制冬期施工方案,一般混凝土冬期施工宜采用综合蓄热法施工。对原材料的选用和加热、搅拌、运输、养护等进行热工计算,提出具体要求,严格按计算结果进行施工控制。

2. 冬期施工前的准备工作:

(1) 提前组织有关机具、火炉、保温材料以及外加剂的进场,冬期施工所用的水泥和外加剂品种应根据气温和环境情况进行选择,外加剂应经试配试验合格后使用。

(2) 准备好热源如:搭建锅炉房,安装供热锅炉,试火、试压合格等。

(3) 对搅拌站、临时水箱、供水管、泵管等进行保温防冻。

(4) 钢制大模板背后安贴保温材料。

(5) 混凝土运输容器和施工段周围设置防风围挡。

3. 冬期施工测温项目有:大气测温、各种混凝土原材料以及搅拌机棚内的测温、混凝土拌合料出罐温度和入模温度、混凝土浇筑后的结构在达到临界强度之前的温度。

(1) 测温工作是确保冬期混凝土顺利施工和控制混凝土在达到临界强度之前不受冻害的重要信息工作。为了准确进入冬期,冬期施工前一个月就应该进行大气测温(测温员必须经过培训,合格上岗)。

(2) 进入冬期施工后,各种混凝土原材料以及搅拌机棚内的测温是计算混凝土拌合料出罐温度的重要数据,当混凝土拌合料出罐温度达不到冬施方案中所设计的温度时,技术人

员可依据各种原材料的温度数据采取调整措施。

（3）混凝土拌合料出罐温度和入模温度是预测混凝土是否在受冻害之前达到混凝土临界强度的重要依据。在运输、浇筑过程中，其各阶段的温度应符合热工计算所确定的数据，如果发现不符合，应及时采取调整措施，确保混凝土的入模温度。

（4）混凝土浇筑后的结构的测温是检验混凝土表面覆盖保温防冻措施是否完好，混凝土在预测的时间内达到临界强度之前而不受冻害的最重要的数据，技术人员可依据测温数据随时采取更加完备的保温防冻措施。同时混凝土浇筑后的测温记录数据也是混凝土成熟度计算的依据和混凝土拆模依据。拆除模板和保温层应在混凝土冷却至5℃以后，当混凝土与外界温差大于15℃时，拆模后的混凝土表面应覆盖，使其缓慢冷却。混凝土浇筑后的结构的测温布置点和测温时间、遍数必须严格按建筑工程冬期施工规程要求进行，测温点必须全面代表所需结构混凝土测温的部位，尤其是结构边缘或易受冷风吹到的部位。

4. 冬期混凝土结构保温是确保混凝土达到临界强度之前而不受冻害的重要措施，保温工作必须严格按冬期施工方案进行，建议在草帘被下与混凝土接触面满铺一层塑料薄膜，另外在混凝土结构边缘、墙体或柱的钢筋槎内、电梯、楼梯间以及冷风易吹到的部位必须增加保温厚度，确保混凝土结构在受冻害之前达到临界强度。

5. 冬期施工混凝土防冻剂是污染环境氨气的主要来源，必须严格控制冬施防冻剂中释放氨的量≤0.10%，严格把好混凝土防冻剂进场关。

6. 按冬期施工工程制作标养试块和同条件试块，同条件试块要进行同条件养护覆盖，以检测混凝土受冻前的临界强度和结构实体检验。

1.6.4　精品案例

1. 工程概况

北京市中关村某工程，总建筑面积为97788m²，由4栋地下二层、地上18～21层的高层住宅楼和二栋2～3层裙房及大型地下车库组成。高层住宅为剪力墙结构，裙房为框架结构。混凝土总用量为54745m³，该工程于2001年度被评为北京市结构长城杯工程。

2. 创混凝土精品工程的几点做法及分析

（1）工程全部采用预拌混凝土和混凝土泵送技术，编制《预拌混凝土施工和表单管理工作流程》，规范混凝土施工的各个环节和行为，具体工作流程如下：

1）根据生产安排，提前3d确定混凝土结构施工部位，并将混凝土强度等级、抗渗要求及施工日期通知单，经技术部门核定后，转交给混凝土工长。

2）选择供应能力、质量控制等方面满足要求的混凝土供应商。

3）混凝土工长将混凝土施工日期和有关要求通知混凝土供应商，供应商将相关资料提前2d报送工地技术部门。

4）技术部门负责审核有关资料。

5）专职质量员将审核合格的有关资料和开盘申请报送监理工程师。

6）监理工程师批准后，准备混凝土施工。

7）开盘鉴定必须随第一车到工地，交给混凝土工长。开盘鉴定由各分部质检员报监理公司。

8）劳务单位和混凝土工长负责混凝土的最后限量。

9）混凝土运输车采用一车一票制。每车检验混凝土坍落度，严格按《商品混凝土进场记录表》中的内容,记录现场坍落度、出站时间、到场时刻、开始卸料时刻、浇筑完毕时刻、路上时间、现场等候时间、浇筑时间、总耗用时间。试验员按规定做试块。

10) 工长负责组织混凝土装车的整理,要求做到与表(预拌混凝土进场记录表)、单(预拌混凝土发货单)相符;

11) 工长将表单相符的预拌混凝土资料转交技术部门。

12) 混凝土供应商按期提供有关试验单和合格证。

分析:采用工作流程管理,有效控制各环节的运作,使整个过程处于有效控制状态,防止过程失控。

(2) 严格检查混凝土坍落度,做到一车一检。

分析:确保坍落度符合要求,以保证混凝土强度等级符合设计要求

(3) 墙体混凝土接槎处用 30~50m 厚同混凝土配合比无石子砂浆。

分析:防止烂根,增强接槎效果。

(4) 在大模板墙体混凝土浇筑时,用标尺杆和手把灯控制混凝土分层下料厚度。

分析:保证混凝土分层浇筑厚度,确保振捣质量,提高密实度,防止出现蜂窝、麻面、露筋等缺陷。

(5) 采取模板洒水养护,墙体、柱涂刷养护液等养护办法,做好混凝土养护工作。

分析:防止裂缝,确保混凝土强度等级。

(6) 楼板混凝土施工时,用 3.5m 大杠顺墙 200mm 范围将混凝土找平,墙体两侧混凝土用 3.5m 大杠过墙找平。楼板混凝土初凝前进行二次抹平搓毛,并在表面用毛刷拉出同向纹路。

分析:防止大模板底部跑浆、烂根,确保楼面混凝土平整,防止出现表面裂缝,外表美观。

(7) 墙体混凝土施工时,高出板底 30mm 左右,在楼板底以上 5mm 处弹线,沿线用云石机开 3mm 深的缝,将弹线以上的混凝土软弱层剔除。

分析:防止缝隙夹渣,提高墙板处结合效果,提高结构观感质量。

(8) 在楼板混凝土施工完成后,在墙体线内侧 3mm 处用云石机开 5mm 深缝将软弱层剔凿至露出石子。

分析:提高混凝土结合效果,提高混凝土施工质量。

(9) 混凝土阳角、楼梯踏步采取塑料护角、竹胶板护角等办法,做好混凝土成品保护工作。

分析:能有效保证混凝土的外观质量。

(10) 严格执行大模板的清理检查制度,脱模剂涂刷均匀不漏刷,保证模板洁净平整。

分析:有效防止粘模,保证混凝土表面平整。

案例分析见图 1.6.2~图 1.6.8。

图 1.6.2
混凝土运输车采用一车一票制。检验混凝土坍落度,严格按商品混凝土合同中的内容认真检验

图 1.6.3
用塑料薄膜将混凝土表面敞露的部分全部严密地覆盖,保证薄膜内有凝结水和足够的湿度

图 1.6.4

竖向结构一般采用涂刷养护液的方式,在混凝土表面
形成一层薄膜,使混凝土与空气隔绝,封闭混凝土中
的水分不再被蒸发,而完成混凝土水化的作用,在薄
膜爆裂之前使混凝土达到设计强度

图 1.6.5

楼板混凝土初凝前进行二次抹平搓毛,并用
表面大毛刷拉出同向纹路

图 1.6.6

用 3.5m 大杠顺墙 200mm 范围将混凝土搓平,以及墙体两侧
楼板混凝土用 3.5m 大杠过墙搓平

图 1.6.7

在草帘被下与混凝土接触面满铺一层塑料薄膜,起到防风、保湿
作用,另外在混凝土结构边缘、墙体或柱的钢筋茬内、电梯、楼梯
间以及冷风易吹到的部位必须增加保温厚度,确保混凝土结构
在受冻害之前达到临界强度

图 1.6.8
剔除软弱层,提高墙板处结合效果

1.7 砌 体 工 程

砌体工程按照材料的形式可分为砖、石、(轻骨料)混凝土小型空心砌块、蒸压加气混凝土砌块等,因其有许多共性的地方现仅以砖砌体和混凝土小型空心砌块为例加以说明。

砖包括:烧结普通砖、烧结多孔砖、蒸压灰砂砖、粉煤灰砖等。

砌块包括:混凝土小型空心砌块和轻骨料混凝土小型空心砌块等。

1.7.1　质量要求

1. 有关规范、标准

(1)《建筑工程施工质量验收统一标准》(GB 50300—2001);

(2)《砌体工程施工质量验收规范》(GB 50203—2002);

(3)《多孔砖砌体结构技术规范》(JGJ 137—2001);

(4)《多孔砖墙体构造图集》(京 99SJ34);

(5)《普通混凝土小型空心砌块建筑墙体构造图集》(京 99SJ35);

(6)《建筑工程冬期施工规程》(JGJ 104—97)。

2. 砌体工程观感质量要求

(1)砌筑方法正确,转角和交接处的斜槎应平顺、密实;

(2)墙面应保持清洁,灰缝密实、深浅一致,横竖缝交接处应平整;

(3)预埋孔洞、预埋件、预埋管道的位置应符合设计要求;

(4)芯柱、构造柱、圈梁、及过梁混凝土浇筑密实无蜂窝、不漏筋,与砌体结合平整紧密、牢固可靠。

3. 砌体工程验收标准参照表1.7.1。

砌体工程验收标准

表 1.7.1

	检 查 项 目			设计、规范、检查标准值	抽查结果	评 定
主控项目	1. 砌块的强度、观感			设计 MU,长、宽、高偏差		
	2. 砂浆强度、配比			设计 M,经试配,有配比牌		
	3. 斜槎留置			水平投影长度不小于高度的2/3		
	4. 直槎留置			加设拉结钢筋:每 120mm 墙厚放置 1ϕ6(120mm 放置两根);间距沿墙高不超过500mm;埋入长度每边不小于500mm		
	5. 临时洞口留置			设置过梁,净宽度≤1m,距交接墙距离≥500mm		
	6. 水平灰缝饱满度			≥90%		
	7. 竖向灰缝饱满度			≥80%		
	8. 轴线位移			≤6mm （10mm）		
	9. 垂直度	层 高		≤3mm （5mm）		
		全 高	≤10m	≤6mm （10mm）		
			>10m	≤15mm （20mm）		
一般项目	10. 组砌方法			上、下错缝,内外搭砌,"三一砌法",砖柱不得采用包心砌法。		
	11. 灰缝厚度			10mm,不得大于 12mm、小于 8mm		
	12. 楼(顶)面标高			±15mm 以内 （±15mm）		
	13. 表面平整度	清 水		≤3mm （5mm）		
		混 水		≤5mm （8mm）		
	14. 门窗洞口高、宽			±5mm 以内 （±5mm）		
	15. 外墙上下窗口偏移			20mm 以内 （20mm）		
	16. 水平灰缝平直度	清 水		≤5mm （7mm）		
		混 水		≤7mm （10mm）		
	17. 清水墙游丁走缝			15mm 以内 （20mm）		
施工管理	18. 现场各原料堆放、管理			水泥入库、防潮;砂、石料分隔;砌块堆高不超过 1.6m;有标识		
	19. 搅拌棚防护			搅拌防雨雪;防噪声、粉尘污染		
	20. 人员持证上岗			特殊工种作业证齐全		
	21. 文明、安全			施工现场安全防护到位,场区卫生,料具堆放整齐		

注:括弧内数字为国家规范规定内容。

1.7.2 精品策划

1.7.2.1 原材料要求

1. 砖、砌块的生产厂家应具备相应生产资质,且产品应具备有效质量合格证书、产品性能(抗压强度、含水率、抗渗性等)的检测报告等;用于砌筑清水外墙的砖或砌块应特别注意外观质量,抽验合格后方可进场(包括对尺寸、观感质量、相关资料的验收,具体要求详见表1.7.2、表1.7.3);进场后按批量复试合格方可使用。

混凝土小型砌块的侧壁和横肋不得小于下值(单位:mm)　　　　表 1.7.2

砌块模数宽度	砌块实际宽度	砌块侧壁最小厚度	砌块横肋最小厚度
100	90	30	25
150	140	30	25
200	190	30	25
250	240	38	28

混凝土小型砌块外观尺寸的允许偏差(单位:mmn)　　　　表 1.7.3

	合 格 指 标(mm)		
	优 等 品	一 等 品	合 格 品
长度、宽度	±2	±3	±3
高 度	±2	±3	+3、−4
最小侧壁厚度	30	30	30
最小横肋厚度	25	25	25
弯 曲 ≤	2	2	3
缺棱掉角个数 ≤	0	2	2
三个方向投影尺寸之最小值≤	0	20	30
裂纹延伸的投影尺寸累计 <	0	20	30

2. 拌制砌筑砂浆及圈梁、构造柱混凝土用的水泥、外加剂等也应具备合格证及产品性能检测报告,进场后与砂、石等按批量送试检验合格后使用;拌制用水应为无有害物质的洁净水。

3. 圈梁、构造柱(芯柱)、其他部位及局部拉结用钢筋同时要求具备质量证明书,进场后送试检验合格后方可使用。

4. 砖、砌块堆放场地应夯实、平整,并做好排水。不得任意倾卸和抛掷,不宜贴地堆放,须按规格、强度等级分别堆放,砌块应垂直堆放且上下皮还应交叉叠放,堆放高度不宜超过1.6m。水泥、外加剂、掺合料入库房(棚),按进场批分生产厂家、品种、强度等级、数量、生产日期、试验单编号、合格、不合格等注明标识,并有防潮、防雨、雪措施。砂石在硬底场地堆放,不同品种、规格砂、石之间不得混放,并有料堆淋水、排水措施,并应挂标识牌,注明产地、规格等。

5. 施工中异型砖、砌块应定做加工,现场切割应采用专用机械加工,注意加工质量,保证砖、砌块棱角完好方正、尺寸准确。

6. 用于填充墙的混凝土砌块必须满足龄期 28d。同时在砌筑时,必须保证砌块的含水率符合规范要求:空心砖宜为 10%～15%;轻骨料混凝土小砌块宜为 5%～8%;气温过高、干燥时,普通混凝土小型砌块砌筑时表面应浇水湿润。

1.7.2.2　砌筑砂浆要求

1. 现场搅拌设备应安装在防风雨的搅拌棚内,工艺设备合格,计量系统经检定合格后方可使用。各组分材料应采用重量计量。砂浆根据设计要求强度等级,及砌块种类对稠度的要求,由有相应资质试验室确定配合比。当砌筑砂浆的组成材料有变更时,其配合比应重新确定。现场搅拌棚内应设置配合比标牌,每次搅拌前根据实际情况详细填写标牌内容。标牌的主要内容参照表 1.7.4。

砂浆搅拌配合比标牌　　　　　　　　　　　　表 1.7.4

工程名称:　　　　搅拌日期:　　　　预计搅拌_____ m³(盘)

试配编号:		强度等级:		稠度:		水泥:		砂:	
试验配比	材料名称	水 泥	砂 子	水	灰 膏	掺合料	外加剂		
	配合比比例								
	每立方米用量								
	每盘用量								
施工配比	含水率								
	配合比比例								
	每立方米用量								
	每盘实用量								
工程项目技术负责人:					搅拌操作负责人:				

当砂的含水率发生变化时,及时调整施工配合比;外加剂计量可根据每次搅拌量采用袋装的方法,以保证计量准确。

2. 砌筑砂浆要具有高粘附性,良好的和易性,保水性和强度,应根据砂浆强度等级选择普通或矿渣硅酸盐水泥,砂宜采用中砂。砂浆稠度宜为 70 ~ 90mm(一般控制在 80 ± 5mm),砂浆保水性的衡量是砂浆的分层度,一般不宜大于 20mm(应控制在 10 ~ 20mm 之间)。

注:砂浆粘附性试验方法是将砂浆抹在砌块端肋上,要求砂浆不得掉落。或用挑铲铲起砂浆转 90°,砂浆不掉落为满足要求。

3. 应采用机械搅拌,自投料完算起,搅拌时间应符合下列规定:①水泥砂浆和水泥混合砂浆不得少于 2min;②水泥粉煤灰砂浆和掺用外加剂的砂浆不得少于 3min;③掺用有机塑化剂的砂浆,应为 3 ~ 5min。

4. 砂浆应随拌随用,水泥砂浆和水泥混合砂浆应分别在 3h 和 4h 内使用完毕;当施工期间最高气温超过 30℃时,应分别在拌成后 2h 和 3h 内使用完毕。砂浆在砌筑前如出现泌水现象应重新搅拌,超过上述规定时间的砂浆不得使用,并不应再次拌合使用。

1.7.2.3　试验要求

砖、砌块和砂浆的强度等级必须符合设计要求和规范标准,并应满足施工需要。抽检数量执行表 1.7.5。

1.7.2.4　施工组织准备

1. 根据工程量、施工工期要求合理安排工作人员,尽量做到流水作业连续施工;同时准备好充足的原材料和施工机具。

2. 根据设计开间尺寸绘制砖、砌块排列图,提前确定异型砖、砌块尺寸及数量,在现场及时切割下料或让厂家定型生产,确保不影响施工进度。

抽 检 数 量

表 1.7.5

序 号	类 别	块数/试验组数/抽检批量	执 行 标 准
1	烧结普通砖	10 块/1 组/15 万块	GB/T 5101
2	灰砂砖、粉煤灰砖	10 块/1 组/10 万块	GB 11945、JC 239
3	多孔砖	10 块/1 组/5 万块	GB 13544
4	空心砖	5 块/1 组/1 万块	GB 13545
5	砌筑砂浆	6 块/≮1 组/250m³ 砌体或同一楼层(同类型、同强度等级的砂浆)	GB 50203
6	混凝土砌块	5 块/1 组/1 万块	GB 8239

3. 测量放线

清理作业面,按标高找平结构面,依据砌筑图弹好轴线、砌体边线、组合柱(芯柱)位置线、门窗洞口位置线,预检验线合格。房屋放线尺寸允许偏差如表 1.7.6。

表 1.7.6

长度 L,宽度 B 的尺寸(m)	允许偏差(mm)	长度 L,宽度 B 的尺寸(m)	允许偏差(mm)
$L(B) \leqslant 30$	±5	$60 < L(B) \leqslant 90$	±15
$30 < L(B) \leqslant 60$	±10	$L(B) > 90$	±20

4. 技术交底:施工前将已编制好的施工组织设计、方案,全面地向施工技术人员、工长、质检员、材料员等有关人员讲解清楚,将材料的特性、施工技术要求、质量标准、检验方法等全面进行交底培训。

5. 根据砖、砌块排列图排砖撂底,浇水湿润基层,立皮数杆(依据楼层高度、砌块尺寸、组砌方法等提前作好),皮数杆间距不宜太大,一般不超过 12m。

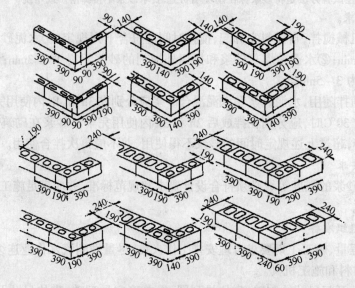

图 1.7.1 几种不同厚度砌块的标准墙角砌法

几种不同厚度砌块的标准墙角砌法见图 1.7.1。

6. 搭设好操作和卸料架子,砂浆按配比搅拌,并留置好试块。

1.7.2.5 质量控制要点

1. 施工图纸会审、设计交底完毕后,结合砖、砌块砌体的特点、设计图纸要求及现场具体条件,编制施工方案及技术交底,作好施工平面布置,划分施工段,安排好施工流水、工序交叉衔接施工。

2. 对基层不平的现象可采取剔凿或补抹砂浆的措施,待基层清理干净后要及时进行抄平放线工作。

3. 在排砖摆底时,当发现门窗位置线与砌块模数不符时可采取定做、加工异型砌体或移动少量(不得超过 2cm)位置线的方法。

4. 砌筑时应严格控制墙体平整度和垂直度,根据墙体厚度可采取单面或双面挂线的砌筑方法;挂线时注意两头皮数杆标高要一致,较长的墙体中间应加支撑点,以防由于线长出现塌腰的现象。

5. 砌体转角处和纵横墙交接处应同时砌筑。严禁无可靠措施的内外墙分砌施工。对不能同时砌筑而又必须留置的临时间断处应砌成斜槎,斜槎水平投影长度不应小于高度的2/3。

6. 砌块(特别是盲底砌块)应底面朝上反砌于墙上。

7. 墙体砌筑采用三——灌缝砌筑方法,即一铲灰、一块砖、一揉压,再增加一灌缝的动作,确保灰缝饱满度。

8. 墙体拉结筋或拉结网片应注意加工、摆放、搭接长度满足施工验收要求,特别注意墙体甩槎部分。

9. 芯柱和圈梁混凝土浇注应注意模板固定牢固,分层浇筑振捣密实。

10. 基础应采取实心粘土砖或其他材料,不得使用多孔砖。

1.7.2.6 成品保护

1. 砌体上的设备留槽孔以预留为主,严禁砌后剔凿而损坏砌体的完整性。

2. 砂浆稠度应适宜,砌墙时应防止砂浆溅脏墙面,宜随砌随清扫灰缝和落地灰。

3. 支模浇混凝土前宜在与砌体接触面边沿粘海绵条等防漏浆措施,保证混凝土质量和墙面清洁。

4. 尚未安装楼板或屋面板的墙或柱,当可能遇到大风时,应采取临时支撑等措施,以保证施工中墙体的稳定性。

1.7.3 过程控制

1.7.3.1 施工工艺流程:

基层清理→抄平放线→排砖摆底→立皮数杆→墙体分步砌筑→分步清理芯柱内突出砂浆→安装芯柱筋→清理芯柱根部→浇筑芯柱混凝土→支圈梁、现浇顶板模→钢筋绑扎→浇筑混凝土(或安装预制板)

1.7.3.2 施工控制要点:

1. 用于砌筑清水墙、柱的砖、砌块应边角整齐、色泽均匀;承重墙体严禁使用断裂和壁肋中有竖向裂纹的砌块砌筑,龄期小于 28d 和含水率超标的混凝土小型砌块也不得使用;混凝土砌块应底面朝上反砌于墙上;多孔砖的孔洞应垂直于受压面,砌筑前试摆。

2. 常温时,砖应提前 1~2d 浇水润湿,砌筑时的含水率宜控制在 10%~15%,但表面不得有浮水。当天气特别炎热干燥时,砌块可提前洒水湿润。阴雨季节应采取防雨措施。

3. 砌体的灰缝应横平竖直。水平灰缝和竖向灰缝宽度宜为 10mm,但不应小于 8mm,也不应大于 12mm(框架填充墙除外)。水平灰缝的砂浆饱满度不得低于 90%,竖向灰缝的砂浆饱满度不得低于 80%。砌筑时铺灰长度不得超过 750mm,气温达 30℃ 以上时不超过 500mm。为保证竖向灰缝砂浆的饱满,单独灌竖缝是砌体砌筑的必要工序,常采用"一铲灰、一块砖、一挤压、一灌缝"的方法。

4. 砖砌体应内外搭砌,上下错缝,多孔砖宜采用一顺一丁或梅花丁砌筑。模数多孔砖宜顺砌,个别边角及构造柱部位可扭转 90°。砌体砌筑高度应根据气温、风压、墙体部位及混凝土砌块材质等不同情况分别控制,常温条件下每日砌筑高度控制在 1.8m 以内。雨天砖砌体砌筑高度不应超过 1.2m,混凝土砌块砌体应停止施工,收工时应覆盖砌体表面。

5. 混凝土砌块中圈梁、芯柱施工可采取以下控制措施:

(1) 圈梁施工控制措施:

多孔砖、混凝土砌块墙体上部与圈梁接触处,为避免浇筑圈梁时混凝土灌入孔内,应在墙体与圈梁接触处搁置与墙体同宽的 $\phi4$ 钢丝网进行封堵。

模板支设:在圈梁底一皮砖下间隔 1m 预埋矩形穿墙 $\phi6$ 钢筋套用于紧固模板下部,如图 1.7.2。

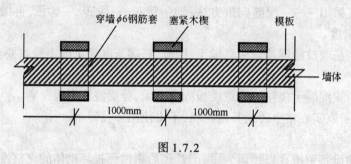

图 1.7.2

模板上部可采用穿墙螺栓或斜支撑加固的方法。

(2) 芯柱施工控制措施:

1) 芯柱模板支设可采用预埋矩形钢筋套(在芯柱外侧混凝土砌块立缝处)加斜支撑配合的方法。

2) 为确保芯柱混凝土浇灌密实,在芯柱底部设清扫口(开口砌块如图 1.7.3),沿墙高间隔 500mm 芯柱处砌块侧壁开设直径 10mm 的观察孔,施工时用透明胶带粘严,通过观察流浆情况确保芯柱的密实,见图 1.7.3。

3) 芯柱混凝土宜分层(一般在 500mm)浇筑振捣,选用合适振捣棒(当混凝土流动性较大时可采取微振的方法或使用免振捣混凝土),浇筑时底层铺 20~30mm 同配比去石水泥砂浆必不可少。

6. 在墙上留置临时施工洞口,其侧边离交接处墙面不应小于 500mm,洞口净宽度不应超过 1m。洞口顶部宜设置钢筋混凝土过梁。

7. 临时间断处的高度差不得超过一步脚手架的高度。砌体接槎时,必须将接茬处的表面清理干净,洒水湿润并填实砂浆,保持灰缝平直。

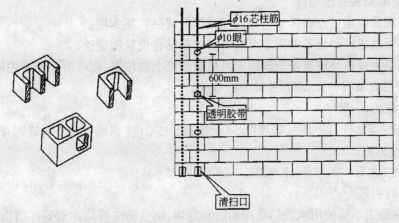

图 1.7.3

8. 普通小砌块砌筑时应对孔错缝搭砌,特殊情况出现个别无法搭砌时,其搭接长度不应小于 90mm。宜同时在灰缝中加拉结筋或网片处理。

9. 填充墙与柱、梁交接部位、施工洞口补砌部位裂缝的防治:

1) 在柱内间隔 500mm 预埋扁钢,待后期砌筑填充墙时,根据砌块砌筑的具体高度焊接 U 形 $\phi6$ 钢筋做拉结;施工洞口两侧间隔 500mm 预埋拉结筋、钢丝网片。

2) 填充墙、补砌洞口所用砂浆在拌制时应掺加微膨胀剂。填充墙、补砌洞口在砌至梁、板底时,应留一定空隙,待填充墙砌筑完并应至少间隔 7d 后,再将其补砌挤紧。

3) 施工洞口应留凹凸槎,预埋 $2\phi6$ 拉结筋不少于两步。砌筑时接槎处表面必须清理干净,洒水湿润并填实微膨胀砂浆。接槎处灰缝应边砌边压,缝深 6 ~ 8mm,待灰缝表面基本干燥后二次填压接槎缝。

4) 及时采取喷水养护措施

10. 墙面勾缝应随砌随勾,横平竖直、深浅一致、搭接平顺;混凝土砌块压缝深度不大于 3mm,多孔砖凹缝深度宜为 4 ~ 5mm。特别注意清水外墙灰缝应平顺圆滑,十字缝部位交接圆顺,可根据缝隙大小制作专用工具。

11. 楼板支撑处如无圈梁时,板下宜用 C20 混凝土填实一皮砌块。现浇混凝土圈梁下的一皮混凝土砌块需用上口封闭砌块或采取措施进行封闭。

12. 浇灌芯柱或构造柱混凝土时,应将孔洞内的杂物清除干净,浇水润湿各接触面,同时墙体砌筑砂浆强度需达到 1MPa,在浇灌混凝土前应先注入 10 ~ 20mm 与芯柱混凝土相同的去石水泥砂浆,再浇灌混凝土。

13. 在厕浴间、厨房有防水做法的房间,应提前浇筑不少于 12cm 的混凝土导墙。

14. 施工时设备的固定和管线的敷设

(1) 对设计规定的洞口、沟槽孔预埋件等应在砌筑时预留或预埋,严禁在砌好的墙体上剔凿,必要时可用高速旋转钻钻孔。

(2) 电气管线可采用在砌块竖向芯孔内敷设塑料波纹管,按图纸要求位置布置混凝土块作为安装电气接线盒用,电气导线的水平敷设可走楼板芯孔或挂镜线槽、踢脚板线槽、楼板板缝内,不应在圈梁和过梁内沿其纵向敷设电气管线。对多孔砖砌体竖向暗管宜采用开槽机,槽口尺寸不大于 60mm × 60mm,密集处可砌成马牙槎并设拉结筋,后补浇细石混凝土。

（3）需后期安装的预埋件

1）门窗框的固定可在砌体水平缝内预留埋件或钻孔塞木楔。

2）靠墙管线或轻型设备的固定可在所需位置钻孔设紧固螺栓。

3）橱厕卫生设备及较重设施的固定可根据图纸上的位置,砌墙时在相应的砌块孔内灌实混凝土,设备安装时钻孔,埋螺栓或膨胀螺栓。

1.7.3.3 冬期施工

一般规定:当室外日平均气温连续 5d 稳定低于 5℃（按当地气象资料确定）砌体工程施工应采取冬施措施。

注:冬期施工期限以前,当日最低气温低于 0℃ 时也应按冬施执行。

1. 原材料:

（1）冬季施工不得使用水浸后受冻的砖和砌块,砌筑前应清除冰雪等冻结物,不得采用冻结法施工。

（2）多孔砖、空心砖和普通砖在气温高于 0℃ 条件下砌筑时,应浇水湿润,在气温 ≤0℃ 时可不浇水但应增加砂浆稠度。抗震设防烈度为 9 度的建筑物,用上述砖无法浇水时,无特殊措施不得砌筑。

（3）拌合砂浆宜用普通硅酸盐水泥拌制,砂内不得含有冰块和直径大于 10mm 的冻块,石灰膏等应防止受冻,如受冻应融化后方可使用。

2. 砂浆:

（1）拌合砂浆宜用分步投料法,即砂→水→水泥→外加剂。水的温度不得超过 80℃,砂的温度不得超过 40℃,拌合抗冻砂浆使用外加剂,其掺量需经试验室确定,不得随意变更掺量。

（2）砂浆使用温度:采用掺外加剂法、氯盐砂浆法或暖棚法时均应不低于 +5℃。

3. 砌筑:

（1）冬施期间每日砌筑高度控制在 1m,砌筑后应使用保温材料覆盖新砌部分。气温低于 -15℃ 时,不得进行砌筑。解冻后应对砌体进行观察,当发现裂缝、不均匀沉降情况应分

图 1.7.4　为保证芯柱振捣密实而留置的观察孔

析原因采取措施。

（2）当采用掺氯盐砂浆法施工时,宜将砂浆强度等级按常温施工提高一级。

（3）浇筑圈梁、芯柱、顶板混凝土时应有可靠的保温防冻措施。

1.7.4　精品案例

见图1.7.4。

该工程是以混凝土小型砌块为主材砌筑的多层住宅楼,获得1998年度北京市级优质工程。

2 建筑装饰装修

2.1 地　面

2.1.1　水泥砂浆面层

2.1.1.1　质量要求

1. 水泥砂浆面层的基层处理及基层铺设必须符合《建筑地面工程质量验收规范》(GB 50209—2002)规定的质量要求。

2. 水泥砂浆面层铺设的质量要求必须符合《建筑地面工程质量验收规范》(GB 50209—2002)规定的质量要求。

3. 表面平整:3m。

4. 面层不允许空鼓,裂纹。

5. 面层不允许起砂。

2.1.1.2　精品策划

1. 施工准备

(1) 作业班组组成:技术员 1 人,高级抹灰工 1 人,中级抹灰工 2 人,辅助工 3 人。

(2) 机具要求:8mm 筛子,木抹子,钢抹子,靠尺,塞尺,刮扛,手推翻斗车 2 辆,砂浆搅拌机 1 台,磅称 1 台,水平仪 1 台。

(3) 材料要求:水泥 32.5 级,以上硅酸盐水泥,砂用粗中砂。

2. 技术交底

(1) 编写操作工艺进行技术交底。

(2) 核对 +50cm 工作线,测出各房间的找平层标高。

3. 质量控制要点

(1) 表面平整度控制要点

《建筑地面工程质量验收规范》(GB 50209—2002)规定为 4mm,企业自控标准为 3mm。

控制方法:用 3m 刮扛刮平且随铺砂浆随刮。

检验方法:用 2m 靠尺和楔形塞子检查。

(2) 面层无空鼓裂纹控制要点

《建筑地面工程质量验收规范》(GB 50209—2002)规定:空鼓面积不应大于 400cm² 且每自然间(标准间)不多于 2 处。

企业自控标准为面层不允许出现空鼓裂纹。

控制方法:面层与基层必须结合牢固,水泥类基层的抗震强度不得小于 1.5MPa,表面应粗糙,洁净,湿润,面层铺设前在基层上涂刷界面剂结合层。对于面积大的房间及平面不规则处设分格缝,基层养护时间不小于 7d。

检验方法:用小锤轻敲检查和目测检查。

(3) 面层不起砂控制要点

《建筑地面工程质量验收规范》规定面层不允许起砂,企业自控标准面层不允许起砂。

控制方法:掌握压光时间不漏压,养护 7d,抗压达到 1.5MPa 以上方可上人行走。

检验方法:目测和检查砂浆试块强度。

4. 重要节点做法

(1) 踢脚线上口,踢脚线施工前应严格控制墙面垂直,四角勾方,在墙面上按照踢脚线高度弹出踢脚线上口线,并四周转通,用 3mm 厚玻璃条(或铜条和塑料条)裁割成踢脚线宽度,(控制在 5mm 左右),用掺粘结剂胶的水泥砂浆将玻璃条粘贴在墙面踢脚线上口部位,出墙面宽度一致,待水泥砂浆达到一定强度后,进行踢脚线施工(见图 2.1.1)。

图 2.1.1

(2) 楼梯踏步齿角做法,将 1.2mm 厚铜条按 45°角,用掺粘结剂的水泥浆粘贴在踏步阳角部位,铜条上口与踏步面标高一致,与踢脚面面层一致,待水泥砂浆达到一定强度后进行踏步面和踢脚面层施工(见图 2.1.2)。

(3) 楼梯板底滴水线做法,将 8mm × 8mm 冂形塑料条(或铝合金条)用掺粘结剂的水泥砂浆粘贴在楼梯板底边缘部位,并保持上下与楼梯平台部位转通,待水泥砂浆达到一定强度后再进行滴水线施工(见图 2.1.3)。

图 2.1.2

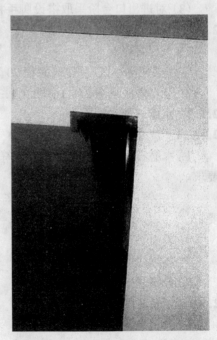

图 2.1.3

(4) 穿越楼面管道四周做法:管道穿越楼面,应使用套管。套管周围浇灌混凝土时,在套管周围留深、宽各 20mm 的凹槽,用防水油膏拌制中粗砂填嵌密实至找平层,面层做好后在套管四周打宽 10mm 玻璃胶。

2.1.1.3 过程控制

1. 水泥砂浆面层工艺流程

找平层清理→洒水湿润→刷界面剂结合层→弹面层水平线→贴塌饼、冲筋→铺水泥砂浆压第一遍→第二遍压光→第三遍压光→养护

2. 施工过程控制

(1) 找平层清理,检查找平层强度,清除表面灰尘及污染物。

(2) 洒水湿润,提前一天洒水,表面不得有积水。

(3) 刷界面剂结合层,涂刷均匀。

(4) 弹出面层水平线,依照面层平整度,坡度要求弹出控制线。

(5) 贴塌饼,冲筋,按面层水平线贴塌饼,冲筋设分格条。

(6) 铺水泥砂浆压第一遍,用 3m 刮扛刮平,用木抹子由边向中,由内做外,由前向后搓平,压实。

(7) 第二遍压光,待踩上有脚印不下陷时用钢抹子压第二遍,由边角到大面,边抹边压,把低坑、砂眼填实压平,不漏压,表面出光。

(8) 第三遍压光,终凝前用铁抹子压第三遍,不见抹纹,压实,压平,压光。

(9) 施工 12h 后,养护不少于 15d。

3. 成品保护

(1) 对房间楼地面成品进行封闭隔离保护。

(2) 对楼梯踏步齿角采取粘贴胶合板保护。

(3) 对进出口台阶采取搭设脚手板保护。

2.1.1.4 精品案例

1. 工程简介

常州某住宅小区,总建筑面积 20 万 m^2,江苏省优质工程。

2. 节点做法见图 2.1.1~图 2.1.3。

2.1.2 水磨石面层地面

2.1.2.1 质量要求

1. 水磨石面层基层的处理必须符合《建筑地面工程质量验收规范》(GB 50209—2002)的要求。

2. 水磨石面层施工的质量必须符合《建筑地面工程质量验收规范》(GB 50209—2002)的要求。

3. 表面平整度:2mm。

4. 踢脚线上口平直:3mm。

5. 分格缝平直:2mm。

2.1.2.2 精品策划

1. 施工准备

(1) 作业班组组成,每组 10 人,其中技术人员 1 人,机械操作工 2 人,电工 1 人,瓦工 2

人,辅助工 4 人。

(2) 机具要求:木抹子、钢抹子、靠尺、刮杠、滚筒、磨石子机、打蜡机等。

(3) 材料要求:水磨石面层的石粒,应采用坚硬可磨白云石、大理石等岩石加工而成,石粒应洁净无杂物,其粒径除特殊要求外应为 6~15mm;水泥强度等级不应小于 32.5;颜料应采用耐光、耐碱的矿物原料,不得使用酸性颜料。

2. 技术交底

(1) 编写操作工艺进行技术交底。

(2) 核对 +50cm 工作线,测出各房间的找平层标高。

3. 质量控制要点

(1) 采用新型研磨材料,提高磨面光洁度

水磨石表面光洁度好坏,主要原因在于研磨上,即磨石块的细度要符合要求,最后一遍的磨石细度要细,但硬度不宜过高。因此采用强度适当、吸水、耐磨性好的磨石,施工地面不但光洁度好,无划痕,无污染,而且效率明显提高。

(2) 改进操作工艺,消除地坪砂眼

产生地坪砂眼的主要原因在于水泥石渣稠度过大,滚压不实,补救措施不当。因此采取如下措施:严格控制水泥石渣浆的稠度,增加滚筒碾轧遍数和抹压遍数,使气泡排出,表面出浆;粗磨和中磨连续进行,磨足找平后及时将磨浆冲刷干净,特别是砂眼中的磨浆,应采用压力水喷嘴,并配合棕刷从室内向室外赶着冲刷,冲刷干净后,随后干撒一层同色水泥,并进行反复揉搓,直至砂眼堵实,以养护后进行精磨,使初磨后出现的砂眼得到弥补,基本上消除了面层砂眼。

(3) 排好施工顺序,克服混色现象

对于彩色水磨石地面,为了解决容易出现混色的现象,采取以下措施:在施工顺序上合理编排,在一定范围内,先集中单种颜色施工,一种颜色的石渣浆铺设后及时清理,包括对各种拌和工具的清洗,然后再进行另一种颜色的施工,以此类推,保证各道色浆的纯洁性。

(4) 采取计量分包制,解决分布不均

为了增大石渣的密度,通常在石渣浆面层另加一定数量的大粒石粒,为了保证其分布均匀,采取以下措施:先将大粒石渣筛洗晾干,分粒径及色别装袋;按要求及分格面积将石渣进行计量分包;待石渣浆装满框格,压实、搓平后,每格一包,随即进行干撒,并用滚筒纵横碾轧,直至表面出浆后再沿分格条两侧及交叉区干撒少量石渣,二次抹压出浆后,浇水进行养护。这样能达到石渣均匀分布的效果。

(5) 采取控制措施,保证分格条显露

为了保证分格条显露,采取如下措施:严格控制分格条本身的规格,使之宽窄一致;粘接分格条时,应保证其纵横顺直和上部平整,尤其交叉处连接要严密平整;距交叉点 5cm 内不贴灰浆,采用座浆的办法固定分格条;分格条上部面层石渣浆的铺设研磨余量应保持一致,分格条的粘贴应符合要求,同时也应考虑地面下结构型式,达到统筹兼顾,合理布置。

(6) 改进清洗方法,提高地面的光洁度

对于污染较严重、颜色对比度较强的地面采取先酸后碱(草酸和洗衣粉)两次清洗的办法;对于一般地面直接采用洗衣粉溶液清洗。实践证明,采用以上方法清洗所获得的清洁度比原始清洗法有很大改观。上蜡时对清洗后的地面清洁度采用湿白棉纱进行搓擦测定,发

现有污染者,再用湿海绵块均匀地吸擦一遍,直至达到要求为止。

(7) 精心调配试块,提高观感效果

对于彩色水磨石地坪,必须在施工前进行配色,按不同比例事先分别做几组单色和混色的样板,经磨光打蜡后,选出色彩较好的几种,根据使用要求结合图案进行比较,直到色彩与图案协调,图案美观后方可正式施工。

(8) 克服施工中的不足,防止磨石地面空鼓

空鼓的原因一是基层处理不好,找平层砂浆稠度过小,浮浆过多,基层清理不干净,撒水湿润时间过短;二是结合层水灰比过大,压抹薄厚不均,尤其在分格条两侧和交叉三角区积浆过多,收缩后极易和面层产生隔离。因此采用将素水泥浆镶嵌分格条改为水泥细砂浆,将水泥浆结合层改为聚合水泥灰浆,可有效地防止地面空鼓。

2.1.2.3 过程控制

1. 工艺流程

找平层清理→放分格线→嵌铜条→刷水泥砂浆→装嵌边石渣→大面积装石渣→养护→磨光(4遍)→擦灰(3遍)→踢脚线基层处理→踢脚线找平层→镶踢脚线条→粉踢脚线石渣→踢脚线磨光(4遍)→擦灰(3遍)→清洗、打蜡→成品保护。

2. 施工过程控制

(1) 找平层清理,检查找平层强度不小于1.5MPa,清除表面灰尘及污染物。

(2) 嵌铜条,用素水泥浆抹八字角,注意嵌条后12h洒水养护养护时间不少于2d并严加保护。

(3) 装石渣,底层洒水湿润无积水,刷一层薄水泥浆,涂刷均匀,装入石渣灰,由分格中间向边角推进,压实,抹平,高出分格条1~2mm用滚筒横竖滚压,低洼处用石渣灰找平,压至出浆为止,2h后用钢抹子将压出的浆抹平,次日起养护5~7d。

(4) 磨光,擦灰,用粒度60~80、120~180、180~240号砂轮"三擦四磨"、养护研磨出光。

(5) 清洗打蜡,先用草酸后用洗衣粉洒水,经油石擦磨露出面层,用清水洗净,撒锯沫扫干,用打蜡机打蜡二遍出光。

(6) 粉踢脚线上口粉高2~3mm,踢脚线磨光时弹线将高出部分用切割机切除,上口磨出面层。

2.1.2.4 精品案例

1. 工程简况

常州某住宅小区,总建筑面积20万 m²,江苏省优质工程。

**2. 住宅水磨石施工成品见图2.1.4和图2.1.5。特点:表面平整,缝格顺直,上口清晰美观。

2.1.3 砖面层地面

2.1.3.1 质量要求

砖面层地面施工除必须符合《建筑地面工程施工及验收规范》(GB 50209—2002)、《建筑工程施工质量验收统一标准》(GB 50300)、《民用建筑工程室内环境污染控制规范》(GB 50325)外,应满足下列要求:

1. 铺设砖面层地面时,其水泥类基层的抗压强度标准值不得小于1.5MPa。

2. 铺设板块面层的结合层和板块面的填缝采用水泥砂浆,应符合下列规定:

(1) 水泥砂浆配制:水泥砂浆应采用硅酸盐水泥、普通硅酸盐水泥或矿渣硅酸盐水泥,

图 2.1.4

图 2.1.5

其水泥强度等级不宜小于 32.5;

(2) 砂选用:水泥砂浆用中(粗)砂,嵌缝用中(细)砂。

3. 吸水率要求:陶瓷地砖、陶瓷锦砖不得大于 4%,缸砖、红地砖不大于 8%,其他颜色地砖不大于 4%。

4. 抗压强度要求:陶瓷锦砖、陶瓷地砖、缸砖不小于 15MPa.

5. 砖面层的表面应洁净、图案清晰、色泽一致、接缝平整、深浅一致,周边顺直,板块无裂纹、掉角和缺楞等缺陷。

6. 砖面避免出现板块小于 1/2 边长的边角料。

7. 铺设水泥花砖、陶瓷锦砖、陶瓷地砖、缸砖面层等的结合层和填缝的水泥砂浆,在面层铺设后,表面应覆盖、湿润,其养护时间不应小于 7d。

8. 砖块类踢脚线施工时,不得采用石灰砂浆打底。

2.1.3.2　精品策划

1. 施工组织准备

根据工程量、施工工期要求配备足够的施工机具及工具,合理安排劳动力,配备每施工班组6人,其中技术人员1人,熟练操作技工3人,辅助工2人,尽量做到连续施工。

2. 材料机具要求

(1) 原材料选用

原材料质量的好坏,将直接影响整个楼地面的施工质量,因此原材料选用相当重要。

采用胶粘剂在结合层上粘贴砖面层时,胶粘剂选用应符合现行国家标准 GB 50325《民用建筑工程室内环境污染控制规范》的规定。

各种地面砖技术性能见表2.1.1~表2.1.4。

陶瓷地面砖性能表　　　　表2.1.1

品　　种	性　　能
彩　釉　砖	吸水率不大于10%,陶瓷材质,强度高,化学稳定性、热稳定性好,抗折强度不小于20MPa
釉　面　砖	吸水率不大于22%,精陶材质,釉面光滑,化学稳定性良好,抗折强度不小于17MPa
仿石砖(广场砖)	吸水率不大于5%,质地酷似天然花岗岩、外观似花岗石粗磨板或剁斧板,具有吸声、防滑和特别装饰功能,抗折强度不小于25MPa
仿花岗岩抛光地砖	吸水率不大于1%,质地酷似天然花岗岩,外观似花岗石抛光板,抗折强度不低于27MPa
瓷　质　砖	吸水率不大于2%,烧结程度高,耐酸、耐碱、耐磨度高,抗折强度不小于25MPa
劈　离　砖	吸水率不大于8%,表面不挂釉的,其风格粗犷,耐磨性好,有釉面的则花色丰富,抗折强度大于18MPa
红　地　砖	吸水率不大于8%,具有一定吸湿防潮性

仿花岗石抛光地面瓷砖性能指标　　　　表2.1.2

项　　目	性　能　指　标	项　　目	性　能　指　标
吸水率(%)	<1	抗冻性	-15℃~+20℃循环20次,无变化
耐磨性(g/m²)	0.5~1.0	耐急冷急热	经急冷急热循环10次不出现裂纹
莫氏硬度(H)	>6	耐化学腐蚀性	经强酸和强碱浸泡28h无异常变化
抗折强度(MPa)	27.0		

劈离砖的技术性能　　　　表2.1.3

技　术　性　能	指　　标	技　术　性　能	指　　标
耐磨性(g/m²)	0.5~1.0	抗压强度(MPa)	135.0
耐酸度(%)	98	抗折强度(MPa)	21.0
耐碱度(%)	97	吸水率(%)	<8

铺地砖的技术性能　　　　表2.1.4

技　术　性　能	指　　标	技　术　性　能	指　　标
吸水率(%)	红色地砖:≤8.0 其他各色地砖:≤4.0	耐碱度(%)	>85
		抗冲击强度(J/cm²)	>6~8
耐磨性(g/m²)	1.0~2.0	抗折强度(MPa)	>15.0
耐酸度(%)	>98		

（2）机具要求见表2.1.5

表 **2.1.5**

名　称	用　途	名　称	用　途
切砖刀	切割瓷片	电动手提无齿石材割	用于铺贴陶瓷无釉仿花岗岩地砖或陶瓷磨光砖用
胡桃钳	对釉面砖钳剥加工		
橡皮锤	铺贴后的瓷砖敲实校平	电动手提磨角机	用于铺贴陶瓷无釉仿花岗岩地砖或陶瓷磨光砖用
钢錾	修整地面或光滑地面凿毛		
手锤	修整地面或光滑地面凿毛		

3．质量控制要点

（1）基层表面清除干净。

（2）如基层表面较光滑应进行凿毛处理

（3）顶棚抹灰、墙面抹灰和沟槽、暗管、地漏、排水孔宜先完成，方可进行封闭式砖地面铺设施工。确保砖地面质量。

（4）房间地坪与走道标高、落差与砖地面铺设后的标高一致。

（5）施工前：在水泥砂浆结合层上铺贴缸砖、陶瓷地砖和水泥花砖面层时，应符合下列规定：

1）在铺贴前，应对砖的规格尺寸、外观质量、色泽等进行预选，浸水湿润晾干待用；

2）勾缝和压缝应采用同品种、同强度等级、同颜色的水泥，并做养护和保护。

（6）墙面弹好 + 50cm 水平基准线；安装好门框，并用木板或铁皮保护；绘制拼花大样图，按图分类，选配面砖。

（7）陶瓷地面砖施工质量控制

1）在刷干净的地面上，摊铺一层 1:3 的水泥砂浆，厚度控制 8～12mm。

2）按定位线的位置铺贴。用 1:1 的水泥砂浆摊在陶瓷地面砖背面，再将砖与地面铺贴，用橡皮锤敲击砖面，使其与地面压实，并且高度与地面标高线吻合。铺贴 8 块以上时应用水平尺检查平整度，对高的部分用橡皮锤敲平，低的部分应起出砖后用水泥浆垫高。

3）砖的铺贴顺序。对于小房间来说，通常是做 T 形标准高度面。对于房间面积较大时，通常按在房间中心十字形做出标准高度面，这样便于多人同时施工。

4）铺贴大面施工是以铺好的标准高度面为基准进行，铺贴时紧靠已铺好的标准高度面开始施工，并用拉出的对缝平直线来控制砖对缝的平直。

5）铺贴时，水泥浆应饱满地抹于砖背面，并用橡皮锤敲实，以防止空鼓现象。

6）一边铺贴，一边用水平尺检查校正，并即刻擦去表面水泥浆。

7）注意事项：对于卫生间，洗手间的地面，应注意铺贴时做出 1:200 的返水斜度。

整幅地面铺贴完毕后，养护 2d，再进行水泥嵌缝，水泥调成干性团，在缝隙上擦抹，使砖的对缝内填满水泥，再将砖表面擦净。

（8）缸砖施工质量控制

1）墙面弹好 + 50cm 水平基准线。

2）在清理好的地面上，找好规矩和泛水。

3）在基层上刷好水泥浆,再按地面标高,留出缸砖厚度,做灰饼。

4）用1:3干硬性水泥浆(以粗砂为好)做找平层,根据标筋的标高,用木抹子拍实,短括尺括平,再用长括尺通括一遍。然后检测平整度应不大于4mm,拉线测定标高和泛水,符合要求后,用木抹子搓成毛面。冲筋,装挡,刮平,厚约2cm,刮平时砂浆要拍实。

5）缸砖铺砌前应浸水2~3h,然后取出阴干备用。

6）砖铺砌前,基层应浇水湿润,刷一道水灰比为0.4~0.5的水泥素浆后随即铺砌。

7）留缝铺砌法:根据排砖尺寸弹线,要求缝子均匀,不出现半砖,从门口开始,在已经铺好的砖上垫上木板,人站在板上往里铺,铺时横缝用分格条铺一皮放一根。竖缝根据弹线走,随铺随清理干净,缸砖缝宽不大于6mm。宜用喷壶浇水,已铺砌的缸砖面层,浇水前后均须进行拍实、找平、找直工作。铺砌后次日用1:1水泥砂浆灌缝即可。在常温下铺砌24h后浇水养护7d,每天不得少于3次。

8）碰缝铺砌法:即不留缝铺砌法,不需弹线找中,从门口开始往室内铺砌,一旦出现非整块时则用切割机切割。铺毕后用素水泥浆擦缝处理,并将面层清洗干净,铺完24h浇水养护3~4d,此间不准踩踏。

9）压平、拨缝,每铺完一个房间或一个段落,用喷壶略洒水,15min左右用木锤和硬木拍板按铺砖顺序捶拍一遍,不遗漏,边压实边用水平尺找平。压实后,拉通线先竖缝后横缝进行拨缝调直,使缝口平直、贯通。调缝后,再用木锤,拍板砸平,破损面砖应更换。随即将缝内余浆或砖面上的灰浆擦去。

从铺砂浆到压平拨缝,应连续作业,常温下必须5~6h完成。

10）注意事项:

嵌缝应做到密实、平整、光滑。水泥砂浆凝结前,彻底清除砖面灰浆。无釉砖严禁扫浆灌缝,免污饰面。

2.1.3.3 过程控制

1. 工艺流程

基层清理→贴灰饼、冲筋→铺结合层砂浆(底层)→弹线→浸水→铺砖→压平、拨缝→嵌缝→养护7d

2. 施工过程中问题的补救措施

(1)在施工过程中检查平整度,对高的部分用橡皮锤敲平,低的部分起出用水泥浆垫高。

(2)对砖缝的不顺直,在施工中拉通线先竖缝后横缝进行拨缝调直,使缝平直、贯通,调缝后,再用木锤、拍板砸平。破损砖应更换。

(3)对于劈离砖等从铺砂浆到压平拨缝,应连续作业,常温下必须5~6h完成。

(4)在铺贴时,水泥浆要饱满地抹在仿花岗岩抛光地砖等背面,并用橡皮锤敲实,防止空鼓。

(5)铺贴完毕,请专人看管养护7d,做好成品保护工作。

3. 砖面层的允许偏差和检验方法见表2.1.6。

2.1.3.4 精品案例

1. 工程简介

砖石层允许偏差和检验方法 表 2.1.6

项次	项 目	允 许 偏 差 （mm）			检 验 方 法
		陶瓷锦砖面层、陶瓷地砖面层	缸砖面层	水泥花砖面层	
1	表面平整度	2	4	3	用 2m 靠尺和楔形塞尺检查
2	缝格平直	3	3	3	拉 5m 线用钢尺检查
3	接缝高低差	0.5	1.5	0.5	用钢尺和楔形塞尺检查
4	踢脚线上口平直	3	4	—	拉 5m 线和用钢尺检查
5	板块间隙宽度	2	2	2	用钢尺检查

上海某花园 B 楼，为剪力墙结构住宅楼，建筑面积 12293m²，地上十八层，地下一层。该工程楼地面共用部位采用了陶瓷地面砖中的仿花岗岩抛光地砖，表面平整，缝格顺直，大小一致，上口清晰美观；底层通向广场的地面采用了陶瓷地面砖中的广场砖，排缝整齐，勾缝深浅一致，顺直美观。该工程经投入使用，效果良好，品位高雅，居民反应良好，该工程荣获 2001 年度上海市"白玉兰"优质工程奖。

2. 上海某花园 B 楼砖面层地面施工成品和特点见图 2.1.6～图 2.1.9。

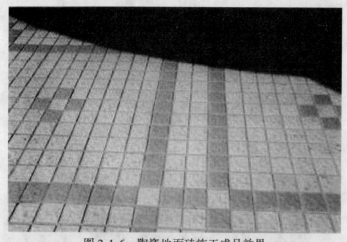

图 2.1.6 陶瓷地面砖施工成品效果

特点:表面平整,缝格顺直,大小一致,上口清晰美观

图 2.1.7 底层采用陶瓷地面砖广场

特点:排缝整齐,勾缝深浅一致,顺直美观

图 2.1.8　客厅内采用仿花岗石抛光地砖施工成品效果
特点:美观大方、坚固实用,成本较低,整体效果好

图 2.1.9　地砖面层楼梯踢脚线采用套割方法,
不能使用三角拼砖,上口加塑料压条

2.1.4　木面层地面

2.1.4.1　质量要求

木面层地面施工除必须符合《建筑装饰装修工程质量验收规范》(GB 50210—2001)、《住宅装饰装修工程施工规范》(GB 50327—2001)、《民用建筑工程室内环境污染控制规范》(GB 5032)外,还应特别注意以下几点:

1. 木面层地面所用的材质和铺设时的木材含水率必须符合设计要求,木搁栅、垫木和毛地板等必须做防腐处理,面层铺设牢固,无空鼓。

2. 木面层地板应刨平、磨光、无毛刺,图案清晰、颜色均匀一致,踢脚线表面光滑,接缝严密,高度一致。

3. 允许偏差

木面层地面铺设的施工要求除应符合《建筑装饰装修工程质量验收规范》GB 50327—2001 的标准外,还应满足表 2.1.7 的规定。

表 2.1.7

序　号	项　目	允　许　偏　差 （mm）			检 验 方 法
		松　木	纹　木	拼　花	
1	板面缝隙宽度	1.0	0.5	0.2	用钢尺检查
2	表 面 平 整 度	2.0	1.5	1.5	用 2m 靠尺楔形塞尺检查
3	踢脚线上口平齐	2.0	2.0	2.0	拉 5m 通线或不足 5m 拉
4	板面拼缝平直	2.0	2.0	2.0	通线和用钢尺检查
5	相邻板材高差	0.5	0.5	0.5	用钢尺和楔形塞尺检查
6	踢脚线与面层的接缝	0.5	0.5	0.5	用楔形塞尺检查

2.1.4.2　精品策划

1. 施工组织准备

根据工程量、施工工期要求配备足够的施工机具及工具,合理安排劳动力,尽量做到连续施工,每个施工组不少于 6 人,其中技术人员 1 人,机械操作手 1 人,专业铺贴人员 2 人,辅助工 2 人。

2. 材料要求

(1) 木面层地板的品种、颜色等均应符合设计要求,应有产品合格证书。

(2) 铺设时所用的木搁栅、垫木、毛地块均应防腐、防蛀、防火处理。

3. 质量控制要点:

(1) 基层必须清理干净,无杂屑;

(2) 所用木材必须干燥、无翘曲;

(3) 宜将纹理,颜色相接近的木地板集中使用于一个房间;

(4) 搁栅与地面的固定在地板铺装前应认真检查;

(5) 钉子间距 200～300mm,钉孔必要时进行钻孔;

(6) 预制混凝土楼板圆孔内无积水,搁栅上留通风口;

(7) 铺装毛地板时留 2～3mm 缝隙。

2.1.4.3　过程控制

1. 工艺流程

基层处理→弹线→铺毛地板→铺实木地板→铺钉踢脚线→打磨清理(免漆地板无)→油漆(免漆地板无)→保护

2. 控制点的具体做法

(1) 施工准备

1) 准备好施工用的手电锯、锤子、地板磨光机等机械

2) 在墙身弹好 +50cm 的水平线和各房间的十字线

(2) 木搁栅的铺设

1) 从门开始往里铺木搁栅,截面尺寸≥45×25mm,单层如有毛地板时搁栅间距为300～400mm,双层时下层800mm,上层300～400mm,如无毛地板时,间距按面层板,必须控制在模数内。

2) 钉"八"字钉,可采用木剪刀撑,800mm。

3) 搁栅与墙间留300mm缝隙,架在"凸"形预埋件上,用双股8～12号镀锌铁丝绑牢。

4) 搁栅采用平头对接,两侧用600mm×25mm夹板钉牢,注意接夹位置要互相错开。

5) 按标高要求找平,不平处加经防腐处理的方形垫木,宽度≥40mm,长度≥搁栅宽度的15倍,垫木两端钉牢。

6) 沿搁栅长度方向1m处表面刻20mm×10mm通皮槽,位于同一直线。

7) 所有木材满涂防腐剂。

8) 可在搁栅之间的空层内填充干炉渣、矿棉、珍珠岩、加气混凝土块等。

(3) 毛地板的铺设

1) 毛地板可选用不易腐烂、变形、开裂且干燥的纯棱料,宽度不大于120mm。

2) 与木搁栅成30°或45°斜方向钉牢,钉长为毛地板厚度2.5倍。

3) 板间缝＜3mm,与墙留10～20mm空隙。

(4) 普通条形木地板的铺设方法

1) 板端接缝间隔错开,长度＞300mm,在同一直线上。

2) 缝隙宽度＜0.5mm,地板与墙之间留10mm,用踢脚板盖住。

3) 钉的长度为板厚度的2.5倍,侧向从凹榫边30°角倾斜钉入,钉帽应砸扁,钉孔可采用钻孔。

4) 长1000mm地板不少于3只钉,1500mm地板不少于4只钉。

5) 地板磨光时,先刨后磨,磨削应顺木纹方向,厚度控制在0.3～0.8mm内。

6) 满刮腻子,上色,刷底漆,局部拼色和修色,砂皮打磨,两遍中层漆,做饰面清漆7～8遍。

(5) 漆地板的铺设方法

第1)至4)条同上第(4)款要求,另应注意在铺装时,木楔处均匀涂刷配套胶水,不得污染板面,若污染,及时清理,以免腐蚀油漆面。

5) 每隔两块板间用1mm塑料薄片,上口应低于板面5mm。

6) 未行地板与墙面留10～14mm缝隙,用木楔子隔开。

7) 24h待胶水干涸,拔掉墙面四周木楔子。

8) 钉踢脚板,门口与不同材料接缝,可钉专用压条。

2.1.4.4 精品案例

1. 工程简况

上海某高级住宅小区B楼,剪力结构,建筑面积20986m²,地上十八层,地下二层,开工时间2000年6月,竣工时间2001年10月。该住宅楼样板房地面采用实木地板装潢,木地板装潢后表面平整,排缝整齐,缝格顺直,清晰美观,顺直美观。该工程投入使用一年后检验,未出现地板开裂、起鼓、返潮等现象,得到建设方和住户的好评。该工程荣获2001年度上海市"白玉兰"优质工程奖。

2. 木面层地面施工成品效果及特点见图2.1.10和图2.1.11。

图 2.1.10　实木面层地面施工成品效果(一)

图 2.1.11　实木面层地面施工成品效果(二)

特点:表面平整,缝格顺直,大小一致,缝线清晰美观

2.1.5　石材面层地面

2.1.5.1　质量要求

1. 面层所用石材板块的品种、规格和颜色等必须符合设计要求。

2. 基层和面层必须无空鼓现象。

3. 石材完成面洁净,图案洁净,色译一致。

4. 允许偏差:

石材板块地面的允许偏差要满足 GB 50210—2001 的要求,同时还要满足表 2.1.8 的规定。

表 2.1.8

项　　目	允许偏差（mm）	检　验　方　法
表面平整度	1.0	用 2m 靠尺楔形塞尺检查
格缝交低差	0.3	用钢直尺和楔形塞尺检查
踢脚线上口平直	1.0	拉 5m 长线,尺量检查
接缝宽度	0.8	尺　量　检　查

2.1.5.2 精品策划

1. 根据工程的工作量和工期要求,配备足够的施工机具,合理安排劳动力,创造立体交叉连续施工的条件,每个施工组6个人,其中技术人员1人,机械操作手1人,专业铺贴人员3人,辅助工1人。

2. 材料要求

(1) 325及以上普通硅酸盐水泥或矿渣硅酸盐水泥。

(2) 颜料和白水泥要求:颜色与饰面板相协调。

(3) 黄砂要求:粒径在0.25~0.50mm之间,含泥率在3%以内。

(4) 石材板块应按设计要求选择规格、品种、颜色、花样完全满足工程需要,且须经过权威检测部门认可。

3. 施工准备

(1) 准备好施工用的切割机、磨光机、砂浆搅拌机等机械。

(2) 检查和验收好前道工序,必须符合和满足验收标准。

(3) 在墙身弹好50cm的水平线和各房间十字线等。

(4) 试铺、安排板块编号、分类堆放,绘制铺贴大样图。

4. 质量控制要点

(1) 基层、地面必须清理干净,无浮浆、油斑、杂屑等。

(2) 地平面铺贴严格按照规定。

(3) 踢脚板铺贴要平顺、垂直。

(4) 石材板块擦缝和成品保护要细心。

2.1.5.3 过程控制

1. 工艺流程

电脑排版→材料准备→基层处理→弹线→铺标准行→刷粘结剂,随铺砂浆→石材铺贴→擦缝→成品保护

2. 控制点的具体做法

(1) 基层处理:地面基层必须保证坚实、清洁、无油污、浮浆、残灰,再刷素水泥浆(水灰比为0.5左右),水泥浆应随刷随铺砂浆,不能有风干现象。铺贴大理石砂浆为干硬水泥砂浆(一般配合比为1:3,以湿润松散,手握成团不泌水为准,砂浆虚铺厚度以25~30mm为宜,放上石板时高出预定完成面约3~4mm)

(2) 地平面铺贴:

1) 首先刷二个板块背面,并使石板背面保持湿润。

2) 在基层地面刷一道水灰比为0.5左右的素水泥浆结合层。

3) 根据水平线,十字线按预排编号铺好每一开间及走廊左右两侧的标准行后(按设计和大样图铺好标准行列),再进行拉线满贴。

(3) 踢脚线铺贴

1) 踢脚板铺贴前石板材的背面除要作清洁处理,并刷水湿润外,阳角接口板要割成45°角,基层不可空鼓,边刷素水泥浆边贴。

2) 在墙两端先各贴一块其上口高度应在同一水平线上,突出墙面厚度应一致,然后沿两埠踢脚板上楞拉通线,用1:2水泥砂浆逐块依顺序镶贴踢脚板,应注意检查所贴踢脚板的

平顺和垂直,板间缝隙应与地面缝贯通。

(4) 擦缝和保护

大理石地面铺贴完成24h后(冬季施工时间要长一点),经检查所贴石板块表面无断裂、空鼓后,用稀水泥(颜色与石板块调和)刷缝填饱满,并随即用于布擦净至无残灰、污染为止,铺好的石板块2h内禁止行人和堆放物品。切实做好成品保护措施。

2.1.5.4　精品案例

1. 工程简介

上海市某商住综合大厦,建筑面积20195m²,地上27层,地下1层,框剪结构,是集商业、办公、居住为一体的综合公寓楼建筑。该工程1995年9月开工,2000年8月竣工,荣获上海市2000年度"白玉兰"优质工程奖。该工程楼地面、内外墙面铺贴大理石石材较多,使用和观赏效果良好。

2. 上海市某商住综合大厦铺贴大理石效果见图2.1.12和图2.1.13

图2.1.12　铺贴大理石效果(一)　　　　图2.1.13　铺贴大理石效果(二)

特点:高档典雅、豪华气派、美观大方、坚固实用,整体效果好

2.1.6　复合面层地面

2.1.6.1　质量要求(表2.1.9)

表2.1.9

项　　目	允许偏差(mm)	检 验 方 法
表 面 平 整 度	0.5	用2m靠尺楔形塞尺检查
格 缝 平 直	0.5	拉5m长线,不足5m拉通线尺检查
接 缝 高 低 差	0.5	用钢直尺和楔形塞尺检查
起鼓、吐灰	无	目　　测

2.1.6.2 精品策划

1. 施工组织准备

合理安排劳动力,每个施工组配备 6 人,其中技术人员 1 名,专业技工 3 名,辅助工 2 名。

2. 材料要求

(1) 色泽相同、纹理一致、质量必须符合 GB/T 18102—2000 的标准。

(2) 使用比重 62G/SQM 的超重耐磨层,延长地板寿命,吸水膨胀率不到 7%,耐磨超过 21000 转。

(3) 必须具有检测报告,证明其甲醛符合国家标准。

3. 机械要求

含水仪、水平尺、吸尘器、钢锯、胶枪、橡皮榔头、美工刀等机具。

4. 质量控制要点

(1) 对基层作详细检查,侧重于标高误差、平整度、含水率、基层清理等。

(2) 地板企口打胶要均匀饱满。

(3) 严格控制各种缝隙,包括复合地板间的板缝、与墙面的伸缩缝、地板接头错缝、地板与地板间的伸缩缝等。

(4) 收口处理必须按照要求。

2.1.6.3 过程控制

1. 工艺流程

基层处理→铺设塑料膜垫→铺设复合地板→收口处理→成品保护

2. 控制点的具体做法

(1) 施工要求

1) 复合面层地面的各房间基层地坪标高相差不超过 2mm。

2) 基层地坪的平整度不超过 0.5mm。

3) 基层地坪含水率不超过 6%。

4) 基层地坪表面清理干净。

5) 若基层地坪为底层,基层地坪需做防水处理。

(2) 基层处理

1) 基层地坪必须满足施工条件,可通过水平尺来检查,对于标高和平整度不满足施工要求的,可通过二次找平使之符合要求。

2) 为防止找平层表面颗粒嵌入复合地板塑料膜垫内,要求基层表面用纯水泥拌 801 胶水抹光。

3) 待基本干燥再用合水仪测量基层地坪的含水率,对于含水率较高的地坪,一般情况下,让其自然风干,并用吸尘器将地面浮尘清理干净。

(3) 塑料膜垫铺设

1) 所有复合地板均需架空水平堆放在室内。

2) 塑料膜垫一般按照房间纵向铺设,膜垫应满铺平整,接缝处不得叠压,铺设到端头需切断时,必须用美工刀切割,严禁用手拉扯。

3) 在墙角处,必须沿墙向上裹 50～80mm,待复合地板铺设好用踢脚线压住膜垫。

(4) 复合面层地面铺设

1) 复合地板一般垂直于塑料膜垫的长度方向铺设,长度超过 8 米,必须加扣板条,留伸缩缝。为达到更好的效果,可将地板铺成与较长的墙壁平行。在走廊或较小的房间,应将地板与较小的墙壁平行。

2) 在房间内拉十字通线,控制好各房间的地板缝,防止出现大小头现象。将第一块复合地板在地面上,凹槽面靠墙。

3) 为防止复合地板伸缩而产生起鼓现象,在复合地板与墙面间,突出 10mm,并用 10mm 厚的小木块卡在空隙间,作好临时固定作用。

4) 相邻两块复合地板的接头,需错开 20cm 以上。施工人员边铺设边后退,已铺设好的复合地板 24h 内不宜走人。所有复合地板需裁割的地方一律的钢锯完全裁割,锯地板时,若使用手锯,正面朝上,如用电锯,花纹正面朝下。

(5) 收口处理

1) 安装踢脚线,踢脚线必须把由地面裹上来的塑料膜垫压在墙上,固定住,然后在复合地板与不同地面材料的交界处安装铜压条,铜压条的螺丝松紧适中。

2) 为防止长时间使用后,外界水分进行复印地板基层而产生起鼓现象,在所有铜压条下布一道 BW-91 止水条,在踢脚线与复印地板的阴角处打一道透明玻璃胶,使地板基层形成一个相对封闭的干燥空间。

(6) 成品保护

复合地板铺设好后,派专人做好成品保护工作。

1) 所有门窗关闭并上锁。

2) 施工人员必须脱鞋后方可进入,并不得产生垃圾。

3) 严禁用湿拖把对复合地板进行清理,灰土可用吸尘器清理,污渍可用家用洗洁精擦拭,油漆可用酒精擦拭。

2.1.6.4　精品案例

1. 工程简介

南通市某外资企业宿舍楼位于南通市某某路和某某路交接处,建筑面积为 13655 平方米,楼层 12 层,剪力墙结构,该工程从二层至十二层的室内地面均为复合地板面层(厨房、卫生间除外),在一九九八年被评为江苏省优质工程,并获"扬子杯"称号,竣工四年来,地面复合地板无一处起鼓、吐灰现象,受到业主的一致好评。

2. 南通市某外资企业宿舍楼复合地板效果见图 2.1.14。

2.1.7　胶面层地面

2.1.7.1　质量要求

胶面层地面施工除必须符合《建筑地面工程施工质量验收规范》(GB 50209—2002)、《住宅装饰装修工程施工规范》GB 50327—2001 外,应注意以下几项:

1. 胶面层地面采用的胶地板应表面平整、光滑、整体无缝、色泽均匀、厚薄一致、边缘平直、板内无杂物及气泡,同时应符合产品本身的各项技术指标。

2. 胶面层地面必须具有耐火、耐磨、耐化学腐蚀、防火、便于清洁等特点。

3. 铺设后的胶面层地面表面无皱折、破损;焊线平直、铲焊光滑,焊接牢固;整体无气泡、砂粒(砂粒允许偏差值不多于 0.5 粒/m²)

图 2.1.14　复合地板效果

特点:平整光滑,自重轻,造价低,施工方便,不起鼓,不吐灰,使用寿命长,感观效果好

4. 铺设后的胶面层地面必须无刮胶波浪,表面平整(平整度不大于 1mm/2m)。

2.1.7.2　精品策划

1. 施工组织准备

根据工程量、施工工期要求配备足够的施工机具及工具,合理安排劳动力,尽量做到连续施工,分 2 个作业班组,每组 10 人,其中技术人员 1 人,机械操作手 2 人,电工 1 人,抹涂工 2 人,施焊工 1 人,辅助工 3 人。

2. 材料机具要求

(1) 原材料选用

原材料质量的好坏,直接影响整个楼地面的施工质量,因此原材料选用比较重要。

1) 自流平:强度等级 C20~C30;

2) 底油:多孔吸收型 R777。技术参数见表 2.1.10。

多用途界面处理剂 R777 技术参数　　　　　　　　　表 2.1.10

基 本 材 料	中性树脂分散剂和添加剂
实 际 密 度	1.0kg/L
施 工 温 度	+5℃~35℃
干 固 时 间	1~4h
pH 值	约 7

3) 胶地板物理性能(顺丁橡胶地板)见表 2.1.11。

表 2.1.11

项　目	指　标	项　目	指　标
实际密度	1.0	断裂伸延率(Z)	500
表观密度	1.30	颜　色	灰色
硬度(邵氏)	60~65	针　孔	无
抗拉强度(MPa)	10.0		

4) 使用材料用量见表 2.1.12。

表 2.1.12

材 料 名 称	型 号	控 制 值
界面处理/底涂	R777 1:1 稀释	单耗:100~150g/m²
自流平	AGL-DD	厚度:2mm
胶粘剂	K188E	单耗:300g/m²

(2) 机具要求(表 2.1.13)

表 2.1.13

名 称	数 量	用 途
金刚石磨地机	1台	磨去地坪大面积超高部分
手提磨地机	2台	磨去地坪小面积超高部分
砂皮机	1台	自流平施工完毕后的表面处理
地坪检测器	1台	检测地坪不平整度
吸尘机	2台	1200W吸地坪灰尘
其他工具	专用刮板、放气滚筒、量杯、电钻、搅拌器、水桶、搅拌桶、底油滚筒、压辊、钢尺(1m)、裁刀、刨刀、开槽机	

3. 质量控制点

(1) 基层的抗压强度、表面硬强度指标、含水率,必须满足铺贴要求。

(2) 基层的平整度、标高必须符合施工规范要求,水泥中楼地面必须干净。

(3) 自流平的厚度、表面平整度必须满足铺贴要求,表面不得有气泡、小颗粒现象。

(4) 胶地板铺贴时,必须接缝裁割吻合、平直,铺贴后必须密实、粘结牢固、无空鼓现象,表面不得有残余物。

(5) 施焊接缝时,注意焊接温度、焊枪喷嘴与地面的角度,做到焊线与焊缝均匀受热、焊包切削平整。

2.1.7.3 过程控制

1. 工艺流程:

基层测量、检测→清理地面→打磨地面→吸尘→自流平施工→自流平表面打磨→吸尘→生摆、铺贴、裁割→清理吸尘→打胶→粘接铺贴→排气、压辊→开槽→焊线→检查、清洗除蜡

(以上无自流平施工部分 5~7 项流程跳过)。

2. 施工过程控制

(1) 基层施工质量控制:

1) 基层水泥楼地面抗压强度≥C30,表面硬强度指标≥1.5MPa,含水率≤3%,平整度≤2mm。

2)房间水泥地坪与走道标高,落差与胶地板铺设后的标高基本一致。

3)水泥楼地面必须清理干净。

4)室内其他装饰工种基本结束后,方可进行封闭式胶地板铺设施工。确保胶地板铺设质量及使用效果。

(2)自流平施工质量控制:

1)检测地坪:用地坪检测器在需施工的地坪上检测任意 $2m^2$ 范围内的不平整度。如自流平的施工厚度为 2mm,则地坪的不平整度不能大于 3mm,如大于 3mm,则需用磨地机处理。

2)处理地坪:用吸尘机、铲刀除去全部的杂物、砂粒及前道施工的残留物。

3)上底油:用滚筒把多用途界面处理剂 R777 满涂地坪,特别注意门框边及房间四周边,要涂刷均匀,不得有漏刷现象。

4)用搅拌器、搅拌桶、电钻、量杯等工具搅拌自流平;将清水按 1:1 比例倒入桶内,再倒入自流平水泥,用电钻、搅拌器搅拌均匀。

5)将自流平分批倒入地坪,用带锯企口的专用刮板将自流平推刮均匀,并用放气滚筒进行放气,使表面不得有气泡现象。

6)待 24h 自流平干透后,用砂皮机进行修整打磨,目的在于消除自流平施工后遗留在表面微小颗粒,使施工后的自流平表面更加平整、光洁。

(3)胶地板铺贴施工质量控制

1)涂刷胶前,将自流平表面上,用毛巾抹一遍,去掉灰尘。

2)刷胶与铺设宜由 3~4 人流水作业,铺贴时,一般从房间一端按铺贴图形及线位,由里向外退着铺贴,大房间可以从房中先铺好两条十字形板带,再向四方展开。

① 铺贴前,先将胶地板根据房间大小进行试铺,由里往外,对房间截角的地方,采用整块裁割,确保接缝吻合。

② 铺贴时,涂刷胶液均匀,待胶稍干,先将胶地板一端及另一侧与前块及邻块对齐,随后整块慢慢放下,顺手平抹使之初粘,依序赶走板下空气,务求一次就位准确,密合。

③ 用胶滚从起始边向终边循序滚压密实。挤出的胶液随手用毛巾擦抹干净。

3)铺设完后,在温度 10~30℃,湿度小于 80% 的环境中,养护一般不少于 7d。

(4)施焊施工质量控制:

1)施焊对接缝进行裁缝处理。施焊前先对接缝进行切刨"V"形缝,其"V"形缝角度不少于 60°。

2)施焊技术参数为:自耦变压器调节到 100~120V,空气表压值 0.08~0.10MPa,焊接温度 180~250℃。

3)施焊时,按二人一组流水作业,一人持枪施焊,一人用压辊推压。

4)焊接时焊枪喷嘴、焊线、焊缝三者成一平面,并垂直于胶地板,焊条与焊缝同时均匀受热,焊枪喷嘴与地面夹角为 30°~45°,喷嘴与焊线及焊缝的距离 5~6m,焊枪的移动速度一般为 0.1~0.5m/min。

5)施工时,预先试焊,并调节好焊接温度,同时预先估计焊线的长度,使其每条焊缝一次性施焊到头,中间不得留有接头,确保施焊质量。

6)修整:将突出面层的焊包用刨刀切削平整。

(5) 清洗打蜡:

1) 每楼层铺贴 24h 后,用于毛巾擦净表面、灰尘及杂物。

2) 用毛巾包住已配好的上光地板蜡反复满涂。揩擦 3～4 遍,直至表面光滑、亮度一致为止。

3. 施工过程中问题的补救措施:

(1) 自流平干透后,若自流平表面遗留在表面微小颗粒,则用砂皮机进行修整打磨。

(2) 铺贴完后,如发现局部空鼓,个别边角粘贴不牢,可用大号医用注射器刺孔,排水、排气后,从原钻孔中注入胶粘剂,再压合密实。

(3) 地坪的处理很重要,前期施工的残留物一定要清理干净,尤其是小凹坑内,门墙角处不可遗漏。

(4) 上底油一定要注意,不能遗漏任何地方,如果气温高时还必须关闭门窗,以减少底油的挥发,如地坪有很强的吸水性,必要时需上二遍底油。

(5) 自流平在施工时的搅拌,施工时间不能过长,否则会影响自流平的流淌性。

(6) 刷胶后,胶地板铺贴时间要掌握恰当,除水性型胶粘剂可随刷胶随铺贴外,其他均待胶不粘手时才能铺贴。

(7) 施焊操作时应细致,严禁损伤两边胶地板,烧焦或焊接不平、不牢的缝隙,应切除重新焊接。

(8) 胶地板铺贴完后,请专人看管,非工作人员严禁入内,必须进入室内时应穿拖鞋。

(9) 及时做好成品保护工作,用彩条布覆盖,以防污染。

4. 工程验收方法

(1) 胶地板地面工程验收时,应提供下列文件和记录:

1) 原材料质量合格证件;

2) 胶粘材料的力学性能试验报告;

3) 各构造层隐蔽工程验收记录;

4) 分项工程质量评定记录。

(2) 胶地板地面工程的验收,除检查有关文件、记录外,应进行外观抽查。

(3) 胶地板铺设后,采用地坪检测器在需施工的地坪上检测任何 2m² 范围内的不平整度。

2.1.7.4 精品案例

1. 工程简况

南京军区某医院病房楼是南京军区一项跨世纪的重点工程,工程总建筑面积为 37480m²,框剪结构,地下一层,地上十五层(不含设备层)。建筑物总长度为 102.8m,宽度为 31.2m,总建筑高度为 61.6m,地下室平时为车库,战时为地下医院,地上为住院部(26 个病区)及大型洁净手术部(国内最大型之一)。其中楼地面采用德国汉高橡胶地板,共计 15698m²,于 2001 年 6 月开工,2001 年 8 月施工完毕。

2. 橡胶地板施工技术特点

该病房楼橡胶地板工程,经过一个多月的紧张施工后顺利完成,并经南京军区建筑安装工程质监站及南京市建筑安装工程质监站验收一次性通过,单项工程核定为"优良"。该项工程中有如下几项关键技术特点。

（1）基层施工

基层的施工质量好坏，直接影响橡胶地板的铺设质量。因此，在施工时，我们对基层原有结构混凝土表面清理干净，提前一天浇水湿润。在施工过程中，我们采取比一般水泥楼地面做法要求提高一个档次：水泥楼地面细混凝土找平层抗压强度采用 C35，每层抽测试块不少于三组（详见资料部分）；水泥地面施工完，养护时间不少于 7d，让其表面混凝土强度 ≥ 1.5MPa，含水率 ≤3%。由质检员会同监理采用 2m 铝合金靠尺进行验收，其平整度均在 1.5 ~ 2mm 之间，符合橡胶地板铺设要求。

（2）自流平施工

先对原有的水泥楼地面用铲刀除去表面所有杂物，再用四台吸尘机，吸去前道施工的残留物。对涂刷底油，采用滚桶进行纵横涂刷，特别注意门框边及房间四周边，要涂刷均匀，不得有漏刷现象。自流平按 1:1 比例进行搅拌均匀，分批倒入地坪，采用带锯企口的专用刮板，后退来往刮均匀。要求表面不得有气泡现象。24h 后采用砂皮机进行打磨，并用吸尘机把灰尘清除干净。

（3）胶地板铺贴施工

施工前采用毛巾来往抹一遍，除去灰尘。根据房间大小进行试铺，由里往外，对房间截角的地方，采用整块裁割，确保边角到位。接缝处采用不少于 2cm 搭接缝，进行中间压缝裁割，确保接缝吻合。铺贴时，另外还要注意，涂刷胶液均匀，待胶稍干，再进行胶地板铺上，压密实，挤出胶液用毛巾擦干净。

（4）施焊施工

我们采用两台焊枪进行施焊，施焊前先对接缝进行切刨 V 形缝，其 V 形缝角度不少于 60°。在施工时，预先试焊，并调节好焊接温度，同时预先估计焊线的长度，使其每条焊缝一次性施焊到头，中间不得留有接头，确保施焊质量，对施工的焊包采用专用刨刀削平整。

（5）清理打蜡

每层铺设完 24h 后，采用毛巾擦除表面灰尘，再用毛巾涂上光地板蜡满擦其表面，来往揩擦不少于 3 ~ 4 遍，直至表面平滑。

3. 橡胶地板施工项目的社会与经济效益

虽然胶地板楼地面施工成本较高，但它的整体性、耐水、耐磨、耐化学腐蚀，便于清洁等优点仍然受用户欢迎。该项目经投入使用，效果良好，得到南京军区、江苏省、南京市主管部门领导的一致好评，在该工程施工中，项目部撰写了《胶地板铺设工艺探讨》一文 2001 年获南京市土木建筑学会施工专业学术论文交流三等奖，《胶地板铺设施工工法》2001 年获江苏省建筑工程管理局评为"江苏省省级施工工法"。

该工程 2001 年度获"江苏省新技术应用示范工程"，2001 年度荣获国家建设工程质量"鲁班奖"。

4. 胶面层地面施工见图 2.1.15、图 2.1.16。

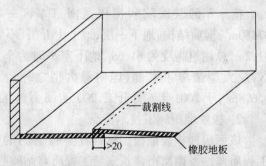

图 2.1.15　胶面层铺贴搭接裁割示意图

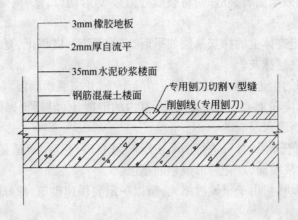

图 2.1.16 胶面层施焊处理示意图

2.2 抹 灰 工 程

2.2.1 一般抹灰

一般抹灰工程主要包括石灰砂浆、水泥砂浆、水泥混合砂浆、聚合物水泥砂浆、麻刀石灰、纸筋石灰、石膏灰等墙面、顶棚抹灰

2.2.1.1 质量要求

抹灰层与基层之间及各抹灰层之间必须粘结牢固,抹灰层应无脱层、空鼓,面层应无爆灰和裂缝。

一般抹灰工程的表面质量应符合下列规定:普通抹灰表面应光滑、洁净、接槎平整,分格缝应清晰。高级抹灰表面应光滑、洁净、颜色均匀、无抹纹,分格缝和灰线应清晰美观。

护角、孔洞、槽、盒周围的抹灰表面应整齐、光滑;管道后面的抹灰表面应平整。

抹灰层的总厚度应符合设计要求;水泥砂浆不得抹在石灰砂浆层上;罩面石膏灰不得抹在水泥砂浆层上。

抹灰分格缝的设置应符合设计要求,宽度和深度应均匀,表面应光滑,棱角应整齐。

有排水要求的部位应做滴水线(槽)。滴水线(槽)应整齐顺直、滴水线应内高外低,滴水槽的宽度和深度均不应小于 10mm。

2.2.1.2 精品策划

1. 施工组织准备

(1) 施工条件

模板拆除后,要用砂浆仔细填补施工缝的空隙及蜂窝麻面等,铲去因模板错位导致的鼓棱和凸起,清除垫块、铁丝,填埋孔穴等,使抹灰面呈适合抹灰的状态。

外墙等的施工缝、冷接缝、圆定位器孔、窗框周围等刮风下雨时有雨水渗入危险的地方要进行密封或用水泥做防水等处理措施。

发现混凝土表面硬化不够和其他强度明显较低的部位时,要用钢丝刷等清除掉,较深时就铲掉,然后抹砂浆和凿毛等。

当基层混凝土和砂浆面有裂缝时,将裂缝处做成 V 形切口,修补、硬化后再进行底层抹灰。

在混凝土、混凝土砌体上的抹灰基层找平后,冬季要有 14d 以上,夏季要有 7d 以上的干燥时间,然后再着手底层抹灰。

抹灰前基层表面的尘土、污垢、油渍等应清除干净,并应洒水润湿。

外墙混凝土表面应在 1~2d 前进行水洗,室内的混凝土、混凝土砌体基层和砂浆、灰膏类等底层,应预先适当洒水湿润。

当混凝土表面过于光滑时,可进行凿毛或用水泥 1:砂(粗砂)1:适量水溶性高分子添加剂(体积比)拌成的砂浆喷涂,硬化后形成粗面基层。

基层为混凝土砌块时,由于干燥收缩大,所以一定要快速砌筑,抹好底层砂浆,并长时间置放。

为了防止抹灰层的污染和打凿损坏,抹灰应待上下水、电缆、煤气管道等安装完毕后进行(散热器、密集管道等抹灰则在散热器等安装前进行)。

外墙抹灰必须待安装好门窗框、阳台栏杆、预埋铁等再进行,以免外墙成活后被打凿损坏。

(2) 工具机具

主要机具设备有砂浆拌和机、粉碎淋灰机和纸筋灰搅拌机。

主要工具有铁抹子、木抹子、阴角阳角抹子,铁皮、木杠、托线板、靠尺、卷尺、粉线包、蹄子、灰桶、各种刷子等。

2. 材料要求

一般抹灰所用材料的品种和性能应符合设计要求。水泥的凝结时间和安定性复验应合格。

砂应采用中粗砂,含泥量应小于 2%,面层的用砂必须经水淘洗。

石灰膏不得含有未熟化的颗粒和杂物。

结合层应采用 1:3 的水泥砂浆,找平层应采用 1:1:4 混合砂浆木抹子压光,面层应用 1:1:6 混合砂浆,应用木杠压实。

砂浆的配合比应符合设计要求。

民用建筑工程所使用的无机非金属建筑材料,包括砂、石、砖、水泥和预拌混凝土等,其指示放射性指标限量的内照射指数和外照射指数均不得超过 1.0。

3. 控制要点

抹灰工程应分层进行。当抹灰总厚度大于或等于 35mm 时,应采取加强措施。不同材料基体交接处表面的抹灰,应采取防止开裂的加强措施,当采用加强网时,加强网与各基体的搭接宽度不应小于 100mm。

石灰砂浆的墙面阳角,如设计对护脚线无规定时,一般可用 1:3 水泥砂浆抹出,其高度不低于 1.5m。

在钢抹子抹平的砂浆饰面上做涂饰、喷涂、密缝粘贴装修时,每隔约 3m 设一道竖缝。

在不同基层的结合部要设缝。

洞口隔角采用水泥砂浆抹面时,应配置钢丝网,灰膏抹面时,应贴布条和棕榈毛。

门框周围和门贴脸周围在外框上、下、两侧留出竖缝。

木制装设的镶嵌缘榫周围留 1mm(钢抹子的厚度)的通缝。

墙的阴角处有两种不同饰面材料时,要设竖缝。

各层抹灰表面发生的裂缝,要在下一层抹灰前填平。

采用水泥砂浆面层时,须将底子灰表面扫毛或划出纹道,面层应注意接槎,表面压光不得少于两遍,罩面后次日进行洒水养护。

门窗框塞缝宜采用混合砂浆并专人浇水湿润后填砂浆抹平。缝隙过大时应多次分层嵌缝

各种抹灰在凝结前应防止快干、水冲、撞击和振动;水泥砂浆类的抹灰应在潮湿条件下养护,成活后应采取措施防止下道工序污染。

喷涂色浆时,应采取遮挡措施,防止污染其他成品。

必须防止颠倒工序和不合理的抢工而造成打凿、甩槎等人为破坏外观等现象。

2.2.1.3 过程控制

1.工艺流程

浇水湿润基层→找规矩、做灰饼→设置标筋→阳角做护角→抹底层、中层灰→抹窗台板、踢脚板(或墙裙)→抹面层灰、清理

室内抹灰如果在屋面防水完工前施工,必须采取防水、防渗措施,以不污染成品为准。室外抹灰应自上而下进行,高层建筑必须上、下分段交叉作业时,应分段隔开,采取相应的排水措施(如设水槽等)和用塑料布等贴墙接灰,以免污染下面作业段成品。

2.饰面放线

弹出水平、垂直、窗中心等的基准线和饰面抹灰厚度墨线。

室外周围和用水房间的地面要做好流水坡度。

在防水覆盖层上设置伸缩缝时,砂浆保护层也应在同一位置嵌入分缝条。

抹灰前必须先找好规矩,即四角规方,横线找平,竖线吊直,弹出准线和墙裙、踢脚板线。

3.内墙抹灰

找规矩、做灰饼,中级和普通抹灰:先用托线板和靠尺检查整个墙面的平整度和垂直度,根据检查结果即可确定灰饼的厚度。高级抹灰则先用一面墙作基线,用方尺规方,如房间面积较大,应在地面上先弹出十字中心线,并按墙面基层平整度在地面上弹出墙角(包括墙面)中层抹灰面的准线(规方),接着在距墙角约 100mm 处,用线锤吊直,弹出垂直线。以此垂直线为准,再按地面上已弹出的墙角准线往墙上翻引,弹出墙角处两面墙上中层抹灰面厚度线,以此确定标准灰饼厚度。

做灰饼方法为:在墙面距地 1.5m 左右的高度,距墙面两边阴角 100~200mm 处,用 1:3 水泥砂浆或 1:3:9 水泥混合砂浆,各做一个 50mm×50mm 的灰饼,然后用托线板或线锤在此灰饼面挂垂直,在墙面的上下各补做两个灰饼,灰饼距顶棚及地面高度 150~200mm 左右。再用钉子钉在左右灰饼两头墙缝里,用小线栓在钉子上拉横线,沿线每隔 1.2~1.5m 补做灰饼。

抹标筋(冲筋):灰饼做好稍干后,用砂浆在上、中、下灰饼间抹标筋,宽度与厚度均与灰饼相同。

做护角:在室内的门窗洞口及墙面、柱子的阳角处应做护角。护角应用 1:2 水泥砂浆,砂浆收水稍干后用捋角器抹成小圆角。高度不低于 2m,每侧宽度不小于 50mm。

抹底层灰:待标筋有了一定强度后,洒水湿润墙面,然后在两筋之间用力抹上底灰,用木抹子压实搓毛。底层灰要略低于标筋。

抹中层灰:待底层灰干至6~7成后,即可抹中层灰,抹灰厚度、以垫平标筋为准,并使其稍高于标筋。抹上砂浆后,用木杠按标筋刮平,不平处补抹砂浆,然后再刮,直至平直为止。紧接着用木抹子搓压,使表面平整密实。墙的阴角处,先用方尺上下核对方正(水平标筋则免去此道工序),然后用阴角器上下抽动搓平,使室内四角方正。

抹窗台板,踢脚板(或墙裙):窗台板应用1:3水泥砂浆抹底层,表面划毛,隔1d后,用素水泥浆刷一道,再用1:2.5水泥砂浆抹面层。面层要原浆压光,上口做成小圆角,下口要求平直,不得有毛刺,浇水养护4d。

抹踢脚板(或墙裙)时,按设计要求弹出上口水平线,用1:3水泥砂浆或水泥混合砂浆抹底层。隔1d后,用1:2水泥砂浆抹面层,面层应原浆压光、比墙面的抹灰层突出3~5mm,上口切齐,压实抹平。

抹面层灰:待中层有6~7成干时,即可抹面层灰。面层如采用石膏抹面时,应在石膏灰浆内掺缓凝剂,其掺量根据试验确定。一般控制在15~20min内凝结。墙面如做油漆时,面层灰内不得掺入食盐或氯化钙。抹麻刀石灰时,其厚度应控制在3mm内,抹纸筋石灰、石膏灰时,厚度应控制在2mm内。

操作应从阴角处开始,最好两人同时操作,一人在前上面灰,另一人紧跟在后找平整,并用铁抹子压实赶光,阴阳角处用阴阳角抹子抹光,并用毛刷蘸水将门窗圆角等处清理干净。抹石膏面层时,应分两遍连续进行,第一遍应抹在干燥的中层面上。石膏灰不得涂抹在水泥砂浆中层面上,同一抹灰面不得有接槎缝。高级抹灰的阴角必须用拐尺找方。

板条墙抹灰:木板条墙及钉钢板网板条墙的抹灰仍分底、中、面层三层操作:底灰应垂直于板条方向用力将灰浆压入板条缝隙中或钢板网眼内形成转脚。底层与中层灰宜采用麻刀石灰或纸筋石灰(除底层灰外,中层与面层与一般抹灰方法相同)。

清理:抹灰工作完毕后,应将粘在门窗框、墙面的灰浆及落地灰及时清除,打扫干净。

4. 外墙抹灰

抹灰顺序:外墙抹灰应先上部,后下部,先檐口再墙面(包括门窗周围、窗台、阳台、雨棚等)。大面积的外墙可分片同时施工,高层建筑垂直向应适当分段。如一次抹不完时,可在阴阳角交接处或分格线处间断施工。

找规矩、做灰饼、标筋:先在墙面上部拉横线,做好上面两角的灰饼,再用托线板按灰饼厚度吊垂直线,做下面两角的灰饼,然后分别在上部两角及下部两角灰饼间横挂小线,每隔1.2~1.5m加做出上下两排灰饼,拉上竖向通线,再按每步脚手架的高度补做竖向灰饼,将灰饼面相连,做出横向水平或竖向标筋。

门窗口上沿,窗台及柱子均应拉通线,做好灰饼及相应的标筋。

对于高层建筑,应按一定层数划分为一个施工段,垂直方向控制用经纬仪来代替垂线,水平方向拉通线同一般做法。

抹底层灰:外墙底层灰一般均采用水泥砂浆或水泥混合砂浆,在基层墙面上浇水湿润后,先在标筋间薄抹一层5~8mm厚的底灰,用力将砂浆挤入砖缝内(或与凿毛的混凝土墙面有牢固的粘结),底层灰略低于标筋面。

抹中层灰:抹中层灰的操作方法和内墙面相同,只是外墙中层灰面用木抹子搓平整后用小竹帚扫毛面层或用铁抹子顺手划毛。

弹分格线、嵌分格条：待中层灰6~7成干时，按要求弹出分格线，分格条两侧用黏稠素水泥浆(最好掺胶粘剂)与墙面抹成45°角，横平竖直，接头平直。如不急于抹面层灰，分格条两边的素水泥浆与墙面应抹成60°角。

抹面层灰：抹面层灰前应根据中层砂浆的干湿程度浇水湿润。面层灰涂抹厚度为5~8mm，应比分格条稍高。抹灰后，先用刮杠刮平，紧接着用木抹子搓平，再用钢抹子初步压一遍。待稍干，再用刮杠刮平，用木抹子搓磨出平整、粗糙、均匀的表面。

拆除分格条、勾缝：面层抹好后即可拆除分格条，并用素水泥浆把分格缝勾平整。采用"隔夜条"的罩面层必须待面层砂浆达到适当强度后方可拆除。

做滴水线：窗台、雨篷、压顶、檐口等部位，应先抹立面，后抹顶面，再抹底面。顶面应抹出流水坡度，底面外沿边应做出滴水线槽，滴水线槽一般深度和宽度均不应小于10mm。窗台上面的抹灰层应伸入窗框下坎的裁口内，堵塞密实。

养护：面层抹完24h后应浇水养护。养护时间应根据气温条件而定，一般应不少于7d。其余做法均与内墙面抹灰相同。

5. 顶棚抹灰

弹水平线：按抹灰层的厚度用墨线在四周墙面上弹出水平线，作为控制抹灰层厚度的基准线。

刷结合层：在已湿润的顶棚基层上满刷一道掺胶粘剂的溶液或刷一道水灰比为0.4的素水泥浆一道，紧跟着抹底层灰。

抹底层灰：抹底灰的方向应与楼板接缝及木模板木纹方向相垂直，并用力抹压，使砂浆挤入细小缝隙内。底层灰不宜太厚。

抹中层灰：底层灰抹完后，紧跟着抹中层灰找平(若为预制混凝土楼板时，应待底灰养护2~3d后再抹)，先抹顶棚四周，再抹大面。抹完后用木刮尺顺平，再用木抹子搓平。

抹面层灰：待中层有6~7成干时，即可用纸筋石灰或麻刀石灰抹面层。抹面层时如发现中层过干发白，应适当洒水湿润。

面层宜两遍成活，控制灰层厚度不大于3mm。第一遍尽量薄。紧跟着抹第二遍，第二遍抹的方向与第一遍垂直。待第二遍稍干后，用铁抹子满压一遍，然后再按同一方向抹压赶光。

顶棚灰抹完后，应关闭门窗，使抹灰层在潮湿空气中养护。

2.2.2 装饰抹灰

装饰抹灰工程主要包括水刷石、斩假石、干粘石、假面砖等墙面、顶棚饰面抹灰。

水刷石是在粉刷底糙上先粉水泥浆粘结层一道，然后粉水泥石子浆面层，待其接近初凝时，用水冲刷水泥石子浆面层，形成石粒外露的装饰面。

干粘石是在粉刷底糙上粉水泥石灰粘结层，用木拍将石粒往粘接层上甩，并将石粒拍入粘接层中，形成石尖外露的装饰面。

斩假石在粉刷底糙上粉纯水泥浆粘结层，随即粉水泥石砂面层，打平压实，养护3~5d后，用斩斧将面层斩成有规则的纹路而形成类似石料面层观感的饰面。

假面砖一般是在面层砂浆中掺入所需色彩的颜料，涂抹平整后，按面砖规格尺寸分块划线，具有以假乱真的装饰效果。

2.2.2.1 质量要求

各抹灰层之间及抹灰层与基体之间必须粘结牢固,抹灰层应无脱层、空鼓和裂缝。

水刷石表面应石粒清晰、分布均匀、紧密平整、色泽一致,应无掉粒和接槎痕迹。

斩假石表面剁纹应均匀顺直、深浅一致,应无漏剁处;阳角处应横剁并留出宽窄一致的不剁边条,棱角应无损坏。

干粘石表面应色泽一致、不露浆、不漏粘,石粒应粘结牢固、分布均匀,阳角处应无明显黑边。

假面砖表面应平整、沟纹清晰、留缝整齐、色泽一致,应无掉角、脱皮、起砂等缺陷。

装饰抹灰分格条(缝)的设置应符合设计要求,宽度和深度应均匀,表面应平整光滑,棱角应整齐。

有排水要求的部位应做滴水线(槽)。滴水线(槽)应整齐顺直,滴水线应内高外低,滴水槽的宽度和深度均不应小于 10mm。

2.2.2.2 精品策划

1. 施工组织准备

(1) 施工条件

抹灰前基层表面的尘土、污垢、油渍等应清除干净,并应洒水润湿。混凝土表面应先进行斩毛处理或用聚合物水泥浆扫毛一遍。

为了防止抹灰层的污染和打凿损坏,抹灰应待上下水、电缆、煤气管道等安装完毕后进行(散热器、密集管道等抹灰则在散热器等安装前进行)。

外墙抹灰必须待安装好门窗框、阳台栏杆、预埋铁等再进行,以免外墙成活后被打凿损坏。

刮糙前墙面凸瘤凿平,四处用 1:3 水泥砂浆补平,补平厚度较大时应分皮补,厚度超过 50mm 时要在基层墙上焊钢筋网片再用砂浆抹平。

外墙角纵向挂垂线并做上、下塌饼,横向水平线根据窗盘线拉统长线。

根据塌饼厚度用 1:3 水泥砂浆刮糙,刮糙前墙面必须浇水湿润。窗盘泛水要在刮糙层上做起。

在底糙初凝后可用元钉将表面划出波浪痕,间距约 50~60 mm,划深 2 mm,以增加和面层的粘结。

(2) 工具机具

高压水泵,橡皮管,靠尺板、铁梳子、铁钩子。

2. 材料要求

装饰抹灰工程所用材料的品种和性能应符合设计要求。水泥的凝结时间和安定性复验应合格。砂浆的配合比应符合设计要求。

同一墙面的砂浆(色浆)应用同一产地、品种、批号;使用同一配合比、同一搅拌设备及专人操作以求色泽一致。水泥和颜料应精确计量后干拌均匀,过筛后装袋备用。

3. 控制要点

抹灰工程应分层进行。当抹灰总厚度大于或等于 35mm 时,应采取加强措施。不同材料基体交接处表面的抹灰,应采取防止开裂的加强措施,当采用加强网时,加强网与各基体的搭接宽度不应小于 100mm。

装饰抹灰前必须检查中层抹灰的施工质量,经验收合格后才能进行面层施工。

抹灰顺序应先上部后下部、先檐口再墙面。大面积外墙面可分段分片施工,如一次不能抹完时,可在阴阳角交接处或分格线处间断施工。底子灰表面应扫毛或划出纹道,经养护1~2d后再罩面,次日浇水养护。夏季应避免在日光曝晒下抹灰。

拆除分格条、勾缝:面层抹好后即可拆除分格条,并用素水泥浆把分格缝勾平整。采用"隔夜条"的罩面层必须待面层砂浆达到适当强度后方可拆除。

做滴水线:窗台、雨篷、压顶、檐口等部位,应先抹立面,后抹顶面,再抹底面。顶面应抹出流水坡度,底面外沿边应做出滴水线槽,滴水线槽一般深 12~15mm,上口宽 7mm,下口宽10mm。窗台上面的抹灰层应伸入窗框下坎的裁口内,堵塞密实。

各种抹灰在凝结前应防止快干、水冲、撞击和振动;水泥砂浆类的抹灰应在潮湿条件下养护,成活后应采取措施防止下道工序污染。

喷涂色浆时,应采取遮挡措施,防止污染其他成品。

必须防止颠倒工序和不合理的抢工而造成打凿、甩槎等人为破坏外观等现象。

2.2.2.3 过程控制

1. 工艺流程

室内抹灰如果在屋面防水完工前施工,必须采取防水、防渗措施;以不污染成品为准。室外抹灰应自上而下进行,高层建筑必须上、下分段交叉作业时,应分段隔开,采取相应的排水措施(如设水槽等)用塑料布等贴墙接灰,以免污染下面作业段成品。

2. 饰面放线

对于高层建筑外墙装饰抹灰时,应根据建筑物的实际情况,可划分若干施工段,其垂直度应用经纬仪控制,水平通线则仍按常规做法。

弹分格线、嵌分格条:待中层灰 6~7 成干时,按要求弹出分格线,用素水泥浆沿分格线嵌分格条。分格条应提前用水浸透,分格条两侧用粘稠素水泥浆(最好掺胶粘剂)与墙面抹成 45°角,必须嵌贴牢固,横平竖直,接头平直,不得松动、歪斜。

3. 水刷石

弹线分格、粘贴分格条:根据设计要求和施工分段的位置,在抹灰中层表面弹出分格线,然后把浸透水的木分格条用粘稠的素水泥浆(与面层水泥同一品种),依弹出的分格线粘贴,两侧抹成八字形。灰埂斜度为 45°或 60°,等面层做完后起条,分格条镶嵌应牢固、横平竖直,接缝严密。

抹面层石子浆:中层砂浆已有 7~8 成干时(终凝之后),酌情将中层面浇水湿润,紧接着用水灰比为 0.4 的素水泥浆满刮一遍,随即抹面层石子浆。(可加入不多于水泥用量 10%的石灰膏,稠度为 5~7cm)。

抹石子浆时,每个分格应自下而上用铁抹子一次抹完揉平,然后用直尺检查,低洼处及时补抹,然后用刮尺刮平,铁抹子压。要求做到表面平整,密实。

抹阳角时,先抹的一侧不宜用八字靠尺,而将石子浆稍抹过转角,然后再抹另一侧。抹另一侧时需用八字靠尺将角磨直找齐。接头处石子要交错,避免出现黑边。阴角可用短靠尺顺阴角轻轻拍打,使阴角顺直。

面层修整:石子浆面层稍收水后,用铁抹子把石子浆满压一遍,把露出的石子尖棱轻轻拍平。在阴阳角和转角处应多压几遍,然后用刷子蘸水刷一遍,用铁抹子压一遍,反复刷与压不少于三遍,最后用铁抹子拍平,达到石子大面朝外,表面排列紧密均匀的效果。

喷刷:

(1)喷刷应在面层刚刚开始初凝时进行,即用手指按上去无指痕,用刷子刷石粒不掉时开始喷刷。

(2)喷刷分两遍进行,第一遍先用软毛刷子蘸水刷掉面层水泥浆,露出石粒,第二遍紧跟用喷雾器将四周相邻部位喷湿,然后按由上向下顺序喷水。喷水要均匀,喷头离墙10~20cm,要把表面的水泥浆冲掉,使石子外露约为粒径的1/2,然后用小水壶从上往下冲洗,冲水时不宜过快或过慢。过快时混水浆冲不干净,施工完毕后会呈现花斑,过慢则会出现石子浆层坍塌现象。当表面水泥已结硬时,可用5%的稀盐酸溶液洗刷,再用水冲洗。

(3)喷刷应从上而下分段进行,每段一般按每个分格线为界,喷刷上段时,未喷刷的墙面用水泥纸浸湿后贴盖,待上段喷刷好后,再把湿纸往下移。交叉作业时还要安装"接水槽",使喷刷的水泥浆有组织地流走,不致冲毁下部墙面的石子浆。

起分格条:喷刷后,适时起出分格条。起出分格条后用小线抹抹平,然后根据设计要求用素水泥浆做凹缝及上色。

其他:在做高级装饰抹灰中,往往采用白水泥水刷石。其做法与一般水刷石相同,只是质量要求更高,最后喷刷时用稀草酸溶液洗一通,再用清水冲净。

4. 干粘石

弹线、粘贴分格条:经检查验收中层抹灰后,即可在中层抹灰面上弹线、粘贴分格条。

抹粘结层砂浆:根据中层灰的干燥程度洒水湿润中层;用水灰比为0.45的纯水泥浆满刷一道,随刷水泥浆随抹粘结层。粘结层砂浆配比常用1:1:2:0.15=水泥:石灰膏:砂:胶粘剂,砂浆稠度以6~8cm为宜,厚度取决于石子的大小:当石子为小八厘时,粘结层厚4mm;为中八厘时,厚6mm;为大八厘时,厚8mm。粘结层用刮尺刮平,表面平整。粘结层抹好后应立即开始撒石粒。

撒石粒压平:采用人工撒石粒时,应三个人同时连续操作;一人抹粘结层,一人紧跟后面一手拿木拍,一手抱托盘,用木拍铲起石粒,反手甩向粘结层,一人随即用铁抹子将石子均匀拍入粘结层。

甩石粒时用力要平稳有劲,方向应与墙面大致垂直。墙面石粒过稀处一般不宜补甩,应将石粒用抹子或手直接补上,过密处可适当剔除。拍石粒时,石粒嵌入砂浆的深度应不小于粒径的1/2,用力要适当,用力过大,会把灰浆拍出,造成翻浆糊面,用力过小,石粒粘结不牢,易掉粒。

甩石粒的顺序应先边角,后中间,先上面,后下面。阳角处甩石粒时应两侧同时操作,避免先甩的一侧石粒粘上后,边角口的水泥浆收水,另一侧石粒不易粘上,出现明显的黑边接槎。

采用机喷石粒时是用压缩空气带动喷斗喷射石粒。其做法除了按照手甩做法要求外,还应注意以下几点:

(1)机喷干粘石粘结层配合比为:水泥:石灰膏:砂:胶粘剂:木质素磺酸钙=1:0.5:0.3。

(2)石粒宜选用中八厘,喷石时喷嘴要对准墙面,保持距墙面约30cm,空压机压力根据石粒大小以0.5~0.7MPa为宜。先喷边角,后喷大面,喷大面时应自下而上,以免砂浆流坠。

(3)待砂浆收水时,用橡胶辊筒从上往下轻轻地滚压一遍。

起分格条并修整:干粘石墙面达到表面平整,石粒均匀饱满时,即可取出分格条,随手用小抹子和素水泥浆将分格缝勾一道,以达到顺直清晰。起条时如掉角缺棱时,应及时用1:1水泥细砂砂浆补上,并用手压上石粒。勾缝后24h应用水喷洒养护。养护时间不应少于7d。

面层砂浆厚度的控制:

(1) 砂浆过厚易脱壳、干裂;拍石子时容易将石子拍入砂浆内,形成表面无石粒。

(2) 砂浆过薄,石粒压入砂浆的深度达不到1/2粒径时,石粒粘结不牢固。

(3) 石粒大小必须严格控制,否则石粒过大或过小同样会出现上述(1)(2)的现象。

5. 斩假石

抹底层、基层处理、找规矩等均同一般外墙抹灰作法。抹底层灰前用素水泥浆刷一道后马上采用1:2或1:2.5水泥砂浆抹底层,表面划毛。砖墙基层需抹中层,砂浆采用1:2水泥砂浆,表面划毛,24h后浇水养护。

弹线、贴分格条:按设计要求弹出分格线,粘贴经水浸透的木分格条。

抹面层:面层石粒浆的配比常用1:1.25或者1:1.5,稠度为5~6cm。常用的石粒为2mm的白色米粒石内掺粒径在0.3mm左右的白云石屑。抹面层前先根据底层的干燥程度浇水湿润,刷素水泥浆一道,然后先用铁抹子将水泥石粒浆抹平,厚度一般为13mm;再用木抹子打磨拍实,上、下顺势溜直(不要压光,但需拍出浆来)。不得有砂眼、空隙。并且每分格区内水泥石粒浆必须一次抹完。

石粒浆抹完后,即用软毛刷蘸水顺剁纹方向把表面水泥浮浆轻轻刷掉,露出石粒至均匀为止。不得蘸水过多,用力过重,以免把石粒刷松动。石粒浆抹完后不得曝晒或冰冻雨淋,24h后浇水养护。

斩剁面层:在正常温度(15~30℃)下,面层抹好2~3d后,即可试剁。试剁时,以墙面石粒不掉,容易剁痕,声响清脆为准。为了美观,一般在分格缝、阴阳角周边留出15~20mm边框线不剁。

斩剁的顺序一般为先上后下,由左到右,先剁转角和四周边缘,后剁中间墙面。转角和四周剁水平纹,中间剁垂直纹,先轻剁一遍,再盖着前一遍的剁纹剁深痕。剁纹的深度一般按1/3石粒的粒径为宜。

在剁墙角、柱边时,宜用锐利的小斧轻剁,以防止掉边缺角;剁墙上雕花饰时,剁纹应随花纹走势剁,花饰周围的平面上则应剁垂直纹。斩剁完后,墙面应用水冲刷干净,在分格缝处则按设计要求在缝内做凹缝及上色。

6. 假面砖

基层处理、找规矩、抹底层、中层砂浆等操作均同一般抹灰。

抹面层砂浆:抹面层砂浆前,先洒水湿润中层(一般中层抹灰砂浆的配比为水泥:砂=1:3),弹水平线(一般按每步脚手架为一个水平工作段,一个工作段内弹上、中、下三条水平线,以便控制面层划沟平直度),然后抹3~4mm厚的彩色水泥砂浆。

砂浆面层收水后,先用铁梳子沿着靠尺板由下向上划纹,深度不宜超过1mm,然后根据面砖尺寸划线,依照线条用铁钩子(或铁皮刨子)沿着木靠尺划出沟来,深度以露出中层抹灰面为准。

沟划好后用刷子将毛边浮砂清扫干净。成活后立面上划沟应水平成线,间距、深浅一致。竖向划纹垂直方向成线,接缝应平直,深浅一致。

2.3 门 窗 工 程

门窗工程按选用材料分主要有木门窗、金属门窗、塑料门窗等。

2.3.1 质量要求

1. 应符合《建筑装饰装修工程质量验收规范》(GB 50210—2001)中门窗工程的相关内容。

2. 门窗工程创精品应特别重视观感质量和功能要求,做到:

(1) 门窗表面平整洁净,色泽一致,无划痕、碰伤,门风缝一致,启闭灵活;

(2) 配件与与框扇表面结合平整,无污染及擦痕,同一楼层同类门窗标高一致,同一楼层锁与拉手的标高一致,螺钉拧紧卧平,螺丝帽一字、十字方向基本一致;

(3) 填缝及压条严密平直,密封条转角处45°连接;窗框与墙体间缝隙填塞材料符合设计要求,填嵌饱满、密实;密封胶表面光滑、顺直、无裂缝;

(4) 建筑外门窗的空气渗透性能、雨水渗漏性能、抗风压性能(简称"三性")应符合规范要求,安装完成的建筑外门窗,抽取部分样本进行喷淋试验。

按幕墙工艺设计、制作的隐框窗、条窗等除进行"三性"检测外,另必须对硅酮结构胶、密封胶进行物理化学性能抽样检测,及胶与框料、胶与玻璃的相容性检测;建筑门窗的隔声性能、保温性能、防火、隔音可根据设计单位、建设单位要求确定。

(5) 高层住宅金属门窗避雷连接的数量、位置、测试数据应符合设计要求,并做好验收记录。

(6) 蒙板式木门扇无肋骨痕;薄皮无起鼓、翘边、脱胶;框扇的每一个角的榫眼结合应牢固;合页开槽方正,开槽深度、开槽长宽应与合页相互吻合;木质防火门还应保证防火条平服,表面无污染;

(7) 玻璃表面应洁净,不得有腻子、密封胶、涂料等污渍;中空玻璃内外表面均应洁净,玻璃中空层内不得有灰尘和水蒸气。

(8) 材料及成品有足够的刚度、固定牢固;

3. 各类门窗制作、安装的允许偏差值和检验方法:

(1) 木门窗制作的允许偏差和检验方法应符合表2.3.1的规定。

木门扇制作的允许偏差和检验方法   表 2.3.1

项次	项 目	构件名称	允许偏差(mm)	检 验 方 法
1	翘 曲	框	2	将框、扇平放在检查平台上,用塞尺检查
		扇	2	
2	对角线长度差	框、扇	2	用钢尺检查、框量裁口里角、扇量外角
3	表 面 平 整 度	扇	2	用1m靠尺和塞尺检查
4	高度、宽度	框	0;−1	用钢直尺检查、框量裁口里角、扇量外角
		扇	+1;0	
5	裁口、线条结合处高低差	框、扇	0.5	用钢直尺和塞尺检查
6	相邻棂子两端间距	扇	1	用钢直尺检查

（2）木门窗安装的留缝限值、允许偏差和检验方法应符合表2.3.2的规定。

木门窗安装的留缝限值、允许偏差和检验方法　　表2.3.2

项次	项　目		留缝限值(mm)	允许偏差(mm)	检　验　方　法
1	门窗槽口对角线长度差		—	2	用钢尺检查
2	门窗框的正、侧面垂直度		—	1	用1m垂直检测尺检查
3	框与扇、扇与扇接缝高低差		—	1	用钢尺和塞尺检查
4	门窗扇对口缝		1.5～2	—	用塞尺检查
5	门窗扇与上框间留缝		1～1.5	—	
6	门窗扇与侧框间留缝		1～1.5	—	
7	窗扇与下框间留缝		2～2.5	—	
8	门窗与下框间留缝		3～4	—	
9	双层门窗内外框间距		—	3	用钢尺检查
10	无下框时门扇与地面间留缝	外门	5～6	—	用塞尺检查
		内门	6～7	—	
		卫生间门	8～10	—	

（3）钢门窗安装的留缝限值、允许偏差和检验方法应符合表2.3.3的规定。

钢门窗安装的留缝限值、允许偏差和检验方法　　表2.3.3

项次	项　目		留缝限值(mm)	允许偏差(mm)	检　验　方　法
1	门窗槽口宽度、高度	≤1500mm	—	2.5	用钢尺检查
		>1500mm	—	3.5	
2	门窗槽口对角线长度差	≤2000mm	—	5	用钢尺检查
		>2000mm	—	6	
3	门窗框的正、侧面垂直度		—	3	用1m垂直检查测尺检查
4	门窗横框的水平度		—	3	用1m水平尺和塞尺检查
5	门窗横框标高		—	4	用钢尺检查
6	门窗竖向偏离中心		—	4	用钢尺检查
7	双层门窗内外框间距		—	5	用钢尺检查
8	门窗框、扇配合间隙		≤2	—	用钢尺检查
9	无下框时门扇与地面间留缝		4～8	—	用钢尺检查

（4）铝合金门窗安装的允许偏差和检验方法应符合表2.3.4的规定。

铝合金门窗安装的允许偏差和检验方法　　表2.3.4

项次	项　目		允许偏差(mm)	检　验　方　法
1	门窗槽口宽度、高度	≤1500mm	1.5	用钢尺检查
		>1500mm	2	
2	门窗槽口对角线长度差	≤2000mm	2	用钢尺检查
		>2000mm	3	

续表

项次	项 目	允许偏差(mm)	检 验 方 法
3	门窗框的正、侧面垂直度	2	用垂直检测尺检查
4	门窗横框的水平度	2	用1m水平和塞尺检查
5	门窗横框标高	4	用钢尺检查
6	门窗竖向偏离中心	4	用钢尺检查
7	双层门窗内外框间距	4	用钢尺检查
8	推拉门窗扇与框搭接量	1.5	用钢直尺检查

(5) 涂色镀锌钢板门窗安装的允许偏差和检验方法应符合表2.3.5的规定。

涂色镀锌钢板门窗安装的允许偏差和检验方法   表2.3.5

项次	项 目		允许偏差(mm)	检 验 方 法
1	门窗槽口宽度、高度	≤1500mm	2	用钢尺检查
		>1500mm	2.5	
2	门窗槽口对角线长度差	≤2000mm	3	用钢尺检查
		>2000mm	4	
3	门窗框的正、侧面垂直度		2.5	用垂直检测尺检查
4	门窗横框的水平度		3	用1m水平和塞尺检查
5	门窗横框标高		4	用钢尺检查
6	门窗竖向偏离中心		4	用钢尺检查
7	双层门窗内外框间距		4	用钢尺检查
8	推拉门窗扇与框搭接量		2	用钢直尺检查

(6) 塑料门窗安装的允许偏差和检验方法应符合表2.3.6的规定。

塑料门窗安装的允许偏差和检验方法   表2.3.6

项次	项 目		允许偏差(mm)	检 验 方 法
1	门窗槽口宽度、高度	≤1500mm	2	用钢尺检查
		>1500mm	3	
2	门窗槽口对角线长度差	≤2000mm	3	用钢尺检查
		>2000mm	4	
3	门窗框的正、侧面垂直度		3	用1m垂直检测尺检查
4	门窗横框的水平度		3	用1m水平和塞尺检查
5	门窗横框标高		4	用钢尺检查
6	门窗竖向偏离中心		4	用钢直尺检查
7	双层门窗内外框架间距		4	用钢尺检查
8	同樘平开门窗相邻扇高度差		2	用钢直尺检查
9	平开门窗铰链部位配合间隙		+2；-1	用塞尺检查
10	推拉门窗扇与框搭接量		+1.5；-2.5	用钢直尺检查
11	推拉门窗扇与竖框平行度		2	用1m水平尺和塞尺检查

4. 木门窗中使用人造木板的甲醛限量值规定

木门窗中使用人造木板及饰面人造木板应符合《民用建筑工程室内环境污染控制规范》（GB 50325—2001）中的相关规定。见表2.3.7~表2.3.9。

环境测试舱法测定游离
甲醛释放量限量　表2.3.7

类　　别	限量（mg/m³）
E_1	≤0.12

穿孔法测定游离甲醛分类限量　表2.3.8

类　　别	限量（mg/100g,干材料）
E_1	≤9.0
E_2	>9.0,≤30.0

干燥器法测定游离甲醛释放量分类限量　表2.3.9

类　　别	限量（mg/L）	类　　别	限量（mg/L）
E_1	≤1.5	E_2	>1.5,≤5.0

注：E_1 为可直接用于室内的人造板；

　　　E_2 为必须饰面处理后允许用于室内的人造板。

2.3.2　精品策划

2.3.2.1　控制要点

1. 制成品选料严格、加工精致、构造合理。

门窗制成品的质量及尺寸构造,是保证门窗施工质量和使用功能的重要因素之一,必须加强对门窗制成品的验收把关。

2. 建筑门窗应采用先检验后使用的制度。

型材、五金件检测由检测单位到生产单位定期抽样。"三性"试验、硅酮结构胶、密封胶性能等由建设单位或监理单位按规定进行见证取样、送样检测。

3. 做样板樘(间)、编工艺卡、操作规范化。

门窗施工应做样板樘(间),通过调整和确认,编制工艺卡,方法应规范、实用,指导施工准备、施工操作。

4. 产品保护及时、到位。

5. 特别重视观感和功能质量

2.3.2.2　专项要求

1. 正确规划门窗安装的施工时机,合理安排施工进度。窗框的安装应在墙体工程完工后进行;窗扇的安装应在土建湿作业工程、水、电埋管等工程基本完工后再进行。减少湿作业及立体交叉作业对门窗的损伤。

2. 除普通钢门窗外,应采用框、扇分离的工艺。推拉窗一般已采用框扇分离施工,平开窗则需在五金件安装位置处打上定位螺孔,以保证五金件现场组装的准确性;实施框扇分离安装后还可以在门窗扇出厂时装配好玻璃直送现场。这是减少现场作业对门窗产品保护影响的有力措施。

3. 选择合理的框、墙连接方式(见2.3.3.2施工准备),确保框、墙的组合强度,减少变形。抹灰后在框墙接缝处钉贴睑、设置门扇套或留缝、打密封胶,用于修饰缝隙。

4. 对门框安装后门扇安装前的地坪平整度进行控制,确保门扇下风口及开启的正确。

5. 工序作业中各工种必须互相配合,加强工序交接检查,共同做好产品保护,确保产品质量。

6.单块玻璃大于 $1.5m^2$ 时应使用安全玻璃。

2.3.2.3 门窗的材料及成品要求

1.选料严格、加工精致

除了应符合《建筑装饰装修工程质量验收规范》(GB 50210—2001)中门窗工程的相关内容,依据相应材料和制成品的规范检查相关项目外,还应重点验查以下一些内容:

(1)木门窗制成品

1)表面平整洁净,无刨痕、锤印,制品的木纹和色泽应一致。剔除表面有戗槎、毛刺、大节疤、明显色差及变形、脱胶的制成品。

2)门窗框扇用榫联接,榫眼方正,禁止以钉代榫或以胶代榫。门框、扇的榫与榫眼必须用胶、木楔加紧,嵌合严密平整。门窗的结合处和安装五金配件处,不得有木节或已填补的木节;门窗框、扇裁口顺直,割角准确,拼缝严密不松动;木门窗上的槽、孔边缘整齐,无毛刺;检查门窗框避免变形的固定条是否牢固。

3)剔除蒙板肋骨痕迹明显的蒙板式门扇;如有粘贴装饰薄皮,应检查薄皮是否起鼓、翘边,甚至脱胶;如有装饰线固定在门窗扇前,应检查表面是否打磨光滑。

4)检查是否已涂刷一遍干性底油,以防木门窗受潮变形。木门窗的木材含水率不应大于当地气候的平衡含水率,一般在气候干燥地区不宜大于 12%,在南方气候潮湿地区不宜大于 15%。用木材测湿仪测试。

5)木材与砌体、混凝土接触面及预埋木砖均应防腐处理,对易虫蛀的木材应进行防虫处理。

6)防火门框应检查框上防火条是否完整和平服牢固。

7)检查木门窗中使用的人造木板及饰面人造木板是否符合《民用建筑工程室内环境污染控制规范》(GB 50325—2001)中的相关规定。

(2)金属门窗制成品

1)金属门窗表面洁净、平整、光滑,无毛刺,钢门窗无焊渣、焊瘤、锤印;镀膜、涂色、镀锌层或防锈漆均匀、无锈蚀,大面应无划痕、碰伤;剔除扭曲变形、节点松脱、表面损坏和附件缺损等缺陷的产品。金属及塑料门窗框外表面应用保护膜覆盖,保护面层。

2)金属门窗及撑挡、执手柄等配件采用的材料厚度应符合标准,以保证刚度要求;扇的大小准确一致,确保扇与框周边的搭接量不小于 2mm;合页的高低位置要准确一致,上下合页轴在一个垂直线上,合页一边的缝隙为 0.6~1mm,不装合页一边的缝隙不大于 2mm;窗框下冒头两侧阴角处要满焊;采用圆形的铁脚孔,不得用长腰圆形的铁脚孔;每扇开窗下框都要设排水孔,它的上端有腰窗处要设披水板;平列开扇之间高低整齐一致。

3)门窗用铝合金型材的截面应满足设计要求,一般情况下壁厚不小于 1.4mm,铝合金门的铝型材壁厚不宜小于 2.0mm,以保证刚度要求;铝合金门窗选用的五金件和其他配件必须符合相关规范的规定和设计要求,一般应采用不锈钢、轻金属或其他经表面防腐处理的材料;铝合金型材氧化膜应达到 AA10 级以上要求,膜层粘合牢固。

(3)塑料门窗制成品

1)紧固件、五金件、增强型钢及金属材板等,除不锈钢外,其表面均应经耐腐蚀镀膜处理;采用热镀锌的低碳钢增强型材、紧固件,其镀膜厚度应不小于 $12\mu m$;壁厚不小于 1.2mm;

五金件型号、规格、性能均应符合国家现行标准的有关规定;滑撑或合页不得使用铝合金材料。

2) 与聚氯乙烯型材直接接触的五金件、紧固件、密封条、垫块、嵌缝膏等材料,其性能应与 PVC 塑料具有相容性,应由厂家提供相关材料的相容性报告。

(4) 玻璃

1) 核对玻璃的品种、规格、尺寸、色彩、图案、涂膜朝向和质量等级是否符合设计和规范要求。

2) 安全玻璃的最大许用面积应符合规范规定;安全玻璃的暴露边不得存在锋利的边缘和尖锐的角部。

如安全玻璃采用钢化玻璃,应在热处理前先切割成所需尺寸,磨边或打孔,热处理后不能进行任意切割。

由于安全性、隔音、防紫外线等功效,目前一些高层或高档商品房已普遍采用夹层玻璃或中空玻璃。如采用夹层玻璃,应根据设计要求选择夹层玻璃颜色。如采用中空玻璃则内外表面均应洁净,玻璃中空层内不得有灰尘和水蒸气。

3) 玻璃安装时起承重、抗震作用的垫块,采用邵氏硬度为 70 ~ 90(A)的硬橡胶、硬 PVC 塑料或 ABS 塑料。橡胶密封条不应有硬化龟裂现象,应采用有弹性、耐老化的材料。

2. 构造合理

(1) 门窗构造尺寸应按设计洞口尺寸规定,并扣除洞口的间隙及装饰面材料的厚度加工制作。每边间隙为 15 ~ 20 mm,当外墙面贴面砖时为 20 ~ 25mm,当墙面为大理石装饰面和有窗面板时间隙为 50 mm。

(2) 木门窗装门芯板、玻璃的槽内留有 2 ~ 3 mm 间隙,以防止木材受潮膨胀而使门芯板变形或玻璃破碎。蒙板式门扇,在横楞和上下冒头各钻两个以上透气孔,以防门扇起鼓变形。

(3)金属及塑料外门窗框下冒头要设泄水槽及泄水孔,下冒头的阻水边不低于 25mm;框扇构件镶接节点处要满涂防渗水硅胶,以防门窗渗漏。

(4)塑料门窗当构件长度超过规定,其内腔必须加衬增强型钢;当门窗构件安装五金配件时,其内腔也应加衬钢板;用于固定每根增强型钢的紧固件不得少于 3 个,其间距应不大于 300 mm ,固定后的增强型钢不得松动。

3. 运输和储存适当

(1)门窗在运输时,应轻拿轻放,底部用枕木垫平,其间距为 500 mm 左右,枕木表面应平整光滑;选择牢靠平稳的着力点,不得采用型钢、棍棒穿入框内吊运,不得受外力挤压;玻璃运输时,应装箱直立紧靠放置,并用木条钉牢固定,空隙应用软物填实,使玻璃在运输过程中不发生摇动、碰撞的现象;木门窗运输时做好防雨措施。

(2)堆放时,门窗堆放在室内,按规格、型号分类竖直排放,其竖立的倾斜度不小于 70°,以防变形;用枕木垫平,距离地面要留有一定的空隙,以便通风,防止框在存放期间因潮湿或底层不平引起的变形;金属和塑料门窗樘与樘之间应用非金属软质材料隔开,以防相互擦伤及压坏五金配件,并固定牢靠;塑料门窗存放的环境温度应低于 50 ℃,与热源应隔开 2m 以上。

(3)玻璃和玻璃门应用枕木垫平,立放紧靠,不得平放,不得受重压和碰撞。禁止将门窗与有害杂物一起存放。

(4)当存放在室外时,必须用方枕木垫水平,并做好遮盖措施,以免日晒雨淋受损。

2.3.3　过程控制

2.3.3.1　工艺流程

标出门窗安装控制线→门窗洞口预埋件连接→门窗框安装→门窗扇安装→门窗玻璃安装→五金配件安装

2.3.3.2　施工准备

1. 门窗洞口预埋件放置及连接

(1) 砌筑门窗洞口时,应按门窗品种、规格和设计要求,根据不同的墙体材料选用合适的固定方法放置预埋件,预埋件的位置和数量应与门窗框外侧连接件位置一致。

混凝土墙洞口应采用射钉或塑料膨胀钉将门窗金属固定片固定;

多孔砖和加气混凝土墙洞口应在砌筑时埋入预制混凝土块,采用射钉或塑料膨胀螺钉固定门窗金属固定片,见图2.3.1。

混凝土空心小砌块洞口两则砌块空芯应将细石混凝土灌实,采用射钉或塑料膨胀螺钉固定门窗金属固定片;

图2.3.1　墙洞口埋入预制混凝土块,采用射钉固定金属片

设有预埋铁件的洞口应采用焊接的方法固定,也可先在预埋件上按紧固件规格打基孔,然后用紧固件固定;

木窗可设置内设防腐处理木砖的预制混凝土块;

钢门窗洞口四周采用预留孔形式时,铁脚预留孔一般不宜小于 $\phi50mm$、深 70mm,组合钢门窗的横档、竖挺的预留孔一般为 120mm × 180mm。

(2) 固定片连接在金属及塑料门窗框外侧,距窗角、中竖框、中横框 150 ~ 200 mm 处,其余部位的固定片的间距不大于 600mm。固定片应采用 Q235A 冷轧钢板,表面应进行镀锌处理,厚度不小于 1.5 mm,宽度不小于 15mm,

手握固定片带长孔的一方,将凸起的一面朝向窗框外侧的燕尾槽内,在其所在位置用 $\phi3.2mm$ 钻头钻孔,然后将 4mm × 20mm 镀锌自攻螺钉拧紧,旋进全丝,再按逆时针方向旋转于燕尾槽内,旋转90°且与门窗框垂直。不得直接锤击打入。

固定片两端应伸出门窗框,采用射钉或塑料膨胀螺钉将固定片固定在预埋混凝土块上。

(3) 组合门窗必须在中竖(横)框和拼樘料的对应墙体位置设预埋件或预留洞。中竖(横)框和拼樘料两端必须同墙体连接,按要求将拼樘料两端插入预留洞中,插入深度不小于 30mm,然后用 C20 的细石混凝土浇注固定;或与洞口预埋铁件焊接固定;或先在预埋铁件上按紧固件规格打基孔,然后用紧固件固定。

2. 标出门窗安装控制线

门窗安装前,根据施工图在洞口部位标出门窗安装的水平和垂直方向的控制标志线。除应控制同一楼层的水平标高外,还应控制同一竖直部位门窗的垂直偏差,做到整个建筑物同一类型的门窗安装横平竖直。特别注意不同式样门窗的安装部位,以免影响装饰效果。

将不同规格、类型的门窗搬到相应的洞口位置,并在门窗框上标出中线,与门窗控制线对应。

3. 检查门窗

门窗安装前必须再进行逐樘检查,对翘曲、变形、脱焊、铆接松动、铰链损坏等均应予剔除或整修,符合要求后方可使用。

4. 工具准备

各种门窗安装的专用工具应配套齐全、完好。

木门窗施工应经常修磨工具,操作时,要先用粗刨后用细刨,保证成活平直光滑。注意观察木材纹理,从两头往中间推刨,避免戗茬。

5. 相关工序要求

对门框安装后门扇安装前的地坪平整度进行控制,确保门扇的方正、门下风缝平直及门启闭无障碍。

2.3.3.3 实施

1. 木门窗安装工程

(1) 木门窗框安装

1)安装时,框的每根立挺的正、侧面都要认真进行垂吊,并用靠尺与立挺靠严。如为与墙体一方向不严实,可调整垫木的厚度;如为垂直于墙体方向不严,先将立挺上下固定好,再把立挺不直的地方用力使顺直后加钉固定。垂吊好后要卡方,两个对角钱的长度相等时再加钉固定。

2)门框或硬木窗框,用固定片与洞口墙体结合固定。固定片的位置应距窗角、中竖框、中横框 150 ~ 200mm。用木螺钉将固定片与门框之间固定,用射钉或塑料膨胀螺钉将固定片固定在预埋混凝土块上。

3)木窗框安装也可用钉子固定,先用木楔临时固定,用锤线和水平尺与洞口墙面标出的位置进行校正,并根据图纸尺寸调整门窗的前后位置。待位置校正后,用钉子将窗框固定在木砖上,每块木砖应钉两只钉子,钉子钉入木砖深度不应小于50mm,钉冒应砸扁冲入框内2mm,而且上下要错开,不要钉在一个水平线上。

4)当门窗框一面需装贴脸板时,门窗框应凸出墙面,凸出厚度为抹灰层厚度;寒冷地区门窗框与外墙体间的空隙应填塞保温材料时,应填塞饱满均匀。

5)门框安装完,及时用托线板、水平尺检查门窗安装的垂直度和水平度。把立挺的下角清刷干净,用水泥砂浆将其筑牢,以加强门框的稳定性。但应控制砂浆的厚度,上面留出抹面的余量。

(2) 木门窗扇安装

1)根据装饰面层的厚度控制好木门窗扇的风缝大小,以免风缝太大漏风,太小造成门窗启闭碰擦。不得采用补钉板条调整门窗风缝。

2)选用五金应配套、安装五金用木螺钉固定,螺钉安装要垂直。螺钉不得用锤子打入全部深度,用螺钉旋具拧入。当为硬木制品时,先钻2/3深度的孔,孔径为木螺钉直径的0.9倍,再将木螺钉拧入,以免螺丝周围木料开裂或把螺丝拧断、拧歪。

3)合页距上下边的距离应等于门窗边长的1/10,并应错开冒头。合页的固定链应安装在门窗框上,活动链安装在门窗扇上。合页的高低位置线要画得准确一致,保证合页的进出、深浅一致,使上、下合页轴保持在一个垂直线上。根据缝隙的大小和合页的厚度下铲剔槽,扁铲的刃口要锋利,操作时沿铅笔线的里侧下铲,首先把周围的木丝断开,注意人铲深度不宜过大,特别是上下两铲要有意识地把铲斜置,使合页槽外口深于里口,剔出的面要平直。这样把合页放在槽上,用锤子轻轻一敲,即可严丝合缝地嵌在槽里。

4) 门窗扇在修刨时,要刨出偏口,一般控制在 2°~3° 左右,并保持一致,使得扇在关闭时,缝隙均匀合适;修刨比较重的门扇时,在不装合页的一边少修刨,控制在 1mm 以内,让扇稍有挑头,留有安装后门扇下坠的余量。双扇门窗铲口时,应注意顺手缝,一般右手为盖口,左手为等口。铲口深度不直超过 12mm。

5) 扇修刨完毕,要顺手用细刨将棱倒一下,避免扇的棱角太锋利。

6) 同一楼层的锁与拉手的位置应一致。门锁不得装在中冒头与立挺的结合处,其高度应距地面 1m 为宜;门窗拉手应位于门窗扇中线以下,窗拉手距地面以 1.5~1.6m 为宜,门拉手距地面以 0.9~1.05m 为宜。

2. 金属门窗安装工程

(1) 钢门窗安装工程

1) 门窗就位后对框的每根立挺的正、侧面要认真进行垂吊,垂吊好后要卡方,确保垂直及两个对角线的长度相等,暂时用木楔固定。组合钢门窗安装前,在拼合处预先满嵌油灰,然后用螺钉将门窗框与竖挺、横档拧紧,再行安装,拼缝应密实平直。

2) 调整好位置后,铁脚、横档、竖挺与预埋件焊接牢固或用水泥砂浆、细石混凝土捣捣密实。在砂浆或混凝土未完全凝固前,不得碰撞,不可将木楔撤除,以防松动,影响安装质量和日后安全使用。用 1:3 水泥砂浆将门窗框四周与砌体间的缝隙嵌填密实,避免渗漏。同时应防止填塞得过量过严,造成门窗框向内弯曲。

3) 在安装五金配件前,逐樘检查、重新校正,使门窗安装牢固,框扇配合处关闭严密,启闭灵活,无回弹、阻滞现象;五金安装前,用丝锥将螺丝孔重钻一下,把油漆顶出后再安装;执手轴心装配时,要设一个钢丝弹簧垫圈,避免执手柄自由跌落,不能任意定位。

(2) 铝合金门窗安装工程

1) 根据标出的位置安装铝合金门窗框,并用木楔临时固定,木楔间距控制在 500mm 左右,防止门窗框变形。

2) 门窗框安装就位后,必须对前后位置、垂直度、水平度进行总体调整,对框的每根立挺的正、侧面都要认真进行垂吊,垂吊好后要卡方,确保垂直及两个对角线的长度相等,门窗框位置调整完毕符合要求后方能固定,用射钉将固定片与预埋件连接固定。

3) 当为组合门窗时,应采用曲面组合形式,可采用套插、搭接等方式,搭接宽度不宜小于 10mm,并用密封胶密封。禁止采用平面同平面的组合形式,以免影响其气密性、水密性和隔声的性能要求。框与框(拼樘料)之间应用螺钉或铆钉连接,其间距不应大于500mm。

严禁中竖(横)框、拼樘料两端未与墙体固定牢固而与门窗框直接连接。

4) 铝合金门窗框与墙体间应采用弹性连接。门窗框固定后,应对门窗缝隙进行清理,将杂物和松动的砂浆、浮灰清除干净,空隙用弹性材料填嵌密实、饱满,确保无缝隙,填塞材料与方法应符合设计要求。如打发泡剂必须饱满,在未干前刮齐,不得干后切割。

5) 门窗框与墙面交接部位的内外侧、门窗下槛两端与挺交接部位和下槛平面上螺钉尾(铆钉)部位等均应用密封胶密封,密封胶应具有一定的弹性和足够的粘结强度,以免出现裂缝造成渗水。应有规则打设密封胶,形成一光滑直线无气孔。

6) 窗扇安装前再次检查和校正窗扇平整度、两个对角线的长度等。

7) 推拉窗窗扇左右两侧上顶角要设防止脱轨跳槽的装置,窗扇四角的节点连接必须坚固,平面稳定不晃动,两滑轮之间的位置调整在一直线上,避免发生推拉不灵活。

8) 在安装五金配件前,应逐樘检查、重新校正,务使门窗安装牢固、扇配合处关闭严密,启闭灵活,无回弹、阻滞现象;执手、撑档、四连杆等零件安装应平服牢固,定位准确,使用可靠灵活;平开门不宜采用抽芯铝铆钉固定合页;外墙面平开门窗固定合页的螺钉尾部不应露在室外,以防门窗关闭时仍可拆下门窗扇。

9) 镶嵌玻璃的密封橡胶条要根据周长再适当放长 20mm,使其呈自由状态,切不可拉紧,压条严密平直,转角处应 45°角连接,缝隙紧密、美观;毛刷条长度要到位,不应有短头、缺角。

10) 砂浆粉刷不得与铝合金框边接触,留好空隙。溅上的水泥砂浆应及时擦干净,以免水泥砂浆中的碱性物质对铝合金门窗的腐蚀。清除时不得损坏门窗和相邻表面。

(3) 涂色镀锌钢板门窗安装工程

1) 涂色镀锌钢板门窗搬到相应洞口后,应根据设计图纸、对门窗的规格、品种和零附件进行检查核对,按照标出的位置安装门窗,并用木楔临时固定,木楔间距控制在 500mm 左右,防止门窗框变形。

2) 门窗框(副框)安装就位后,必须对前后位置、垂直度、水平度进行总体调整,对框的每根立挺的正、侧面都要认真进行垂吊,垂吊好后要卡方,确保垂直及两个对角线的长度相等,门窗框位置调整完毕,符合设计要求和允许偏差范围之内后,用射钉将固定片与预埋件连接固定。

3) 对有副框的门窗应将副框拆下,用自攻螺钉将连接件固定在副框外侧。连接件应距框边角 180mm 处设一点,其余间距不大于 500mm。

4) 将副框放入洞口,根据标出的标志调整好位置后,用木楔将副框临时固定,木楔间距应控制在 500mm 左右,以防副框变形。然后将连接件与预埋件焊接牢固,或用膨胀螺栓、射钉等将连接件固定在预埋的混凝土块上。

5) 推拉门窗应将门窗框与副框固定后再装推拉门窗扇,调整好滑块、装上限位装置。

6) 对无副框的门窗框安装应与副框安装方法相同。

7) 洞口与副框(门窗框),副框与门窗框之间的缝隙应用建筑密封胶密封。安装完毕后应剥去保护膜,及时擦掉污染杂物。

3. 塑料门窗安装工程

(1) 将已装好固定片的窗框送入洞口,然后将固定片的长孔部位调整在预埋混凝土块位置。在窗框的上下框、中横框及四角的对称位置用木楔作临时固定,再调整木楔,使窗框上标出的水平与垂直中心线与墙体上标出的洞口水平与垂直中心线对准,然后确定窗框在洞口墙体厚度方向的安装位置,最后将木楔塞紧。

(2) 窗框与墙体固定时,先固定上框,然后固定边框,采用射钉将固定片固定在预埋混凝土块上。

(3) 安装组合窗和连门窗时,将两窗框与拼樘料卡紧,卡紧后用紧固件双向拧紧,其间距不大于600mm;紧固件端头及拼樘料与窗框间的缝隙采用嵌缝膏进行密封处理。

(4) 门窗框安装固定后,框与墙体间缝隙均匀。当设计无具体要求时,侧边缝隙应采用聚氨脂发泡剂等弹性材料分层填塞,填塞饱满密实但不宜过紧,洞口内外侧与窗框之间应采用水泥砂浆填实抹平,洞口外侧留设5~8mm槽口,待水泥砂浆硬化后,采用防水嵌缝膏进行密封处理。保温隔声等级要求较高的工程,洞口内侧也采用嵌缝膏密封。

(5) 平开门窗的安装

门窗扇与框的连接部位装配应牢固。门窗扇不许有倒翘和下吊,同樘门窗相邻扇上角高低差不大于2mm,上悬窗关闭时应平整。

(6) 推拉门窗的安装,

门窗扇与门窗扇之间的高度应一致,中缝及企口搭接缝隙应垂直上下一致。顶部限位装置应调节到窗扇在任何位置抬高时不脱轨。

推拉必须轻便灵活,无卡阻现象。开启或关闭时门窗扇面积 < 1.5m² 时推拉力应小于40N,窗扇面积 > 1.5m² 的推拉力应小于60N。

(7) 弹簧门安装

门弹簧安装的轴孔中心线必须在同一垂直线上;门扇关闭时,其对口缝和扇与门立框的缝隙应均匀,控制在2~4mm;门扇与上横框的缝隙应为2~4mm,两扇门上缝隙的平行差不大于1mm,门扇不应有下垂对角差;门扇与地面的间隙。一般应为2~7mm(特殊要求者除外);双门扇关闭时,应在同一的垂直平面内,其扇与扇对口缝的扇与框的平整度应不大于2mm;门扇关闭速度应适宜,在3~15s之间,开启角度为90°±3°,地弹簧定位准确可靠。

(8) 门窗安装时,执手、撑挡、插销、门锁等五金配件应定位准确、安装牢固,使用可靠灵活。玻璃密封条应顺直,平整服贴,不得有卷边、脱槽、断头、扭曲、缺角现象。门窗框周边所嵌注的防水嵌缝育应连续、饱满、光滑,形成均匀直线,不得有气泡、气孔。

4. 门窗玻璃安装工程

(1) 门窗玻璃在裁割时应比门窗扇内口尺寸小4~6mm,每边嵌入深度不小于8mm。玻璃与扇内侧间隙不宜小于2mm。

(2) 木门窗镶钉木压条接触玻璃处,与裁口边缘平齐。

(3) 钢门窗安装零附件后,再安装玻璃。玻璃安装前应在裁口部位薄刮一层油灰(或腻子),以免玻璃安装后松动,再用卡子固定玻璃。玻璃安装后用油灰嵌牢,表面刮平刮光。

(4) 入槽玻璃安装时,应在门、窗扇四边槽内放置垫块起承重、抗震作用,其位置距角端1/4边长部位,采用聚氯乙烯胶加以定位。垫块不得使用硫化再生橡胶、木片或其他吸水材料。

(5) 玻璃入槽后不应直接接触型材,应用密封条固定,使玻璃四边受力均匀,密封条应比装配边长20~30mm,在转角处45°斜面断开,并用胶粘剂粘贴牢固,以免密封条收缩产生缝隙或脱落。

(6) 对采用镀膜玻璃的外门、外窗,单面镀膜玻璃的镀膜层及磨砂玻璃的磨砂面应朝向室内;中空玻璃的单面镀膜玻璃应在最外层,镀膜层应朝向室内。

（7）安装完毕后要做好玻璃外表面的清洁工作。

2.3.3.4　产品保护

1.木门窗框与砖石砌体、混凝土或抹灰层接触部位以及固定用木砖等均应进行防腐处理。

2.木门窗框在抹水泥砂浆等易污染作业时,应事先在门窗框表面贴纸或薄膜遮盖保护。门框及有人、物进出的窗框安装后,在立挺离地 500～800mm 处及窗框要钉镶护口,一般采用钉木板条保护,待刷油时再起掉。

3.铝合金门等金属门窗和塑料门窗在安装过程中,应检查外表面的保护膜,对保护膜脱落的应予贴补,防止砂浆、涂料等污染门窗框、扇的表面,待安装完成后并在竣工预检前方可清除保护膜。

4.涂色镀锌钢板门窗的门窗框与副框接触应严密,且不擦伤涂层,在安装门窗框前,应在副框的内侧面和两侧面贴上密封条,密封条粘贴平整,无皱折、残缺,然后用螺钉将门窗框与副框固定牢固,盖好螺钉盖。

5.避免框扇因车撞、物碰而位移、变形、损坏,特别是搭、拆、转运脚手架、板时,不得在门窗框、扇上拖拽和搁置,不得在门窗扇上吊挂物料,单砖墙（12cm 墙）上的框,严禁碰撞。施工中,利用门窗洞口作料具、人员进出口时,应将门窗边框、门窗下槛用木板或其他材料保护、搁空,以防碰伤框边。

6.清除门窗和玻璃表面污染物时,不得使用金属利器或硬物擦;清除门窗和玻璃表面污染物时,不得使用金属利器或硬物擦。用清洗剂时,应采用对门窗无腐蚀性的清洗剂。

2.4　吊　顶　工　程

本章适用于明龙骨和暗龙骨吊顶工程的施工。

2.4.1　质量要求

吊顶工程的材质、品质、规格、颜色及吊顶的造型尺寸,必须符合设计要求和国家现行有关标准规定。

吊杆距主龙骨端部距离不得大于 300mm,当大于 300mm 时,应增加吊杆。当吊杆长度大于 1.5m 时,应设置反支撑。当吊杆与设备相遇时,应调整并增设吊杆。

吊顶标高、尺寸、起拱和造型应符合设计要求。

吊顶工程的吊杆、龙骨和饰面材料的安装必须牢固。

吊杆、龙骨的安装间距及连接方式应符合设计要求。

石膏板的接缝应接其施工工艺标准进行板缝防裂处理。安装双层石膏板时,面层板与基层板的接缝应错开,并不得在同一根龙骨上接缝。

重型灯具、电扇及其他重型设备严禁安装在吊顶工程的龙骨上。

饰面板上的灯具、烟感器、喷淋头、风口算子等设备的位置应合理、美观,与饰面板的交接应吻合、严密。

金属吊杆、龙骨的接缝应均匀一致,角缝应吻合,表面应平整,无翘曲、锤印。木质吊杆、龙骨应顺直,无劈裂、变形。

吊顶内填充吸声材料的品种和铺设厚度应符合设计要求,并应有防散落措施。

2.4.2 精品策划

2.4.2.1 施工组织准备

1. 施工条件

屋面或楼面的防水层完工,并验收合格。墙面抹灰作完。吊顶内各种管线及通风管道安装调试完。地面湿作业完成。墙面预埋木砖及吊筋的数量、质量,经检查符合要求。搭设好安装吊顶的脚手架。按设计要求,在四周墙面弹好吊顶罩面板水平标高线。

2. 工具机具

斧、锯、刨、线锤、水平尺、方尺、墨斗、搬手、冲子、凿子、拖线板、2m卷尺、螺丝刀、钢丝剪刀、电钻、射钉枪、铆丁枪、曲线锯、电动圆盘、锯,手提式电木刨等。

2.4.2.2 材料要求

吊顶工程的木吊杆、木龙骨和木饰面板必须进行防火处理,并应符合有关设计防火规范的规定。

吊顶工程中的预埋件、钢筋吊杆和型钢吊杆拉进行防锈处理。

当饰面板为人造木板时应对甲醛含量进行复验。其甲醛含量不得超过 $0.12mg/m^3$。当饰面材料为玻璃板时,应使用安全玻璃或采取可靠的安全措施。

民用建筑工程所使用的无机非金属装修材料,包括石膏板、吊顶材料等,其批示放射性指标限量的内照射指数不得超过 1.0,外照射指数不得超过 1.3。

2.4.2.3 控制要点

饰面材料表面应洁净、平整、色泽一致,不得有翘曲、裂缝及缺损。对有分割(块、条)要求的吊顶,分割必须合理,必须遵循对称性原则,边缘不出现小于 1/3 整块(条)的板块(条),边缘块(条)宽窄一致。压条应平直、宽窄一致。

2.4.3 过程控制

2.4.3.1 工艺流程

弹顶棚标高水平线→划龙骨分档线→安装管线设施→安装主龙骨吊杆→安装大龙骨→安装小龙骨→防腐处理→安装罩面板→安装压条

2.4.3.2 标高线做法

定出地面地坪的基准线,画在墙边上。地坪基准线为起点,在墙上量出天花吊顶的高度,画出高度线。用透明塑料管注满水,用其形成的水平面,在对面墙上找出第二个高度水平线,直到做出墙面高度水平线。

2.4.3.3 造型位置线做法

在规则室内空间中,先在一个墙面上量出顶棚吊顶造型位置距离,画出平行于墙面的直线,再画出另外三条直线,得到造型位置外框线,据此外框线再画出造型的各个局部。在不规则室内空间中,应从与造型线平行的墙面开始测量距离,再据此画出整个造型线位置。如果墙面均不垂直相交,采用找点法,先测出施工图上造型边缘距墙面距离,再量出各墙面距造型边线的各点距离,各点连线组成吊顶造型线。

2.4.3.4 吊点位置的确定

平顶吊顶的吊点,按每平方米 1 个布置,在顶棚上均匀分布。有叠级造型的顶棚吊顶,应在迭级交界处布吊点,吊点间距 0.8～1.2m。较大灯具安排吊点来吊挂。有上人要求的顶棚,吊点个数增加,吊点加固。

2.4.3.5　平面木质吊顶施工

1. 木龙骨吊装

安装吊点紧固件。通常为预埋铁件、射钉和膨胀螺栓。木龙骨架地面拼接,固定标高木方条,分片吊装。对于平面吊顶的吊装,通常从一个墙角开始,临时固定调平后,用木方、扁铁式角铁与吊点固定,对于叠级式平面顶棚的吊装,一般先从最高平面开始、分片骨架在同一个平面对接时,骨架各端头对正、加固,对有上人要求的吊顶,可用铁件连接。按图纸要求预留出暗装或明装设施位置,并在预留位置上用木方加固收边。

2. 木夹板安装

进行整体调平,安装木夹板。将选好的木夹板按木龙骨分格中心线尺寸在木夹板正面弹线、倒角,留出设备安装位置后,托起与木龙骨架中心线对齐,从中间到四周钉牢,钉头沉入木夹板中,间距150mm左右,均匀分布。进行饰面处理和收口收边。

2.4.3.6　轻钢龙骨纸面石膏板吊顶

1. 龙骨安装

(1) 主龙骨安装:用吊挂件将主龙骨连接在吊杆上,紧固卡牢,以一个房间为单位,将大龙骨调整平直。

(2) 中龙骨安装:中龙骨垂直于主龙骨,在交叉点用中龙骨吊挂件将其固定在主龙骨上,吊挂件上端搭在主龙骨上,挂件U形腿用钳子卧入主龙骨内。中心骨的间距因饰面板是密缝还是离缝安装而异。中龙骨中距应计算准确并要翻样而定。

(3) 横撑龙骨安装,横撑龙骨应用中龙骨截取,安装时应将截取的中龙骨的端头插入挂插件,扣在纵向龙骨上,并用钳子将挂搭弯入纵向龙骨内,组装好后,纵向龙骨和横撑龙骨底面应平直。横撑龙骨间距应看实际使用饰面板规格尺寸而定。

(4) 从稳定方面考虑,龙骨与墙面之间的距离应小于100mm。

(5) 灯具处理:一般轻型灯具可固定在中龙骨或横撑龙骨上,较重的需吊在大龙骨上,重型的需按设计要求处理,不得与轻钢龙骨连接。

2. 纸面石膏板安装

为增加纸面石膏板在平面内的抗拉强度,应使纸面石膏板的接缝尽可能错开,接缝应留在次龙骨下面,以便用螺钉固定。若采用双层纸面石膏板,应使上下层面的接缝相互错开,板缝应留3mm左右V字形的缝,能使嵌缝密实。安置纸面石膏板的螺钉宜用镀锡自攻螺钉,以免螺钉锈蚀产生板面爆点现象。板缝用具有弹性的腻子填密实,并在板缝表面贴上专用绑带。

自攻螺钉与板边或板端的距离不得小于10mm,也不宜大于16mm,因为受至龙骨断面所限制。板中间螺钉的间距不得大于200mm。固定时要求钉头嵌入石膏板约$0.5\sim1$mm,钉眼用腻子找平,并且用与石膏板颜色相同的色浆腻子刷色一遍,固定螺钉可用GB847或GB845十字沉头自攻螺钉$(5\times25,5\times35)$。

2.4.3.7　金属板块(条)罩面板吊顶

在住宅工程中,板块(条)罩面吊顶用于厨房和卫生间的平顶装饰,材料以金属为主,如铝合金等。在选用这类材料时,应根据板块的大小确定板的厚度,以免因板太薄而产生过大的挠度。为了吊顶使排版合理,应根据吊顶的平面尺寸,绘制吊顶排版图。

1. 龙骨安装

金属板吊顶所用的龙骨多为卡口式龙骨,龙骨的安装应根据板的布置确定龙骨位置,龙骨一般为单向布置,龙骨间距应均匀相等。吊点应垂直向下,吊点的间距控制在 1000mm 左右。龙骨安装完成后,应对龙骨的平整度进行调整,使龙骨在同一水平面。

2. 金属板(条)安装

按照预先绘制的排版图进行金属板安装,在安装过程中,应控制接缝处相邻板面的平整度和接缝顺直。在控制相邻板面的平整度时,应确保卡口不松动,才能保证相邻板面的平整度;为保证接缝的顺直,可在安装时,拉统长线来控制。

2.5 轻质隔墙工程

2.5.1 板材隔墙
2.5.1.1 质量要求

安装隔墙板材所需预埋件、连接件的位置、数量及连接方法应符合设计要求。

隔墙板材安装必须牢固。现制钢丝网水泥隔墙与周边墙体的连接方法应符合设计要求,并应连接牢固。

隔墙板材所用接缝材料的品种及接缝方法应符合设计要求。

隔墙板材安装应垂直、平整、位置正确,板材不应有裂缝或缺损。

板材隔墙表面应平整光滑、色泽一致、洁净,接缝应均匀、顺直。

隔墙上的孔洞、槽、盒应位置正确、套割方正、边缘整齐。

2.5.1.2 精品策划
1. 施工组织准备

(1) 施工条件

主体结构已验收,屋面已作完防水层。

室内弹出 +50cm 标高线。

作业的环境温度不应低于5℃。

熟悉图纸,并向作业班组进行详细的技术交底。

先作样板墙一道,经验收合格后再大面积施工。

(2) 工具机具

冲击钻:用于钻孔用膨胀螺栓固定 U 形连接件。

射钉枪:用于射钉固定 U 形连接件。

气动钳:紧固箍码的专用工具。

蛇头剪(或称大剪刀):用于剪裁夹心板

砂轮锯:13″架配 12″轮碟,用于剪裁夹心板。

其他常用工具:小功率焊机、手电钻、活动扳手及常用施工工具。

2. 材料要求

隔墙板材的品种、规格、性能、颜色应符合设计要求。有隔声、隔热、阻燃、防潮等特殊要求的工程,板材应有相应性能等级的检测报告。

3. 控制要点

墙位放线应清晰,位置应准确。隔墙上下基层应平整,牢固。

板材隔墙安装拼接应符合设计和产品构造要求。

安装板材隔墙时宜使用简易支架。

安装板材隔墙所用的金属件应进行防腐处理。

板材隔墙拼接用的芯材应符合防火要求。

在板材隔墙上开槽、打孔应用云石机切割或电钻钻孔,不得直接剔凿和用力敲击。

2.5.1.3 过程控制

1. 工艺流程:

放线→ 配板材及配套件→ 安装板材、安埋件、电气铺管、稳盒→ 安装门窗框→ 检查校正补强→ 喷面层处理剂→ 抹一侧底灰、制备砂浆→ 喷防裂剂→ 养护、抹另一侧底灰→ 喷防裂剂→ 养护 抹中层灰→ 抹罩面灰→ 面层装修

2. 放线:按设计的墙的轴线位置,在地面、顶面、侧面弹出墙的中心线和墙的厚度线,划出门窗洞口的位置。当设计有要求时,按设计要求确定埋件位置,当设计无明确要求时,按400mm 间距划出连接件或锚筋的位置。

3. 配板材及配套件:按设计要求配板材及配套件。

4. 安装板材:当设计对板材的安装、连接、加固补强有明确要求的,应按设计要求进行。

5. 门窗洞口加固补强及门窗框安装:当设计有明确要求时,按设计要求施工。

6. 检查校正补强:在抹灰以前,要详细检查板材、门窗框、各种预埋件、管道、接线盒的安装和固定是否符合设计要求。安装好的板材要形成一个稳固的整体,并做到基本平整、垂直。达不到要求的要校正补强。

7. 制备水泥砂浆:砂浆用搅拌机搅拌均匀,稠度要合适。搅拌好的砂浆应在初凝前用完。已凝固的砂浆不得二次掺水搅拌使用。

8. 抹一侧底灰。抹一侧底灰前,先在板材的另一侧作适当支顶,以防止抹底灰时板材晃动。抹灰前在板材上均匀喷一层面层处理剂,随即抹底灰,以加强水泥砂浆与板材的粘结。要按抹底层灰的工艺要求作业。底灰的厚度为12mm 左右。底灰要基本平整,并用带齿抹子均匀拉槽,以利于与中层砂浆的粘结。抹完底灰随即均匀喷一层防裂剂。

9. 抹另一侧底灰:在48h 以后撤去支顶抹另一侧底灰。操作方法同前条。

10. 抹中层灰、罩面灰:在两层底灰抹完48h 以后才能抹中层灰。要严格按抹灰工序的要求进行,即认真按照阴、阳角找方、设置标筋、分层赶平、修整、表面压光等工序的工艺要求作业。底灰、中层灰和罩面灰总厚度为25～28mm。

11. 面层装修:按设计要求和面层施工工艺作面层装修。

2.5.2 骨架隔墙

骨架隔墙主要有木龙骨板条抹灰墙、钢板网抹灰墙、轻钢龙骨纸面石膏板隔墙,由于轻钢龙骨纸面石膏板隔墙具有施工简便,价格低,符合环保要求,在建筑工程中的应用越来越广泛。在住宅建设中轻钢龙骨一般仅适用于室内隔墙,使得室内平面布置更为灵活。

2.5.2.1 质量要求

骨架牢固,表面平整、垂直,无开裂,无返锈。

骨架隔墙工程边框龙骨必须与基体结构连接牢固,并应平整、垂直。位置正确。

骨架隔墙中龙骨间距和构造连接方法应符合设计要求。骨架内设备管线的安装、门窗

洞口等部位加强龙骨应安装牢固、位置正确,填充材料的设置应符合设计要求。

木龙骨及木墙面板的防火和防腐处理必须符合设计要求。

骨架隔墙的墙面板应安装牢固,无脱层、翘曲、折裂及缺损。

墙面板所用接缝材料和接缝方法应符合设计要求。

骨架隔墙表面应平整光滑、色泽一致、洁净、无裂缝,接缝应均匀、顺直。

骨架隔墙上的孔洞、槽、盒应位置正确、套割吻合、边缘整齐。

骨架隔墙内的填充材料应干燥,填充应密实、均匀、无下坠。

2.5.2.2 精品策划

1. 施工组织准备

(1) 施工条件

主体结构已验收,屋面已做完防水层。

室内弹出 + 50cm 标高线。

作业的环境温度不应低于 5℃。

熟悉图纸,并向作业班组作详细的技术交底。

根据设计图和提出的备料计划,查实隔墙全部材料,使其配套齐全。

主体结构墙、柱为砖砌体时,应在隔墙交接处,按 1000mm 间距预埋防腐木砖。

设计要求隔墙有地枕带时,应先将 C20 细石混凝土地枕带施工完毕,强度达到 10MPa 以上,方可进行轻钢龙骨的安装。

先作样板墙一道,经鉴定合格后再大面积施工。

(2) 工具机具

板锯、电动剪、电动自攻钻、电动无齿锯、手电钻、射钉枪、直流电焊机、刮刀、线坠、靠尺等。

2. 材料要求

骨架隔墙所用龙骨、配件、墙面板、填充材料及嵌缝材料的品种、规格、性能和木材的含水率应符合设计要求。有隔声、隔热、阻燃、防潮等特殊要求的工程,材料应有相应性能等级的检测报告。

3. 控制要点

(1) 轻钢龙骨的安装应符合下列规定:

应按弹线位置固定沿地、沿顶龙骨及边框龙骨,龙骨的边线应与弹线重合。龙骨的端部应安装牢固,龙骨与基体的固定点间距应不大于 1m。

安装竖向龙骨应垂直,龙骨间距应符合设计要求。潮湿房间和钢板网抹灰墙,龙骨间距不宜大于 400mm。

安装支撑龙骨时,应先将支撑卡安装在竖向龙骨的开口方向,卡距宜为 400~600mm,距龙骨两端的距离宜为 20~25mm。

安装贯通系列龙骨时,低于 3m 的隔墙安装一道,3~5m 隔墙安装两道。

饰面板横向接缝处不在沿地、沿顶龙骨上时,应加横撑龙骨固定。

门窗或特殊接点处安装附加龙骨应符合设计要求。

(2) 纸面石膏板的安装应符合以下规定:

石膏板宜竖向铺设,长边接缝应安装在竖龙骨上。

龙骨两侧的石膏板及龙骨一侧的双层板的接缝应错开,不得在同一根龙骨上接缝。

轻钢龙骨应用自攻螺钉固定,木龙骨应用木螺钉固定。沿石膏板周边钉间距不得大于200mm,板中钉间距不得大于300mm,螺钉与板边距离应为10~15mm。

安装石膏板时应从板的中部向板的四边固定。钉头略埋入板内,但不得损坏纸面。钉眼应进行防锈处理。

石膏板的接缝应按设计要求进行板缝处理。石膏板与周围墙或柱应留有3mm的槽口,以便进行防开裂处理。

2.5.2.3 过程控制

1. 工艺流程:

弹线、分档→做地枕带(设计有要求时)→固定沿顶、沿地龙骨→固定边框龙骨→安装竖向龙骨→安装门、窗框 →安装附加龙骨→安装支撑龙骨→检查龙骨安装→ 电气铺管安附墙设备 →安装一面罩面板→填充隔声材料→安装另一面罩面板→接缝及护角处理→质量检验

2. 弹线、分档:在隔墙与上、下及两边基体的相接处,应按龙骨的宽度弹线。弹线清楚,位置准确。按设计要求,结合罩面板的长、宽分档,以确定竖向龙骨、横撑及附加龙骨的位置。

3. 作地枕带:当设计有要求时,按设计要求作豆石混凝土地枕带。作地枕带应支模,豆石混凝土应浇捣密实。

4. 固定沿顶、沿地龙骨:沿弹线位置固定沿顶、沿地龙骨,可用射钉或膨胀螺栓固定,固定点间距应不大于600mm,龙骨对接应保持平直。

5. 固定边框龙骨:沿弹线位置固定边框龙骨,龙骨的边线应与弹线重合。龙骨的端部应固定,固定点间距应不大于1m,固定应牢固。

边框龙骨与基体之间,应按设计要求安装密封条。

6. 选用支撑卡系列龙骨时,应先将支撑卡安装在竖向龙骨的开口上,卡距为400~600mm,距龙骨两端的距离为20~25mm。

7. 安装竖向龙骨应垂直,龙骨间距应按设计要求布置。设计无要求时,其间距可按板宽确定,如板宽为900mm、1200mm时,其间距分别为453mm、603mm。

8. 选用通贯系列龙骨时,低于3m的隔断安装一道;3~5m隔断安装两道;5m以上安装三道。

9. 罩面板横向接缝处,如不在沿顶、沿地龙骨上,应加横撑龙骨固定板缝。

10. 门窗或特殊节点处,使用附加龙骨,安装应符合设计要求。

11. 对于特殊结构的隔墙龙骨安装(如曲面、斜面隔断等),应符合设计要求。

12. 电气铺管、安装附墙设备:按图纸要求预埋管道和附墙设备。要求与龙骨的安装同步进行,或在另一面石膏板封板前进行,并采取局部加强措施,固定牢固。电气设备专业在墙中铺设管线时,应避免切断横、竖向龙骨,同时避免在沿墙下端设置管线。

13. 龙骨检查校正补强:安装罩面板前,应检查隔断骨架的牢固程度,门窗框、各种附墙设备、管道的安装和固定是否符合设计要求。如有不牢固处,应进行加固。龙骨的立面垂直偏差应≤3mm,表面不平整应≤2mm。

14. 安装石膏罩面板:

(1) 石膏板宜竖向铺设,长边(即包封边)接缝应落在竖龙骨上。仅隔墙为防火墙时,石膏板应横向铺设。

曲面墙所用石膏板宜横向铺设。

(2) 龙骨两侧的石膏板及龙骨一侧的内外两层石膏板应错缝排列,接缝不得落在同一根龙骨上。

(3) 石膏板用自攻螺钉固定。沿石膏板周边螺钉间距不应大于 200mm,中间部分螺钉间距不应大于 300mm,螺钉与板边缘的距离应为 10~16mm。

(4) 安装石膏板时,应从板的中部向板的四边固定,钉头略埋入板内,但不得损坏纸面。钉眼应用石膏腻子抹平。

(5) 石膏板宜使用整板。如需对接时,应紧靠,但不得强压就位。

(6) 隔墙端部的石膏板与周围的墙或柱应留有 3mm 的槽口。施工时,先在槽口处加注嵌缝膏,然后铺板,挤压嵌缝膏使其和邻近表层紧密接触。

(7) 安装防火墙石膏板时,石膏板不得固定在沿顶、沿地龙骨上,应另设横撑龙骨加以固定。

(8) 隔墙板的下端如用木踢脚板覆盖,罩面板应离地面 20~30mm;用大理石、水磨石踢脚板时,罩面板下端应与踢脚板上口齐平,接缝严密。

(9) 铺放墙体内的玻璃棉、矿棉板、岩棉板等填充材料,与安装另一侧纸面石膏板同时进行,填充材料应铺满铺平。

15. 接缝及护角处理:

(1) 纸面石膏板墙接缝做法有三种形式,即平缝、凹缝和压条缝。一般做平缝较多,可按以下程序处理:

1) 纸面石膏板安装时,其接缝处应适当留缝(一般 3~6mm),并必须坡口与坡口相接。接缝内浮土清除干净后,刷一道 50%浓度的 108 胶水溶液。

2) 用小刮刀把 WKF 接缝腻子嵌入板缝要,板缝要嵌满嵌实,与坡口刮平。待腻子干透后,检查嵌缝处是否有裂纹产生,如产生裂纹要分析原因,并重新嵌缝。

3) 在接缝坡口处刮约 1mm 厚的 WKF 腻子,然后粘贴玻纤带,压实刮平。

4) 当腻子开始凝固又尚处于潮湿状态时,再刮一道 WKF 腻子,将玻纤带埋入腻子中,并将板缝填满刮平。

5) 阴角的接缝处理方法同平缝。

(2) 阳角可按以下方法处理:

1) 阳角粘贴两层玻纤布条,角两边均拐过 100mm,粘贴方法同平缝处理,表面亦用腻子刮平。

2) 当设计要求作金属护角条时,按设计要求的部位、高度,先刮一层腻子,随即用镀锌钉固定金属护角条,并用腻子刮平。

16. 待板缝腻子干燥后,检查板缝是否有裂缝产生,如发现裂纹,必须分析原因,采取有效的措施加以克服,否则不能进入板面装饰施工。

2.6 饰面板(砖)工程

2.6.1 饰面板安装(湿作业法)

饰面板安装方法,主要有干作业法、湿作业法两种。干作业法又称为干挂法,详见幕墙工程。湿作业法中又分粘贴作业法和灌浆作业法两种。粘贴作业法适用于小规格饰面板(边长 200~400mm,厚度 8~20mm)和粘贴高度在 1m 左右的墙裙、踢脚等场合,其施工方法与粘贴面砖的方法基本相同。本文仅介绍湿作业中的灌浆法。

湿作业法(灌浆作业法)是先在基体上设置预埋件,用以固定钢筋网或水平钢筋,用铜丝(或不锈钢连接器)将饰面板与水平钢筋连接牢,然后分层灌筑水泥砂浆的施工方法。湿作业法的主要特点是:饰面与基体间的连接为刚性连接。

2.6.1.1 质量要求

1. 应符合《建筑装饰装修工程质量验收规范》(GB 50210—2001)中饰面板(砖)工程的相关内容。

2. 饰面板工程创精品应重视观感质量和功能要求,做到:

饰面板表面平整洁净、色泽一致、无裂痕和缺损;石材表面应无泛碱等污染。

排列、套割正确,边角整齐;饰面板上的孔洞应套割吻合,边缘应整齐,阴阳角处的搭接方向正确;墙裙、贴脸等突出墙面的厚度一致。

饰面板与基体之间的灌注材料应饱满、密实。

饰面板嵌缝应密实、平直,宽度和深度应符合设计要求,嵌填材料色泽应一致。

3. 饰面板安装工程的预埋件(或后置预埋件)、连接件的数量、规格、位置、连接方法和防腐处理必须符合设计要求。后置埋件的现场拉拔强度必须符合设计要求。饰面板安装必须牢固。

4. 饰面板安装的允许偏差和检验方法应符合表 2.6.1 的规定。

饰面板安装的允许偏差和检验方法   表 2.6.1

项次	项 目	允许偏差			检验方法
		石 材			
		光 面	剁 斧 石	蘑 菇 石	
1	立面垂直度	1.5	3	3	用 2m 垂直检测尺检查
2	表面平整度	1.5	3	—	用 2m 靠尺和塞尺检查
3	阴阳角方正	1.5	3	3	用直角检测尺检查
4	接缝直线度	1	3	3	拉 5m 线,不足 5m 拉通线,用钢直尺检查
5	墙裙、勒脚上口直线度	1	2	2	拉 5m 线,不足 5m 拉通线,用钢直尺检查
6	接缝高低差	0.5	2	—	用钢直尺和塞尺检查
7	接缝宽度	0.5	1	1	用钢直尺检查

5. 饰面板放射性指标限量规定

石材(建筑陶瓷等)放射性指标限量,应符合《民用建筑工程室内环境污染控制规范》(GB 50325—2001)、《建筑材料放射性核素限量》(GB 6566—2001)中的相关规定。见表2.6.2。

饰面板放射性指标限量　　　　　　　　　表 2.6.2

测定项目	限量		测定项目	限量	
	A	B		A	B
内照射指数(IRa)	≤1.0	≤1.3	外照射指数(Ir)	≤1.3	≤1.9

注:A类装修材料:装修材料中天然放射性核素镭-226、钍-232、钾-40的放射性比活度同时满足表2.6.2中A要求的为A类装修材料。A类装修材料产销与使用范围不受限制。

B类装修材料:不满足A类装修材料要求但同时满足表2.6.2中B要求的为B类装修材料。B类装修材料不可用于Ⅰ类民用建筑的内饰面,但可用于Ⅰ类民用建筑的外饰面及其他一切建筑的内、外饰面。

材料的污染物含量检测报告、材料进场检验记录、复验报告必须符合规定。

2.6.1.2　精品策划

1. 控制要点

(1) 做样板块(间)、编工艺卡、操作规范化。

饰面板加工应实地丈量墙面尺寸,依据设计要求及饰面板的规格尺寸、接缝大小绘制大样图,作为加工的依据,做出样板块(间)。通过调整和确认,编制工艺卡,作为施工的依据。

2) 墙面基层含水率控制。

湿作业法的墙面基层含水率如控制不当,即基层太湿或干湿不均,则施工后,基层的水分会透过饰面板反映在面层上,使石材表面产生色泽深浅不一的现象。因此湿作业法施工前应保持墙面基层的干燥。

2. 专项要求

(1) 采用湿作业法铺贴的天然石材应作防碱处理。

墙面基层和砂浆中的可溶性游离盐、碱会透过一些密度较疏的饰面板毛细孔,使板面产生碱膜(挂白);室外湿作业法的饰面易产生空鼓囊,雨水渗入空鼓囊中,被水分所溶解的游离盐、碱随水分运动而顺板缝及板毛细孔向外迁移,当水分在表面蒸发时,盐碱就会失水而在表面结晶,产生碱膜。因此天然石材背面应作防碱背涂处理。

(2) 湿作业法一般仅适宜于室内装饰

除了上述原因外,由于处于室外,温度的胀缩、结冰的冻胀融化、盐碱结晶体的膨胀、风载与地震的震动,都易使刚性连接的饰面层受到损伤。所以湿作业法不适宜于室外装饰

3. 材料要求

(1) 原材料

1) 天然石饰面板

常用的主要为天然大理石饰面板、花岗石饰面板。天然大理石饰面板其主要成分为碳酸钙,在室外环境中易风化产生变色和褪色,主要用于室内墙面装饰。花岗石饰面板可用于室内、外的墙面。石材背面应作防碱处理。表面应平整,无污染颜色,边缘整齐,颜色一致,无裂纹、风化、隐伤和缺角等缺陷。

2) 人造石饰面板

人造石饰面板主要有:人造大理石饰面板、微晶石、预制水磨石或水刷石饰面板。人造

石饰面板应表面平整，几何尺寸准确，面层石粒均匀、洁净、颜色一致。

3）其他材料

安装饰面板应用铜或不锈钢的连接件。

安装装饰板所使用的水泥、砂等应符合规范及设计要求。水泥初凝不应早于45min，终凝不得迟于12h。

（2）运输和储存

饰面板在搬运中应轻拿轻放，以防止棱角损坏、断裂。堆放时要竖直堆放，避免碰撞。光面、镜面饰面板在搬运时要光面（镜面）对光面（镜面），并填好软纸，以避免损伤光面（镜面）。大理石、花岗石不宜采用易褪色的材料包装。

2.6.1.3　过程控制

1. 工艺流程

墙面基层处理→标出控制线→焊接钢筋骨架→预排石材→安装石材→钻孔剔槽→固定石材→灌浆→擦缝

2. 施工准备

（1）施工环境准备

湿作业法施工前应保持墙面干燥。南方多雨地区，在室内湿作业法施工前，屋面防水及外墙面层应施工完毕，落水管已安装或临时外移。

（2）墙面基层处理

墙面基层应根据规范按照不同材料采取相应方法处理，然后打底糙，隔天浇水养护；固定石材的钢筋网应与预埋件连接牢固，位置合适。

（3）标出控制线

根据建筑轴线及地面标高，用水平仪测出墙面或柱面施工标高线，并拉通线，弹出水平控制线；在离阴阳角300mm处，凸出墙面的柱、垛中心和门窗侧以及独立柱中心，用线锤或经纬仪进行找直，角尺套方，弹出垂直控制线。

根据饰面板的大样图及水平、垂直控制线，在墙面和柱垛面分尺寸，找皮数，弹出每块板的水平和垂直方向控制线，弹线分块时应考虑饰面板的接缝宽度。

（4）预排石材：加工及安装墙面石材前，根据饰面板的大样图，并按石材规格、色泽、纹理等进行预排，发现误差要及时调整，符合要求后进行编号。

3. 实施

（1）安装顺序：

按大样图的部位或编号安装石材。

安装石材采用墙面石材压地面的做法。如果地面材料尚未施工，最下一排石材先不安装，从第二排石材开始施工。施工时，用木垫块垫起。待地面石材施工完毕后再进行最下一层石材施工；如果地面材料已施工，则按第一皮板材的下口线及弹在地坪上的就位线，将第一块板材就位。施工完毕后，在地面石材与墙面石材接缝处打胶一道。

墙面每皮先安装两端头板材，然后在两端头板材上口拉通线找平找直，从一端向另一端安装。柱面一般从正面开始，按顺时针方向进行安装。

饰面板如遇门窗及阴阳角，应进行调整，避免产生小块饰面板。加工和施工时应根据饰面板的色泽及纹理进行试拼并编号。

（2）安装板材：

板材就位后将上口外仰，右手伸入板材背面，把下口铜丝绑扎在横筋上，竖起板材，将上口铜丝与第二道横筋绑牢，塞入木楔固定，然后用托线板找平调直，调整后楔紧铜丝。

每一皮板材安装完毕，必须用托线板垂直平整，用水平尺找上口平直，用角尺找阴阳角方正。板缝一般为干接，当上口不平时，应在下口垫塞竹片，使每皮板材上口保持平直，板材安装检查后，调制熟石膏成浆糊状，粘贴在上下皮接缝处，使其硬化后成整体，经检查无变化，方可进行灌浆。较大的板材以及门窗璇脸饰面板应另加支撑临时固定。隔天再安装第二排。

（3）钻孔剔槽、倒角：

板材安装前，用电钻对板材钻孔，第一皮板材上下两面钻孔，第二皮及以上板只在上面钻孔，璇脸板材应三面钻孔，一般每面钻二个孔，孔位距板宽两端的 1/4 处，孔径 5mm，深度 12mm，孔位中心距背面 8mm 为宜。每块石材与钢筋网拉接点不得少于 4 个。然后在孔洞的后面剔一道槽，其宽度、深度可稍大于绑扎面板的铜丝的直径。

根据孔位深度，在板背面相应位置钻垂直孔，使板侧面与背面孔洞相连通，然后用金刚錾在板材上轻轻剔 5mm 槽，与空洞成象鼻眼，以备理埋铜丝之用，如果板材尺寸较大，可以增加空洞眼。

把 16 号铜丝剪成 200mm 长，一端从背面穿入孔内，顺卧槽弯曲与铜丝自身扎牢，铜丝要求不突出上下表面。

（4）灌浆：用 1:2.5 的水泥砂浆灌浆，每次灌注高度 150～200mm。并不超过板高的 1/3，灌浆砂浆的稠度应控制在 100～150mm，不可太稠。灌浆时应徐徐灌入缝内，不得碰动饰面板，然后用铁棒轻轻捣鼓，橡皮锤轻击板面，第二次灌浆要等第一皮灌浆初凝，经检验无松动、变形后进行，每皮板材最后一次灌浆要比板材上口低 50～100mm，作为与上皮板材的结合层。如发生板材移位，应拆除重新安装。

（5）擦缝：石材安装完毕，用水泥或调制与板材颜色相同的嵌缝材料，对石材缝隙进行擦缝处理。缝隙应嵌密实、均匀、色泽一致。

4．产品保护

板材全部安装完毕，应及时将砂浆、石膏清除，注意不要划破石材饰面。逆光观察石材饰面的光洁度，用白棉纱擦洗干净、上蜡抛光。对柱及门口等阳角容易碰撞处用木板保护。

2.6.2 饰面砖粘贴

2.6.2.1 质量要求

1. 应符合《建筑装饰装修工程质量验收规范》（GB 50210—2001）中饰面板（砖）工程的相关内容。

2. 饰面砖工程创精品应重视观感质量和功能要求，做到：

饰面砖表面平整洁净、色泽一致、无裂痕和缺损；

砖排列、套割正确，边角整齐；阴阳角处搭接方式、非整砖使用部位应符合设计要求。

墙面突出物周围的饰面砖应整砖套割吻合，边缘应整齐。墙裙、贴脸突出墙面的厚度应一致。

填缝严密平直、光滑，填嵌应连续、密实；宽度和深度应符合设计要求。

有排水要求的部位应做滴水线（槽）。滴水线（槽）应顺直，流水坡向应正确，坡度应符合设计要求。

3．饰面砖粘贴必须牢固，无空鼓、裂缝。

外墙饰面砖工程应检查样板件粘结强度检测报告和施工记录，其取样数量、检验方法、检验结果判定均应符合现行行业标准《建筑工程饰面砖粘结强度检验标准》(JGJ 110—97)的规定。

4．饰面砖安装的允许偏差和检验方法应符合表 2.6.3 的规定。

饰面砖粘贴的允许偏差和检验方法　　　　　　　　　　表 2.6.3

项　次	项　　目	允许偏差(mm)		检 验 方 法
		外 墙 面 砖	内 墙 面 砖	
1	立面垂直度	3	2	用 2m 垂直检测尺检查
2	表面平整度	3	2	用 2m 靠尺和塞尺检查
3	阴阳角方正	2	2	用直角检测尺检查
4	接缝直线度	2	1	拉 5m，不足 5m 拉通线，用钢直尺检查
5	接缝高低差	1	0.5	用钢直尺和塞尺检查
6	接缝宽度	1	0.5	用钢直尺检查

5．饰面砖放射性指标限量规定

见表 2.6.1.2 饰面板放射性指标限量中相关内容。

材料的污染物含量检测报告、材料进场检验记录、复验报告必须符合规定。

2.6.2.2　精品策划

1．控制要点：

(1) 做样板块(间)、绘制大样图、编工艺卡。

饰面砖加工应实地丈量墙面尺寸，依据设计要求及饰面砖的规格尺寸、接缝大小绘制大样图，作为加工的依据。做出样板块(间)，通过调整和确认，编制工艺卡，作为施工的依据。

墙、地面的砖缝应对齐。

外墙面砖的接缝宽度不应小于 5mm，不得采用密缝。

(2) 拼角、套割美观。

釉面砖的阳角应用 45°拼角或采用阳角条(砖)(如图 2.6.1、图 2.6.2)，不应采用盖缝施工，避免砖缝不归中、饰面砖四边釉色不一致引起色差；阴角砖应压向正确，在墙面管、洞和突出物处，不得用非整砖拼凑镶贴，可用专用钻切机具套割整砖吻合(如图 2.6.3)。卫浴间排砖，应避免在砖缝处套割管道、线盒。

(3) 设置温度伸缩缝

大面积铺贴外墙面砖时，应与设计协商设置温度伸缩缝，避免温差引起的裂缝。竖直缝可设

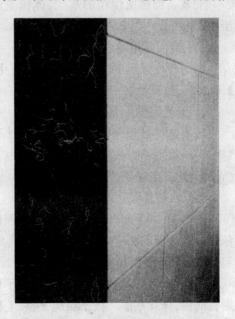

图 2.6.1　面砖阳角 45°角砖对接

在洞口两侧或与横墙、柱对应的部位;水平缝可设在洞口上、下或与楼层对应处。

图 2.6.2 面砖阳角采用阳角条

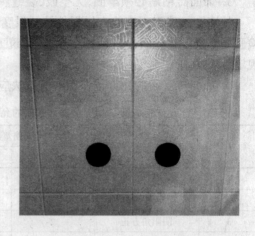

图 2.6.3 墙面砖套割管洞

伸缩缝应采用柔性防水材料嵌缝。

(4) 卫浴间铺贴釉面砖前应对墙面进行防水处理,防止渗水。

2. 材料要求

(1) 饰面砖

饰面砖应表面平整、边缘整齐,棱角不得损坏,并具有产品合格证。外墙釉面砖、无釉面砖,表面应光洁,质地坚固,尺寸、色泽一致,不得有暗痕和裂纹,其性能指标均应符合现行国家标准的规定。

(2) 其他材料

安装装饰砖所使用的水泥,体积安定性必须合格,其初凝不得早于 45min,终凝不得迟于 12h。

(3) 饰面砖运输和储存

饰面砖在搬运中应轻拿轻放,以防止棱角损坏、断裂。堆放时避免碰撞。

2.6.2.3 过程控制

1. 工艺流程:

墙面基层处理→做墙面找平层→标控制线→预排墙砖→垫底尺→饰面砖镶贴→勾缝(擦缝)→清理

2. 施工准备

(1) 墙面基层处理

门窗洞、脚手眼、阳台和落水管预埋件等进行防水封堵;墙面基层应按照不同墙体材料依据规范规定的相应方法处理。

(2) 做出墙面找平层

根据墙面阴阳角垂直度及墙面找平层的平均厚度做出墙面找平层控制块(标志块)。然后打底糙,抹找平层。找平层应平整、毛糙,隔天浇水养护。

墙面找平层的允许偏差应达到高级抹灰要求。

(3) 标出控制线

根据建筑轴线(室内为墙面)及墙砖排版大样图弹出水平及垂直控制线。

根据墙面尺寸和面砖尺寸及设计(大样)图对接缝宽度的要求,弹出分格线。

(4) 预排

根据弹线对墙砖预排,如发现误差及时调整。墙面如发现少于整砖的 1/3 的位置要进行调整。

(5) 垫底尺

根据计算好的最下一皮砖的上口标高,垫放好尺板作为第一皮砖上口的标准。底尺安放必须水平,摆实摆稳。

3. 实施

(1) 外墙面砖

外墙面砖施工应由上往下分段进行,并在转角处挂垂直通线。一般每段自下而上镶贴。镶贴宜用专用粘结剂。外墙面砖镶贴前应将砖的背面清理干净,并浸水二小时以上,待表面晾干后方可使用。

镶贴顺序:阳角→阴角,大面→小面,整体由上向下、局部由下向上。

当贴完一排后,将分格条(其宽度为水平接缝的宽度)贴在已镶贴好的外墙面砖上口,作第二排镶贴的基准,然后依次向上镶。铺贴大面前,先用废块材做标准厚度块,用靠尺和水平尺确定水平度,这些标准厚度块,将作为粘贴面砖厚度的依据,以便施工中随时检查表面的平整度。

饰面砖如遇门窗及阴阳角,应进行调整,非整砖应排放在次要部位或阴角处。每面墙不宜有两列非整砖,非整砖宽度不应小于整砖的 1/3。

勾缝:外墙面砖镶贴完后,应用勾缝剂勾缝,先勾横缝,后勾竖缝,缝深宜凹进面砖 2~3mm,擦镶密实后即用布或纱头擦净面砖。不得采用擦缝方法勾缝,避免污染砖面。

清理:用棉纱对饰面进行清理,面砖表面及砖缝部位要擦净。

(2) 内墙釉面砖

用小块废釉面砖贴在墙面上作灰饼,间距为 1~1.5m,转角处挂垂直通线,水平用麻线拉通线找平,以控制整个墙面釉面砖的平整度。镶贴应由下向上一行一行进行。将浸水、晾干(方法与外墙面砖相同)的釉面砖满抹专用粘结剂,将其靠紧最下一行的平尺板上,以上口水平线为准,贴在墙上,用小铲木把轻敲砖面,使其与墙面结合牢固。最下行釉面砖贴好后,用靠尺横向找平、竖向找直,然后依次往上镶贴。在同一墙面上的横竖排列,不宜有一行以上的非整砖,非整砖行应排在次要部位或阴角处。如遇有突出的管线、灯具、卫生设备的支承等,可用专用钻切机具套割吻合,不得用非整砖拼凑镶贴。

接缝一般用白水泥浆擦缝,可采用塑料外皮粗电线抽缝,要求顺直、连续、密实。

清理:用棉纱对饰面进行清理,面砖表面及砖缝部位要擦净。

4. 产品保护

饰面砖镶贴完毕,应及时将粘结剂清除,注意不要划破面砖饰面层。逆光观察饰面的光洁度,用白棉纱擦洗干净。对柱及门口等阳角容易碰撞处用木板保护。

2.7 幕 墙 工 程

幕墙工程按选用材料分主要有玻璃幕墙、金属幕墙、石材幕墙。

2.7.1 幕墙工程施工前期准备工作控制要点

1. 幕墙工程施工应有建筑设计单位对幕墙工程设计的确认文件。

2. 幕墙工程所用各种材料、五金配件、构件及组件应有产品合格证书、性能检测报告、进场验收记录和复验报告。

3. 幕墙工程所用硅酮结构胶应有认定证书和抽查合格证明;进口硅酮结构胶应有商检证;应有国家指定检测机构出具的硅酮结构胶、密封胶相容性和硅酮结构胶的剥离粘结性试验报告、双组份硅酮结构胶的混匀性试验记录及拉断试验记录、石材用密封胶的耐污染性试验报告。

4. 幕墙应进行抗风压性能、空气渗透性能、雨水渗漏性能以及平面变形性能、保温隔热性能检测。

2.7.2 幕墙金属框架施工控制要点

1. 幕墙工程主体结构与幕墙连接的各种预埋件,其数量、规格、位置和防腐处理必须符合设计要求;幕墙的金属框架与主体结构预埋件的连接、立柱与横梁的连接及幕墙面板的安装必须符合设计要求,安装必须牢固。

2. 幕墙的金属框架与主体结构应通过预埋件连接,预埋件必须符合设计要求,在主体结构混凝土施工时埋入,预埋件的位置应准确,标高偏差不应大于 ±10mm,与设计位置的偏差不应大于 ±20mm。当没有条件采用预埋件连接时,应采用其他可靠的连接措施,并应通过试验确定其承载力。

3. 与铝合金接触的连接件、紧固件、金属配件应采用不锈钢或轻金属制品,并应有防松动措施。禁止使用镀锌自攻螺丝。

立柱应采用螺栓与角码连接,螺栓直径应经过计算,并不应小于 10mm;不同金属材料接触时应采用绝缘垫片分隔。

焊接连接应符合设计要求和焊接规范的规定。

4. 铝合金型材应达到现行国家标准《铝合金建筑型材》(GB/T 5237)中规定的高精级。幕墙立柱和横梁等主要受力构件,其截面受力部分的壁厚应经计算确定,且铝合金型材壁厚不应小于 3.0mm,钢型材壁厚不应小于 3.5mm;与幕墙配合的门框壁厚不小于 2mm,窗框壁厚不小于 1.4mm,立柱、横梁的相配装饰条或压条壁厚不小于 1.0mm。立柱连接芯管及加强立柱强度的芯材宜用不锈钢或铝合金材料,不得使用碳素钢,连接芯管壁厚应大于立柱壁厚。单元幕墙连接处和吊挂处的铝合金型材的壁厚应通过计算确定,并不得小于 5.0mm。

金属材料除不锈钢和轻金属材料外,都应进行热镀锌防腐处理。铝合金型材表面阳极氧化膜厚度不应低于 AA15 级。

5. 幕墙的抗震缝、伸缩缝、沉降缝等部位的处理应保证缝的使用功能和饰面的完整性。

6. 幕墙应在楼板处形成防火带;防火层应采取隔离措施,防火层的衬板应采用经防腐处理且厚度不小于 1.5mm 的钢板,不得采用铝板;防火层的密封材料应采用防火密封胶;防火层与玻璃不应直接接触,一块玻璃不应跨两个防火分区。

　　幕墙的防雷装置应符合设计要求,必须与主体结构的防雷装置可靠连接。导线连接时应将材料表面的保护膜除掉。

2.7.3　玻璃幕墙工程

2.7.3.1　质量要求

　　1.应符合《建筑装饰装修工程质量验收规范》(GB 50210—2001)中玻璃幕墙工程的相关内容。

　　2.玻璃幕墙工程创精品应特别重视观感质量和功能要求,做到:

　　(1)玻璃幕墙表面应平整、洁净;整幅玻璃的色泽应均匀一致;不得有污染和镀膜损坏。

　　(2)明框玻璃幕墙的外露框或压条应横平竖直,颜色、规格应符合设计要求,压条安装应牢固。单元玻璃幕墙的单元拼缝或隐框玻璃幕墙的分格玻璃拼缝应横平竖直、均匀一致。

　　(3)玻璃幕墙的密封胶缝应横平竖直、深浅一致、宽窄均匀、光滑顺直。

　　(4)玻璃幕墙隐蔽节点的遮封装修应牢固、整齐、美观。防火、保温材料填充应饱满、均匀,表面应密实、平整。

　　玻璃幕墙开启窗的配件齐全,位置和开启方向、角度正确;安装牢固,启闭灵活严密。

　　(5)玻璃幕墙应无渗漏。

　　3.每平方米玻璃的表面质量和检验方法应符合表2.7.1的规定。

每平方米玻璃的表面质量和检验方法　　　　　表2.7.1

项　次	项　目	质量要求	检验方法
1	明显划伤和长度>100 mm的轻微划伤	不允许	观　察
2	长度≤100 mm的轻微划伤	≤4条	用钢尺检查
3	擦伤总面积	≤200mm²	用钢尺检查

　　4.一个分格铝合金型材的表面质量和检验方法应符合表2.7.2的规定。

一个分格铝合金型材的表面质量和检验方法　　　　　表2.7.2

项　次	项　目	质量要求	检验方法
1	明显划伤和长度>100 mm的轻微划伤	不允许	观　察
2	长度≤100 mm的轻微划伤	≤1条	用钢尺检查
3	擦伤总面积	≤200mm²	用钢尺检查

　　5.明框玻璃幕墙安装的允许偏差和检验方法应符合表2.7.3的规定。

明框玻璃幕墙安装的允许偏差和检验方法　　　　　表2.7.3

项次	项　目		允许偏差(mm)	检验方法
1	幕墙垂直度	幕墙高度≤30m	10	用经纬仪检查
		30m<幕墙高度≤60m	15	
		60m<幕墙高度≤90m	20	
		幕墙高度>90m	25	
2	幕墙水平度	幕墙幅宽≤35m	5	用水平仪检查
		幕墙幅宽>35m	7	

续表

项次	项　　目		允许偏差(mm)	检 验 方 法
3	构 件 直 线 度		2	用2m靠尺和塞尺检查
4	构 件 水 平 度	构件长度≤2m	2	用水平仪检查
		构件长度>2m	3	
5	相 邻 构 件 错 位		1	用钢直尺检查
6	分格框对角线长度差	对角线长度≤2m	3	用钢尺检查
		对角线长度>2m	4	

6. 隐框、半隐框玻璃幕墙安装的允许偏差和检验方法应符合表2.7.4的规定。

隐框、半隐框玻璃幕墙安装的允许偏差和检验方法　　　表2.7.4

项次	项　　目		允许偏差(mm)	检 验 方 法
1	幕墙垂直度	幕墙高度≤30m	10	用经纬仪检查
		30m<幕墙高度≤60m	15	
		60m<幕墙高度≤90m	20	
		幕墙高度>90m	25	
2	幕墙水平度	层高≤3m	3	用水平仪检查
		层高>3m	5	
3	幕墙表面平整度		2	用2m靠尺和塞尺检查
4	板材立面垂直度		2	用垂直检测尺检查
5	板材上沿水平度		2	用1m水平尺和钢直尺检查
6	相邻板材板角错位		1	用钢直尺检查
7	阳 角 方 正		2	用直角检测尺检查
8	接 缝 直 线 度		3	拉5m线,不足5m拉通线,用钢直尺检查
9	接 缝 高 低 差		1	用钢直尺和塞尺检查
10	接 缝 宽 度		1	用钢直尺检查

2.7.3.2 精品策划

1. 控制要点：

(1) 根据设计对幕墙的造型和立面分格要求、技术标准及建筑物的实际外形尺寸绘制构件加工图和玻璃的尺寸,确定加工要求,制定安装方案。

(2) 隐框或半隐框玻璃幕墙,每块玻璃下端应设置两个铝合金或不锈钢托条,其长度不应小于100mm,厚度不应小于2mm,托条外端应低于玻璃外表面2mm。

(3) 明框玻璃幕墙的玻璃与构件不得直接接触,玻璃四周与构件凹槽底部应保持一定的空隙,每块玻璃下部应至少放置两块宽度与槽口宽度相同、长度不小于100mm的弹性定位垫块;玻璃两边嵌入量及空隙应符合设计要求;安装时镀膜面朝向室内,非镀膜面朝向室外。

(4) 玻璃幕墙结构胶和密封胶的打注应饱满、密实、连续、均匀、无气泡,一气呵成,宽度和厚度应符合设计要求和技术标准的规定。

硅酮结构胶的加工场所应是封闭、洁净、符合湿度、温度规定的专业环境,不得在施工现场打注。

2. 材料要求

(1) 玻璃幕墙工程所使用的各种材料、构件和组件的质量,应符合设计要求及国家现行产品标准和工程技术规范的规定。

(2) 幕墙构架型材表面颜色一致,无变形和划痕,拼接平整。

(3) 玻璃幕墙使用的玻璃应符合下列规定:

1) 幕墙应使用安全玻璃。玻璃的品种、规格、颜色、光学性能及安装方法应符合设计要求。幕墙玻璃的厚度不应小于 6.0mm。全玻幕墙肋玻璃的厚度不应小于12mm。

2) 幕墙的中空玻璃应采用双道密封,中空玻璃内外表面均应洁净,玻璃中空层内不得有灰尘和水蒸气。明框幕墙的中空玻璃应采用聚硫密封胶及丁基密封胶;隐框和半隐框幕墙的中空玻璃应采用硅酮结构密封胶及丁基密封胶;镀膜面应在中空玻璃的第 2 或第 3 面上。

3) 幕墙的夹层玻璃应采用聚乙烯醇缩丁醛(PVB)胶片干法加工合成的夹层玻璃。点支承玻璃幕墙夹层玻璃的夹层胶片(PVB)厚度不应小于 0.76mm。

4) 钢化玻璃表面不得有损伤;8.0mm 以下的钢化玻璃应进行引爆处理。

5) 所有幕墙玻璃均应进行边缘处理。

6) 幕墙玻璃应用枕木垫平,立放紧靠,不得平放,严禁受压和碰撞。

(4) 应对玻璃幕墙用结构胶的邵氏硬度、标准条件拉伸粘结强度、相容性试验性能指标进行复验:隐框、半隐框幕墙所采用的结构粘结材料必须是中性硅酮结构密封胶,其性能必须符合《建筑用硅酮结构密封胶》(GB 16776)的规定;硅酮结构密封胶必须在有效期内使用。

2.7.3.3 过程控制

1. 工艺流程

测量放线→构件、玻璃加工→安装各层紧固铁件→安装立柱→安装横梁→安装防火材料→防雷装置施工→安装玻璃→周边缝隙施工→表面清理

2. 施工准备

(1) 测量放线

在幕墙施工前,先对建筑物的外形尺寸、埋件位置进行测量,根据测量所得的实际尺寸绘制构件加工图和玻璃的尺寸,制定安装方案。

用经纬仪核实主体结构各层竖向轴线,对照原结构设计图轴距尺寸,在各层楼板边缘弹出竖向龙骨的中心线,同时核对各层预埋件中心线与竖向龙骨中心线是否相符。核实主体结构实际总标高是否与设计总标高相符,同时把各层的楼面标高标在楼面处,以便安装幕墙时核对。根据主体结构的平面柱距尺寸,找出玻璃幕墙最外边缘尺寸,要注意到与其他外墙饰面材料连接节点的构造方法相呼应。再进行立柱、横梁的吊直、套方、弹线(以上内容是找出 X 轴、Y 轴、Z 轴尺寸线)。

(2) 幕墙构件、玻璃加工

1) 结构件加工:根据设计要求选定材料,对选定材料进行有关物理性能检查,根据设计图纸及实测结果绘制构件加工图加工构件,构件质量经检测合格后包装送现场。

2) 玻璃加工:

钢化、半钢化的热处理必须在玻璃切割、钻孔、挖槽等加工完毕后进行。玻璃均应进行

边缘处理(倒棱、倒角、磨边)以防应力集中而发生破裂。

明框玻璃幕墙在水平力(风和地震)作用下,玻璃幕墙随主体结构产生侧向位移,铝框由矩形变为平行四边形,如果玻璃与铝框之间的间隙过小,则铝框会挤压玻璃而使玻璃破碎。玻璃板材制作时玻璃与构件槽口的配合尺寸应符合设计及规范的要求,玻璃嵌入量不得小于15mm。

隐框玻璃幕墙的构架与玻璃通过铝框来连接,而铝板与玻璃通过结构胶来连接,所以结构胶粘结质量是幕墙安全的关键,所以必须严格控制结构胶的粘结质量。隐框、半隐框幕墙禁止现场打注结构胶,隐框玻璃板材的质量可以通过以下环节进行控制:

① 胶的本身质量控制(力学性能、产品是否有效);

② 胶与铝材、玻璃的相容性;

③ 加工时材料表面清洁,加工场所封闭、洁净、温度 15~30℃、相对湿度 50% 以上;

④ 固化养护时间符合结构胶的产品要求;

⑤ 隐框玻璃板材到达养护期后,在出厂前做结构胶剥离试验,以检验胶的结合是否牢固。

3. 实施

(1) 安装各层紧固铁件

紧固件的规格、数量应符合设计要求,表面防腐层应完整、不破损。使用钢板或型钢焊接时,构造形式与焊缝应符合设计要求。安装后对焊缝进行防锈处理。

(2) 安装竖、横向龙骨

1) 根据施工图纸及幕墙放线安装竖向主龙骨和横向次龙骨。

2) 为避免铝合金构件表面在安装时出现划痕,必须把构件的外露表面贴保护薄膜。在幕墙构架安装时,在固定构件的连接接触面必须衬垫 1mm 厚的橡胶或其他符合设计要求绝缘片。

3) 连接件应安装牢固,螺栓应有防松脱措施。连接件的可调节构造应用螺栓牢固连接,并有防滑动措施。角码调节范围应符合使用要求。连接件表面防腐层应完整、不破损。

4) 幕墙顶部连接的女儿墙压顶坡度应正确,罩板安装牢固,不松动、不渗漏、无空隙。女儿墙内侧罩板深度不应小于 150mm,罩板与女儿墙之间的缝隙应使用密封胶密封。

5) 立柱、底部横梁及幕墙板块与主体结构之间应有伸缩空隙。空隙宽度不应小于15mm,并用弹性密封材料嵌填,不得用水泥砂浆或其他硬质材料嵌填。

6) 芯管插入上下立柱的长度均不得小于200mm。上下两立柱间的空隙不应小于10mm。立柱的上端应与主体结构固定连接,下端应为可上下活动的连接。

(3) 安装镀锌钢板、防火材料

防火节点构造、位置,防火材料的品种、耐火等级必须符合设计和标准的要求。一般在幕墙与楼板、墙、柱之间应按设计要求设置横向、竖向连续的防火隔断;高层建筑无窗间墙和窗槛墙的玻璃幕墙,在每层楼板外沿设置耐火极限不低于 1.00h、高度不低于 0.80m 的不燃烧实体裙墙。

搁置防火材料的镀锌钢板厚度不宜小于 1.2mm,镀锌钢衬板不得与铝合金型材直接接触。衬板就位后,应进行密封处理。防火材料铺设应饱满、均匀、无遗漏,厚度不宜小于70mm。防火材料应安装牢固,并应严密无缝隙,防火层与幕墙和主体结构间的缝隙必须用防火密封胶严密封闭。

防火材料不得与幕墙玻璃直接接触,防火材料朝玻璃面处宜采用装饰材料覆盖。同一块玻璃不宜跨两个分火区域。

(4) 防雷装置施工

幕墙所有金属框架应互相连接,与主体结构的防雷装置可靠连接,形成导电通路。金属框架与防雷装置的连接应紧密可靠,连接点水平间距不应大于防雷引下线的间距,垂直间距不应大于均压环的间距。

连接材料的材质、截面尺寸、连接方式、连接长度必须符合设计要求。连接接触面应紧密可靠,不松动。

女儿墙压顶罩板宜与女儿墙部位幕墙构架连接,女儿墙部位幕墙构架与防雷装置的连接节点宜明露,其连接应符合设计的规定。

(5) 安装玻璃

1) 在安装玻璃前,应对构件安装偏差、节点安装等进行检查调整,合格后,方可进行玻璃安装,玻璃必须按设计要求安装固定件,同时调整玻璃间缝,使保持一致。在打耐候胶前,要对胶的接触面进行清洁处理,使其与胶粘接牢固。当玻璃幕墙采用镀膜玻璃时,镀膜不应破损,安装时应将镀膜面朝向室内,非镀膜面朝向室外。

2) 明框玻璃幕墙玻璃嵌入量不得小于 15mm。每块玻璃下部应设不少于两块弹性定位垫块,垫块的宽度与槽口宽度应相同,长度不应小于 100mm,厚度不应小于 5mm。

玻璃四周橡胶条的材质、型号应符合设计要求,橡胶条镶嵌应平整、密实,橡胶条长度宜比边框内槽口长 1.5% ~ 2.0%,橡胶条在转角处斜面断开,并用粘结剂粘结牢固后嵌入槽内。

压条的固定方式、固定点数量应符合设计要求。不得采用自攻螺钉固定承受水平荷载的玻璃压条。

3) 隐框玻璃幕墙组件必须安装牢固,固定点距离应符合设计要求且不宜大于 300mm,不得采用自攻螺钉固定玻璃板块。结构胶的剥离试验应符合规范要求。

隐框玻璃板块在安装后,幕墙平面度允许偏差不应大于 2.5mm,相邻两玻璃之间的接缝高低差不应大于 1mm。

隐框玻璃板块下部安装支承玻璃的托板,厚度不应小于 2mm。

(6) 幕墙与周边缝隙施工

1) 玻璃幕墙四周与主体结构之间的缝隙,采用防火保温材料严密填塞。内外表面采用密封胶连续封闭,接缝严密不渗漏。不得采用干硬性材料填塞缝隙,密封胶不应污染周围相邻表面。

2) 幕墙转角、上下、侧边、封口及与周边墙体的连接构造应牢固并满足密封防水要求,外表整齐美观。

3) 幕墙玻璃与室内装饰物之间的间隙不宜少于 10mm。

4) 变形缝构造、施工处理应符合设计要求,罩面平整、宽窄一致,无凹瘪和变形。变形缝罩面与两侧幕墙结合处注胶应严密平顺,粘结牢固,不得渗漏。

(7) 表面清理

幕墙安装完后,应对幕墙进行清洗。去掉保护薄膜,清除胶痕、油污、毛刺、铝屑及灰尘等,再拆除施工吊篮或脚手。

2.7.4 金属幕墙工程

2.7.4.1 质量要求

1. 应符合《建筑装饰装修工程质量验收规范》(GB 50210—2001)中金属幕墙工程的相关内容。

2. 金属幕墙工程创精品应特别重视观感质量和功能要求,做到:

(1) 金属板表面应平整、洁净、无脱膜、色泽一致;金属面板品种、规格、颜色、光泽及安装方法应符合设计要求。

(2) 金属幕墙的压条应平直、洁净、接口严密、安装牢固;滴水线、流水坡向应正确、顺直;幕墙外露框应横平竖直,造型应符合设计要求。

(3) 金属幕墙的密封胶缝横平竖直、深浅一致、宽窄均匀、光滑顺直无污染。

(4) 金属幕墙应无渗漏。

3. 每平方米金属板的表面质量和检验方法应符合表 2.7.5 的规定。

每平方米金属板的表面质量和检验方法　　　　表 2.7.5

项　次	项　　目	质量要求	检验方法
1	明显划伤和长度 > 100mm 的轻微划伤	不允许	观　察
2	长度 ≤ 100 mm 的轻微划伤	≤ 4 条	用钢尺检查
3	擦伤总面积	≤ 200 mm^2	用钢尺检查

4. 金属幕墙安装的允许偏差和检验方法应符合表 2.7.6 的规定。

金属幕墙安装的允许偏差和检验方法　　　　表 2.7.6

项次	项　　目		允许偏差(mm)	检　验　方　法
1	幕墙垂直度	幕墙高度 ≤ 30m	10	用经纬仪检查
		30m < 幕墙高度 ≤ 60m	15	
		60m < 幕墙高度 ≤ 90m	20	
		幕墙高度 > 90m	25	
2	幕墙水平度	层高 ≤ 3m	3	用水平仪检查
		层高 > 3m	5	
3	幕墙表面平整度		2	用 2m 靠尺和塞尺检查
4	板材立面垂直度		3	用垂直检测尺检查
5	板材上沿水平度		2	用 1m 水平尺和钢尺检查
6	相邻板材板角错位		1	用钢直尺检查
7	阳角方正		2	用直角检测尺检查
8	接缝直线度		3	拉 5m 线,不足 5m 拉通线,用钢直尺检查
9	接缝高低差		1	用钢直尺和塞尺检查
10	接缝宽度		1	用钢直尺检查

2.7.4.2　精品策划

1. 控制要点

（1）根据设计对幕墙的造型和立面分格要求、技术标准及建筑物的实际外形尺寸绘制构件加工图和金属板的尺寸，确定加工要求，制定安装方案。

（2）安装金属板前，应对金属板的外形尺寸、变形情况及表面质量等进行检查。安装金属板时，应严格控制板面的平整度、接缝的顺直。

（3）结构胶和密封胶的打注应饱满、密实、连续、均匀、无气泡，一气呵成，宽度和厚度应符合设计要求和技术标准的规定。接缝打胶前，用专用清洁剂清洁板缝，使其与胶粘接牢固。

（4）金属板空缝安装时，必须有防水措施，并应有符合设计要求的排水出口，在金属幕墙施工前，应对外墙面进行防水处理。

（5）金属幕墙的防火、保温、防潮材料的设置应符合设计要求，并应密实、均匀、厚度一致。金属幕墙的防雷装置必须与主体结构的防雷装置可靠连接。

（6）各种变形缝、墙角的连接节点应符合设计要求和技术标准的规定。

2. 材料要求

（1）金属幕墙工程所使用的各种材料和配件，应符合设计要求及国家现行产品标准和工程技术规范的规定。

（2）根据防腐、装饰及建筑物的耐久年限的要求，对铝合金板材（单层铝板、铝塑复合板、蜂窝铝板）表面进行氟碳树脂处理时，氟碳树脂含量不应低于 75%；海边及严重酸雨地区，可采用三道或四道氟碳树脂涂层，其厚度应大于 $40\mu m$；其他地区，可采用两道氟碳树脂涂层，其厚度应大于 $25\mu m$；氟碳树脂涂层应无起泡、裂纹、剥落等现象。

（3）幕墙用单层铝板厚度不应小于 2.5mm；铝塑复合板的上下两层铝合金板的厚度均应为 0.5mm，铝合金板与夹心层的剥离强度标准值应大于 7N/mm；蜂窝铝板应根据幕墙的使用功能和耐久年限的要求，分别选用厚度为 10mm、12mm、15mm、20mm 和 25mm 的板材，厚度为 10mm 的蜂窝铝板应由 1mm 厚的正面铝合金板、0.5~0.8mm 厚的背面铝合金板及铝蜂窝粘结而成；厚度在 10mm 以上的蜂窝铝板，其正背面铝合金板厚度均应为 1mm。

（4）幕墙用金属板应装箱运输、存放，严禁受压和碰撞。

2.7.4.3　过程控制

1. 工艺流程

测量放线→构件、金属饰面板加工→安装各层紧固铁件→安装立柱→安装横梁→安装防火材料→防雷装置施工→安装金属饰面板→周边缝隙收口→表面清理

2. 施工准备（部分见 2.7.3.3 的相关内容）

金属饰面板加工：

（1）单层铝板折弯加工时，折弯外圆弧半径不应小于板厚的 1.5 倍；单层铝板构件四周边应采用铆接、螺栓或胶黏与机械连接相结合的形式固定，并应做到构件刚性好，固定牢固。

（2）铝塑复合板在切割内层铝板和聚乙烯塑料时，应保留不小于 0.3mm 厚的聚乙烯塑料，并不得划伤外层铝板的内表面；打孔、切口等外露的聚乙烯塑料及角缝，应采用中性硅酮耐候密封胶密封；在加工过程中铝塑复合板严禁与水接触。

（3）蜂窝铝板的加工应根据组装要求决定切口的尺寸和形状，在切除铝芯时不得划伤蜂窝铝板外层铝板的内表面；各部位外层铝板上，应保留 0.3~0.5mm 的铝芯；直角构件的

加工,折角应弯成圆弧状,角缝用硅酮耐候密封胶密封;大圆弧角构件的加工,圆弧部位应填充防火材料;边缘将外层铝板折合180°,并将铝芯包封。

3. 实施(部分见2.7.3.3的相关内容)

(1)安装金属饰面

墙板的安装顺序是从每面墙的端部竖向第一排下部第一块板开始,自下而上安装。安装完该面墙的第一排再安装第二排。每安装铺设10排墙板后,应吊线检查一次,以便及时消除误差。为了保证墙面外观质量,螺栓位置必须准确,并采用单面施工的钩形螺栓固定,使螺栓的位置横平竖直。

固定金属饰面板的方法,常用的主要有两种。一是将板条或方板用螺丝拧到型钢或木架上,这种方法耐久性较好,多用于外墙。另一种是将板条或方板卡在特制的龙骨上,此法多用于室内。

对幕墙的构件、面板等应采取保护措施,不得发生变形、变色、污染等现象。

板与板之间的缝隙一般为10~20mm,多用橡胶条或密封弹性材料处理。当饰面板安装完毕,要注意在易于被污染的部位要用塑料薄膜覆盖保护。易被划、碰的部位,应设安全栏杆保护。

(2)周边缝隙收口

幕墙应采用中性硅酮耐候密封胶,金属幕墙的板缝注胶应饱满、密实、连续、均匀、无气泡,宽度和厚度应符合设计要求和技术标准的规定。

水平部位的压顶、端部、两种不同材料的交接处等,一般用材质性能相似的特制成型金属板进行覆盖,应牢固并满足密封防水要求,外表整齐美观。

金属幕墙的女儿墙部分,用单层铝板或不锈钢板加工成向内倾斜的盖顶。

变形缝构造、施工处理应符合设计要求,罩面平整、宽窄一致,无凹瘪和变形。变形缝罩面与两侧幕墙结合处注胶应严密平顺,粘结牢固,不得渗漏。

(3)表面清理

幕墙安装完后,应对幕墙进行清洗,清除掉表面的粘附物,清扫时应避免损伤表面,清洗幕墙时,清洁剂应符合要求,不产生腐蚀和污染。清洗后再拆除施工吊篮或脚手。

2.7.5 石材幕墙工程

2.7.5.1 质量要求

1. 应符合《建筑装饰装修工程质量验收规范》(GB 50210—2001)中石材幕墙工程的相关内容。

2. 石材幕墙工程创精品应特别重视观感质量和功能要求,做到:

(1)石材幕墙表面应平整、洁净,无污染、缺损和裂痕。颜色和花纹应协调一致,无明显色差,无明显修痕。

(2)石材幕墙的压条应平直、洁净、接口严密、安装牢固。

(3)石材接缝应横平竖直、宽窄均匀;阴阳角石板压向应正确,板边合缝应顺直;凸凹线出墙厚度应一致,上下口应平直;石材面板上洞口、槽边应套割吻合,边缘应整齐。

(4)石材幕墙的密封胶缝应横平竖直、深浅一致、宽窄均匀、光滑顺直。

(5)石材幕墙上的滴水线、流水坡向应正确、顺直。

3. 每平方米石材的表面质量和检验方法应符合表2.7.7的规定。

每平方米石材的表面质量和检验方法 表 2.7.7

项 次	项 目	质 量 要 求	检 验 方 法
1	裂痕、明显划伤和长度 > 100mm 的轻微划伤	不 允 许	观 察
2	长度 ≤ 100mm 的轻微划伤	≤4 条	用钢尺检查
3	擦伤总面积	≤200 mm²	用钢尺检查

4．石材幕墙安装的允许偏差和检验方法应符合表 2.7.8 的规定。

石材幕墙安装的允许偏差和检验方法 表 2.7.8

项次	项 目		允许偏差（mm）		检 验 方 法
			光 面	麻 面	
1	幕墙垂直度	幕墙高度≤30m	10		用经纬仪检查
		30m < 幕墙高度≤60m	15		
		60m < 幕墙高度≤90m	20		
		幕墙高度 > 90m	25		
2	幕 墙 水 平 度		3		用水平仪检查
3	板 材 立 面 垂 直 度		3		用垂直检测尺检查
4	板 材 上 沿 水 平 度		2		用1m水平尺和钢直尺检查
5	相 邻 板 材 板 角 错 位		1		用钢直尺检查
6	幕 墙 表 面 平 整 度		2	3	用2m靠尺和塞尺检查
7	阳 角 方 正		2	4	用直角检测尺检查
8	接 缝 直 线 度		3	4	拉 5m 线，不足 5m 拉通线，用钢直尺检查
9	接 缝 高 低 差		1	—	用钢直尺和塞尺检查
10	接 缝 宽 度		1		用钢直尺检查

5．石材放射性指标限量规定

石材放射性指标限量，应符合《民用建筑工程室内环境污染控制规范》（GB 50325—2001）、《建筑材料放射性核素限量》（GB 6566—2001）中的相关规定。见表 2.6.2。

材料的污染物含量检测报告、材料进场检验记录、复验报告必须符合规定。

2.7.5.2 精品策划

1．控制要点：

（1）根据设计对幕墙的造型和立面分格要求、技术标准及建筑物的实际外形尺寸绘制石板材的加工尺寸，确定加工要求，制定安装方案。

（2）石材幕墙的金属框架立柱与主体结构预埋件的连接、连接件与金属框架的连接、连接件与石材面板的连接必须符合设计要求，安装必须牢固。

石材的连接件按板块的大小由设计确定数量、形式、规格，操作人员不得随意施工。

（3）为了控制墙面的色差，应对同一平面的石材色泽、纹理等进行预排，剔除色差明显的板块，使同一墙面的石材颜色保持基本一致；有花纹的石材应在加工场确认，同一面的石材花纹应一致。然后，按板块的部位对石材进行编号，在施工中，按石材板块的编号进行施工。

对阴阳角、窗台、滴水线、出墙面的线条等应绘制节点详图,按节点详图进行加工和施工,使相同的部位做法一致。

(4) 密封胶的打注应饱满、密实、连续、均匀、无气泡,一气呵成,宽度和厚度应符合设计要求和技术标准的规定。结构胶和密封胶应粘接牢固。

石板材空缝安装时,必须有防水措施,并应有符合设计要求的排水出口,在石材幕墙施工前,应对外墙面进行防水处理。

(5) 施工时对石材幕墙的面板应采取保护措施,避免变形、变色、污染等现象;

在挑选板材、运输和安装过程中要轻取轻放,严禁碰撞,精心保护棱角和表面。

(6) 石材幕墙的防火、保温、防潮材料的设置应符合设计要求,并应密实、均匀、厚度一致。石材幕墙的防雷装置必须与主体结构的防雷装置可靠连接。

(7) 各种变形缝、墙角的连接节点应符合设计要求和技术标准的规定。

2. 材料要求

(1) 石材幕墙工程所用材料的品种、规格、尺寸、性能和等级,应符合设计要求及国家现行产品标准和工程技术规范的规定;石材的色泽和花纹符合设计要求。

(2) 花岗石板材的弯曲强度应经法定检测机构检测确定,其弯曲强度不应小于 8.0MPa;吸水率应小于 0.8%;寒冷地区石材的耐冻融性应符合现行产品标准;石材幕墙的铝合金挂件厚度不应小于 4.0mm,不锈钢挂件厚度不应小于 3.0mm。

(3) 用于石材幕墙的板材,厚度不应小于 25mm;为满足等强度计算的要求,火烧石板的厚度应比抛光石板厚 3mm。

(4) 石板连接部位应无崩坏、暗裂等缺陷;火烧石应均匀,不得有暗裂、崩裂情况;石材加工后的表面应用高压水冲洗或用水和刷子清理,严禁用溶剂型的化学清洁剂清洗石材;运输、存放严禁碰撞。

(5) 用于石材幕墙的硅酮结构密封胶应有证明无污染的试验报告,同一幕墙工程应采用同一品牌的硅酮结构密封胶和硅酮耐候密封胶配套使用。硅酮结构密封胶和硅酮耐候密封胶应在有效期内使用。

2.7.5.3 过程控制

1. 工艺流程:

测量放线→构件、石材饰面板加工→安装各层紧固铁件→安装竖龙骨→安装横龙骨→安装石材饰面板→表面清理、打密封胶

2. 施工准备(部分见 2.7.3.3 的相关内容)

(1) 测量放线

用经纬仪核实主体结构各层竖向轴线,对照原结构设计图轴距尺寸,在各层楼板边缘弹出竖向龙骨的中心线,同时核对各层预埋件中心线与竖向龙骨中心线是否相符。核实主体结构实际总标高是否与设计总标高相符,同时把各层的楼面标高标在楼面处,以便安装幕墙时核对。根据主体结构的平面柱距尺寸,找出幕墙最外边缘尺寸,要注意到与其他外墙饰面材料连接节点的构造方法相呼应。再进行立柱、横梁的吊直、套方、弹线 。

在离阴阳大角 20cm 的位置上,用经纬仪打出两个面的竖向控制线,用 $\phi 1.0 \sim \phi 1.2$ 的钢丝竖向挂线,下边沉铁随高度而定,一般 40m 以下沉铁重量为 8～10kg,上端挂在专用的挂

线角钢架上,角钢架用膨胀螺栓固定在建筑物大角的顶端,要挂得牢固、准确、不易碰动,并要注意保护和经常检查,在控制线的上、下作出标记。

(2) 构件、石材饰面板加工

1) 结构件加工。根据设计要求选定材料,对选定材料进行有关物理性能检查,根据设计图纸及实测结果绘制构件加工图加工采购构件,构件质量经检测合格后送现场。

2) 石材饰面板加工。石材加工尺寸允许偏差应符合现行行业标准《天然花岗石建筑板材》(JC 205)的有关规定中一等品要求。

石材的销、槽加工应根据石板的大小由设计确定,并符合下列规定:

① 钢销式安装石板的孔位距离边端不得小于石板厚度的 3 倍,也不得大于 180mm;钢销间距不宜大于 600mm;边长不大于 1.0m 时每边应设两个钢销,边长大于 1.0m 时应采用复合连接;石板的钢销孔的深度宜为 22~33mm,孔的直径宜为 7mm 或 8mm,钢销直径宜为 5mm 或 6mm,钢销长度宜为 20~30mm;石板的钢销孔处不得有损坏或崩裂现象,孔径内应光滑、洁净。

② 通槽式安装的石板的通槽宽度宜为 6mm 或 7mm,不锈钢支撑板厚度不宜小于 3.0mm,铝合金支撑板厚度不宜小于 4.0mm;石板开槽后不得有损坏或崩裂现象,槽口应打磨成 45°倒角;槽内应光滑、洁净。

③ 短槽式安装的每块石板上下边应各开两个短平槽,短平槽长度不应小于 100mm,在有效长度内槽深度不宜小于 15mm;开槽宽度宜为 6mm 或 7mm;弧形槽的有效长度不应小于 80mm;两短槽边距离石板两端部的距离不应小于石板厚度的 3 倍且不应小于 85mm,也不应大于 180mm;石板采用上下均有直角弯的支撑板进行连接,不锈钢支撑板厚度不宜小于 3.0mm,铝合金支撑板厚度不宜小于 4.0mm。石板开槽后不得有损坏或崩裂现象,槽口应打磨成 45°倒角,槽内应光滑、洁净。

3. 实施

(1) 安装各层紧固铁件

紧固件的规格、数量应符合设计要求,表面防腐层应完整、不破损。使用热镀锌型钢焊接时,构造形式与焊缝应符合设计要求,安装后对焊缝进行二次防锈处理。

(2) 安装竖、横向龙骨

1) 根据施工图纸及幕墙放线安装竖向主龙骨和横向次龙骨;连接件应安装牢固,螺栓应有防松脱措施。连接件的可调节构造应用螺栓牢固连接,并有防滑动措施。角码调节范围应符合使用要求。连接件表面防腐层应完整、不破损。

石材幕墙的竖、横向龙骨一般采用槽钢和角钢,焊接连接,角钢的固定孔必须按图纸板块分格大小尺寸,调整在同一水平面线上。

2) 部分石材幕墙可根据设计要求仅安装水平热镀锌型钢龙骨,型钢龙骨焊接在墙体预埋钢板上,每根型钢的安装都必须调整在同一水平面上,与石材上口高度一致。

使用热镀锌型钢与墙体内钢板预埋件焊接或互相连接时,其构造形式、位置与焊缝应符合设计要求,安装后对焊缝进行二次防锈处理。

(3) 安装石材饰面板(短槽式)

根据排列图、板材编号及垂直水平控制线,石材由下而上进行安装施工。安装顺序为:

放置底层板→临时固定与调节→灌水泥砂浆→设排水管 →用胶粘剂嵌填板槽 →放不

锈钢连接件→用胶粘剂嵌填上层板的下槽内→临时固定与调节→固定上层墙板→直至顶层石材

1) 先支底层板托架,托架要支承牢固,相互之间连接平整,顺支托方向钉铺通长的50mm厚木板,木板上口在底层石板下口线,并保证石材下口处在同一水平面上。

2) 将底层石材按顺序排列好,先把底层面板靠角上的一块就位,上好支撑板,按顺序安装底层面板,同一水平石材装完后,应检查平整度及水平度(石板安装时,左右、上下的偏差不应大于1.5mm),如板面上口不平,可在板底的一端下口垫小木楔调节,若高,可把另一端下口用以上方法垫一下;垂直度可调整面板上口的不锈钢支撑板的距墙空隙,直至面板垂直;再检查板缝,板缝宽应按设计要求,板缝应均匀。调整后将云石胶拌均匀后抹入石材槽中,插入不锈钢支撑板进行嵌填密封,予以固定。

3) 如无设计要求,可在底层石材内用用白水泥配制的石英砂浆,灌于底层面板内200~300mm高,砂浆表面上设排水管。

4) 石材应在加工场割槽加工,如在现场操作时要保证割槽位置准确、方向垂直、槽宽及槽深符合要求,防止损坏槽壁。

施工时采用水平仪(尺)控制安装水平面,做到左右水平一致,进出立面一致。

5) 底层石材安装完成后,用云石胶嵌填上层板的下槽内,再将上一层石材嵌入底层支撑板上。其他与底层石材安装方法相同。

6) 顶部最后一层面板除了按一般石板安装要求外,安装调整后,在结构与石板的缝隙里吊一通长的20mm厚木条,木条上平为石板上口下去250mm,吊点可设在连接铁件上,可采用铅丝吊木条,木条吊好后,即在石板与墙面之间的空隙里塞放聚苯板,聚苯板条要略宽于空隙,以便填塞严实,防止灌浆时漏浆,造成蜂窝、孔洞等,灌浆至石板口下20mm作为压顶盖板之用。

(4) 表面清理、打密封胶

饰面石材安装完后,用棉丝将石板擦净,若有胶或其他粘接牢固的杂物,可用开刀轻轻铲除,易被损坏处要钉护角保护。

石材缝边粘贴4cm左右的纸带型不干胶带(美纹纸),边沿要贴齐、贴严,缝隙处塞入背衬条(塑料泡沫条),背衬条嵌好后离面层5mm,然后用嵌缝枪把中性密封胶嵌入,打胶时用力要均,走枪要稳而慢,嵌填密实、平直。如胶面不太平顺,可用不锈钢小勺刮平,小勺要随用随擦干净,嵌底层石板缝时,要注意不要堵塞流水管。石材胶缝的宽度、厚度应根据硅酮耐候密封胶的技术参数,由设计确认。

2.8 涂 饰 工 程

2.8.1 水性涂料涂饰

水性涂料涂饰工程包括:乳液型涂料、无机涂料和水溶性涂料。

2.8.1.1 质量要求

水性涂料涂饰工程所用涂料的品种、型号和性能应符合设计要求。

水性涂料涂饰工程的颜色、图案应符合设计要求。

水性涂料涂饰工程应涂饰均匀、粘结牢固,不得漏涂、透底、起皮和掉粉。

涂料的涂饰质量应达到颜色均匀一致,不允许出现泛碱、咬色、流坠、疙瘩、砂眼、刷纹等现象。

涂层与其他装修材料和设备衔接处应吻合,界面应清晰。

2.8.1.2 精品策划

1. 施工组织准备

(1) 施工条件

新建筑物的混凝土或抹灰基层在涂饰涂料前应涂刷抗碱封闭底漆。

混凝土或抹灰基层涂刷溶剂型涂料时,含水率不得大于 8%;涂刷乳液型涂料时,含水率不得大于 10%。木材基层的含水率不得大于 12%。

基层腻子应平整、坚实、牢固,无粉化、起皮和裂缝;内墙腻子的粘结强度应符合《建筑室内用腻子》(JG/T 3049)的规定。

厨房、卫生间墙面必须使用耐水腻子。

(2) 工具机具

基层清理工具:刮刀,钢丝刷,扫帚。

喷涂:空气压缩机一台。最高气压 1MPa,排气量为 0.8m³;喷斗 2～3 个;喷嘴直径 1～6mm 各两个;高压气管 100m;挡板或塑料布以及辅助用具。

刷涂:油刷、排笔。滚涂:长毛绒辊子。

2. 材料要求

根据装饰设计的要求,确定涂料工程的等级和涂饰施工的涂料材料,并根据现行材料标准,对材料进行检查验收。

涂料呈碱性,宜用耐碱性塑料桶装存。按颜色分别在室内堆放。避免日晒、雨淋、冰冻。其贮存期不得超过 5 个月。

使用时将沉淀在桶底的填料充分搅匀,使上下层涂料稀稠一致、色泽一致。冬期施工若发现涂料有凝冻现象,可进行隔水加温到凝冻完全消失后进行施工。

民用建筑工程室内用水性涂料,应测定总挥发性有机化合物(TVOC)和游离甲醛的含量,总挥发性有机化合物(TVOC)不得大于 200g/L,游离甲醛的含量不得大于 0.1g/kg。

3. 控制要点

要认真了解施工涂料的基本特性和施工特性,包括基层材质材性、坚实程度、附着能力、清洁程度、干燥程度、平整度、酸碱度(pH 值)、腻子等,并按其要求进行基层处理。

涂料施工的环境必须符合涂料施工的环境要求,环境温度不能低于涂料正常成膜温度的最低值,相对湿度也应符合涂料施工相应的要求,室外涂料工程施工过程中,应注意气候的变化,遇大风、大雨、雪及风沙等天气时不应施工。

涂料的溶剂(稀释剂)、底层涂料、腻子等均应合理地配套使用,不得乱配套。双组分涂料的施工,必须严格按产品说明书规定的配合比,根据实际使用量情况分批混合,并在规定的时间内用完。其他涂料应根据施工方法,施工季节,温度、湿度等条件调整涂料的施工粘度或稠度。在整个施工过程中,涂料的施工粘度应有专人负责调配,不应任意稀释或加水。施工粘度或稠度必须加以控制,使涂料在施工时不流坠、不显刷纹。外墙涂饰,同一墙面应用相同品种和相同批号的涂料。所用涂料在施涂及施涂过程中,必须充分搅拌,以免沉淀,影响施涂作业和施工质量。

涂料施工前,必须根据设计要求按操作规程或标准试做样板或样板间,经质检部门鉴定合格后方可大面积施工。样板或样板间应一直保留至竣工为止。

外墙涂料工程施工分段进行时,应以分格缝、墙的阴角处或雨水管等处为分界线。一般情况下,后一遍涂料的施工必须在前一遍涂料表面干燥后进行。每一遍涂料应施涂均匀,各层涂料必须结合牢固。采用机械喷涂涂料时,应将不需施涂部位,遮盖严实,以防沾污。

建筑物中的细木制品、金属构件和制品,如为工厂制作组装,其涂料宜在生产制作阶段施涂,最后一遍涂料宜在安装后施涂;如为现场制作组装,组装前应先涂一遍底子油(干性油、防锈涂料),安装后再施涂涂料。

防锈涂料和第一遍银粉涂料,应在设备、管道安装就位前刷涂。最后一遍银粉涂料应在刷浆工程完后再刷涂。

涂料工程施工完毕,应注意保护成品。保护成膜硬化条件及已硬化成膜部分,不受沾污。其他非饰涂部位的涂料必须在涂料干燥前清理干净。

2.8.1.3 过程控制

1. 水溶性涂料施工

(1) 施工步骤

1) 清理基层。

2) 填补裂缝和磨平:将墙上孔洞、磨面、裂缝和凹凸不平等缺陷进行修补,用涂料腻子填平,干燥后用砂纸打磨平整。

3) 满刮腻子,先用 10% 的聚乙烯醇缩甲醛胶:水 = 1:3 的稀释液满涂一层,然后在上面满刮腻子。

4) 磨平:腻子干燥后,用 0 号或 1 号砂纸打磨平整,清除粉尘。

5) 涂刷内墙涂料:待磨平后,用羊毛辊或排笔涂刷内墙涂料。一般墙面涂刷两遍。高级墙面,在第一遍涂刷完毕干燥后进行打磨,刮第二遍腻子,再打磨,然后涂刷第二、三遍涂料。

(2) 操作方法

1) 施工温度以 10℃ 为宜。

2) 涂刷可用排笔或鬃刷施工。气温高时,涂料粘度小,易涂刷,可用排笔施工;气温低时,涂料粘度大,不容易涂刷,可用鬃刷施工.

3) 一般工程两遍成活.第一遍用原浆,刷时距离不宜拉得太长,一般以 20～30cm 为宜。反复运笔两三次即可。第一遍干燥后,用砂纸打磨,第二遍注意接茬处要严,一面墙要一气刷完,使上墙涂料涂层厚度均匀,色泽一致。

4) 涂刷顺序为:先顶棚后墙面。一般两人合作,二人相距适宜,以免接连不好。涂料结膜后不能用湿布擦拭。涂刷后,工具应用清水洗涤干净,妥为存放,切忌接触油类物质。

2. 乳液型涂料乳胶漆施工

(1) 施工步骤

1) 基层处理:基层表面应平整,纹理质感均匀一致。基层表面不宜太光滑,以免影响涂料与基层的粘结力。

2) 涂刷稀乳液:为了增加基层与腻子或涂料的粘结力,可以在批刮腻子或涂刷涂料之前,先刷一遍与涂料体系相同或相应的稀释乳液,使稀乳液浸入基层内部,使基层干净坚实,增强与腻子或涂料的粘结力。

3）满刮腻子：内墙和顶棚应满刮乳胶涂料腻子1～2遍，干燥后用砂纸打磨平整。

4）涂刷涂料：涂刷一般为两遍，必要时可适当增加遍数在正常气温条件下，每遍涂料的时间间隔1h左右。涂膜不宜过厚过薄，一般以充分盖底，表面均匀为宜。

（2）操作方法

1）喷斗喷涂：喷涂的空气压缩机压力控制在0.5～0.8MPa，检查并调整好喷斗。用塑料布遮挡好不喷涂部位。喷涂时手握喷斗要稳，出料口与墙面垂直与墙面距离50cm左右。喷涂顺序为：先门窗口，然后来回旋转喷涂墙面。一般顶棚、墙面两遍成活，两遍之间间隔为2h。注意搭接处颜色一致，厚薄均匀，防止漏喷、流淌。

2）手压喷浆泵喷涂喷出涂料是雾状。先竖喷后横喷。其他与喷斗喷涂相同。

3）刷涂：刷涂一般使用排笔、先刷门口，然后竖向、横向涂刷，两遍成活，其间隔时间为2h。注意接头处要接好，颜色均匀一致，流平性要好。

3．无机高分子涂料施工

（1）涂刷方法

1）刷涂法：涂料的涂刷方向和行程应长短均匀一致。由于涂料干燥快，应勤蘸短刷，初干后，不可反复涂刷。新旧接连最好留在分隔缝处。一般两遍成活。时间间隔以上遍涂料充分干燥为准。注意涂刷均匀。

2）刷涂与滚涂相结合法：先将涂料刷涂在基面上。辊子上蘸少许涂料，随即滚涂。注意滚压方向一致、操作迅速。

（2）操作方法

1）材料准备：涂料使用前应放入大桶内充分搅拌均匀。使用过程中仍需不断搅拌，防止涂料中填加剂沉淀。成品涂料所含水分已按比例调整，使用过程中不可任意加水调稀，否则会影响涂膜强度。涂料如果存贮时间较长，出现"增稠"现象时，只要经过充分搅拌，即可达到流体状态，不影响使用。如果稠度太大不易施工时，可用生产厂家配套的稀释剂稍加稀释。掺量不可超过8%。

2）喷涂操作要点：外墙喷涂时，门窗口必须挡严，以防污染。空压机压力保持0.4～0.7MPa，排气量可根据涂料粘度，喷嘴直径大小，调整喷斗进气截门，以喷成雾状为宜。无机涂料喷涂质量的好坏与喷斗距墙面远近、喷斗与墙面角度有直接关系。喷斗距墙面一般在50～70cm，通过调试确定。喷嘴必须与墙面垂直。喷涂要一道紧接一道，不可漏喷、挂流，喷漏应及时补喷。开喷时不要过猛，无料时要及时关掉气门。涂层接茬必须留在分隔缝处。如无法留在分隔处时，第二次喷涂必须进行遮挡，出现接茬部位颜色不匀时，先用砂纸打磨去较厚部位，然后在分隔缝内满喷一遍。如采用局部修补，喷涂厚度，以盖底后最薄为宜。一般用量为0.8～0.9kg/m²，不宜过厚。

3）刷涂施工要点：刷涂前应用清水冲洗墙面，待无明水后才可刷涂。由于涂料干燥较快，应勤蘸短刷，初干后不可反复涂刷。刷涂的方向，长短必须一致，新旧接茬应在分隔缝处。一般刷涂两遍成活。可以两遍连续涂刷，注意均匀一致。

4）刷涂与滚涂结合作法：先用油刷将涂料按刷涂作法涂刷子基面上。随即用辊子滚涂。辊子上必须蘸少量涂料，滚压方向应一致，操作应迅速。也可以用手压或电动喷浆泵和喷枪进行喷涂，比喷斗喷涂工艺简单，工效高。

5）注意事项：无机高分子涂料施工后 12h 内避免雨淋。风力四级以上不能喷涂。

2.8.2　溶剂型涂料涂饰

溶剂型涂料涂饰工程包括：丙烯酸酯涂料、聚氨酯丙烯酸涂料、有机硅丙烯酸涂料等溶剂型涂料。

2.8.2.1　质量要求

溶剂型涂料涂饰工程所选用涂料的品种、型号和性能应符合设计要求。

溶剂型涂料涂饰工程的颜色光泽、图案应符合设计要求。

溶剂型涂料涂饰工程应涂饰均匀、粘结牢固，不得漏涂、透底、起皮和反锈。

涂料的涂饰质量应达到颜色均匀一致，光泽基均匀一致，光滑无挡手感，不允许出现流坠、皱皮、裹棱、刷纹等现象。

涂层与其他装修材料和设备衔接处应吻合，界面应清晰。

2.8.2.2　精品策划

1．施工组织准备

（1）施工条件

新建筑物的混凝土或抹灰基层在涂饰涂料前应涂刷抗碱封闭底漆。

旧墙面在涂饰涂料前应清除疏松的旧装修层，并涂刷界面剂。

混凝土或抹灰基层涂刷溶剂型涂料时，含水率不得大于 8%；涂刷乳液型涂料时，含水率不得大于 10%。木材基层的含水率不得大于 12%。

基层腻子应平整、坚实、牢固，无粉化、起皮和裂缝；内墙腻子的粘结强度应符合《建筑室内用腻子》（JG/T 3049）的规定。

厨房、卫生间墙面必须使用耐水腻子。

（2）工具机具

基层处理工具：刮刀，钢丝刷，扫帚。

涂刷工具：空气压缩机、油刷、排笔、砂纸、开刀、羊毛棍、不锈钢抹子、不锈钢压子以及阴阳角抿子、喷枪、铁抹子遮挡板等。

2．材料要求

根据装饰设计的要求，确定涂料工程的等级和涂饰施工的涂料材料，并根据现行材料标准，对材料进行检查验收。

涂料的溶剂（稀释剂）、底层涂料、腻子等均应合理地配套使用，不得乱配套。

双组分涂料的施工，必须严格按产品说明书规定的配合比，根据实际使用量情况分批混合，并在规定的时间内用完。其他涂料应根据施工方法，施工季节，温度、湿度等条件调整涂料的施工粘度或稠度。

在整个施工过程中，涂料的施工粘度应有专人负责调配，不应任意稀释或加水。施工粘度或稠度必须加以控制，使涂料在施工时不流坠、不显刷纹。

外墙涂饰，同一墙面应用相同品种和相同批号的涂料。所用涂料在施涂及施涂过程中，必须充分搅拌，以免沉淀，影响施涂作业和施工质量。

民用建筑工程室内用溶剂型涂料，应按其规定的最大稀释比例混合后，测定总挥发性有机化合物（TVOC）和苯的含量，其挥发性有机化合物（TVOC）的含量不得大于 270g/L，苯的含量不得大于 5g/kg。

3. 控制要点

要认真了解施工涂料的基本特性和施工特性,包括基层材质材性、坚实程度、附着能力、清洁程度、干燥程度、平整度、酸碱度(pH 值)、腻子等,并按其要求进行基层处理。

涂料施工的环境必须符合涂料施工的环境要求,环境温度不能低于涂料正常成膜温度的最低值,相对湿度也应符合涂料施工相应的要求,室外涂料工程施工过程中,应注意气候的变化,遇大风、大雨、雪及风砂等天气时不应施工。

涂料施工前,必须根据设计要求按操作规程或标准试做样板或样板间,经质检部门鉴定合格后方可大面积施工。样板或样板间应一直保留至竣工为止。

外墙涂料工程施工分段进行时,应以分格缝、墙的阴角处或雨水管等处为分界线。一般情况下,后一遍涂料的施工必须在前一遍涂料表面干燥后进行。每一遍涂料应施涂均匀,各层涂料必须结合牢固。采用机械喷涂涂料时,应将不需施涂部位,遮盖严实,以防沾污。

建筑物中的细木制品、金属构件和制品,如为工厂制作组装,其涂料宜在生产制作阶段施涂,最后一遍涂料宜在安装后施涂;如为现场制作组装,组装前应先涂一遍底子油(干性油、防锈涂料),安装后再施涂涂料。

防锈涂料和第一遍银粉涂料,应在设备、管道安装就位前刷涂。最后一遍银粉涂料应在刷浆工程完后再刷涂。

涂料工程施工完毕,应注意保护成品。保护成膜硬化条件及已硬化成膜部分,不受沾污。其他非饰涂部位的涂料必须在涂料干燥前清理干净。

2.8.2.3 过程控制

1. 丙烯酸有光凹凸乳胶漆施工

丙烯酸有光凹凸乳胶漆是以高分子材料苯乙烯,丙烯酸酯乳液为主要成膜物质,填加不同颜料、骨料和填加剂而制成的薄涂料和厚涂料。由两部分组成,一是丙烯酸凹凸乳胶底漆,是厚涂料;二是各色丙烯酸有光乳胶液,是薄涂料。丙烯酸凹凸乳胶底漆通过喷涂,再经过抹、轧后可得到各种各样的凹凸形状,再喷上 1～2 遍各色丙烯酸有光乳胶漆,也可似先在基层上喷一遍各色丙烯酸无光乳胶漆,待其干后再喷涂丙烯酸凹凸乳胶底漆,经过抹轧,显出图案,干燥后罩上一层苯丙乳液。

操作要点:喷涂凹凸乳胶底漆:喷枪口径采用 6～8mm,喷涂压力 0.4～0.5MPa。先调整好粘度和压力后,由一人手持喷枪与饰面成 90 度角进行喷涂。其行进路线,可根据施工需要上下或左右进行。花纹与斑点的大小以及涂层厚薄,可调节压力和喷枪口径的大小。一般底漆用量为 0.8～1.0kg/m²。喷涂后,一般在 25 ± 1℃,相对湿度 65% ± 5% 的条件下停4～5min 后,再由一人用蘸水的铁抹子轻轻抹、轧涂层表面,始终朝着上下方向进行,使涂层呈现立体感图案,且要花纹均匀一致,不得有空鼓、起皮、漏喷、脱落裂缝及流坠现象。

喷涂各色丙烯酸有光乳胶漆:底漆喷后,相隔 8h(温度 25 ± 1℃相对湿度 65 ± 5%),即用1 号喷枪喷涂丙烯酸有光乳胶漆。喷涂压力控制在 0.3～0.5MPa 之间,喷枪与饰面成 90°角,与饰面距离 40～50cm 为宜、喷出的涂料要成浓雾状,涂层要均匀,不宜过厚,不得漏喷。一般可喷涂两道,一般面漆用量为 0.3kg/m²。喷涂时,一定要注意用遮挡板将门窗等易污染部位挡好。如已污染应及时清除干净。雨天及风力较大的天气不要施工。

2. 木材表面涂料施工

刷底子油:底子油可用清油、松香水混合配制,也可用大漆或松香水与熟桐油配制。底子油中需加少许红土子颜料,配好后过罗待用。底子油的涂刷顺序为:从最里面退向门口,先小面后大面,顺木纹方向涂刷。要均匀一致,不得漏刷,干后用湿布擦净。局部补嵌腻子,用硬度较大石膏腻子将裂缝,拼缝及较大的缺陷填实嵌平。待干后用1号砂纸打磨平整,弄清扫干净。满刮腻子,用油性较大的稀腻子顺木纹方向满刮一遍,应薄、匀、平,腻子干后用1.5号木砂纸轻轻打磨。并清扫干净。

刷头遍地板涂料:将地板涂料加松香水搅拌均匀,过罗待用。涂刷时,涂料涂抹在地板上,刷子斜向往来纵横展开,再顺木纹理顺。接茬处刷子应轻飘、均匀,不显露接茬,纹路通顺。

刷第二遍地板涂料:头遍地板涂料干透后,若存在收缩裂纹、塌下等缺欠,应用腻子复补,待干后磨平、扫净。第二遍涂料的涂刷方法与头遍相同。刷完后,应仔细检查。涂层要求色泽一致、无刷痕、无积油、无漏刷。如有疵点毛病,及时处理。

3. 硬木地板刷清漆施工

润油粉:润油粉由大白粉、地板黄、红土子、熟桐油、汽油、清油、煤油等按一定比例配制而成。颜色与样板色相同。施工中用麻头、棉丝蘸润油粉来回多次揩擦地板。有棕眼处注意揩满棕眼,做到润到、擦匀,擦净。

刮腻子:腻子由石膏份与聚氨酯清漆先调成清漆腻子,再根据地板颜色用地板黄、红土子、黑烟子等颜料进行调配。刮腻子时顺木纹方向刮,头遍腻子干后用1号砂纸打磨,对检查出的裂缝等缺陷处进行补嵌腻子并处理平整。

刷聚氨酯清漆:聚氨酯清漆分为组分Ⅰ和组分Ⅱ两种。使用时需按使用说明书给定比例进行配制。需用多少配制多少,当天用完,过夜涂料不能使用。刷聚氨酯清漆一般两遍成活。小房间2~3人合作,先刷四周踢脚线,然后由里面靠窗处向外门口方向退着刷。人字、席纹地板要按一个方向刷,长条地板应顺木纹方向刷。施工中要充分用力刷开、刷匀、不漏刷。头遍刷完,应细心检查,如发现不平,应用腻子补平。干后打磨。若有大块腻子疤,应用油色或漆片加颜料进行修色。头遍与第二遍隔时间为2~3d。第二遍刷完,仍需仔细检查,发现缺陷,及时处理。

2.9　裱　糊　工　程

裱糊工程主要有塑料壁纸、复合壁纸、植物壁纸、玻纤壁纸、墙纸等。

2.9.1　质量要求

1. 应符合《建筑装饰装修工程质量验收规范》(GB 50210—2001)中裱糊工程的相关内容。

2. 裱糊工程创精品还应特别重视观感质量和功能要求,做到:

表面平整、色泽一致,拼接花纹、图案应吻合,距墙1m正视不显接缝,与各种装饰线、设备盒交接严密,阴角处搭接顺光,阳角处无接缝。

裱糊后各幅拼接应横平竖直,壁纸、墙布应粘贴牢固,不得有漏贴、补贴、脱层、空鼓和翘边。

壁纸、墙布边缘应平直整齐,不得有纸毛、飞刺。复合压花壁纸的压痕及发泡壁纸的发泡层应无损坏。

3. 裱糊工程采用的水性胶粘剂污染物限量应符合《民用建筑工程室内环境污染控制规范》(GB 50325—2001)的有关规定。见表2.9.1。

室内用水性胶粘剂中总挥发有机化合物(TVOC)和游离甲醛限量 表 2.9.1

测 定 项 目	限 量	测 定 项 目	限 量
TVOC(g/L)	≤50	游离甲醛(g/kg)	≤1

壁纸中有害物质限量应符合《室内装饰装修材料壁纸中有害物质限量》(GB 18585—2001)的有关规定。见表2.9.2

壁纸中的有害物质限量值(单位:mg/kg) 表 2.9.2

有害物质名称		限量值	有害物质名称		限量值
重金属(或其他)元素	钡	≤1000	重金属(或其他)元素	汞	≤20
	镉	≤25		硒	≤165
	铬	≤60		锑	≤20
	铅	≤90	氯乙烯单体		≤1.0
	砷	≤8	甲醛		≤120

2.9.2 精品策划
2.9.2.1 控制要点
1. 墙面基层的质量直接影响到裱糊工程的质量,因此,在裱糊工程施工前,应对墙面基层的质量进行全面检查,墙面基层的表面平整度、立面垂直度及阴阳角方正应达到高级抹灰的要求。

基层含水率直接影响裱糊的质量,必须予以控制。

2. 施工前应预拼花纹、图案,符合设计要求后再进行裁剪。

裁割壁纸的刀具必须锋利,避免出现毛边。

3. 由于不同品种、品牌的壁纸具有不同的特性,如不了解所用壁纸特性,应进行样板试验,了解壁纸的特性。

2.9.2.2 材料要求
壁纸、墙布裱糊后即为装饰面层,因此材料的品质必须符合要求。要求整洁、图案清晰,颜色均匀,花纹一致。

壁纸、墙布的种类、规格、图案、颜色、燃烧性能等级和有害物质限量值必须符合设计要求及国家现行标准的有关规定。

运输和贮存时,不得日晒雨淋,也不得贮存在潮湿处,以防霉变。压延壁纸和墙布应平放,发泡壁纸和复合壁纸应竖放。

胶粘剂应按壁纸、墙布的品种选用,当现场调制时,应当天调制当天用完。

2.9.3 过程控制
2.9.3.1 工艺流程
基层处理→裁剪壁纸→壁纸处理→涂刷胶粘剂→粘贴墙纸→刮平压实→裁割整齐
2.9.3.2 施工准备
墙面基层的要求及处理:

1. 墙面基层的质量直接影响到裱糊工程的质量,因此,在裱糊工程施工前,应对墙面基层的质量进行全面检查,检查墙面基层的平整度、垂直度、阴阳角方正等是否要求,若达不到规定的要求,必须对墙面基层进行修整,直止符合规定的要求。

2. 在裱糊工程施工前,应用清漆对墙面作封底处理,防止墙面吸水过大而导致脱胶现象产生。

混凝土、抹灰基层要求干燥,其含水率小于8%。将基层表面的污垢、尘土清除干净。然后在基层表面满批腻子,腻子应坚实牢固,不得粉化、起皮和裂缝,待完全干燥后用砂皮纸磨平、磨光,扫去浮灰。批嵌腻子的遍数可视基层平整度情况而定。

木基层的含水率应小于12%。首先将基层表面的污垢、尘土清扫干净,在接缝处粘贴接缝带并批嵌腻子,干燥后用砂皮纸磨平,扫去浮灰,然后涂刷一遍涂料(一般为清油涂料)。木基层也可根据设计要求和木基层的具体情况满批腻子,做法和要求同混凝土、抹灰基层。

3. 裱糊工程应在室内全部涂料、油漆施工完成后再进行(细木制品及地板的面层漆除外),避免后道工序污染裱糊工程。

2.9.3.3　实施

1. 裁剪壁纸

根据设计要求或样板在墙面进行分幅划线,在墙面阴角或门框边弹出垂直基准线,作为裱糊第一幅壁纸、墙布的基准,划线应采用浅色笔,避免壁纸露底。

横向拼缝在踢脚线上口和墙顶阴角(或装饰线),竖向拼缝宜在阴角和离阴角转弯50~100mm的不显眼处,阳角不留接缝。

墙纸按实际尺寸配料、裁剪,长向要比实用尺寸长50mm左右,花纹要严格对准对齐。

2. 壁纸处理

根据不同品种、品牌的壁纸的吸水性能,将裁割好的壁纸浸水或刷清水,使其吸水伸张,浸水的壁纸应拿出水池,抖掉明水,静置20min后再裱糊。刷水排笔要放在专用盛器中,凡经刷、浸水的墙纸要卷摺整齐,放平在存料台上。

3. 涂刷胶粘剂

在壁纸背面刷胶,胶粘剂的涂刷直接影响裱糊工程的质量。胶粘剂的涂刷不宜太厚,应保证胶粘剂涂刷均匀一致。

4. 粘贴壁纸,刮平压实

用滚筒将胶粘剂刷在基层面上,再用排笔刷均匀,刷一次胶粘剂,粘贴一幅墙纸。

将壁纸上墙,对齐拼缝,拼花,从上而下用刮板刮平压实。对于发泡或复合壁纸宜用干净的白棉丝或毛巾赶平压实(有颜色的毛巾容易将颜色染在壁纸上造成污染),边揩边排除墙纸与基层之间的空气。

裱糊时如对花拼缝不足一幅的应裱糊在较暗或不明显部位。

壁纸和墙布每裱糊2~3幅,或遇阴阳角时,要吊线检查垂直情况,以防造成累计误差。与装饰线、贴脸板和踢脚板不得有缝隙;裱糊好的壁纸、墙布必须粘贴牢固,表面色泽一致,不得有气泡。

对开关、插座等突出墙面的设备或附件,裱糊前应先卸下,待裱糊完毕,在盒子处用壁纸刀对角划一十字开口,十字开口尺寸应小于盒子对角线尺寸,然后将壁纸嵌入盒内,装上盖板等设备。

对于带背胶壁纸,裱糊时无需在壁纸背面和墙面上刷胶粘剂,可在水中浸泡数分钟后,直接粘贴。

对于玻璃纤维墙布、无纺墙布,无需在背面刷胶、可直接将胶粘剂涂于墙上即可裱糊,以免胶粘剂印透表面,出现胶痕。

5. 裁割整齐

上下边多出的壁纸,用锋利的刀具裁割整齐,并将溢出的少量胶粘剂揩干净。

2.10 细 部 工 程

本节主要适用于木制品的制作与安装。

2.10.1 橱柜制作与安装

2.10.1.1 质量要求

橱柜安装预埋件或后置埋件的数量、规格、位置应符合设计要求。

橱柜的造型、尺寸、安装位置。制作和固定方法应符合设计要求。橱柜安装必须牢固。

橱柜配件的品种、规格应符合设计要求。配件应齐全,安装应牢固。

橱柜的抽屉和柜门应开关灵活、回位正确。

橱柜表面应平整、洁净、色泽一致,不得有裂缝、翘曲及损坏。

橱柜裁口应顺直、拼缝应严密。

2.10.1.2 精品策划

1. 施工组织准备

施工条件:细部工程应在隐蔽工程已完成并经验收后进行。

2. 材料要求

橱柜制作与安装所用材料的材质和规格、木材的燃烧性能等级和含水率、花岗石的放射性及人造木板的甲醛含量应符合设计要求及国家现行标准的有关规定。

3. 控制要点

在建筑装饰中,以往通常橱柜制作与安装在施工现场完成,随着施工技术的发展和质量要求的提高,橱柜制作逐步向工厂化生产发展,橱柜制作一般在工厂加工成半成品或成品,到现场进行安装,这就要求技术人员根据现场实际尺寸绘制加工图及与墙面、地面的固定方式,同时应考虑与墙面、地面的接缝处理。向工厂提供加工图时,应提出加工的质量要求,包括饰面的纹理、色泽及加工精度等。

2.10.1.3 过程控制

在工厂批量加工橱柜前,应按提出加工的质量要求进行实样制作,检查实样是否符合质量要求,经检查达到质量要求后,再进行批量加工。

根据设计要求及地面及顶棚标高,确定橱柜的平面位置和标高。

制作木框架时,整体立面应垂直、平面应水平,框架交接处应做榫连接,并应涂刷木工乳胶。

侧板、底板、面板应用肩头钉与框架固定牢固,钉帽应做防腐处理。

抽屉应采用燕尾榫连接,安装时应配置抽屉滑轨。

在安装时,应严格设计的连接方式进行安装,同时,要注意对橱柜的产品保护。

五金件可先安装就位,油漆之前将其拆除,五金件安装应整齐、牢固。

2.10.2 窗帘盒、窗台板和暖气罩制作与安装

2.10.2.1 质量要求

窗帘盒、窗台板和散热器罩的造型、规格、尺寸、安装位置和固定方法必须符合设计要求。窗帘盒、窗台板和散热器罩的安装必须牢固。

窗帘盒、窗台板和散热器罩表面应平整、洁净、线条顺直、接缝严密。色泽一致,不得有裂缝、翘曲及损坏。

窗帘盒、窗台板和散热器罩与墙面、窗框的衔接应严密,密封胶缝应顺直、光滑。

1. 窗帘盒

深度一致,高度适中,出窗侧面长度一致,窗帘盒下边平直,安装牢固。

窗帘盒配件的品种、规格应符合设计要求,安装应牢固。

2. 窗台板

表面平整,窗台板厚薄一致,出窗侧面长度一致,出墙面宽度一致,与窗框接缝紧密。

3. 暖气罩

暖气罩百叶平直,百叶之间的间距一致,边框与墙面无间隙。

2.10.2.2 精品策划

1. 施工条件

细部工程应在隐蔽工程已完成并经验收后进行

2. 材料要求

窗帘盒、窗台板和散热器罩制作与安装所使用材料的材质和规格、木材的燃烧性能等级和含水率、花岗石的放射性及人造木板的甲醛含量应符合设计要求及国家现行标准的有关规定。

3. 控制要点

按照设计要求 ,编制施工方案,提出选用材料的标准,明确制作加工要求、安装方法及验收标准。

2.10.2.3 过程控制

根据设计图纸及施工现场实际情况,绘制制作加工图及节点详图。在安装以前,对制作加工的半成品按照所制定的验收标准进行检验。经检验合格的产品,才能进行安装。在安装窗帘盒、窗台板和暖气罩时,特别要注意与接触面接缝的严密。

窗帘盒宽度应符合设计要求。当设计无要求时,窗帘盒直伸出窗口两侧 200~300mm,窗帘盒中线应对准窗口中线,并使两端伸出窗口长度相同。窗帘盒下沿与窗口上沿应平齐或略低。

当采用木龙骨双包夹板工艺制作窗帘盒时,遮挡板外立面不得有明榫、露钉帽,底边应做封边处理。

窗帘盒底板可采用后置埋木楔或膨胀螺栓固定,遮挡板与顶棚交接处宜用角线收口。窗帘盒靠墙部分应与墙面紧贴。

窗帘轨道安装应平直。窗帘轨固定点必须在底板的龙骨上,连接必须用木螺钉,严禁用圆钉固定。采用电动窗帘轨时,应按产品说明书进行安装调试。

2.10.3　门窗套制作与安装

2.10.3.1　质量要求

门窗套方正,裁口顺直且在同一平面,门窗套压线顺直,拼缝严密,相邻门窗套高度一致,与墙面连接牢固可靠。

2.10.3.2　精品策划

1. 施工条件

细部工程应在隐蔽工程已完成并经验收后进行

2. 材料要求

门窗套制作与安装所使用材料的材质、规格、花纹和颜色、木材的燃烧性能等级和含水率、花岗石的放射性及人造木板的甲醛含量应符合设计要求及国家现行标准的有关规定。

3. 控制要点

根据设计图纸及施工现场实际情况,精心编制施工方案,明确预留门窗洞口尺寸大小,固定门窗套所用木砖的位置、数量及规格,门窗套的用材要求,安装方法等。

对预留门窗洞口尺寸大小、高低,固定门窗套所用木砖的位置、数量及规格进行复核,凡不符合要求的门窗洞口应进行调整。

2.10.3.3　过程控制

为防止门窗套变形,门窗套侧面板一般用细木工板作为基层,在基层上安装门窗套。

安装门窗套压线前,应检查压线的质量,压线应平直、光滑。

根据洞口尺寸、门窗中心线和位置线,用方木制成搁栅骨架并应做防腐处理,横撑位置必须与预埋件位置重合。

搁栅骨架应平整牢固,表面刨平。安装搁栅骨架应方正,除预留出板面厚度外,搁栅骨架与木砖间的间隙应垫以木垫,连接牢固。安装洞口搁栅骨架时,一般先上端后两侧,洞口上部骨架应与紧固件连接牢固。

与墙体对应的基层板板面应进行防腐处理,基层板安装应牢固。

饰面板颜色、花纹应谐调。板面应略大于搁栅骨架,大面应净光,小面应刮直。木纹根部应向下,长度方向需要对接时,花纹应通顺,其接头位置应避开视线平视范围,宜在室内地面 2m 以上或 1.2m 以下,接头应留在横撑上。

贴脸、线条的品种、颜色、花纹应与饰面板谐调。贴脸接头应成 45°角,贴脸与门窗套板面结合应紧密、平整,贴脸或线条盖住抹灰墙面应不小于 10mm。

2.10.4　护栏和扶手制作与安装

2.10.4.1　质量要求

护栏和扶手的高度、立杆间距等应设计要求和国家现行有关规定。安装牢固,高度一致。对直线护栏和扶手应表面平直、光滑,接头平整、严密。对曲线护栏和扶手应曲线圆滑,接头平整、严密。

2.10.4.2　精品策划

1. 施工条件

细部工程应在隐蔽工程已完成并经验收后进行

2. 材料要求

木材含水率应符合国家现行标准的有关规定。

对直接接触墙面的木料进行防腐处理,以防木料受潮而引起变形。

3．控制要点

根据设计图纸及施工现场实际情况,精心编制施工方案,绘制加工图,提出护栏和扶手加工要求和安装方法。对较为复杂的护栏和扶手应在施工现场进行放样。

2.10.4.3　过程控制

在绘制加工图前,应对施工现场进行测量,保证加工图符合现场实际情况。安装时,严格设计要求和施工方案进行安装。

木扶手与弯头的接头要在下部连接牢固。木扶手的宽度或厚度超过 70mm 时,其接头应粘接加强。

扶手与垂直杆件连接牢固,紧固件不得外露。

整体弯头制作前应做足尺样板,按样板划线。弯头粘结时,温度不直低于 5℃。弯头下部应与栏杆扁钢结合紧密、牢固。

木扶手弯头加工成形应刨光,弯曲应自然,表面应磨光。

金属扶手、护栏垂直杆件与预埋件连接应牢固、垂直,如焊接,则表面应打磨抛光。

玻璃栏板应使用夹层玻璃或安全玻璃。

2.10.5　花饰制作与安装

2.10.5.1　质量要求

花饰制作的规格、尺寸、图案必须符合设计要求,花饰线条优美流畅,图案清晰美观,表面光滑,颜色一致,花饰安装吻合。

2.10.5.2　精品策划

1．施工条件

细部工程应在隐蔽工程已完成并经验收后进行

门窗洞口应方正垂直,预埋木砖应符合设计要求,并应进行防腐处理。

2．材料要求

木材含水率应符合国家现行标准的有关规定。

对直接接触墙面的木料进行防腐处理,以防木料受潮而引起变形。

3．控制要点

根据设计要求,编制施工方案,绘制加工图,提出加工的材质要求、加工精度、验收标准和安装方法。

2.10.5.3　过程控制

在安装花饰前,应对加工的半成品按施工方案规定要求进行验收,凡不符合要求的半成品应进行整修。安装时,严格按施工方案进行施工。

装饰线安装的基层必须平整、坚实,装饰线不得随基层起伏。

装饰线、件的安装应根据不同基层,采用相应的连接方式。

木(竹)质装饰线、件的接口应拼对花纹,拐弯接口应齐整无缝,同一种房间的颜色应一致,封口压边条与装饰线、件应连接紧密牢固。

石膏装饰线、件安装的基层应干燥,石膏线与基层连接的水平线和定位线的位置、距离应一致,接缝应 45°角拼接。当使用螺钉固定花件时,应用电钻打孔,螺钉钉头应沉入孔内,螺钉应做防锈处理；当使用胶粘剂固定花件时，应选用短时间固化的胶粘材料。

金属类装饰线、件安装前应做防腐处理。基层应干燥、坚实。铆接、焊接或紧固件连接时，紧固件位置应整齐，焊接点应在隐蔽处、焊接表面应无毛刺。刷漆前应去除氧化层。

安装完成后，应采取适当的产品保护措施。

3 建 筑 屋 面

3.1 屋 面 保 温 层

3.1.1 质量要求

屋面保温层施工质量除必须符合《屋面工程质量验收规范》（GB 50207—2002）外，还应特别注意以下几项：

1. 保温材料的堆积密度或表观密度、导热系数以及板材的强度、吸水率，必须符合设计要求。

2. 保温层应干燥，其含水率必须符合设计要求。设计无要求时，封闭式保温层的含水率应相当于该材料在当地自然风干状态下的平衡含水率。屋面保温层干燥有困难时，应采用排气措施。

3. 倒置式屋面保温层应采用吸水率小、长期浸水不腐烂的保温材料，找坡坡度不宜小于3%，找坡层内设排水孔。保温层上采用整体或板块做保护层时应分格；卵石做保护层时，卵石应分布均匀，卵石质（重）量应符合设计要求，与保温层之间，应干铺一层无纺聚脂纤维布做隔离层。

4. 保温层的铺设必须符合下列要求：

(1) 松散保温材料：分层铺设，压实适当，表面平整，找坡正确。

(2) 板状保温材料：紧贴（靠）基层，铺平垫稳，拼缝严密，找坡正确，上下层错缝。

(3) 整体现浇保温材料：拌合均匀，分层铺设，压实适当，表面平整，找坡正确。

5. 屋面保温层允许偏差见表3.1.1。

保温层允许偏差和检验方法 表3.1.1

项　次	项　　　目		允　许　偏　差	检　验　方　法
1	整体保温层表面平整度	无　找　平　层	5mm	用2m靠尺和塞尺检查
		有　找　平　层	7mm	
2	保温层厚度	松散或整体保温材料	$-5\%\delta + 10\%\delta$	用钢针插入和尺量检查
		板状保温材料	$\pm5\%\delta$ 且 $\not> 4mm$	

注：1. δ 指保温层厚度；

　　2. 实测合格率大于85%。

3.1.2 精品策划

3.1.2.1 施工准备

1. 施工图纸已会审，屋面施工方案已编制并经审批，技术交底已进行。

2. 施工用的保温材料已进场分类堆放，并采取了防雨、防潮措施，且按规范规定的检验项目检查,检验合格。

3. 作业人员:根据保温材料品种、保温层工程量及作业面大小、工期情况,安排 1~3 个班组,配备技术员 1~2 人,作业人员到位,技工有上岗证。

4. 机具已进场,并保养完好。

5. 松散材料保温层或整体现浇保温层压实密度已做小样试验,符合设计所要求的密度。

6. 保温层施工过程中的防雨材料及措施均已落实。

7. 基层施工完毕,验收合格。

3.1.2.2 控制要点

1. 原材料检验:符合质量标准和设计要求。

2. 基层施工质量复查:基层表面应平整、干燥、干净,没有起砂、裂缝、疏松、空鼓等缺陷。

3. 保温层的含水率、厚度、坡度控制:符合设计要求。

4. 穿屋面结构层的管道与结构层连接处节点检查:达到密实、牢固。

5. 排气通道及排气管安装:符合专项方案及设计要求。

6. 大坡度屋面保温层防滑措施:构造合理,牢固可靠。

7. 气候、环境的施工控制:

(1) 保温层严禁在雨天、雪天和五级风及其以上时施工,雨季施工时必须采取遮盖措施,防止雨淋。

(2) 干铺板状保温材料可在负温度下施工;沥青玛瑞脂粘贴板状保温材料不宜在 -10℃气温以下施工;水泥砂浆粘贴板状保温材料不宜在 5℃气温以下施工。

8. 保温层施工完成后,应及时进行下一道工序的施工。

3.1.2.3 专项设计

1. 保温层兼作找坡层时,在施工方案上要确定坡度分界线的具体位置。

2. 屋面坡度较大时,采取防滑措施,可沿平行于屋脊的方向,按虚铺厚度的要求,每隔 1m 左右用砖或混凝土构筑一道防滑带,阻止松散材料下滑。

3. 屋面保温层干燥有困难时,需采取排气措施,对排气通道位置及排气管固定的施工方法应在专项施工方案中作专项设计,应有排气通道及排气管出口的平面布置图及节点详图,要求布置合理、排气通畅,外露出气管大小一致、外型美观,与屋面环境协调。

(1) 排气通道应纵横贯通,并与大气连通的排气管相通,排气通道宽度不宜小于 50mm,排气道间距不宜大于 6m,排气道应与找平层分格缝相重合。排气道顶部粘贴一层隔离纸或塑料膜,以保护排气道内的清洁。

(2) 排气出口管应设置在结构层上,要固定牢靠,穿过保温层的管壁应钻排气孔,保证通气功能。排气出气管一般设在女儿墙内墙面外侧、腰带或压条下口及排气通道的交汇处,出屋面面层净高度不低于 200mm。

(3) 屋面坡度较大时,保温层与基层的连接需绘制防滑构造详图。

3.1.2.4 材料要求

1. 封闭式保温层必须采用憎水性、有较好的防腐性能或经防腐处理的材料。水泥膨胀蛭石、水泥膨胀珍珠岩不宜用于封闭式保温层。

2．松散保温材料的质量应符合下列要求：

（1）膨胀蛭石的粒径宜为 3～15mm，堆积密度应小于 300kg/m³，导热系数应小于 0.14W/(m·K)。

（2）膨胀珍珠岩的粒径宜大于 0.15mm，粒径小于 0.15mm 的含量不应大于 8%，堆积密度应小于 120kg/m³，导热系数应小于 0.07W/(m·K)。

3．板状保温材料的质量应符合表 3.1.2 的要求。

板状保温材料质量要求   表 3.1.2

| 项　目 | 聚苯乙烯泡沫塑料类 | | 硬质聚氨酯泡沫塑料 | 泡沫玻璃 | 微孔混凝土类 | 膨胀蛭石（珍珠岩）制品 |
	挤　压	模　压				
表观密度（kg/m³）	≥32	15～30	≥30	≥150	500～700	300～800
导热系数（W/m·K）	≤0.03	≤0.041	≤0.027	≤0.062	≤0.22	≤0.26
抗压强度（MPa）	—	—	—	≥0.4	≥0.4	≥0.4
在 10% 形变下的压缩应力(MPa)	≥0.15	≥0.06	≥0.15	—	—	—
70℃，48h 后尺寸变化率(%)	≤2.0	≤5.0	≤5.0	≤0.5	—	—
吸水率（V/V，%）	≤1.5	≤6	≤3	≤0.5	—	—
外观质量	板的外形基本平整，无严重凹凸不平；厚度允许偏差为 5%，且不大于 4mm					

4．整体现浇保温层原材料的质量应符合下列要求：

（1）膨胀蛭石、膨胀珍珠岩的质量应符合 3.1.2.4 第 2 条的规定。

（2）沥青膨胀蛭石(珍珠岩)所用的沥青宜用 10 号建筑沥青。

（3）水泥膨胀蛭石(珍珠岩)中所用水泥的强度等级不应低于 32.5MPa。

（4）倒置式屋面保温材料的质量应符合 3.1.1 第 3 条的要求。

3.1.3　过程控制

3.1.3.1　正置式屋面的保温层施工操作工艺

1．工艺流程

基层清理→拉坡度线→设控制厚度的标准灰饼→管根固定→隔气层施工→铺设保温层→检查验收→进入下一道工序施工

2．基层清理验收

将结构层表面的杂物、灰尘清理干净，检查基层情况。

3．管根固定：穿结构的管根在保温层施工前，用细石混凝土堵塞密实。固定在屋面结构层表面的出气管用卡箍、锚脚与结构层连牢。

4．保温层的坡度与厚度控制

按设计保温层最小厚度和排水坡度,找出屋面坡度线,作标准灰饼。

5. 保温层的含水率控制:对现场材料拌和实行计量监督与检查。

6. 隔气层施工:隔气层在屋面与墙面连接处沿墙向上连续铺设高出保温层上表面150mm。

7. 松散保温材料的保温层施工

(1) 铺设隔气层。

(2) 松散保温材料分段分层铺设,其顺序从一端开始向另一端铺设,并适当压实,每层虚铺厚度不大于150mm,压实密度(程度)以小样为准。

(3) 经压实后的保温层不得直接在上面行车或堆放重物,并及时进行下一道工序。

8. 板状保温材料的保温层施工

(1) 干铺的板状保温材料紧靠基层表面铺平、垫稳,分层铺设的板块,上下两层的接缝错开,缝隙用同类型材料的碎屑填嵌密实。表面坡度符合设计要求,相邻板块接缝平顺。

(2) 粘贴的板状保温材料与基层贴紧、铺平,分层铺设的板块上下接缝错开,并符合下列要求:

1) 用沥青玛瑞脂及其他胶结材料粘贴时,板块之间及基层之间满涂胶结材料,以便互相粘牢。

2) 用水泥砂浆粘贴时,板缝用保温灰浆填实并勾缝。保温灰浆配合比宜为1:1:10(水泥:石灰膏:同类保温材料的碎粒,体积比)。

9. 整体现浇保温层施工

(1) 沥青膨胀珍珠岩、沥青膨胀蛭石采用机械搅拌,拌合时以色泽一致、无沥青团即可。

(2) 水泥膨胀珍珠岩、水泥膨胀蛭石采用人工搅拌,稠度以手握成团为宜,随拌随铺。

(3) 整体保温层分层分段铺设,压实程度根据试验确定,做到表面平整,厚度符合设计要求。

(4) 压实后的保温层表面,应及时铺1:(2.5~3)的水泥砂浆找平层。

3.1.3.2 倒置式屋面的保温层施工

1. 工艺流程

基层处理→抹找平(坡)层→施工防水层→铺设保温层→施工保护层

2. 倒置式屋面的保温层必须使用吸水率小、长期浸水不腐烂的憎水性保温材料,如闭孔泡沫玻璃、聚苯泡沫板、硬质聚氨脂泡沫板等保温材料。

3. 在檐口部位的找坡层内设置 ϕ14~16mm 的排水管(孔),间距 1m 左右。当有女儿墙时,排水管穿过女儿墙。

4. 板块保温材料从一端向另一端分段干铺;当采用两层保温材料时,上下层的接缝相互错开,相邻板块接槎应平整;当采用泡沫塑料板做保温层时,在保温层上铺设玻纤薄毡加筋涂层。

5. 保温层铺好一段随即施工保护层。保护层分整体、板块和洁净卵石等。

(1) 整体保护层可采用 35~40mm 厚,强度等级不低于 C20 的细石混凝土或 25~35mm 厚的 1:2 水泥砂浆,具体做法参照刚性防水层屋面。

（2）板块保护层,板块下用低强度等级砂浆座浆、铺平垫稳,板块之间留10mm宽空隙,用1:3水泥砂浆或沥青玛琋脂灌满勾平,并同时做好檐口部位的水泥砂浆找坡工序。

（3）采用洁净卵石作保护层时,依据卵石粒径大小和铺设厚度,先做好檐口部位的水泥砂浆找坡。然后将卵石均匀铺设在保温层上,洁净卵石要覆盖均匀,不留空隙。

3.1.3.3 保温层检查验收

1. 保温层检查前应具备如下资料:

（1）基层检查记录。

（2）保温材料出厂合格证或检验报告。

（3）保温材料及试块见证抽检。

2. 现场质量检查验收

结合实际施工段,每段施工按一验收批由专职质检员就保温层厚度及坡度等组织质量检查,自检合格后通知监理工程师等进行隐蔽验收,并填写隐蔽验收记录。

3.2 屋面找平层

3.2.1 质量要求

屋面找平层施工除必须符合《屋面工程质量验收规范》(GB 50207—2002)外,还应特别注意以下几项:

1. 找平层的材料质量及配比,必须符合设计要求,必要时可掺入高效砂浆王以及合成短纤维。

2. 屋面(含天沟、檐沟)找平层的排水坡度,必须符合设计要求。平屋面采用结构找坡不应小于3%,采用材料找坡宜为2%;天沟、檐沟纵向找坡不应小于1%,沟底水落差不得超过200mm。

3. 找平层的厚度和技术要求应符合表3.2.1的规定。

找平层的厚度和技术要求 表3.2.1

类　别	基层种类	厚度(mm)	技术要求
水泥砂浆找平层	整体混凝土	15～20	1:2.5～1:3(水泥:砂)体积比,水泥强度等级不低于32.5级
	整体或板状材料保温层	20～25	
	装配式混凝土板,松散材料保温层	20～30	
细石混凝土找平层	松散材料保温层	30～35	混凝土强度等级不低于C20
沥青砂浆找平层	整体混凝土	15～20	1:8(沥青:砂)重量比
	装配式混凝土板,整体或板状材料保温层	20～25	

4. 基层与突出屋面结构(女儿墙、山墙、天窗壁、变形缝、烟囱等)的交接处和基层的转角处,找平层均应做成圆弧形,且整齐平顺;圆弧应符合表3.2.2的要求。内部排水的水落口周围,找平层应做成略低的凹坑。

转角处圆弧半径 表 3.2.2

卷 材 种 类	圆弧半径(mm)	卷 材 种 类	圆弧半径(mm)
沥青防水卷材	100~150	合成高分子防水卷材	20
高聚物改性沥青防水卷材	50		

注:涂膜防水材料的转角处圆弧半径为20mm。

5. 水泥砂浆、细石混凝土找平层应平整、压光、不得有酥松、起砂、起皮现象;沥青砂浆不得有拌合不匀、蜂窝现象。

6. 找平层分格缝的位置和间距应符合设计要求,缝宽宜20mm,并嵌填密封材料;若找平层兼做排汽道时,可适当加宽,并应与保温层排汽道相通。分格缝应留设在板端缝处,其纵横向缝的最大间距:水泥砂浆或细石混凝土找平层,不宜大于6m;沥青砂浆找平层,不宜大于4m。

7. 找平层表面平整度的允许偏差为5mm。

3.2.2 精品策划

3.2.2.1 施工准备

1. 施工图纸或修改图已经会审,找平层的位置(即所在屋面做法的层次)、材料已明确;屋面专项施工方案已编制,并报监理或业主审批;施工技术质量交底已编写,并组织作业人员及施工员、质检员进行了交底。

根据施工工期、工程量要求配足施工机具及小型工具,合理安排劳动力,划分施工段形成流水施工,确保连续施工。

2. 基层清理

为防止找平层空鼓等,将结构层或保温层上表面的松散杂物、灰尘清理干净,凸出基层表面的灰渣等粘结杂物要铲平,不得影响找平层的有效厚度,如结构层或保温层有油污应铲除或烧碱擦洗。

找平层的基层采用装配式钢筋混凝土板时,应符合下列规定:

(1) 板端、侧缝应用细石混凝土灌缝,其强度等级不低于C20。

(2) 板缝宽度大于40mm或上窄下宽时,板缝内应设置构造钢筋。

(3) 板端缝应进行密封处理。

3. 应根据专项施工方案或专项设计的屋面找平层分格缝布置图,在基层及女儿墙根部弹出分格缝控制线。须找平层找坡时,应按设计坡度(设计无要求时按3.2.1第2条执行)及流水方向,找出屋面坡度走向,确定找平层的厚度范围。

4. 大面积施工前,先将出屋面的管道根部、变形缝、屋面暖沟墙根部处理好。

5. 水泥、砂石已经送检,并试配合格,强度超过15MPa;现场搅拌配比通知单已签发,并在搅拌站张榜公示。

6. 搅拌机保养完好,能保证正常使用;垂直运输已安排妥当;小型工具及计量仪器均配置齐全。

7. 出屋面管道等及女儿墙已加以保护,防止被砂浆或细石混凝土、沥青砂浆污染。

3.2.2.2 控制要点

1. 严格控制水泥砂浆或细石混凝土配合比、水泥的强度等级和安定性,水泥宜用强度等级32.5级以上的普通硅酸盐水泥或矿渣硅酸盐水泥;砂宜使用级配良好的中砂,含泥量不大于3%,有机杂质不大于0.5%。调整砂浆的水灰比,确保找平层的强度,防止起砂。

配置沥青砂浆,一般宜用30号建筑沥青,应先预热脱水,拌合均匀,并加强温度控制,以防沥青碳化变质。

2. 找平层上必须留设分格缝,分格缝的纵、横间距满足第3.2.1第6条的要求。

3. 基层与突出屋面结构(女儿墙、山墙、天窗壁、变形缝、烟囱等)的交接处和基层的转角处,找平层均应做成圆弧形,必须符合第3.2.1第4条的要求。

4. 找坡应符合第3.2.1第2条中的要求。施工时,应根据设计要求,测定标高、定点、找坡,然后拉挂屋脊线、分水岭线、排水坡度线,并且贴灰饼、冲筋,以控制找平层的标高和坡度。

5. 沥青砂浆的基层应先均匀刷冷底子油。

6. 管道根部直径500mm范围内,找平层应抹出高度不小于30mm的圆锥台。管道周围与找平层之间,应预留20mm×20mm的凹槽,并用密封材料嵌填严密。

7. 水泥砂浆或细石混凝土找平层应加强养护;室外温度低于5℃时,宜覆盖麻袋或塑料彩条布保温,防止找平层冻酥。找平层不宜上人、上物过早,杜绝重物集中堆放。

3.2.2.3 专项设计

应根据屋面平面布置图及建筑做法,编制专项施工方案,明确屋脊线、分水岭线、排水坡度线、找平层分格线等具体位置,以及根据防水材料明确基层与突出屋面结构(女儿墙、山墙、天窗壁、变形缝、烟囱等)的交接处和基层的转角处的圆弧半径、内部排水的水落口周围的找平层略低的凹坑范围及坡度。

3.2.3 过程控制

3.2.3.1 工艺流程

施工工艺:基层清理→管道、排烟道等根部封堵→标高、坡度弹线→洒水湿润(沥青砂浆则刷冷底子油)→ 贴灰饼、冲筋→ 铺抹找平层(水泥或沥青砂浆、细石混凝土)→ 压光→ 养护→验收

3.2.3.2 水泥砂浆或细石混凝土找平层

1. 洒水湿润:铺抹找平层水泥砂浆前,适当洒水湿润基层表面,混凝土表面光滑时适当刷水泥素浆,主要是利于基层与找平层的结合,但不可洒水过量,以免影响找平层水灰比及表面的干燥,造成防水层施工后窝住水汽,使得防水层易产生空鼓。

2. 贴灰饼、冲筋:根据坡度要求,拉线找坡,一般按1~2m贴灰饼(打点标高),铺抹找平层前,先按流水方向以间距1~2m冲筋,并按要求设置分格缝,并且与保温层连通,用砂浆将分格木条嵌好(如图3.2.1)。

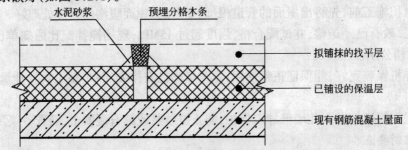

注:找平层在保温层上面,亦可在结构层上面或找坡层上面,下同。

图3.2.1 分格木条的嵌埋示意图

3. 铺抹水泥砂浆或细石混凝土:按分格块铺装水泥砂浆或细石混凝土,细石混凝土需先用平板振动器振实,用2m左右的铝合金刮尺靠冲筋条刮平,找坡后先用木抹子搓平,铁抹子压光。待浮水沉失后,以人踩上有脚印但不下陷为限,再用铁抹子压第二遍即可交活。

4. 养护:找平层抹平、压实后24h即可浇水养护,一般养护7~14d,经干燥后铺设防水层。但室外温度低于5℃时,宜覆盖麻袋或塑料彩条布保温,防止找平层冻酥。

3.2.3.3 沥青砂浆找平层

1. 喷刷冷底子油:基层清理干净后,喷涂两道均匀的冷底子油,作为沥青砂浆找平层的结合层。

2. 配置沥青砂浆:先将沥青熔化脱水,预热至120~140℃;中砂和滑砂粉等拌合均匀,加入预热熔化的沥青中拌合,并继续加热至要求的温度,但不宜使得温度升得过高,防止沥青碳化变质。沥青砂浆的施工温度要求详见表3.2.3。

沥青砂浆施工的温度要求　　　　　　　　　　　表3.2.3

室外温度(℃)	沥青砂浆温度(℃)		
	拌　　制	开　始　滚　压	滚　压　完　毕
+5℃以上	140~170	90~100	60
+5℃~-10℃	160~180	110~130	40

3. 沥青砂浆的铺设:

(1) 铺找平(坡)沥青灰饼,间距为1~1.5m;嵌好分格条;

(2) 沥青砂浆铺设:按找平(坡)线拉线铺饼后,铺装沥青砂浆,用长把刮板刮平,经滚筒滚压,边角处可用烙铁烫平,压实达到表面平整、密实、无蜂窝、看不出压痕为好。

4. 沥青砂浆找平层铺设后,宜在当天铺一层卷材,否则用卷材覆盖,防止雨水、雾气浸入。

3.2.3.4 检查验收

1. 所有材料均应有出厂合格证及进场检验报告,其中水泥或沥青性能检验均符合要求;配合比、水泥砂浆或细石混凝土强度应符合设计要求。

2. 厚度及平整度等均应符合3.2.1第3条、第5条及第7条的要求。

3. 坡度应符合3.2.1第2条的要求。

4. 分格缝间距应符合3.2.1第6条的要求。

5. 基层与突出屋面结构(女儿墙、山墙、天窗壁、变形缝、烟囱等)的交接处和基层的转角处,应符合3.2.1第4条的要求。

6. 所有验收批均经班组自检、交接检、专职检("三检"),检查合格后方可通知监理工程师隐蔽验收,合格方能进行下一道工序施工。

3.2.4 细部处理

主要在伸出屋面管道根部及水落口处。具体如下:

1. 伸出屋面管道周围的找平层做成高度不小于30mm的圆锥台,管道与找平层间应留设凹槽,如图3.2.2所示嵌填密封材料。

2. 水落口周围直径500mm范围内坡度不应小于5%,水落口杯与找平层接触处留设宽20mm、深20mm凹槽,如图3.2.3所示嵌填密封材料。

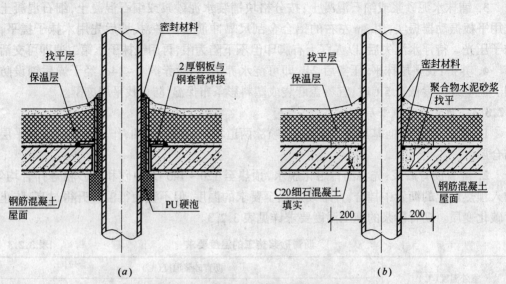

图 3.2.2 伸出屋面管道的防水构造
(a)出屋面管道(钢套管);(b)出屋面管道(混凝土填实)

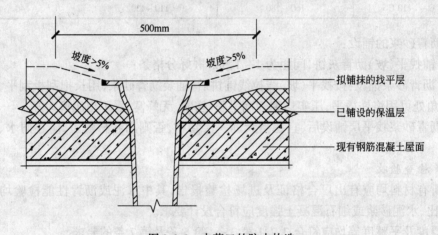

图 3.2.3 水落口的防水构造

3.3 卷材屋面防水层

3.3.1 质量要求

卷材屋面防水层的施工必须符合《屋面工程质量验收规范》(GB 50300—2001)的要求外,还应注意以下几点:

1. 防水卷材及其配套材料必须符合设计要求,且具备出厂合格证、质量检验报告、现场抽样复验报告。

2. 卷材防水层在天沟、檐沟、檐口、水落口、泛水、变形缝和伸出屋面管道的防水构造,必须符合设计要求。

3. 卷材防水层不得有渗漏或积水现象。

4. 基层的坡度符合设计要求,不得有空鼓、开裂、起砂、脱开等缺陷。

5. 突出屋面结构与基层的交接处和基层的转角处应做成圆弧形,转角处圆弧半径:石油沥青油毡防水卷材 100~150mm;高聚物改性沥青防水卷材 50mm;合成高分子防水卷材 20mm。水落口四周直径 500mm 范围内的坡度不应小于 5%。

6. 卷材防水层施工时,应将验收合格的基层表面的尘土、杂物清扫干净,并保持基层干净、干燥。

7. 屋面坡度小于 3% 时,卷材宜平行屋脊铺贴;坡度在 3%~15% 时可平行或垂直屋脊铺贴;坡度大于 15% 或屋面受振动时,石油沥青油毡防水卷材应垂直屋脊铺贴,高聚物改性沥青防水卷材合成高分子防水卷材可平行或垂直屋脊铺贴。在坡度大于 25% 的屋面上铺贴防水卷材时,应采取固定措施且固定点应密封严密。上下层卷材不得相互垂直铺贴。

8. 不同的防水卷材所选用的基层处理剂,封缝胶粘剂、密封材料等配套材料应与铺贴的卷材材性相容。

9. 卷材防水层的搭接缝应粘(焊)结牢靠,密封严密,不得有皱折、翘边和鼓泡等缺陷;防水层的收头应与基层粘结并固定牢固,缝口封严,不得翘边。

10. 卷材的铺贴方向应正确,卷材的搭接宽度符合表 3.3.1,且允许偏差为 -10mm。

卷材搭接宽度(mm)　　　　　　　　　　　　　　　　　　表 3.3.1

卷材种类	搭接方向 铺贴方法	短 边 搭 接		长 边 搭 接	
		满 粘 法	空铺、点粘、条粘法	满 粘 法	空铺、点粘、条粘法
沥青防水卷材		100	150	70	100
高聚物改性沥青防水卷材		80	100	80	100
合成高分子防水卷材	胶粘剂	80	100	80	100
	胶粘带	50	60	50	60
	单缝焊	60,有效焊接宽度不小于 25			
	双缝焊	80,有效焊接宽度 10×2+空腔宽			

11. 卷材防水层上的撒布材料和浅色涂料保护层应铺撒或涂刷均匀,粘结牢固,不得露底,多余的撒布材料应清除。水泥砂浆、块材或细石混凝土保护层与卷材防水层之间应设置隔离层;刚性保护层的分格缝留置应符合设计要求;水泥砂浆分格间距不宜大于 1m;面积宜为 1m²,块材分格间距不宜大于 10m;面积不宜大于 100m²,细石混凝土保护层分格间距不宜大于 6m;面积不大于 36m²。

3.3.2 精品策划

3.3.2.1 施工准备

根据工程量的大小、工期的要求、天气的情况配备足够的施工用具,合理安排劳动力,尽量做到连续施工。根据工作面的大小,一般安排 2~4 个班组同步施工,每个班组 13 人,其中技术人员 1 人,防水工 3 人(1 人配料),抹涂工 3 人,辅助工 6 人,所有操作人员应持证上岗。

施工前应根据工程特点和不同的防水卷材的特性,按照施工方案和规范,进行技术交底,重要部位应根据设计和规范的要求进行深化设计,画出节点大样图。

3.3.2.2 材料要求

1. 防水卷材及其配套材料必须符合材料质量标准及设计要求,且具备出厂合格证、质量检验报告现场抽样复验报告。

2. 材料的质量好坏直接影响整个防水层的质量。目前防水卷材产品繁多,质量良莠不齐,因此卷材及配套材料的选用十分重要。

3. 在施工图设计或防水工程专项设计的时候,应按照规范的要求明确卷材的厚度,以满足不同防水等级的要求。见表3.3.2。

卷材厚度选用表 表 3.3.2

屋面防水等级	设 防 道 数	合成高分子防水卷材	高聚物改性沥青防水卷材	沥青防水卷材
Ⅰ级	三道或三道以上设防	不应小于1.5mm	不应小于3mm	—
Ⅱ级	二 道 设 防	不应小于1.2mm	不应小于3mm	—
Ⅲ级	一 道 设 防	不应小于1.2mm	不应小于4mm	三毡四油
Ⅳ级	一 道 设 防	—	—	二毡三油

3.3.2.3 控制要点

卷材防水层的施工除把好材料关外,在操作时还应特别注意以下几个方面的问题:

1. 屋面防水层施工时,先做好节点,附加层和屋面排水比较集中部位(屋面与水落口连接处、檐口、天沟、屋面转角处、板端缝等)的处理,然后由屋面最低标高处向上施工,铺贴天沟、檐沟卷材时,宜顺天沟、檐沟方向,减少搭接。

2. 卷材防水层空鼓:严格控制基层的含水率,通常要求在8%~15%,一般可采用"简易检验方法"检查基层的干燥程度。铺贴时注意压实,反复碾压,排出空气。

3. 卷材防水层积水:施工时基层找平层泛水坡度应符合要求。水落口四周直径500mm的范围内,做成深5~20mm锅底式或凹槽,以利排水。

4. 卷材防水层渗漏:加强细部操作,管根、水落口、伸缩缝和卷材搭接处,应做好收头粘接,施工中保护好接槎,嵌缝时应清理,使干净的接槎面相粘接,注意成品保护,以保证施工质量。

3.3.3 过程控制

3.3.3.1 石油沥青油毡防水卷材的操作工艺

基层清理→沥青熬制配料→喷刷冷底子油→铺贴卷材附加层→铺贴屋面第一层油毡→铺贴屋面第二层油毡→铺设保护层

3.3.3.2 合成高分子防水卷材的操作工艺

基层清理→涂刷基层处理剂→附加层施工→卷材与基层表面涂胶(晾胶)→卷材铺贴→卷材收头粘结→卷材接头密封→蓄水试验→铺设保护层

3.3.3.3 高聚物改性沥青防水卷材的操作工艺(热熔法)

基层清理→涂刷基层处理剂→附加层施工→卷材铺贴→卷材热熔封边→卷材接头密封→蓄水试验→铺设保护层

3.3.3.4 施工安排

1. 施工过程中,要对卷材防水基层的施工过程进行跟踪检查验收,及时办理隐蔽验收记录,配合相关各专业完成设备基础、预留预埋等工作,并会同各专业进行隐蔽验收汇签。

2. 卷材防水施工前,对防水基层进行淋水或蓄水试验,保证屋面排水畅通,查看有无渗漏和积水现象。对有渗漏的地方进行防水层加强,对有积水的地方按要求进行处理。

3．施工过程中,安排技术、质检人员跟踪指导检查,施工细部时安排技术好,有责任心的高级技工完成。

4．防水卷材施工完成后,及时进行隐蔽验收和淋或蓄水试验。尽早安排保护层的施工,同时采取保护措施,防止机具和交叉施工作业损伤卷材防水层。

3.3.3.5 施工注意事项

1．冬季应尽量避免在气温低于0℃下施工。如必须在气温低于0℃下施工,应采取相应的措施,保证施工质量。

2．夏季施工时,如果基层有露水潮湿,要采取措施去除潮湿,待基层干燥后方可铺贴卷材,并避免在高温烈日下施工。

3．雨、霜、雪天必须在基层干燥后方可施工,刮大风时不得铺贴卷材。

4．冷粘法铺贴卷材时,胶粘剂应涂刷均匀,不露底,不堆积,并控制好胶粘剂涂刷与卷材铺贴的时间间隔。接缝口应用密封材料封严,宽度不小于10mm。

5．热熔法铺贴卷材时,卷材加热要均匀,不得过分加热或烧穿卷材,卷材表面热熔后应立即滚铺卷材,搭接时接缝部位必须溢出热熔的改性沥青胶。严禁采用热熔法铺贴厚度小于3mm的高聚物改性沥青防水卷材。

6．自粘法铺贴卷材时,自粘胶底面的隔离纸应全部撕净,基层表面应均匀涂刷基层处理剂,干燥后及时铺贴卷材。接缝口应用密封材料封严,宽度不小于10mm。

7．铺贴的卷材应平整顺直,搭接尺寸准确,不得扭曲、皱折。

3.3.3.6 卷材防水层检查验收

1．卷材防水层检查前应具备如下资料:

(1) 基层检查验收记录。

(2) 防水卷材出厂合格证或检验报告。

(3) 防水卷材见证抽检。

2．现场质量检查验收

根据实际施工的情况,每施工段按一验收批由专职质检员就卷材防水层厚度、搭接长度,有无空鼓、渗漏等组织质量检查,自检合格后及时通知监理工程师等进行隐蔽验收和淋或蓄水试验,并填写隐蔽验收记录。

3.3.4 细部处理

1．无组织排水檐口及卷材收口做法,见图3.3.1、图3.3.2。

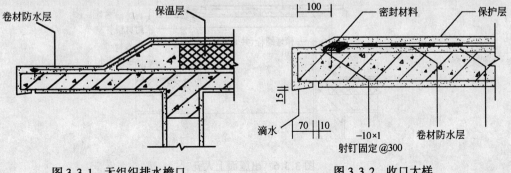

图 3.3.1 无组织排水檐口　　　　图 3.3.2 收口大样

2. 女儿墙转角处做法,见图3.3.3。

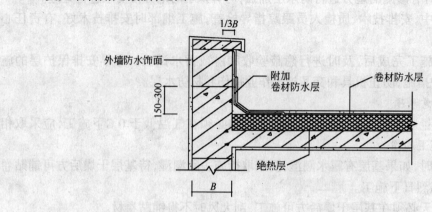

图 3.3.3   女儿墙转角处做法

3. 水落口构造,见图3.3.4。
4. 出屋面管道,见图3.3.5。

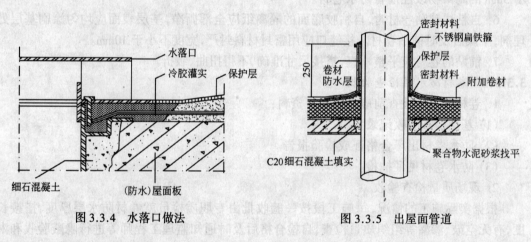

图 3.3.4   水落口做法   图 3.3.5   出屋面管道

5. 出屋面上人孔,见图3.3.6。

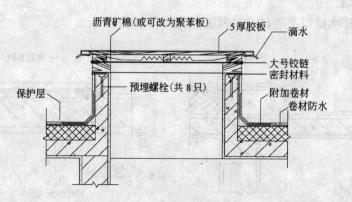

图 3.3.6   出屋面上人孔

3.4　涂膜屋面防水层

3.4.1　质量要求

涂膜屋面防水层的施工必须符合《屋面工程质量验收规范》(GB 50207—2002)的要求:

1. 防水涂料和胎体增强材料必须符合设计要求;

2. 涂膜防水层不得有渗漏和积水现象;

3. 涂膜防水层在天沟、檐沟、檐口、水落口、泛水、变形缝和伸出屋面管道的防水构造,必须符合设计要求;

4. 涂膜防水层与基层必须粘结牢固,表面平整,涂刷均匀,无流淌、邹折、脱皮、起鼓、裂缝、鼓泡、露胎体和翘边等缺陷;

5. 涂膜防水层厚度应符合每 $100m^2$ 割取 1 块 20mm×20mm 之样品,平均厚度应符合设计厚度,最小厚度不小于设计厚度的 85%。

3.4.2　精品策划

3.4.2.1　施工准备

1. 图纸已会审,施工方案已编制并审批,技术交底已进行,施工作业人员经培训持证上岗。

2. 施工所用的涂料、胎体增强材料,密封材料等均已进场,并检验合格。

3. 机具进场、检修完善,保养待用。

4. 涂膜防水层的基层应坚实、平整、无松动、起砂,必须干燥,清洁干净,表面无尘土、砂粒等污物;对于残留的砂浆或突出物应铲平,不允许有凹凸不平现象,阴阳角处应做成圆弧或钝角。

5. 根据不同涂料的要求,掌握好适宜的施工气温,一般最佳温度为 10～30℃,以不低于 5℃为宜,在夏天施工时,考虑下雨影响,采取相应的遮盖措施。涂膜防水不应在 5 级以上大风(含 5 级)天气下施工,当尘土沾污涂膜时,在开始下道工序前,要精心清理干净,并进行必要的修补。

6. 使用溶剂型涂料时,如果稀释剂和涂料接触火种,都会引起火灾,并有发生爆炸的危险。同时,施工时一定要特别注意安全,施工现场必须设立"严禁烟火"的标志和消防设施。

3.4.2.2　材料要求

1. 防水涂料应采用高聚物改性沥青防水涂料、合成高分子防水涂料。

2. 高聚物改性沥青防水涂料、合成高分子防水涂料的胎体增强材料宜采用聚脂无纺布,也可采用化纤无纺布,但不宜采用玻纤网布。

3. 防水材料应有说明书、合格证,必须符合材料质量标准及设计要求,进场材料应抽样经当地建设主管部门指定的检测机构复检合格后方可使用。

4. 进场的防水涂料和胎体增强材料抽样复检应符合下列规定:

(1) 同一规格,品种的防水涂料,每 10t 为一批,不足 10t 者按一批进行抽检;胎体增强材料,每 $3000m^2$ 为一批,不足 $3000m^2$ 者按一批进行抽检。

(2) 进场防水涂料物理性能应符合《屋面工程质量验收规范》(GB 50207—2002)附录 A 表 A.0.2-1、表 A.0.2-2 的要求,防水涂料使用的胎体增强材料的质量要求应符合表 A.0.2-3

的要求。

(3) 抽检项目中如有一项指标不合格,应在受检项目中加倍取样复检,全部达到标准规定为合格。否则,即为不合格产品。

5. 材料堆放于能避雨雪、无热源的仓库。水乳型防水涂料保管温度应不低于0℃,也不宜高于60℃,溶剂型防水涂料贮存应注意通风,严禁烟火,保管温度一般不宜大于40℃。

6. 未用完的涂料应加盖封严,桶内如有少量结膜现象,应清除或过滤后使用。

7. 多组份材料混合后存放时间不得超过规定的可使用时间,无规定时以能涂刷为准。

3.4.2.3 控制要点

1. 施工队伍:从事建筑防水工程施工的企业必须持有当地行政主管部门颁发的防水专业施工资质证书,施工人员持有防水专业施工上岗证书。

2. 基层:屋面基层的干燥程度应视所用涂料特性确定。当采用溶剂型涂料时,屋面基层应干燥。干燥程度应进行测试,测试时将$1m^2$卷材或塑料膜平坦地铺在找平层上,在南方地区可静置3~4h后掀开检查,找平层覆盖部位与卷材或塑料膜上未见水印即可施工。

3. 节点部位:大面积涂膜施工前,应先对水落口、板端缝、阴阳角、天沟、檐口、檐沟、泛水等节点部位作附加增强处理,铺放二层胎体增强层,板缝处理处还要作空铺附加层。板端缝和阴阳角增强层和空铺层铺设胎体材料时,距中心每边宽度应不小于80mm。铺设时要松弛,不得拉伸过紧和皱折。

4. 配料和搅拌:多组份涂料应按配合比准确计量,搅拌均匀,并应根据有效时间确定使用量。搅拌应充分,时间一般3~5min,可电动或人工搅拌;混合料色泽均匀一致为标准,如涂料稠度太大涂布困难时,可根据厂家提供的品种和数量掺加稀释剂,切忌任意使用稀释剂稀释。

5. 基层处理剂:为了增强涂料与基层粘结,在涂料涂布前,必须对基层进行处理,即先涂刷一道较稀的涂料作为基层处理剂。有些防水涂料,如油膏稀释涂料,其浸润性和渗透性强,可不刷基层处理剂,直接在基层上涂刷第一道涂料。

6. 涂层厚度:每道涂料涂刷的厚度以及每个涂层需要涂刷的遍数应由实验确定,太厚、会出现涂膜表面已干燥成膜,而内部涂料的水份或溶剂却不能蒸发或挥发的现象,使涂膜难以实干而形不成具有一定强度和防水能力的防水膜。太薄,需要增加涂刷遍数、增加劳动力及拖延施工工期。

7. 涂刷间隔时间:各种防水涂料都有不同的间隔时间,应根据气候条件、试验确定间隔时间,薄质涂料每遍涂层表干时实际上已基本达到了实干,因此可用表干时间来控制涂刷间隔时间。一般在北方常温下2~4h即可干燥,而在南方湿度较大的季节,二、三天也不一定能干燥。

8. 成品保护:涂膜防水层未实干前,不得在防水层上堆放任何物品或进行其他施工作业,及时保护。应避免在已完工的防水层上打眼凿洞,如确需打眼凿洞时,损坏的防水层应做重点防水密封处理。

3.4.2.4 专项设计

1. 屋面的平面不规则,设施较多时,防水层应选用合成高分子涂料或高聚物改性沥青涂料。

2. 高聚物改性沥青涂料不宜用于坡度大于25%的屋面,合成高分子涂料不受坡度限制。

3. 铺设胎体增强材料时,屋面坡度小于15%时可平行屋脊铺设,屋面坡度大于15%时应垂直于屋脊铺设。

4. 涂膜厚度应符合《屋面工程质量验收规范》(GB 50207—2002)中表5.3.4的规定和设计要求。

5. 涂膜应根据防水涂料的品种分层分遍涂布,不得一次涂成,每遍涂刷厚度和用量可参考表3.4.1和表3.4.2。

水乳型或溶剂型薄质涂料每遍(道)涂膜用量参考表(kg/m²)　　　表 3.4.1

层　次	一 层 作 法	二 层 作 法		
	一毡二涂 (一毡四胶)	二布三涂 (二布六胶)	一布一毡三涂 (一布一毡六胶)	一布一毡三涂 (一布一毡八胶)
胎体增强材料或固结材料	聚 酯 毡	玻纤布二层	聚酯毡、玻纤布各一层	聚酯毡、玻纤布各一层
胶料量(kg/m²)	2.4	3.0	3.4	4.8
总厚度(m)	1.5	1.8	2.0	3.0
第一遍(道)	刷胶料 0.7	刷胶料 0.6	刷胶料 0.7	刷胶料 0.7
第二遍(道)	刷胶料 0.5 铺毡一层 毡面刷胶 0.4	刷胶料 0.5 铺玻纤布一层 布面刷胶 0.4	刷胶料 0.5 铺毡一层 毡面刷胶 0.5	刷胶料 0.7
第二遍(道)		刷胶料 0.5 铺玻纤布一层 布面刷胶 0.5	刷胶料 0.5 铺玻纤布一层 布面刷胶 0.5	刷胶料 0.5 铺毡一层 毡面刷胶 0.5
	刷胶料 0.8			
第三遍(道)		刷胶料 0.5	刷胶料 0.7	刷胶料 0.5 铺玻纤布一层 布面刷胶 0.5
第四遍(道)				刷胶料 0.7
第五遍(道)				刷胶料 0.7

注:此表以再生橡胶乳化沥青和氯丁橡胶乳化沥青用量为准。

反应型薄质涂料每遍(道)涂膜用量参考表(kg/m²)　　　表 3.4.2

层　次	纯 涂 层		一 层 做 法
	二 胶	三 胶	一布二涂(一布四胶)
胎体增强材料或固结材料			玻纤布一层
胶料总量(kg/m²)	1.2~1.5	1.8~2.1	2.5~3.0
总厚度(mm)	1.0	1.5	2.0
第一遍(道)	刮胶料 0.6~0.7	刮胶料 0.6~0.7	刮胶料 0.6~0.7
第二遍(道)	刮胶料 0.6~0.8	刮胶料 0.6~0.7	刮胶料 0.5~0.6 铺玻纤布一层 刮胶料 0.4~0.5
第三遍(道)		刮胶料 0.6~0.7	刮胶料 0.5~0.6
第四遍(道)			刮胶料 0.5~0.6

7.基层处理剂的选用：

(1)若使用水乳型防水涂料,可用掺0.2～0.5%乳化剂的水溶液或软水将涂料稀释,其用量比例一般为:防水涂料:乳化剂溶液(或软水)＝1:0.5～1。如无软水可用冷开水代替,切忌加入一般水(天然水或自来水)。

(2)若使用溶剂型防水涂料,由于其渗透能力比水乳型防水涂料强,可直接用涂料薄涂作基层处理,若涂料较稠,可用相应的溶剂稀释后使用。

(3)高聚物改性沥青防水涂料也可用沥青溶液(即冷底子油)作基层处理剂,或在现场用煤油和30#石油沥青按60:40的比例配制成溶液作为基层处理剂。

3.4.3　过程控制

3.4.3.1　操作工艺

薄质涂料是指设计防水涂膜总厚度在3mm以下的涂料,一般是水乳型或溶剂型的高聚物改性沥青防水涂料或合成高分子防水涂料。根据涂料性能不同,其涂刷遍数,涂刷的间隔时间也不同。涂刷的方法有涂刷法和刮涂法两种。

1.水乳型或溶剂型薄质涂料二布三涂施工工艺流程:

基层表面清理、修整→喷涂基层处理剂→特殊部位附加增强处理→配料、搅拌→刷第一遍涂料→干燥→刷第二遍涂料——干铺法——→干燥→铺第一层胎体增强材料→刷第三遍涂料→ →铺第一层胎体增强材料→干燥—— 湿铺法

干燥→刷第四遍涂料——干铺法——→干燥→铺第二层胎体增强材料→刷第五遍涂料→干燥→刷 →铺第二层胎体增强材料→干燥 湿铺法

第六遍涂料→撒铺保护层材料

2.反应型薄质涂料一布二涂施工工艺:

基层表面清理、修整→喷涂基层处理剂→特殊部位附加增强处理→配料搅拌→刮涂第一遍涂料——干铺法——→干燥→铺胎体增强材料→刮涂第二遍涂料→干燥→刮涂第三遍涂料 →铺胎体增强材料→干燥—— 做保护层←干燥 湿铺法

→撒铺保护层材料→养护

3.4.3.2　涂刷基层处理剂

应用刷子用力薄涂,使涂料尽量溷进基层表面的毛细孔中,并将基层可能留下来的少量灰尘等无机杂质,象填充料一样混入基层处理剂中,使之与基层牢固结合。

3.4.3.3　涂料的涂刷

1.涂料涂刷可采用棕刷、长柄刷,胶皮板、圆棍刷等进行人工涂布,也可采用机械喷涂。

2.涂料涂布应分条或按顺序进行,分条进行时,每条宽度应与胎体增强材料的宽度相一致,以避免操作人员踩踏刚涂好的涂层。

3.每次涂布前,应严格检查前遍涂层有无缺陷,如气泡、露底、漏刷、胎体增强材料皱折、翘边、杂物混入等现象,如发现上述问题,应先进行修补再涂布后遍涂层。

4.涂刷致密是保证质量的关键,应按规定的涂层厚度均匀、仔细地涂刷。各道涂层之

间的涂刷方向应相互垂直,以提高防水层的整体性和均匀性。涂层间的接茬,在每遍涂刷时应退茬 50～100mm,接茬边时也应超过 50～100mm,避免在搭接处发生渗漏。

3.4.3.4　胎体增强材料的铺设

1. 在涂料第二遍涂刷时,或第三遍涂刷前,即可加铺胎体增强材料。胎体增加材料应尽量顺屋脊方向铺贴,方便施工,提高劳动效率。

2. 胎体增强材料可采用湿铺法和干铺法铺贴。

(1) 湿铺法就是边倒料,边涂刷、边铺贴的操作方法。施工时,先在已干燥的涂层上,用刷子将涂料仔细刷匀,然后将成卷的胎体增强材料平放在屋面上,逐渐推滚铺贴于刚刷上涂料的屋面上,用滚刷滚压一遍,务必将全部布眼浸满涂料,使上下两层涂料能良好结合,确保其防水效果。铺贴胎体增强材料时,应将布幅两边每隔 1.5～2.0mm 间距各剪 15mm 小口,以利铺贴平整。铺贴好的胎体增强材料不得有皱折、翘边、空鼓等现象,也不得有露白现象。如发现露白,说明涂料用量不足,应再在上面蘸料涂刷,使之均匀一致。

(2) 干铺法就是在上道涂层干燥后,边干铺胎体增强材料,边在已展开的表面上用橡皮刮板均匀满刮一道涂料。也可将胎体增强材料按要求在已干燥的涂层上展开后,先在边缘部位用涂料点粘固定,然后再在上面满刮一道涂料,使涂料浸入网眼渗透到已固化的涂膜上。由于干铺法施工时,上涂层是从胎体增强材料的网眼中渗透到已固化的涂膜上而形成整体,因此,当渗透性较差的涂料与比较密实的胎体增强材料配套使用时不宜采用干铺法。

3. 第一层胎体增强材料应越过屋脊 400mm,第二层应越过 200mm,搭接缝应压平,否则容易进水。胎体增强材料长边搭接不得少于 50mm,短边搭接不得小于 70mm,搭接缝应顺流水方向或主导风向。采用二层胎体增强材料时,上下层不得互相垂直铺设,搭接缝应错开,其错开间距应不小于 1/3 幅宽。

4. 胎体增强材料铺设后,应严格检查表面有否缺陷或搭接不平等现象。如发现上述情况,应及时修补完善,使它形成一个完整的防水层,此后才能在其上继续涂刷涂料,面层涂料应至少涂刷两遍以上,以增加涂膜的耐久性。如面层做粒料保护层,可在涂刷最后一遍涂料时,随即撒铺覆盖粒料。

3.4.3.5　收头处理

1. 为防止收头部位出现翘边现象,所有收头均应用密封材料压边,压边宽度不得小于 10mm。

2. 收头处理胎体增强材料应裁剪整齐,如有凹槽时,应压入凹槽内,不得出现翘边、皱折、露白等现象,否则应先进行处理后再涂封密封材料。

3.4.3.6　检查与验收

1. 防水工程检查的内容及方法有:

(1) 查看原始资料和记录:检查原材料是否符合材料质量标准和设计要求,应查看材料质量证明书和材料复试证明,看资料是否完整有效,数据是否准确,并检查配合比报告单是否符合要求,检查施工记录,自检记录、隐蔽记录是否完整、准确。

(2) 蓄水、淋水试验:屋面防水工程应做蓄水 24h 检查观察,看有否出现渗漏;放水后有否积水现象,并做好记录。

(3) 现场破损取样测试:对于涂膜厚度测量,可将涂膜切割量测其厚度,每 100m² 不少于一处,每一单位工程不少于 3 处,取平均值,并做好记录。

（4）现场量测检验：对防水层的平整度，用 2m 直尺检查，面层与直尺间的最大空隙不应超过 5mm。

（5）现场浇水检查：观察水痕，排水坡度应正确，水落口、排水系统畅通。

（6）现场观察检查：防水层表面应无裂缝、起鼓、皱折、流淌、露胎体等；对照设计，泛水、女儿墙、压顶防水等符合要求；端头、节点封闭严密，不开裂。

2. 防水工程完工后，应由施工单位自检，并整理施工过程中的有关资料，确认合格后会同建设（或监理）单位、设计单位、监督部门共同按标准进行验收。

3.5　屋面刚性防水层

刚性防水屋面适用于屋面结构刚度较大及地基地质条件较好的工程。在我国主要适用于防水等级为Ⅰ～Ⅲ级的屋面防水，不适用于设有松散材料保温层的屋面、受高温和较大震动或冲击以及坡度大于 15% 的建筑屋面。刚性防水屋面的防水层主要有：普通细石混凝土防水层、补偿收缩混凝土防水层、块体刚性防水层三种。

3.5.1　普通细石混凝土防水层

3.5.1.1　质量要求

普通细石混凝土防水层的施工除必须符合《屋面工程质量验收规范》（GB 502027—2002）外，还应注意以下几项：

1. 细石混凝土拌合必须严格计量，坍落度从严控制，当砂石料含水率变化时及时调整用水量，每工作台班坍落度测定不少于两次，混凝土试块严格按规范要求留置。

2. 细石混凝土防水层不得有渗漏或积水现象。泛水、檐口等细部构造的防水作法必须符合设计规范要求。刚柔结合部位粘结牢固，不得有空洞、松动现象。

3. 细石混凝土内的钢筋位置准确，布筋间距符合设计要求，保护层厚度符合规范要求，不得出现碰底和露筋现象。

4. 细石混凝土防水层的厚度、坡度必须符合设计要求，达到均匀一致，表面应平整光滑，不得有起壳、爆皮、起砂和裂缝等缺陷。

5. 细石混凝土防水层与基层之间要设置隔离层。

6. 分格缝的设置位置和纵横间距应符合施工规范规定，表面平滑，缝格和檐口要顺直。

3.5.1.2　精品策划

1. 施工准备

（1）组织准备

根据工程实际情况，可配备 1～2 个作业小组，每组配技术员 1 名，质检员 1 名。要求作业人员到位，技工应持证上岗。

（2）技术准备

由技术员负责编写专题施工方案和施工放线并对操作工人进行技术交底，施工前熟悉《屋面工程质量验收规范》（GB 50207—2002）中"刚性防水屋面工程"部分。

（3）材料准备

1）水泥：选用强度等级不低于 32.5MPa 的普通硅酸盐水泥，当采用矿渣硅酸盐水泥时，必须采取减小泌水性的措施。

2) 砂:采用细度模数为 3.0～2.6 的中粗砂,含泥量不大于 2%。

3) 碎石:应采用质地坚硬、级配良好的砾石、碎石,最大粒径不大于防水层厚度 1/3,一般取粒径 5～15mm,含泥量不大于 1%。

4) 水:采用市政管网自来水或不含有害物质的其他洁净水。

5) 钢筋:采用冷拔低碳钢丝,直径一般为 4mm。

6) 细石混凝土防水层使用的膨胀剂、减水剂、防水剂等外加剂根据不同品种的适用范围、技术要求选择。

(4) 作业条件

1) 准备施工细石混凝土所需的钢筋、粗细骨料、外加剂(微膨胀剂、减水剂、防水剂等)。嵌填分格缝用的硅胶、玻璃胶。

2) 基层清理干净,已洒水冲洗、湿润,表面平整度偏差不大于 7mm。

3) 主体结构已经验收,伸出屋面的机房、楼梯屋、水池、烟囱等已按设计施工完毕;伸出屋面的水管、风管等已安装,并在四周预留分格缝,以便嵌缝。

4) 细石混凝土防水层与基层之间的隔离层已施工完,并养护至基本干燥且有一定强度;对有隔热层的屋面,隔热层要密实、干燥,并已做好水泥砂浆找平层,表面划毛或粗糙,且已养护有一定强度。

2. 控制要点

(1) 细石混凝土按防水混凝土的要求由试验室设计配制配合比,每立方米混凝土技术参数:水泥用量不少于 330kg/m³;砂率为 35%～40%;灰砂比为 1:2～1:2.5;水灰比不大于 0.55;现场搅拌的混凝土坍落度以 30～50mm 为宜。普通细石混凝土中宜掺入膨胀剂、减水剂或防水剂等外加剂,必须采用机械振捣密实。当采用商品混凝土时,应严格要求水灰比,加强坍落度控制。

(2) 细石混凝土防水层的设计厚度不得小于 40mm,应配置直径为 $\phi 4 \sim \phi 6mm$、间距为 100～200mm 的双向钢筋网片。钢筋网片在分格缝处要断开,混凝土强度等级不低于 C20。

(3) 配筋细石混凝土防水层在屋面板支承端处、屋面转折处、防水层与突出屋面结构的交接处设置分格缝,其纵横缝间距不大于 6m;无配筋细石混凝土防水层除在上述部位留置分格缝外,板块中间还须留置分格缝,分格缝最大距离不超过 2m,分格缝深度不小于混凝土厚的 2/3,缝宽 10～20mm,缝中嵌填密封材料。

(4) 细石混凝土防水层与女儿墙、山墙交接处施工时在离墙 250～300mm 处留置分格缝,缝内嵌硅胶或玻璃胶等填密封材料。

(5) 天沟、檐沟采用水泥砂浆找坡,当找坡厚度大于 20mm 时,采用细石混凝土找坡。

(6) 细石混凝土防水层内严禁埋设管线。

(7) 细石混凝土防水层施工时环境温度应在 5～35℃之间,避免在负温度或烈日曝晒下施工。

3.5.1.3 过程控制

1. 细石混凝土防水层施工

(1) 防水层施工流程

基层处理→隔离层施工→立分格缝模板→钢筋网绑扎(按分格缝位置配料)→浇筑细石混凝土防水层(留置试块)→振捣滚压抹光→二次压光→拆分格缝模板及边模→三次压光修

整分格缝→养护→分格缝内嵌填密封材料。

(2) 施工工艺

1) 隔离层施工

隔离层可选用干铺卷材、砂垫层、低标号砂浆等材料。干铺卷材隔离层做法：在找平层上干铺一层卷材,卷材的接缝均匀粘牢,表面涂刷两道石灰水或掺 10% 水泥的石灰浆以防止日晒卷材发软,待隔离层干燥有一定强度后进行防水层施工。

采用低强度等级砂浆隔离层效果较为理想,一般采用粘土砂浆或石灰砂浆施工。粘土砂浆配合比为石灰膏:砂:粘土 = 1:2.4:3.6;石灰砂浆配合比为石灰膏:砂 = 1:4。

铺抹前基层先润湿,铺抹厚度取 10 ~ 20mm,表面要平整、压实、抹光后养护至基本干燥即可做防水层。

2) 分格缝留置与钢筋网片施工

① 分格缝截面做成上宽下窄形,采用木板或玻璃条做分格模板,分格缝模板安装位置要准确,并拉通线找直、固定,确保横平竖直,起条时不得损坏分格缝处的混凝土。

② 钢筋网铺设:钢筋网的钢筋规格、间距必须符合设计要求,网片采用绑扎或焊接,分格缝处断开并应弯成 90°,绑扎铁丝收口应向下弯,不得露出防水层表面,钢筋网片必须置于细石混凝土中部偏上位置,但保护层厚度应大于 10mm。

3) 现浇细石混凝土防水层施工

① 细石混凝土浇捣方法

细石混凝土防水层施工质量的好坏,关键在于保证混凝土的密实度和及时养护。

(a) 细石混凝土浇筑时注意防止分层离析,搅拌时间不少于 2min,混凝土浇筑从远到近,由高往低逐格进行。混凝土浇筑时,要确保钢筋不错位。分格板块内的混凝土一次整体浇筑,不留施工缝。

(b) 细石混凝土采用平板振捣器振捣密实,然后用滚筒十字交叉来回滚压至表面平整、泛出水泥浆。在分格缝处,两侧同时浇筑混凝土后再振捣,以免模板移位,表面刮平、抹压密实。

(c) 表面处理:表面由专人用刮尺刮平,用铁抹子压光压实,达到平整并符合排水坡度设计要求,泛水转角处做成圆弧形。抹压时,不得在表面洒水、加水泥浆或撒干水泥。当混凝土初凝后,起出分格缝模板并修整。混凝土收水后进行二次表面压光,终凝前再次压光,以闭合混凝土收水裂缝。

(d) 养护:混凝土浇筑 12 ~ 24h 以后进行养护,养护时间不少于 14d。养护方法采用淋水、覆盖砂、锯末、草帘、塑料薄膜密封遮盖、涂刷养护液等。养护初期屋面不允许上人。

② 分格缝内嵌硅胶或玻璃胶

细石混凝土养护完成后,应将分格缝内清扫、冲洗干净,所有纵横缝应互相贯通,修补好缺棱损角,待干燥后涂刷基层处理剂,再嵌填性能良好的密封材料,嵌填要密实、连续、饱满、无气泡,与两壁粘结牢固不得开裂、脱落。要求表面平直光滑,不得有起鼓、龟裂等现象。

2. 质量检查与验收

(1) 细石混凝土防水层施工过程中应做好下列隐蔽工程检查记录。

1) 屋面板安装、板缝、灌缝、混凝土浇筑等记录。

2) 分格缝、钢筋网格尺寸、规格、位置、钢筋端头弯钩等检查记录。

3) 混凝土浇筑厚度、配合比、养护等记录。

4) 屋面有无渗漏水和积水,排水系统是否畅通的记录。

(2) 细石混凝土防水层施工过程中应收集下列工程资料,以便验收检查。

1) 各种原材料出厂合格证、主要原材料的复试报告;

2) 细石混凝土防水层施工技术交底;

3) 细石混凝土设计配合比,试块强度报告及数理统计分析;

4) 刚性防水层全部施工结束后蓄水24h检验记录;

5) 施工过程中重大质量问题的情况及处理意见的记录。

(3) 细石混凝土分项工程现场检验项目主要有:与基层粘结;表面裂纹、起砂;分格缝密封;水落口、排水系统;泛水、女儿墙防水;节点做法等。

3.5.2 补偿收缩混凝土防水层

补偿收缩混凝土实际上是一种微膨胀混凝土。目前应用较多的是在混凝土中掺入适量膨胀剂制作,它具有抗裂和抗渗双重功效。

3.5.2.1 质量要求

参见普通细石混凝土防水层施工质量要求。

3.5.2.2 精品策划

1. 施工准备

与普通细石混凝土防水施工前的准备工作相同。

2. 控制要点

(1) 补偿收缩混凝土的强度等级不低于C20,水灰比不大于0.5,每立方米混凝土水泥用量不少于360kg,混凝土坍落度为10~20mm,砂率为35%~40%,灰砂比为1:2~1:2.5。

混凝土膨胀剂的加入量按内掺法(即替换等量水泥)计算。具体用量视膨胀剂的型号、化学成份、由配筋率大小和水泥强度等级等因素根据试验室试配满足要求确定配比。

(2) 参见普通细石混凝土控制要点的其他内容。

(3) 补偿收缩混凝土采用强制式搅拌机或自落式搅拌机搅拌。

(4) 膨胀剂称量由专人负责,计量要准确,误差小于±0.5%,对膨胀剂计量容器装置要定期检查,经常校准。

(5) 补偿收缩混凝土搅拌时间的长短,以搅拌均匀为准,达到搅拌均匀后方可出料。一般使用强制式搅拌机比普通细石混凝土搅拌时间延长30s以上,用自落式搅拌机应延长60s以上。

(6) 补偿收缩混凝土的运输、振捣和普通混凝土相同。

(7) 当环境温度低于5℃时,补偿收缩混凝土不宜施工,否则要采取保温措施。

(8) 膨胀剂原则上可加入到五大水泥中,但为了确保混凝土质量,应选用42.5MPa普通硅酸盐水泥。

3.5.2.3 过程控制

1. 补偿收缩混凝土防水施工工艺

(1) 隔离层施工参见普通细石混凝土隔离层施工工艺。

(2) 清理隔离层。

（3）分格缝模板用掺入膨胀剂的水泥砂浆固定牢,分格缝留置与钢筋网片施工同普通细石混凝土防水层施工工艺。

（4）拌制补偿收缩混凝土

补偿收缩混凝土必须按配比准确称量后拌制,不得估量加料,采用强制式搅拌机械或自落式搅拌机搅拌时,膨胀剂和水泥同时加入,当砂石、拌合水等拌合料全部加入后,连续搅拌时间不少于3min。

（5）补偿收缩混凝土运输过程中应防止漏浆和离析。

（6）补偿收缩混凝土的浇筑

补偿收缩混凝土的厚度 $40mm \leqslant \delta \leqslant 50mm$,钢筋保护层的厚度不少于10mm,每个分格板块内的混凝土必须一次浇筑完成,严禁留施工缝。补偿收缩混凝土的浇筑方法同普通细石混凝土防水层施工。

（7）补偿收缩混凝土的养护

补偿收缩混凝土在常温下浇筑12~24h后,即进行蓄水养护或用草包等覆盖浇水养护,养护时间不少于14d,使水泥水化热反应完全彻底。当采用蓄水养护时,蓄水高度以不超过100mm为宜。如采用具有蓄水功能的草席等材料进行覆盖养护时,浇水次数要确保覆盖物始终湿润。当平均气温低于5℃时,不得浇水,应采取保温措施。养护初期不得上人。

（8）待补偿收缩混凝土养护完成后,即可对檐沟、女儿墙、变形缝和管道根部等细部构造部位按节点防水处理的设计要求嵌填密封材料,抹微膨胀水泥砂浆防水层,铺贴附加卷材和压盖顶板等防水收头处理。

（9）分格缝待混凝土养护完成清理干净后进行防水处理嵌填玻璃胶或硅胶,最后铺贴盖缝卷材。

2. 质量检查与验收

参考普通细石混凝土防水层质量检查与验收。

3.5.3　块体刚性防水层

3.5.3.1　质量要求

块体刚性防水层施工其表面要求平整光滑,排水坡度按设计要求施工确保流水通畅,面层不得有起壳、起砂、裂缝等缺陷。

3.5.3.2　精品策划

1. 施工准备

（1）组织准备

根据工程实际情况,可配置1~2个作业小组,每组10人,其中技术员1人,质检员1人,技工要求持证上岗。

（2）技术准备

技术员负责熟悉《屋面工程质量验收规范》相关内容,编制专项施工方案报审,并向操作工人进行技术交底,施工测量放线。

（3）材料要求

1）水泥选用强度等级不低于32.5MPa的普通硅酸盐水泥,质量符合国家相关标准的规定。采用矿渣硅酸盐水泥时,要制定减少泌水的措施,不得使用火山灰质水泥。

2）砂应采用符合国家标准规定的中粗砂。

3）块体材料应无裂纹、无石灰颗粒、无灰浆泥面、无缺棱掉角等缺陷,质地密实、表面平整。当选用粘土砖时,强度大于 MU7.5,不能使用受冻坏烧砖、欠火砖、裂缝砖、缺棱掉角或非整砖。

4）使用的外加剂应分类保管不得混杂,水泥砂浆中掺量准确,并应用机械搅拌充分均匀,随拌随用。

（4）作业条件

屋面基层应准确设置设计要求的排水坡度,做到无积水洼坑,凡突出屋面的结构与砌体、管道等严格按照细部处理方法规定处理,在铺贴块体前应提前一天清扫冲洗屋面基层,保持其洁净湿润,施工前涂刷水泥浆结合层。

2. 控制要点

（1）块体采用 1:3 水泥砂浆铺贴,面层采用 1:2 水泥砂浆,水泥砂浆中要掺入防水剂。防水剂按设计要求准确计量,并充分搅拌均匀,稠度控制在 50mm 左右,防水砂浆派专人随拌随用,使用时间控制在 3h 之内。

（2）采用粘土砖作块材铺砌时,铺砌前应浸水湿润,铺砌时,应直行平砌并与板缝垂直,一般以砖的长向为流水顺向,不得采用人字形铺设。

3.5.3.3 过程控制

1. 块体刚性防水层工艺流程为

基层处理→块体浸水湿润→铺设底灰→铺块体→养护→铺面层灰→养护。

2. 块体刚性防水层施工工艺要点

（1）块体材料应提前浇水湿润,粘土砖的含水率宜控制在 15% 左右,不得使用未湿透的砖块。

（2）铺块体刚性防水层底层水泥砂浆时应连续均匀,不留施工缝,铺浆厚度一般不小于 25mm。

（3）铺贴块体刚性防水层其形式应为直形平砌,并应连续进行,缝内挤浆高度一般为块体厚度的 1/2 ~ 1/3,当铺贴必须间断时,块材侧面的残浆必须清除干净。

（4）铺设粘土砖块体刚性防水层时,铺设采用挤柔法,缝内挤浆高度要求不小于 20mm,缝隙砂浆应饱满,缝宽保持在 12 ~ 15mm 之间。

（5）块材铺贴结束后,在铺砌砂浆终凝前严禁上人踩踏和堆放物品。

（6）面层水泥砂浆层施工时,块材之间的缝隙应用 1:2 水泥砂浆灌满填实,面层水泥砂浆厚度不小于 12mm,面层水泥砂浆必须一次拍实,压光分二次进行以闭合毛孔和裂纹。

（7）面层水泥砂浆层施工完成后,在 12 ~ 24h 内进行浇水湿润养护,当气温偏低时,必须采取保温措施,养护时间不少于 14d,养护初期屋面不得上人。

3. 质量检查与验收

参见普通细石混凝土防水层施工。

3.5.4 刚性防水层细部处理

1. 普通细石混凝土和补偿收缩混凝土防水层的分格缝宽度一般 20mm 左右,分格缝中应嵌填密封材料,上部贴铺防水卷材,见图 3.5.1,图 3.5.2。

2. 细石混凝土防水层与天沟、檐沟的交接处留凹槽,并用密封材料封严。见图 3.5.3。

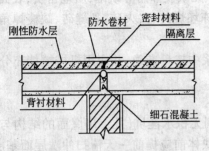

图 3.5.1 分格缝构造

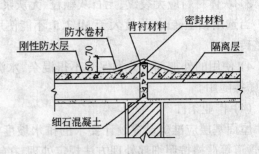

图 3.5.2 分格缝构造

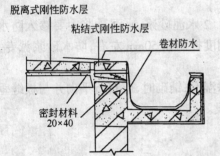

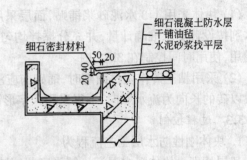

图 3.5.3 细石混凝土防水层和檐沟交接处密封

3. 刚性防水层与山墙、女儿墙交接处留宽度为 30mm 的缝,并用密封材料嵌填,泛水处铺设卷材或涂刷附加层,见图 3.5.4。

4. 刚性防水层与变形缝两侧墙体交接处留宽度为 30mm 的缝隙,并用密封材料嵌填,泛水处铺设卷材或涂膜附加层,变形缝中填充泡沫塑料或沥清麻丝,其上填放衬垫材料,并用卷材封盖,顶部加扣混凝土盖板或金属盖板,见图 3.5.5。

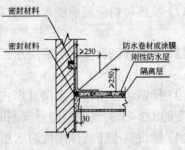

图 3.5.4 泛水构造

5. 伸出屋面管道与刚性防水层交接处设缝隙,用密封材料嵌填,并加设柔性防水附加层,收头处用金属箍固定,外部用细石混凝土做成灯笼型压嘴。$R = 50mm$,管道周边留 5mm 缝隙用硅酮胶密封。见图 3.5.6。

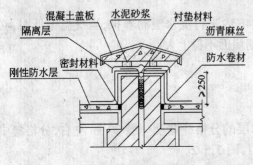

图 3.5.5 变形缝构造

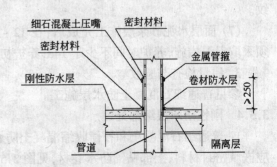

图 3.5.6 伸出屋面管道防水构造

6. 屋面檐沟纵向流水坡度不小于1%，水落口周边直径500mm范围内坡度不小于5%，檐沟表面要平整美观，线条顺直，流水要畅通，表面无积水现象。

7. 屋面直式落水口周围直径500mm范围内坡度不小于5%，并用防水涂料或密封材料涂封，其厚度不小于2mm，水落口杯宜采用铸铁制品，与基层接触处留宽20mm、深20mm凹槽，嵌填密封材料。屋面水落口范围面层宜贴面砖且排砖应整齐均匀，勾缝应顺滑平整，水落口处无积水现象，水落口杯起落应灵活，以增强屋面整体最佳观感。见图3.5.7，图3.5.8。

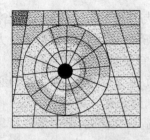

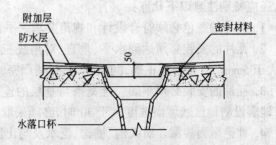

图3.5.7 直式落水口平面图　　图3.5.8 直式落水口剖面图

当直式水落口采取后埋方式时，应于周边1000mm直径范围内结构板上增设一层卷材防水，卷材应卷进杯口50mm。

8. 屋面反梁过水孔采用管内径不小于100mm的预埋管，过水孔采用防水涂料密封材料防水，预埋管道两端周围与混凝土接触处留凹槽，用密封材料封严。

9. 屋面横式水管口口杯埋设时应考虑保温层、防水层的总厚度，防水材料应铺贴进出水杯口内四周大于50mm，并粘接牢固，表面平整光滑达到观感质量。横式水落口外侧500mm范围内坡度不小于5%，并用防水涂料或密封材料涂封，其厚度不小于2mm。横式水落口杯与基层接触处留宽20mm、深20mm凹槽，嵌填密封材料。见图3.5.9。

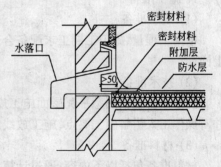

图3.5.9 横式落水口

10. 屋面排烟道考虑防震动和台风伤人，宜采用钢筋混凝土浇筑，刚性防水层于根部交接处留置宽30mm的缝隙，用密封材料嵌填，屋面向上500mm处增设鹰嘴形细石钢筋混凝土腰线，卷材卷至腰线下，采用不锈钢压条固定，并用密封材料封固。腰线与排烟道盖板要求滴水槽宽10mm、深10mm，槽内楞角方正，光滑平整，滴水槽阳角平直方正，滴水槽分色要清晰、无污染。棱角方正，盖板和腰线鹰嘴应明显、实用，起到防水作用。上人型屋面排烟口宜采用细目钢丝网密封，以防有物体坠落。

3.5.5 精品案例

深圳某住宅工程1号、2号楼，框剪结构，总建筑面积75000m²，建筑高度112m。屋面采用C20厚40mm细石刚性防水层（内配φ6@150双向钢筋）坡度为2%，1号、2号楼之间伸缩缝采用图3.5.5构造作法，面层为100mm×100mm广场砖铺贴，整个屋面美观、简洁，1999年验收时评为优良，使用至今已达4年，未发现渗漏，效果良好。

3.6　瓦　屋　面

3.6.1　平瓦屋面

平瓦屋面的防渗功能由基层的混凝土与瓦片共同承担。

3.6.1.1　质量要求

平瓦屋面的施工质量除要满足《屋面工程质量验收规范》（GB 50207—2002）的相关规定外，还应特别注意以下几点：

1. 瓦片的颜色必须符合设计和规范要求。平瓦的瓦爪与瓦槽的尺寸应配合相当。

2. 瓦片的安装必须达到水平、垂直、对角线三方面的标齐。屋面找平的整体最大偏差不大于5mm。脊瓦搭盖正确，间距均匀，封堵严密，屋脊和斜脊平直，无起伏现象。

3. 瓦片的安装必须牢固。挂瓦条与基层的连接（或挂瓦条支架与基层的连接）必须牢固；地震设防地区或屋面坡度大于30°时，必须采取构造措施，防止瓦片脱落。

4. 杜绝屋面渗漏。对天沟、檐沟、泛水及与出屋面的构造物交接处，必须采取可靠的构造措施，确保结合严密，无渗漏。

5. 瓦片的搭接、脊瓦和坡瓦的搭接、天沟（或斜沟、檐口）的镀锌铁板（防水涂膜、防水卷材、铅板、铝板或塑料板，下面统称为其他材料）伸入瓦片的长度、瓦头挑出檐口的长度、突出屋面构造物的侧面瓦伸入泛水的长度等均必须满足规范要求。

3.6.1.2　精品策划

1. 施工准备

（1）组织准备

根据工程量、施工工期工求配备合理的劳动力，尽量做到连续施工，所有人员必须持证上岗。

（2）技术准备

技术准备包括熟悉平瓦屋面施工规范、编写平瓦铺设方案并报审批，下发施工技术交底并对操作工人讲解施工要点，施工放线。

（3）材料准备

材料准备包括以下内容：通过计算和丈量，备足主瓦、脊瓦、挂瓦条、防腐材料、固定用钢钉（或铜丝）、平瓦配件的准确数量，以及节点部位使用的铝板（或其他材料）。

瓦片应边缘整齐，表面光洁，不得出现分层、裂纹、露砂和翘曲等缺陷规范要求，数量最好一次备足，以保证色彩一致，必要时可进行选瓦，存在砂眼、裂缝、掉角、缺边、少爪、色彩不符等缺陷的不得使用。

平瓦运输堆放应避免多次倒运，运输时应轻拿轻放，不得抛扔、碰撞，进入施工现场后应堆放整齐。

（4）机具准备

平瓦屋面施工所需机具有切割机、冲击电钻等一些常用机具即可。

（5）屋面基层准备

当屋面为钢筋混凝土基层时，必须达到以下施工要求：

1）檐口、屋脊、屋面坡度应符合设计要求。

2）基层经泼水试验无渗漏。

3）找平层无壳裂、空鼓，平整度偏差不大于 5mm。

4）当采用混凝土(水泥砂浆)挂瓦条时，挂瓦条与基层粘结应牢固。

5）当平瓦设有防脱落措施时，拉接构架必须与基层连接牢固。

2．控制要点

(1) 混凝土基层的防渗

平瓦屋面的防水、防漏功能是由基层混凝土和屋面平瓦共同承担。由于一般坡屋面配筋为双层双向，混凝土浇筑难度较大。施工前，应采取必要的措施，编写施工专项方案和详细的技术交底，保证基层混凝土的密实，减少混凝土缺陷的发生。必要时，可在混凝土基层上采用聚合物砂浆兼作找平层，以增加屋面的防水性能。

(2) 屋面找平层的施工

找平层的平整度直接关系到屋面瓦铺设后的平整度。施工前先进行分格(一般为 6m×6m)，并作灰饼，严格控制其平整度偏差。找平层应杜绝空鼓、壳裂、起砂等现象。对于钢、木结构屋面可能出现的起伏不平，可采用满铺木板，加铺垫毡来调节。

(3) 材料的选择

材料进场使用前，必须进行检查，平瓦的色彩必须一致，其外观质量必须达到规范要求。

(4) 屋瓦的三线标齐

瓦片的铺设必须达到水平、垂直、对角线的三方面对齐。铺瓦前必须对基层进行处理，精确放线，并事先排瓦；必须保证挂瓦条的端面尺寸和准确定位。

(5) 节点部位的处理

檐口、天沟、屋脊、排水沟、与出屋面构造物相交处等部位的处理是杜绝屋面渗漏的关键。

3．专项设计

平瓦屋面施工需进行二方面的设计，第一，计算屋瓦及配件数量；第二，节点部位的处理。

(1) 屋瓦及配件数量的计算

屋瓦及配件数量必须经过计算才能确定施工现场的实际需要量。计算方法可参照施工放线中所提及的方法进行。

(2) 节点部位的设计

节点部位必须进行防水增强处理，一般采用防水涂膜、聚合物砂浆、钢板(或其他材料)。节点部位应优先采用卧浆法施工，以加强对该部位增强材料的保护。天沟及排水沟的排水坡度必须符合设计要求，其尺寸必须根据集水面积进行计算。出屋面构造物与坡屋面交接处墙体宜设计成剪力墙。

3.6.1.3 过程控制

1．施工操作工艺

(1) 工艺流程：屋面基层施工及验收→挂屋面瓦→挂斜沟、斜背、山墙半瓦→做平、作斜屋面脊→做屋面泛水→验收

(2) 平瓦施工一般采用挂瓦条法施工。挂瓦条法施工的优点：钢筋混凝土基层与瓦面之间形成一个空气隔热层，摄入室内的热量减少，屋面施工方便、快捷、干净，轮廓平直挺括，

并减轻屋顶自重,降低综合造价。

采用挂瓦条法施工,还须注意以下几点:

1) 采用挂瓦条法施工前,先确定挂瓦条的作法,挂瓦条材质分为木质挂瓦条和混凝土(或水泥砂浆)挂瓦条,木质挂瓦条建议材质为杉木,并浸入柴油沥青中不少于 24h,并置于阴凉处风干,挂瓦条的固定材料用钢钉,木质挂瓦条必须保证端面尺寸;对混凝土挂瓦条,与基层的粘结必须牢固,无脱壳、断裂现象,在屋面找平层施工时应在挂瓦条位置留设加强连接筋。

2) 安装挂瓦条前,应确定屋面排水沟的位置及中心线,在距中心线 100 ~ 140mm 的两边弹平行线,各钉一根挂瓦条。两侧山墙檐口用一根木条连接所有横向挂瓦条,以便固定山墙檐口瓦配件。

3) 对木质挂瓦条,取挂瓦条最佳直角按屋面上弹的墨线固定,安装挂瓦条时,优先采用挂瓦条支架,使挂瓦条与现浇屋面层有 5mm 左右的空隙,以保证挂瓦条防潮、通风干爽,支架间隔 600mm 为宜,用钢钉固定于屋面。挂瓦条的接驳应用二个支架吻接固定。对于钢、木结构,挂瓦条可直接在椽子上固定。

4) 固定的挂瓦条必须承受大于 750N/m 的上掀风荷(如开放式屋面安装挂瓦条前应安装垫毡以便屋面潮气排出和减弱风力对瓦片的上掀作用)。

(3) 施工放线:放线不仅要弹出屋脊线及檐口线、水沟线,还要根据屋面瓦的特点(主要是平瓦允许的最小搭接长度以及因屋瓦平整度的要求,平瓦在其长方向不允许切割,只允许通过调节其搭接长度来铺设,平瓦的短方向在山墙处可进行切割)和屋面的实际尺寸,通过计算,得出屋瓦所需的实际用量,并弹出每行瓦及每列瓦的位置线,便于瓦片的铺设。具体的施工计算方法如下:

1) 在现浇屋面找平后放线,先确定屋面的屋脊、斜脊、排水沟等的位置,在屋脊弹出屋脊的控制线(屋脊线向下 50mm),然后从屋檐向上量出 A, A = 屋瓦长 - 檐口预留尺寸(50 ~ 75mm),弹线确定屋檐第一排瓦位置,再量出屋面坡长 B,如两侧坡长不等,以较长一侧计算。

2) 为保证每排瓦的间距均匀相等,按下述方法计算确定铺瓦的排数及间距:铺瓦的排数 $D = (B - A)/($屋瓦长 - 其允许的最小搭接长度$)$,这时 D 极少为整数,为满足上下搭接大于最小搭接,取大于 D 的一个整数 C,再以 $(B - A)/C = E$,E 即铺瓦时每排瓦之间的间距。

3) 由于现浇屋面在施工中可能出现的误差,山墙与屋檐不一定成垂直,所以需画一条与屋檐成直角的山墙边线。再根据实际的误差调节山墙檐口处的平瓦配件的预留位置。两侧山墙檐口可预留 50 ~ 75mm 分别弹线,这两条线也是主瓦铺设的始端与终端。

4) 屋檐口第一根挂瓦条要距檐口不少于 30 ~ 50mm,并用水泥砂浆封实,以防长时间风雨对挂瓦条产生腐蚀。

5) 当屋面坡度小于 20 度时,挂瓦条的间距要比计算间距适当减少 30 ~ 50mm。

(4) 为保证屋面达到三线标齐,应在屋檐第一排瓦和屋脊处最后一排瓦施工前进行预铺瓦,大面积屋面利用平瓦扣接的 3mm 调整范围来调节瓦片。

(5) 坡度大于 30°比较陡的屋面铺设瓦片时,需用铜丝穿过瓦孔系于钢钉或加强连接筋上,钢钉或加强连接筋在浇筑屋面混凝土时预留;或用相应长度的钢钉直接固定于屋面层混凝土中。对于普通屋面檐口第一排瓦、山墙处瓦片以及屋脊处的瓦片必须全部固定,其余可间隔梅花状固定,当坡度大于30°时,必须全部固定。檐口及屋脊处砂浆必须饱满。

(6)安装平瓦配件由山墙檐口瓦开始,用冲击钻钻约30mm深的孔,将30mm×40mm的小木塞固定于小孔中。从第一片山墙檐口瓦开始封,每片檐口瓦顶部与上排主瓦的底部对齐,一直铺到檐口顶端,安装好的檐口瓦必须成一直线。采用的固定方法是:砂浆饱满卧实,并用钢钉固定于小木塞内。

(7)脊瓦安装由斜脊瓦开始,施工时拉通线。脊瓦搭口和脊瓦与平瓦之间的缝隙要用麻刀灰嵌严刮平,脊瓦与平瓦的搭接每边不少于40mm。首先安装斜脊封(配件名),后用脊瓦铺至屋脊,最后铺脊瓦至末端以小封头(配件名)结束。

(8)配件安装完成后,在有砂浆明显裸露的部位,用颜料砂浆自然勾缝抹平,颜料砂浆的配比由厂家提供,任何鸟类可能筑巢的空隙都必须封实。

(9)排水沟部位的瓦片用手提切割机裁切,应切割整齐,底部空隙用砂浆封堵密实、抹平,水沟瓦可外露,也可用颜色砂浆找补、封实。平瓦伸入天沟、檐沟的长度不应小于50mm。排水沟应预先在地面上制作,铺入后应包住挂瓦条,并用钢钉固定,屋檐处铝板(或其他材料)应向下折叠,以防雨水倒灌。

(10)施工注意事项:

1)瓦与瓦扣接时的压向应和当地下暴雨时的主导风向相符合。

2)节点部位在铺瓦前必须进行构造处理,由技术人员按施工规范下发详细的技术交底,安排有经验的人员进行施工,经验收合格后方可进入下一工序施工。

3)天沟、斜沟、檐沟使用薄钢板(或其他材料),其压入瓦片的长度不少于设计规定或150mm,使用薄钢板时,钢板两面应涂刷专用防腐漆。

4)木质挂瓦条的材质应符合设计要求,并经过防腐处理。

5)施工过程中尽量减少对瓦片的污染,并保持瓦片的整洁。

2.平瓦屋面的验收

(1)检查数量按屋面面积每100m²抽查一处,但不少于3处。

(2)平瓦的质量、颜色必须符合设计规定及规范要求。

(3)挂瓦条分档均匀,铺钉平整、牢固;瓦面平整,行列整齐,搭接紧密,檐口平直。

(4)脊瓦搭盖正确,间距均匀,封堵严密,屋脊和斜脊平直,无起伏现象。

(5)天沟、斜沟、檐沟的泛水作法符合施工规范规定,结合严密,无渗漏,平直整齐。

3.6.1.4 精品案例

深圳华为单身公寓1-10号楼,总建筑面积10万㎡,建筑高度为22m。屋面均采用平瓦屋面,坡度在18°~33°之间。整个屋面造型美观大方,线条流畅、简洁,经验收,屋面工程分部被评为优良。

3.6.2 金属板屋面

金属板屋面由于其安装快捷方便,屋面造型美观气派,现住宅工程中应用也逐渐增多。

金属板屋面按形式分为压型夹心平钢板和波形薄钢板,在现代工业与民用建筑中,压型夹心平钢板应用比较广泛;按使用品种又分为普通薄钢板和镀锌薄钢板两种。

3.6.2.1 质量要求

金属瓦屋面的施工质量除要满足《屋面工程质量验收规范》(GB 50207—2002)的相关规

定外,还应特别注意以下几点:

1. 金属板屋面所用材料、厚度及颜色必须符合设计要求,涂层完整,没有划痕。

2. 金属板屋面的平整度最大偏差不大于 6mm,上下板峰吻合,坡度均匀一致,不得存在凹凸现象,彩色涂层要完整,不得有划伤或锈斑。

3. 金属屋面板与基层连接必须牢固,搭接长度符合设计和规范要求,节点部位的处理符合设计要求,接口牢固,嵌缝严密。螺栓、自攻螺丝、拉铆钉安装牢固,不得松弛,间距符合设计要求。

4. 杜绝屋面渗漏,对天沟、檐沟、檐口、雨水口、山墙处的泛水作法按设计规定进行。

5. 同一坡面上相邻拼板的平咬口及相对两坡面上的立咬口的错开距离、檐口薄钢板挑出墙面的长度、与突出屋面的构造物处薄钢板的泛水高度等均应符合规范规定;屋脊、斜脊、天沟和泛水处与薄钢板的搭接宽度也必须满足规范规定。

3.6.2.2 精品策划

1. 施工准备

(1) 组织准备

根据工程量、施工工期要求配备足够的施工机具及工具,合理安排劳动力,尽量做到连续作业,所有人员必须持证上岗。

(2) 技术准备

技术准备包括熟悉金属瓦屋面施工规范、编写金属瓦屋面铺设方案并报审批;熟悉和了解吊装机具的性能;下发施工技术交底并对操作工人讲解施工要点,施工放线。

根据施工现场的实际情况、设计图纸及施工规范要求,编制屋面板的排版图及施工节点图,确定屋面拼板的样板。检查屋面檩条安装的平整度及稳固性。

(3) 材料准备

材料准备包括以下内容:通过计算和丈量,备足屋面钢板以及各种辅助材料的准确数量,节点部位使用的铝板(或其他材料)也要备齐,另外还需准备一定数量的木板、10mm 厚垫毡(或 6mm 橡胶),用于屋面支架的找平调节。

如设计无要求,建议:自攻螺丝选用不小于 $\phi6.3mm$ 的镀锌螺丝并加盖塑料帽;拉铆钉采用铝质抽芯拉铆钉;压帽采用不锈钢制;密封垫圈采用乙丙橡胶垫圈;密封膏采用丙烯酸或硅酮胶。如采用其他材料必须作防腐处理。

所有进场材料必须符合设计要求和规范要求,压型钢板应边缘整齐,表面光洁,色泽均匀,外形规则,不得有扭翘、脱膜和锈蚀等缺陷。普通薄钢板必须将表面铁锈、油污及灰层清除干净,两面均涂刷两道防锈底漆。所进数量最好一次备足,以保证色彩一致。

金属板的堆放地点宜选择在安装现场附近,堆放场地应平坦、坚实,且便于排水。堆放时应分层,每隔 3~5m 在金属板底部加放垫木。

(4) 机具准备

金属板屋面的施工机具除常使用的机具如切割机、冲击电钻等外,还需专门机具用于屋面金属板的吊装,常用的吊装机具有塔吊、大型汽车吊或龙门架等,吊装机具必须满足对屋面板的吊装需求。

(5) 屋面基层准备

1) 检查屋面承重结构刚度是否符合要求。检查檩条间距是否符合设计要求。

2) 铺设金属板屋面,对屋脊、斜脊、檐口及天沟处应事先铺钉好垫板。

3) 金属屋面板铺设施工前,应检查屋面檩条、支架的水平度,对有偏差的及时调整。

2. 控制要点

(1) 金属板屋面的吊装

金属屋面钢板的吊装需用专用机具进行,机具的吊索角度及吊点间距要作专门设计。吊装不能勒坏屋面钢板,同时要确保安全。

(2) 金属板屋面下檩条水平度偏差的控制

金属板屋面的平整及屋面坡度均匀一致的关键在于保证其基层檩条的水平度。如有偏差,可在钢板下铺设木板或用垫圈来调节。

(3) 金属板屋面安装的牢固性

钢板和固定支架应用钩头螺栓连接。两块板铺设后,两板的侧向搭接部位还应用拉铆钉连接。

(4) 金属板屋面的防渗

檐口、天沟、屋脊、排水沟、与出屋面构造物相交处等部位的处理要按设计及施工规定进行。

3. 专项设计

金属屋面板的施工需进行三个方面的设计,第一是施工方法的确定;第二是设计施工现场金属板的排版图;第三是吊具及吊装方法的确定。

(1) 施工方法的确定,金属屋面板的施工按铺板方式分为两种,即切边铺法和不切边铺法。不切边施工时,屋面板的搭接应错开一波,屋面板成型后的四周需作专门处理;切边施工时,应事先根据排列图的排列切割搭接处的金属板,并将夹心泡沫清除干净,屋角板、包角板、泛水均应事先切割好。

(2) 根据施工现场的实际情况及选用的施工方法,设计金属板的排版图,重点在檐沟、泛水、屋脊、突出屋面的管线等部位的排版。设计排版图的目的在于屋面板可事先在地面上切割好,确定切割后剩余边角用于何处,使得现场安装快捷方便,同时便于计算实际的材料用量。

(3) 金属板应用专用吊具进行吊装,吊点的最大间距可按金属板产品的说明书,无要求时,吊点的最大间距不宜大于 5m,吊索的角度不宜大于 60°。

3.6.2.3　过程控制

1. 施工操作工艺

(1) 压型钢板安装的工艺流程

1) 非保温屋面

固定支架→钢板安装→连接件固定→屋脊、泛水、封板、包角板安装→密封胶

2) 单层压型钢板保温层屋面

保温材料支托固定→保温材料铺设→压型钢板安装(含固定支架)→连接件固定→屋脊、泛水、包角板、封板安装→密封胶

3) 双层压型钢板保温层屋面

底层压型钢板安装→保温材料铺设→面层压型钢板安装(固定支架)连接件固定→屋脊、泛水、封板、包角板安装→密封胶

(2) 铺设屋面板前应对屋面金属板及檩条的连接点进行精确定位。薄钢板下屋面全铺垫板时,要在垫板上事先找出檩条的中心线并画出标志,作为钉子固定的依据,减少在屋面铺板施工时对金属涂层的污染和破坏。

(3) 金属板应用专用吊具吊装,在钢梁和檩条上不应存放过多的钢板,并宜堆放在钢梁附近,吊装时不得勒坏压型钢板。

(4) 屋面钢板的安装应从山墙起安装第一块板。事先应在屋面的低端设一条基准定位线,以确保安装位置的准确,然后依次安装。

(5) 铺设金属板前,应核对屋面支架(一般为钢、木结构)基层的平整度。铺板应挂线铺设,使纵横对齐,长向(侧向)搭接、端部搭接应顺流水方向。压型钢板铺设时,应先在檩条上安装固定支架,压型钢板和固定支架应用钩头螺栓连接。

压型钢板应预先在四角钻钉孔,并应按此孔位置在檩条上定位钻孔,其孔径比螺栓直径大 0.5mm。钻孔时,应垂直不偏斜,并将板与檩条钻穿。螺栓固定时,先垫好密封圈,套上橡胶垫和不锈钢压盖一起拧紧。

压型钢板之间应使用单向螺栓或拉铆钉连接固定。压型钢板与固定支架应用螺栓固定。

(6) 屋面板的安装过程中应定段检测(一般间隔 10 块板),检查板两端的平直度,以保证不出现移动和变形。若需调整,则可在其后安装时,逐块作微量调节。

(7) 压型钢板在长度方向(纵向)的搭接一般在支撑构件上,搭接长度应不小于 200mm,在短方向的搭接应不小于一个波。

(8) 屋面板(包括屋脊板、泛水板、包角板等)长向搭接处应设置两道密封胶,距板端约15mm,密封胶应连续不间断。底层板搭接长度为 80~100mm,搭接处可不打密封胶。

(9) 屋面板在屋脊处,相对的两块板间宜留出 50mm 间隙,并宜将钢板端上弯 75°~90°,形成挡水板;在天沟处钢板宜外挑 150mm,下弯 10°~15°,形成滴水线。

(10) 泛水板和包角板的自身搭接长度应不小于 100mm,并应有足够的宽度和翻边,连接件间距不宜大于 50mm。搭接部位应设密封胶。泛水板的安装应平直,每块泛水板的长度不宜大于 2m,与压型钢板的搭接宽度不应小于 200mm。压型钢板挑出墙面的长度不应小于200mm,其伸入檐沟内的长度不小于 150mm。

天沟用镀锌薄钢板制作时,应伸入压型钢板的下面,其长度不应少于 150mm;当设有檐沟时,压型钢板应伸入檐沟内,其长度不少于 50mm。檐口用异型镀锌钢板的堵头封檐板,山墙应用异型镀锌钢板的包角板和固定支架封严。

屋脊板及高低跨相交处的泛水板与屋面压型钢板间采用搭接连接,搭接长度不宜少于200mm,并应在搭接部位设置防水堵头。

(11) 波形薄钢板屋面的施工与压型钢板屋面基本相似,但需注意以下几点:

1) 波形瓦屋面的搭接宽度:大波瓦和中波瓦不应少于半个波;小波瓦不应少于一个波。上下两排波瓦的搭接长度应根据屋面坡长确定,但不应少于 100mm。

2) 当波瓦采用上下两排瓦长边搭接缝错开的方法铺设时,宜错开半张波瓦;当采用上下两排瓦长边搭接缝不错开的方法铺设时,在相邻四块瓦的搭接处,应随盖瓦方向的不同,先将对瓦割角,对角缝隙不宜大于 5mm。

3) 波瓦应采用带防水垫圈的镀锌钩头螺栓固定在金属檩条上或用镀锌螺丝钉固定在

木檩条上,螺栓或螺钉应设在靠近波瓦搭接部位的波峰上。

4) 波瓦上的钉孔应用电钻成孔,其孔径应比螺栓(螺钉)的直径大 2~3mm;固定波瓦的螺栓(螺钉)不应拧得太紧,以垫圈稍能转动为度。

5) 屋脊、斜脊应采用脊瓦铺盖,亦可采用镀锌薄钢板或其他材料;屋面设有天沟、檐沟时,波瓦伸入沟内的长度不应小于 50mm;屋面与突出屋面的墙或构造物的连接处采用镀锌薄钢板做泛水时,波瓦与泛水的搭接宽度不小于 150mm。脊瓦与波瓦之间的空隙、沟底防水层与波瓦间的空隙、波瓦与泛水间的空隙等宜用麻刀灰或密封胶等材料嵌填密实。

(12) 施工注意事项

1) 在坡屋面上施工,应先检查屋面檩条是否平稳、牢固。禁止将材料放置在不固定的横梁上,已吊上屋顶而当天未安装的钢板应采取有效的固定措施,以防滑落。屋面铺盖金属板时,必须用带肋的防滑梯,穿软底鞋,防止划伤金属板油漆涂层。

2) 屋面铺盖钢板时,不应在其上堆放重物和对屋面板产生污染的材料。当空中吊物经过屋面上空时,应防止坠落和滴漏,一旦产生,应立即采取有效措施,清理干净。

2. 金属板屋面验收

(1) 按屋面面积每 100m² 抽查一处,但不少于 3 处。

(2) 屋面金属板的材质、颜色及厚度,必须符合设计要求和施工规范规定。

(3) 屋面平整,上下板峰吻合,屋面坡度均匀一致,檐口与屋脊局部的起每 5m 范围内不大于 6mm,并与基层连接牢固,屋面不得渗漏。

(4) 金属板屋面的拼板固定方式正确,横竖拼缝及其交接处的咬口严密,无开缝,立咬口相互平行且高低一致,咬口高度与间距允许偏差不大于 3mm,咬口顶部不得有裂纹;螺栓的数量符合施工规范规定。

(5) 彩色涂层完整,屋面钢板安装位置正确,各部位搭接尺寸符合设计规定及规范要求。螺栓或铆钉安装牢固、端正,间距符合规定,垫好垫圈。

(6) 节点部位符合设计及施工规范的规定,接口牢固,嵌缝严密。同一坡面上相邻拼板平咬口及相对两坡面上立咬口的错开距离、檐口薄钢板挑出墙面的长度、与突出屋面的构造物处薄钢板的泛水高度、波形薄钢板搭接长度等均应符合规范规定;屋脊、斜脊、天沟和泛水处与薄钢板的搭接宽度也必须满足规范规定。

3.6.3　油毡瓦屋面

3.6.3.1　质量要求

油毡瓦屋面的施工质量除要满足《屋面工程质量验收规范》(GB 50207—2002)的相关规定外,还应特别注意以下几点:

1. 油毡瓦屋面所用材料、厚度及颜色必须符合设计要求。边缘整齐,切槽清晰,厚薄均匀,表面无孔洞、楞伤、裂纹、折皱和起泡等缺陷。

2. 油毡瓦屋面的安装必须达到屋面平整度最大偏差不大于 5mm,坡度均匀一致,不得存在凹凸现象。

3. 油毡瓦与基层连接必须牢固,搭接长度符合设计和规范要求,节点部位的处理符合设计或规范要求,顺直整齐,接口牢固,嵌缝严密,不得渗漏。

3.6.3.2　精品策划

1. 施工准备

(1) 组织准备

根据工程量、施工工期要求配备足够的施工机具，配备合理的劳动力，所有人员必须持证上岗。

(2) 技术准备

技术准备包括熟悉油毡瓦屋面施工规范、编写瓦屋面铺设方案并报审批，下发施工技术交底并对操作工人讲解施工要点，施工放线。

根据施工现场的实际情况、设计图纸及施工规范要求，编制屋面板的排版图及施工节点图。检查屋面基层的平整度。

(3) 材料准备

油毡瓦屋面施工的材料包括以下内容：通过计算和丈量，备足屋面瓦、毡钉、钉盖、密封膏等材料的准确数量，节点部位使用的防水卷材也要备齐，另外对于木基层，还需准备一定数量的木板、10mm 厚垫毡(或 6mm 橡胶)，用于屋面支架的找平调节。

所有进场材料数量最好一次备足，材料进场后，必须对材料进行外观检查，并按规定进行送检，质量不符合要求的不得使用。

油毡瓦应在环境温度不高于 45℃ 的条件下保管，应避免雨淋、日晒、受潮，并应注意通风和避免接近火源。

(4) 机具准备

油毡瓦屋面的施工机具有切割机、冲击电钻等一些常用的机具。

(5) 屋面基层准备

当屋面为钢筋混凝土基层时，必须达到以下施工要求：

1) 檐口、屋脊、屋面坡度应符合设计要求。

2) 基层经泼水试验无渗漏。

3) 找平层无壳裂、空鼓，平整度偏差不大于 5mm。

4) 当油毡瓦设有防脱落措施时，拉接构架必须与基层连接牢固。

2. 控制要点

(1) 油毡瓦屋面的防渗

油毡瓦屋面的防渗取决于两个方面：第一是油毡瓦的施工方法是否正确；第二是节点部位的处理；对于屋面基层为混凝土，必须保证基层混凝土的密实；

(2) 油毡瓦屋面的平整度控制

必须控制屋面基层的平整度，当采用混凝土基层时，其平整度偏差不得大于 5mm，找平层应杜绝空鼓、壳裂、起砂等现象的出现；当采用钢、木结构时，对于可能出现的起伏不平，可采用垫毡来调节。二是油毡瓦铺设的质量，铺瓦前，必须精确放线，并事先排瓦。

(3) 油毡瓦屋面安装的牢固性

油毡瓦的安装必须牢固，施涂玛琋脂的饱满度及油毡钉的间距均必须满足设计要求及规范规定。

3. 专项设计

(1) 混凝土基层的防渗处理

油毡瓦屋面必须保证基层混凝土的密实。必要时，可在混凝土基层找平施工时加设防水涂膜或采用聚合物砂浆(聚合物防水涂膜)兼作找平层，以增加屋面的防水性能。

(2) 节点部位的设计

节点部位必须进行防水增强处理,对于毡瓦屋面防水增强材料一般采用防水涂膜、聚合物砂浆、铝板(或其他材料)。天沟及排水沟的排水坡度必须符合设计要求,其尺寸必须根据集水面积进行计算。出屋面构造物与坡屋面交接处墙体宜设计成剪力墙。节点部位的构造按施工规范进行。

3.6.3.3　过程控制

1. 施工操作工艺

(1) 油毡瓦铺设在钢、木基层上时,可用油毡钉固定;油毡瓦铺设在混凝土基层上时,可用射钉与玛碲脂粘结固定。

(2) 油毡瓦的基层必须平整。铺设时,在基层上应先铺一层沥青防水卷材垫毡,从檐口往上用油毡钉铺钉;垫毡搭接宽度不应小于 50mm。

(3) 油毡瓦应自檐口向上铺设,第一层瓦应与檐口平行,切槽应向上指向屋脊,用油毡钉固定。第二层油毡瓦应与第一层叠合,但切槽应向下指向檐口。第三层油毡瓦应压在第二层上,并露出切槽 100mm。油毡瓦之间的对缝,上下不应重合。

(4) 每片油毡瓦不应少于 4 个油毡钉,当屋面坡度大于 150% 时,应增加油毡钉固定。

(5) 铺设脊瓦时,应将油毡瓦沿槽切开,分成四块作为脊瓦,并用两个油毡钉固定。脊瓦应顺当地主导风向搭接,并应搭盖住两坡面的油毡瓦接缝的 1/3。脊瓦与脊瓦的压盖面不小于脊瓦面积的 1/2,并不应少于 100mm。

(6) 屋面与突出屋面结构的连接处,油毡瓦应铺设在立面上,其高度不应小于 250mm。

在屋面与突出屋面的烟囱、管道等连接处,应先做二毡三油垫层,待铺瓦后,再用高聚合物改性沥青防水卷材做单层防水。

在女儿墙泛水处,油毡瓦可沿基层与女儿墙的八字坡铺贴,并用镀锌薄钢板覆盖,钉入墙内;泛水口与墙间的缝隙应用密封材料封严。

2. 油毡瓦屋面的验收

(1) 按屋面面积每 100m² 抽查一处,但不少于 3 处。

(2) 油毡瓦屋面的材质及厚度,必须符合设计要求和施工规定。

(3) 油毡瓦之间的对缝,上下层不得重合;脊瓦搭盖正确,嵌封严密;屋脊和斜脊平直,檐口与屋脊局部的起伏每 5m 范围内不大于 6mm;上下板峰吻合,屋面坡度均匀一致,檐口顺直,并与基层连接牢固,屋面不得渗漏。

(4) 油毡瓦的铺设方法正确;各部位搭接尺寸符合设计规定及规范要求。毡钉安装牢固、端正,间距符合规定,垫好垫圈。

(5) 节点部位符合设计及施工规范的规定,接口牢固,嵌缝严密,不得漏放垫毡。同一坡面上相邻拼板的错开距离、与突出屋面的构造物处薄钢板的泛水高度等均应符合规范规定;屋脊、斜脊、天沟和泛水处与薄钢板的搭接宽度也必须满足规范规定。

3.7　隔　热　屋　面

隔热屋面按隔热方式的不同,一般可分为架空隔热屋面、蓄水隔热屋面和种植隔热屋面三类。

3.7.1 架空屋面

架空隔热屋面是在屋面上支撑一层架空板,在烈日与屋面之间形成一道通风的隔热层,从而使屋面表面温度得到降低。

3.7.1.1 质量要求

架空屋面施工质量要求除必须符合《屋面工程质量验收规范》(GB 50207—2002)外,还应注意以下几点:

(1) 隔热材料按使用的数量确定抽检数量,同一批材料至少抽检一次。

(2) 架空隔热屋面的架空板必须符合设计要求,不得有断裂、缺损、露筋等缺陷,架设牢固平稳。相邻两块板的高低偏差用直尺和楔形塞尺检查不应大于2mm,架空层应通风良好,不得堵塞。

3.7.1.2 精品策划

1. 施工准备

(1) 组织准备

根据工程实际情况及进度要求,一般配备 1~2 个作业小组,每小组 15 人,其中技术员 1 人,质检员 1 人,技工应持证上岗。

(2) 技术准备

熟悉《屋面工程质量验收规范》中"架空屋面"部分相关内容,技术员编写专题方案并报审,下发技术交底并对操作工人讲解施工要求,施工放线。

2. 材料准备

(1) 水泥:强度等级 32.5MPa 普通硅酸盐水泥。

(2) 砂:中砂,含泥量不大于 2%。

(3) 架空隔热制品的质量要求

1) 非上人屋面的粘土砖强度等级不应小于 MU7.5,上人型屋面的粘土砖强度等级不应小于 MU10。

2) 混凝土板应用强度等级不小于 C20 的混凝土浇制,板内应放置钢丝网片。

3. 控制要点

(1) 架空隔热屋面的坡度不大于 5%,架空隔热层的高度应按照屋面宽度或坡度大小的变化确定。

架空板的铺设高度主要由屋面宽度和坡度大小的变化确定,一般在 120~300mm 之间进行调整。当架空高度过大时,局部荷载增加且重心上移,架空结构稳定性差,且实践证明其通风效果并改善不了多少,如果架空高度太低,隔热效果又不理想。

当屋面较宽时,风道距离较长,热风在风道中流通的时间较长,阻力就增加,故此时应采用较高的架空层,以利于通风。当屋面坡度较小,风速也较小,为便于风道中空气流通,采用较高的架空层,反之可采用较低的架空层。

当屋面宽度大于 10m 时,架空隔热层应设置通风屋脊。

(2) 架空隔热层进风口宜设置在当地炎热季节最大频率风向的正压区,出风口宜设置在负压区。

(3) 架空板与山墙或女儿墙之间的距离不宜小于 250mm,但又不宜太宽,以防降低隔热效果,也不宜太狭,以防堵塞和不便于清理杂物。

(4) 架空隔热屋面在雨天、雪天、大风天气不可施工。

3.7.1.3 过程控制

1. 架空板屋面施工流程

基层处理→砂浆找平层→防水层→立分格缝模板→浇筑细石混凝土保护层→嵌密封胶→弹线→砌砖墩支座→搁置架空板→勾缝。

2. 防水基层及防水层的过程控制参见 3.2 及 3.4 节。

3. 屋面上的防水层极容易受到损坏,施工人员应穿软底鞋在防水层上操作,施工机具和材料应轻拿轻放,严禁在防水层上拖动,不得损坏防水层。

4. 防水层上做 40mm 厚 C20 细石混凝土保护层,保护层分格不大于 6m×6m,缝内灌硅胶或玻璃胶。

5. 架空隔热层施工前先将防水保护层清扫干净,并根据架空板的实际尺寸,弹出各支座中心控制线,邻近女儿墙、机房及反梁处的距离根据架空板尺寸进行适当调整。

6. 架空板支座底面的卷材或涂膜柔性防水层因承受支座的重压易遭破坏,所以应在支座部位用附加防水层作加强处理,加强的宽度应大于支座底面边线 200mm 以上。支座采用强度等级为 M5.0 的水泥砂浆砌筑,力求稳固。

7. 铺设架空板时,应将灰浆刮平,并随时扫干净掉在防水保护层上的浮灰杂物等,以确保架空隔热层内热气流流动畅通。

8. 架空板铺设应平整、稳固、缝隙宜用水泥砂浆或水泥混合砂浆嵌填,并按设计要求留变形缝。

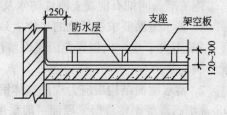

图 3.7.1 架空隔热层屋面构造

3.7.1.4 细部处理

架空隔热屋面的架空隔热高度一般取 120 ~ 300mm;架空板与女儿墙的距离不宜小于 250mm。见图 3.7.1。

3.7.1.5 质量检查与验收

1. 架空隔热板屋面施工过程中应作好以下隐蔽工程检查记录。

(1) 屋面板安装、灌缝,混凝土浇筑等记录,架空隔热板构件合格证或试验报告;

(2) 混凝土浇筑厚度、养护等记录;

(3) 屋面有无渗漏水,积水和排水系统是否畅通的记录;

(4) 屋面防水基层检查记录;

(5) 防水材料合格证,进场复试记录及专项方案、技术交底;

(6) 细石混凝土设计配合比,试块报告;

(7) 屋面 24h 蓄水记录。

2. 用直尺和楔形塞尺检查相邻两块制品的高低差不大于 2mm。

3. 用尺量检查架空的平整度不大于 3mm。

4. 现场检验项目:保护层变形缝做法,水落口、排水系统、泛水、女儿墙防水以及节点做法。

3.7.1.6 精品案例

深圳市某 28 层住宅楼工程,屋面采用 911 聚氨酯柔性防水层,上做细石混凝土保护层

（分格），分格缝内硅胶嵌缝，上做 200 高架空混凝土隔热板（350mm×350mm），架空板内配 ϕ4@150 双向钢筋，架空隔热板用黏土砖礅搁置，周边离机房、反梁及女儿墙 250～300mm，反梁上预留钢套管出水孔，屋面已使用 2 年效果良好。

3.7.2 蓄水屋面

蓄水屋面是一种防止夏季烈日暴晒、降低室内温度的有效措施，一般多在我国南方炎热地区使用，不宜在寒冷地区、地震区和受震动较大的建筑物上使用，也不适用于大跨度、轻型结构屋面。

3.7.2.1 质量要求

蓄水屋面施工质量除必须符合《屋面工程质量验收规范》（GB 50207—2002）外，还应注意以下几点：

1. 蓄水屋面的防水层应选择耐腐蚀、耐霉烂、耐穿刺、防水性能优异的防水材料，不得采用纸胎石油沥清油毡作防水层，其防水层施工应遵循现行国家规范刚性防水施工、柔性防水施工相应材料的施工质量要求。

2. 蓄水屋面的溢水口、过水孔、排水管、泄水孔应符合设计要求。施工结束后，应作蓄水 24h 检验，确保无渗漏。

3. 蓄水屋面应定期清理杂物，严防干涸。

3.7.2.2 精品策划

施工准备同细石混凝土刚性防水及涂膜防水作法。

1. 蓄水屋面要求各部位的水位大致相等，使屋面结构层均匀受力，要求屋面坡度较平缓，一般不大于 0.5%，以避免因屋面坡度过大而引起水位落差过大，导致屋面浅水部位出现干涸现象。

2. 蓄水屋面结构层应为现浇整体钢筋混凝土板，若为装配式结构屋面时，应加设 30～50mm 细石混凝土整浇层。屋面一般采用补偿收缩混凝土刚性防水层；当采用卷材或涂膜作为防水层时，应增加水泥砂浆保护层，最佳方案是采用刚柔结合复合防水层施工。

3. 蓄水屋面溢水管管口至蓄水区床底的距离即蓄水深度，一般民用住宅建筑浅水蓄水屋面取 150～200mm；当蓄水深度低于 150mm 时，隔热效果不理想；高于 200mm 时，白天隔热效果虽略有提高，但蓄水白天水温升高，夜间热量难以释放，气温降低缓慢，反而将热量传递给室内，导致晚间室温升高，适得其反。也有屋面蓄水深度达 200～500mm 的深水蓄水屋面，其功能主要用于养殖水面植物。在现阶段兴起的中高层多功能建筑中，也将屋面蓄水用作游泳池，主要出现在多功能裙房的屋面和屋顶。

4. 屋面溢水管口径大小和设置数量，应根据溢水管排水量总和不小于雨季单位时间内最大降水量的排放原则配备，以保证屋面蓄水不致溢出导致无组织排放而造成屋面局部渗漏。

5. 蓄水屋面应考虑在使用过程中清理污垢杂物、疏通溢水管道、查看蓄水深度甚至日后有可能发展成为种植功能的屋面日常管理需要，设计时应设置人行通道，人行通道应设置在承重结构部位，通道不宜太宽，以满足行走为适度，通道两边的分仓墙可适当加宽，但通道部位的防水层需和整个屋面的防水层连成一个整体。如果防水层为柔性材料，通道部位应增设附加防水层。

6. 蓄水屋面刚性防水层一旦完工达终凝时，就洒水养护，养护期内必须始终保持湿润，不得出现局部干涸。如屋面表面无装饰面层时,养护好后方可蓄水,蓄水后就不可断水,以防刚性防水层产生裂缝,如屋面有装饰面层,宜在刚性防水层终凝后及时施工,以避免刚性防水层暴露日晒而破坏。

3.7.2.3 过程控制

1. 蓄水屋面施工流程

基层处理→砂浆找平层→柔性防水层→立分格缝模板→钢筋绑扎→浇筑细石混凝土刚性防水层→嵌密封胶→蓄水。

2. 蓄水屋面的所有孔洞必须事先预留,不得在结构和防水层施工完毕后再凿孔洞,以免破坏防水层的完整性。所设置的给排水管(排水管应与水落管连通)、溢水口(管)等管道和洞口都应在防水层施工前安装设置完毕。防水层施工完毕后,管道、洞口不得移位安装和重新设置。各种管道的密封防水处理应符合密封防水的施工要求。

3. 蓄水屋面应利用分仓墙划分为若干个蓄水区,每区的边长不大于6m,在变形缝两侧,由分仓墙隔成两个互不连通的蓄水区,长度超过40m的蓄水屋面,应做横向伸缩缝一道。

4. 用卷材或涂膜作蓄水屋面的防水层时,其施工方法应符合卷材防水和涂膜防水施工方法的要求。采用刚性材料作防水层时,每个蓄水区的防水混凝土应一次浇筑完毕,不得留施工缝,以保证每个蓄水区的防水混凝土收缩均匀,使其有整体无缝的防水层。蓄水区内平面与立面的防水层应同时做好,立面防水层的设计高度应高出溢水口300mm,施工过程中应该引起重视。

5. 分仓墙与平面防水层的钢筋网绑扎后,补偿收缩防水混凝土应同时浇筑,如果根据实际情况需二次浇筑,则平、立面交界处施工缝的中心线部位需贴放遇水膨胀橡胶。分仓墙厚度一般为150~200mm,设置于板端承重墙部位。补偿收缩混凝土的配比同刚性屋面补偿收缩混凝土防水层中相关内容。浇筑养护后,分仓缝内填塞沥青麻丝,顶部用卷材封盖作防水处理,最后加扣混凝土盖板。

6. 蓄水屋面分仓缝也可用黏土砖砌筑,砌筑用水泥砂浆的强度等级为M10,并应掺入膨胀剂或其他膨胀剂。砌筑前,应先将砖浸水至饱和状态,砖缝间的砂浆必须饱满,严禁出现"通缝"现象,饱满度达到85%以上,墙的顶部设置$\phi6$mm或$\phi8$mm钢筋砖加强带,也可采用钢筋混凝土压顶,以增加其整体性。分仓墙的迎水面用掺膨胀剂的强度等级M10的水泥砂浆抹面,厚度为20~30mm,不宜太薄,以防曝皮掉落,失去防水作用。

7. 使用柔性材料作蓄水屋面的防水层时,不得采用外露防水形式,而采用掺膨胀剂、强度为M10的水泥砂浆抹面作保护层,厚度宜为20~30mm。

8. 蓄水屋面采用刚性防水应避免在负温度或烈日曝晒下施工,施工时,大气温度宜为5~35℃。混凝土浇筑后及时进行养护,养护时间不少于14d,养护初期不得上人,当采用卷材防水时,严禁在雨天、雪天、五级风及其以上时施工,负温下不宜施工,如施工中途下雨时,应做好已铺卷材周边的防护工作。

9. 屋面游泳池施工质量除重视建筑防水施工外,控制游泳池结构自防水混凝土施工也至关重要。

3.7.2.4 细部处理

蓄水屋面的溢水口的上部高度应距分仓墙顶面100mm,见图3.7.2;分区内隔墙底部应设过水孔,排水管应与水落管连通,见图3.7.3;分区外隔墙应设排水管和溢水管,可采用

ϕ50钢管预埋,见图3.7.4;分仓缝内应嵌填沥青麻丝,上部用卷材封盖,然后加扣混凝土盖板,图3.7.5。

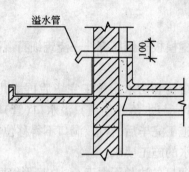

图 3.7.2　溢水口构造

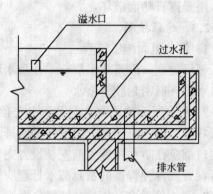

图 3.7.3　排水管、过水孔构造

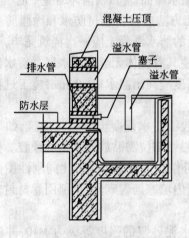

图 3.7.4　溢水管、排水管

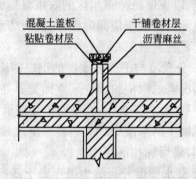

图 3.7.5　分仓缝构造

3.7.2.5　质量检查与验收

1. 有关工程资料及隐蔽验收参见3.4节、3.5节。

2. 现场观察和用尺量检查蓄水屋面设置的溢水口、过水孔、排水管、溢水管的大小、位置、标高的留设必须符合设计要求。

3. 现场屋面蓄水至设计高度,不得有渗漏现象。

3.7.3　种植屋面

种植屋面既可隔热,又增加绿化,对美化环境很有利,其防水层构造和要求基本与蓄水屋面相同。

3.7.3.1　质量要求

1. 同蓄水屋面质量要求

2. 种植屋面覆盖种植介质时,不得损坏防水层。

3.7.3.2　精品策划

1. 正常情况下,种植屋面的水溶液不会高于种植介质,屋面坡度与蓄水屋面相比,可略为增大,一般控制在1%～3%之间,但不宜太大,太大容易形成半干湿屋面,对植物生长不利。

2．种植屋面四周应设置围护挡墙及泄水管、排水管。泄水管(孔)的留设位置及方法应正确，既要防止被堵塞，又要防止种植介质的流失，并能及时排出因雨水或其他原因而造成的过多水分。

3．遵循3.7.2.2"蓄水屋面精品策划"中第2、4、5、6条中相关要求。

3.7.3.3 过程控制

1．种植屋面施工流程

基层处理→砂浆找平层→柔性防水层→立分格缝模板→绑扎钢筋网片→浇筑细石混凝土→分格缝灌玻璃胶或硅胶→花池内做附加防水层→蓄水静置24h→花池内填土→种栽植物。

2．种植屋面所设置的给水管、排水管及溢水管等各种管道应预留孔洞，并应在防水层施工前安装好，严禁后凿孔洞安装。防水层施工完毕后，管道洞口不得移位安装和重新设置。各种管道的密封防水处理应符合国家现行规范相应的施工要求。

3．种植屋面防水层的施工参见"蓄水屋面防水层施工"。

4．种植屋面采用刚性防水时，应在养护后、覆土前进行蓄水试验，采用柔性防水或刚柔多道结合防水时，应在做细石混凝土保护层前进行蓄水试验。蓄水时间不少于24h，检验确认无渗漏后进行覆盖种植介质。

5．覆盖种植介质时，应避免损坏防水层。防水层一旦遭到损坏，渗漏部位既不容易找，又不容易修复。因此，在施工过程中应特别要引起重视，确保防水层的完整性。覆盖层的厚度、质(重)量应严格控制在设计要求的范围之内，防止过量超载而影响屋面结构的整体稳定性。

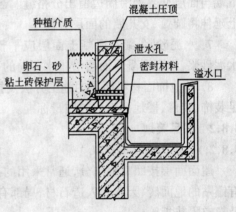

图3.7.6 泄水孔

3.7.3.4 细部处理

种植屋面上的种植介质，四周挡墙下部应设泄水孔。见图3.7.6。

3.7.3.5 质量检查与验收

观察和尺量种植屋面挡墙泄水孔的留设必须符合设计要求，其他检查项目与蓄水屋面基本相同。

3.7.4 精品案例

深圳市某商住楼，楼高33层，建筑面积57500m²，该住宅楼在裙楼3层屋面设一游泳池，泳池周边种植了若干亚热带植物，屋面采用柔性卷材防水，钢筋防水细石混凝土保护层(兼刚性防水层)上覆土种植物，既美化了屋面，起到了隔热效果，又给住户提供了一个休闲场所，使用近2年，未出现渗漏等现象。

3.8 屋 面 面 层

3.8.1 质量要求

屋面面层的施工必须符合《屋面工程质量验收规范》(GB 50207—2002)的要求。

1. 水落口杯上口的标高应设置在沟底的最低处,周围直径500mm范围内的坡度不应小于5%,附加防水涂料,厚度不应小于2mm,防水层贴入水落口内不应小于50mm,。杯口周与面层之间要留凹槽用高弹、耐候的密封材料封堵。

2. 伸出屋面管道根部周围与结构基层之间应预留20×20mm的凹槽,用密封材料嵌填密实。并从结构层起浇筑出高出面层不小于250mm的圆台混凝土保护墩。

3. 屋面的面层及天沟、檐沟、檐口、水落口、泛水、变形缝和伸出屋面的防水构造、排水坡度等必须符合设计要求。面层的材料质量及配合比必须符合设计要求。

4. 分格缝的位置和间距不仅要符合设计要求,而且要结合工程特点,布置合理,满足使用功能。

分格缝等细部构造的密封处理,必须嵌填密实,连续饱满,粘结牢固,无气泡、开裂、脱落等缺陷,密封材料表面应平滑,缝边应顺直,无凹凸不平现象,缝格宽度的允许偏差为±8%,胶体深度为宽度的0.5~0.7倍。

5. 变形缝的泛水高度不应小于250mm,缝内填聚苯乙烯泡沫塑料,上部填放衬垫材料并用防水卷材封盖,缝顶加扣混凝土或金属盖板,盖板之间的接缝处应用密封材料嵌填,盖板顶做出分水线,排水坡度不小于5%,两侧做出滴水线槽。

6. 面层与突出屋面结构的交接处,均应做成圆弧形,且整齐平顺,宽窄一致。并在圆弧下端与面层交界处沿周边留出分格缝。当面层的分格缝和女儿墙相垂直时,其分格缝应向上延伸将圆弧、女儿墙的面层分段。

7. 水泥砂浆,细石混凝土面层应平整、压光,色泽均匀,不得有酥松、起砂、起皮现象。水泥砂浆,细石混凝土面层沿排水方向的平整度允许偏差为3mm。

8. 其他饰面材料面层的施工方法及技术质量要求除满足上述和本章所要求外,还要满足装饰、装修、楼地面工程的质量标准。

3.8.2 精品策划

3.8.2.1 屋面面层的概况

屋面面层按照材料划分,通常采用的有水泥砂浆、细石混凝土、细石配筋混凝土,有时还有镶贴的地面砖、天然和人造石材,局部有卵石小路、塑料人造草皮、浅色防水地面涂料饰面及架空隔热板等。

按照功能要求屋面上布置有排水沟、平、侧排水口、出气管、透气管、檐沟、檐口、泛水、女儿墙等,它们都必须做到安装牢固、交通方便、安全可靠,并保证坡向正确、排水通畅、防渗防漏。

对智能性住宅,屋面还布置有消防系统的排烟管道和风管风机、消防管道、消防箱、栓(见图3.8.1);空调系统的冷却塔、膨胀水箱,以及燃气管道和自动操表系统,电器电子系统的防雷接地网,灯光照明、电视监控探头、IC卡门禁装置,电视、网络天线接收器等,以及相匹配出屋面的设备基础,管道的支撑架,它们

图3.8.1 深圳新安湖花园新文阁屋面上布置的排烟风机、消防管道、透气管

都应是屋面工程进行精品策划的对象。

3.8.2.2 屋面面层精品效果的控制要点

1. 根据工程特点、施工条件、材料特性,按照设计和施工方案,针对屋面面层材料、及与构造物交界处的特点和质量要求进行技术交底,重要部位应进行深化设计,画出施工详图。

2. 面层施工时,对基层进行综合检查验收,合格后方可进行下道工序,并对已完成的部位采取可靠的保护措施。

3. 屋面面层的饰面质量,除要满足装饰、装修、楼地面的饰面标准外,还要保证坡度正确合理,排水通顺。材料和其构造要求,都还要适应温差变化大的露天环境,具有抗风化、耐久性强的特点,细部处理注重美观统一,保证使用功能和具有小品特色。见图3.8.2、图3.8.3。

图3.8.2 深圳俊园具有小品特色的屋顶花园　　图3.8.3 深圳皇达东方雅苑屋面面层饰面

4. 分格缝的位置要与屋面分水线、平面布置特点、饰面材料的模数、凸出屋面的构造物密切配合,有序合理。分割缝材料可用10mm厚的聚苯乙烯泡沫塑料板,根据排水坡向和标高要求裁出不同的高度,用水泥砂浆双面固定,作为面层施工时控制标高的主要标识之一。嵌缝要求饱满顺直、密实、均匀,具有良好的弹性,耐候性。

5. 设备基础、出屋面的管道及其支撑架,尽量支承在结构基层上,局部应增加附加防水层,预埋铁件安装前应抄平放线,做到标高准确、坚固稳定,饰面时做到体形方正,边角顺直,线条通顺,饰面平整,套割合理。

6. 天沟内的排水坡向应准确、流畅,严禁有集水现象。面层与女儿墙等竖向交界处应做成圆弧。天沟、檐沟与屋面交界处、泛水、阴阳角等部位,由于构件断面的变化和屋面的变形常会产生裂缝,除要对这些部位做防水增强处理外,局部面层的抹灰或细石混凝土内宜掺用杜拉纤维等防裂材料。

7. 雨水口四周在直径500mm的范围内,做出深0.5~2cm的锅底式或凹槽,凹槽内可用切割成8块扇形的饰面砖拼成圆形图案,必要时采用两种颜色进行点缀,做到排砖整齐,勾缝光滑平整,对于侧排水口,可以做成半圆形,也可以做成矩形的斜坡口,坡度不应小于5%,作为临时集水坑,以利排水,水箅子起落灵活,使面层整体达到最佳观感质量。

8. 面层完工后,对细部构造、分格缝等进行全部外观检验,并再次进行淋水或蓄水检验。

3.8.3 过程控制

1. 施工过程中,对找平层、防水层、保护层、保温层、隔离层等施工过程进行跟踪检查验收,做好隐蔽验收记录,各专业密切配合共同完成所有的设备基础、预埋铁件、预埋管线,防水层施工前要求各专业进行会审,确认所有的预埋、预留工程验收合格,并对其进行防水构造加强处理。

2. 面层施工前,再次进行淋水或蓄水试验,保证屋面排水基本畅通,验证已无渗漏和集水现象,必须根据工程特点进行精心策划,测量放线,复核验证,做出标识,确保坡度正确,排水通畅。

3. 面层施工时,要有专职技术、质检人员跟踪指挥,检查验收,特别是细部处理,应有技术好,责任心强的高级技工完成。

4. 面层局部完成后,在混凝土、砂浆的养护期内及未达到设计强度前,屋面严禁堆物和上人操作,在焊接防雷接地网和安装其他设备、构件时等,要采取有效的保护措施,确保面层不受损坏和污染。

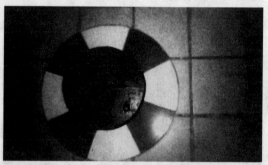

图 3.8.4 深圳金色家园屋面排水沟内的排水口

3.8.4 细部处理

1. 屋面排水沟:檐沟纵向排水坡度不应小于1%,水落口周边直径500mm范围内坡度不应小于5%,檐沟表面平整美观,线条顺直,排水畅通,无积水现象(见图3.8.4)。

2. 屋面排气孔做到大小一致,外型美观,排气畅通,布置巧妙,安装牢固(见图3.8.5、图3.8.6)。

图 3.8.5 深圳益田花园 D 区综合楼屋面
布置在阴角处的排气孔

图 3.8.6 深圳都会 100 屋面排烟井道
腰线和滴水线及屋面排气孔

3. 屋面平排水口:水落口周围直径 500mm 范围内坡度不应小于5%,水落口杯与基层接触处,留宽 20mm、深 20mm 的凹槽,嵌填密封胶,水落口面层排砖整齐,勾缝光滑平整,水落口处无积水现象,水篦子起落灵活,整体达到最佳观感效果(见图3.8.7)。

4. 分格缝:位置合理,符合设计要求,宽窄一致,顺直平整,深浅得当,填嵌密实,表面光滑(见图3.8.8)。

图 3.8.7 深圳裕亨花园屋面平排水口

图 3.8.8 深圳新安湖花园新文阁屋面分格缝

5. 屋面反梁过水口:反梁过水孔构造应符合设计要求,过水孔高度不应小于 150mm,宽度不应小于 250mm,当采用预埋钢管做过水孔时,直径不应小于 100mm,过水孔周要采用防水涂料、密封材料加强处理,预埋管两端与混凝土及面层交界处应留凹槽,用耐候胶密封(见图 3.8.9)。

图 3.8.9 深圳都会 100 屋面设备基础反梁及过水口

6. 屋面侧排水口,排水口外侧500mm范围内坡度不应小于5%,并应用防水涂料和密封材料加强处理,横式水落口杯与基层接触处应留宽20mm,深20mm的凹槽,嵌填密封胶料,杯口周应平整光滑,坡度明显,对称方正,达到最佳观感质量(见图3.8.10、图3.8.11)。

7. 屋面女儿墙:女儿墙防水构造合理,卷材、涂料接头收口高度应大于泛水高度,且不小于建筑面层向上250mm,也可以直接铺压在墙压顶之下,压顶也应做好防水,压顶表面光滑

图3.8.10　深圳皇达东方雅苑屋面侧排水口

平整、向内流水、坡度一致、阳角通顺、鹰嘴明显、下口光滑平整,墙面色质均匀,防雷接地网焊缝饱满,油漆光滑,平整通顺(见图3.8.12)。

图3.8.11　深圳俊园屋顶花园台阶下的侧排水口

图3.8.12　深圳裕亨花园墙面与屋面交界处的防水构造及滴水线

女儿墙墙面及压顶上饰面材料的变形缝不仅应与结构变形缝相对应,并宜每3m留置一条竖向分格缝,缝格要宽窄一致、顺直平整,可采用耐候硅胶作添缝材料,胶的色彩宜于饰面材料相近。

8. 屋面管道:伸出屋面管道周围在面层上做出圆锥台或棱台,管道与基层间应留出凹槽,并嵌填密封胶,保护墩表面光滑平整、美观,墩高不小于250mm(见图3.8.13、图3.8.14)。

9. 排烟井道、盖板及排烟口下四周都要做出腰线和滴水线槽,槽内楞角方正,光滑平整,槽口阳角平直方正,分色清晰、无污染。盖板顶坡度明显,棱角通顺,表面平整、方正、光滑(见图3.8.15)。

10. 屋面排水管距墙不应小于20mm,排水口距面层高度不应大于200mm,管卡安装牢固,距离均匀,排水口下可用其他坚固的饰面材料做成斜坡或簸箕口,起到缓冲保护面层和点缀作用(见图3.8.16)。

图 3.8.13　深圳俊园出屋面的管道周做成棱台

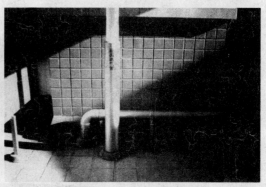

图 3.8.14　深圳新安湖花园新文
阁出屋面的管道周做圆锥台

图 3.8.15　深圳益田花园 D 区综合楼
排烟道顶的细部处理

图 3.8.16　深圳俊园屋面排水口下的饰面

11. 采光井屋面出口处理:周边高度不小于 250mm,与屋面交界处做出斜坡,饰面砖缝格与屋面地砖相互对应统一、协调,平面向屋面泛水(见图 3.8.17)。

12. 通风、排气道出口处理:通风、排气道周边的饰面材料缝格与屋面地砖相互协调统一,缝格与屋面地砖对应顺直,通风口周围的饰面砖应套割圆滑,通风口接口处的基层应留出凹槽,并嵌填密封胶,平面向屋面泛水(见图 3.8.18、图 3.8.19)。

13. 屋面防护栏杆:栏杆的高度和结构形式必须满足强制性条文要求,且具有可靠的刚度和稳定性,给人以舒适的安全感,立杆根部饰面砖套割镶贴,其油漆材料的选型和施工工艺必须保证栏杆在露天条件的耐久性(见图 3.8.19)。

14. 屋顶上的喷泉、鱼池和游泳池等构造物,除必须做到自防水外,还应按一级防水标准施工。防水材料应选用无浸出物、无污染的环保产品。池底灯、草坪灯应有良好的绝缘和防水性能。池底、池壁的饰面材料应具有防霉和抑制藻类植物生长的特性(见图 3.8.20)。

图 3.8.17　深圳皇达东方雅苑
采光井屋面出口处理

图 3.8.18　深圳皇达东方雅苑屋面排烟道出口处理　图 3.8.19　深圳皇达东方雅苑屋面排烟道出口处理

图3.8.20　深圳俊园裙房屋顶游泳池

4 建筑给水排水及采暖工程

4.1 质量要求(总则)

1. 必须符合《建筑工程施工质量验收统一标准》GB 50300—2001；
《建筑给水排水及采暖工程施工质量验收规范》GB 50242—2002。

2. 施工时应参照中国工程建设标准化协会标准《埋地硬聚氯乙烯排水管道工程技术规程》CECS122:2001。

3. 施工时应参照中国工程建设标准化协会标准《埋地硬聚氯乙烯给水管道工程技术规程》CECS17:2000。

4. 施工时应参照中国工程建设标准化协会标准《建筑给水钢塑复合管管道工程技术规程》CECS125:2001。

5. 各施工企业应编制严于国家标准的工艺标准、工法、操作规程等企业标准作为施工依据。

4.2 精品策划(总则)

1. 施工组织准备

(1) 进行质量策划。编制项目质量计划,编制施工方案及作业指导书,编制技术交底记录和安全交底记录,编制施工图预算和材料成品和半成品计划等。

(2) 现场准备工作、临时设施、临时用水、电等情况。

(3) 机械设备配置:电焊机、切割机、套丝机、台钻、起重机械等的数量、型号进场时间等。

(4) 工具及调试、测试仪表的配置:

手电钻、电锤、单、双人梯、试压泵、倒链、水准仪、水平尺等的型号、规格、数量及进场时间。

2. 编制主要分项工程的施工方法

(1) 质量目标及保证措施:必须达到"国家标准"的基础上,创精品工程。主要从技术管理、人力、材料等方面制定措施,以保证质量目标的实现。

(2) 根据设计的特点、难点和工程的实际情况分析可能发生的质量问题,制定预防措施和补救措施。

4.3 施工过程的质量控制(总则)

4.3.1 主要控制点

1. 建筑给水排水及采暖工程使用的管材、配件、卫生器具、散热器等,必须具有质量合格证明文件,规格、型号及性能检测报告应符合国家技术标准或设计要求。进场时必须经专职质检员验收,并经监理工程师核查确认。

2. 阀门安装前,应作强度和严密性试验。试验应在每批(同牌号、同型号、同规格)数量中抽查 10%,且不少于一个。对于安装在主干管上起切断作用的闭路阀门,应逐个作强度和严密性试验。

3. 阀门的强度和严密性试验,应符合以下规定:阀门的强度试验压力为公称压力的 1.5 倍;严密性试验压力为公称压力的 1.1 倍;试验压力在试验持续时间内应保持不变,阀体的填料及密封面无渗漏。阀门试验持续时间应不少于表 4.3.1 的规定。

阀门试验持续时间　　　　　　　　　　　　　　表 4.3.1

公称直径 DN (mm)	最短试验持续时间(s)		
	严密性试验		强度试验
	金属密封	非金属密封	
≤50	15	15	15
65~200	30	15	60
250~450	60	30	180

4. 建筑给水、排水及采暖工程施工时应和土建密切搞好配合,做好洞口和预埋管件的预留工作,并形成记录。

5. 隐蔽工程应在隐蔽前经专职质检员验收合格后必须经监理工程师认可,方能隐蔽,并做好隐蔽记录。

6. 管道需穿过地下室或地下构筑物外墙时,应采取防水措施。对有严格防水要求的建筑物,必须采用柔性防水套管,见图 4.3.1、图 4.3.2、图 4.3.3。

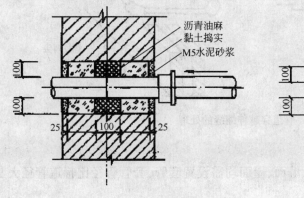 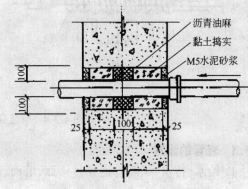

图 4.3.1　给水管穿越砖基础　　　　　　图 4.3.2　给水管穿越混凝土基础

4.3.2　管道穿变形缝保护措施

管道穿过结构伸缩缝、抗震缝及沉降缝敷设时,应采取下列保护措施(见图 4.3.4):

1. 在墙体两侧采取柔性连接。

2. 在管道或保温层外皮上、下部留有不小于 150mm 的净空。

3. 在穿墙处做成方形补偿器,水平安装。

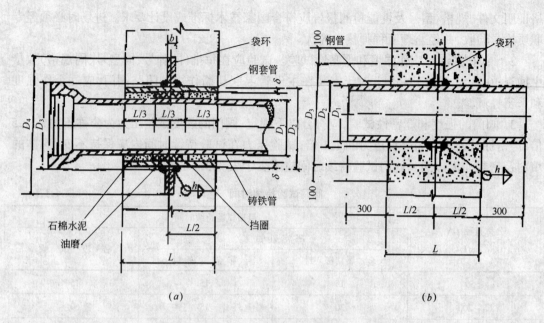

图 4.3.3　引入管的防水套管

(a)铸铁管的刚性套管接管；(b)钢管的刚性套管接管

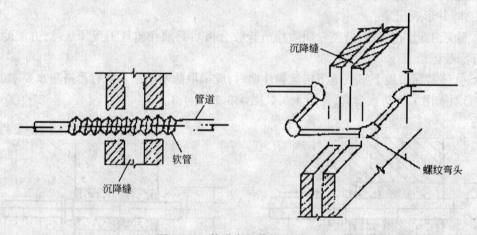

图 4.3.4　管道穿越伸缩缝的处理

4.3.3　套管的设置

1. 给水、排水、采暖管道穿过楼面、墙面、屋面均需设置套管,套管管径比管道管径大 2 号。

2. 套管一般应先用钢套管。

3. 穿墙套管应保证两端与墙面平齐,穿楼面套管应使下端与楼板下端平齐,上端有防水要求的房间中套管应高出地面 50mm,其他房间应为 20mm,套管环缝应均匀,用油麻填塞,外部用腻子或密封胶封堵。

4. 套管内外表面及两端口要做防腐处理,断口要平整。

5. 楼板予留洞口时,位置要准确,防止洞口位移。

4.3.4 管道成排安装

明管成排安装时,直线部分应相互平行,间距应均匀。曲线部分,当管道水平或垂直并行时,应与直线部分保持等距,当管道水平上下并行时,曲率半经应相等。

4.3.5 管道支、吊、托架安装

1. 位置正确,埋设平整牢固。

2. 与管道接触应紧密,固定应牢靠。

3. 滑动支架应灵活,滑托与滑槽两侧间应留有 3~5mm 的间隙,并留有一定的偏移量。

4. 无热伸缩的管道吊架、吊杆应垂直安装,吊架的朝向应一致。

5. 有伸缩的管道吊架、吊杆应向膨胀的反方向偏移。

6. 固定在建筑结构上的管道支、吊架不得影响结构安全。

7. 钢管水平安装的支架间距按表 4.3.2 执行。

表 4.3.2

钢管管道支架的最大间距

公称直径(mm)		15	20	25	32	40	50	70	80	100	125	150	200	250	300
支架的最大间距(m)	保温管	2	2.5	2.5	2.5	3	3	4	4	4.5	6	7	7	8	8.5
	不保温管	2.5	3	3.5	4	4.5	5	6	6	6.5	7	8	9.5	11	12

8. 采暖、给水及热水供应系统的塑料管及复合管垂直或水平安装的支架间距应按表 4.3.3 执行。采用金属制作的管道支架,应在管道与支架间加衬非金属垫或套管。

表 4.3.3

塑料管及复合管管道支架的最大间距

管径(mm)			12	14	16	18	20	25	32	40	50	63	75	90	110
最大间距(m)	立管		0.5	0.6	0.7	0.8	0.9	1.0	1.1	1.3	1.6	1.8	2.0	2.2	2.4
	水平管	冷水管	0.4	0.4	0.5	0.5	0.6	0.7	0.8	0.9	1.0	1.1	1.2	1.35	1.55
		热水管	0.2	0.2	0.25	0.3	0.3	0.35	0.4	0.5	0.6	0.7	0.8		

9. 铜管垂直或水平安装的支架间距应符合表 4.3.4 的规定。

表 4.3.4

铜管管道支架的最大间距

公称直径(mm)		15	20	25	32	40	50	65	80	100	125	150	200
支架的最大间距(m)	垂直管	1.8	2.4	2.4	3.0	3.0	3.0	3.5	3.5	3.5	3.5	4.0	4.0
	水平管	1.2	1.8	1.8	2.4	2.4	2.4	3.0	3.0	3.0	3.0	3.5	3.5

10. 采暖、给水及热水供应系统的金属管道立管管卡,应使用专用管卡或自制管卡,安装应符合下列规定:

(1) 楼层高度小于或等于 5m,每层必须安装 1 个。

(2) 楼层高度大于 5m,每层不得少于 2 个。

(3) 管卡安装高度,距地面为 1.5~1.8m,2 个以上管卡应均匀安装,同一房间管卡应安装在同一高度上。

11. 地下管道铺设及管道支墩(座)施工,严禁铺设在冻土和未经处理的松土上。

4.3.6 弯制钢管及弯曲半径规定

1. 热弯:应不小于管道外径的 3.5 倍。

2. 冷弯:应不小于管道外径的 4 倍。

3. 冲压弯头:应不小于管道外径。

4.3.7 管道接口规定

1. 管道采用粘接接口,管端插入承口的深度不小于表 4.3.5 的规定。

管端插入承口的深度　　　　　　　　　　　　　　表 4.3.5

公称直径 mm	20	25	32	40	50	75	100	125	150
插入深度 mm	16	19	22	26	31	44	61	69	80

2. 熔接连接的管道结合面应有均匀的熔接圈,不得出现局部熔瘤或熔接圈凸凹不匀现象。

3. 采用橡胶圈接口的管道,允许沿曲线敷设,每个接口的最大偏转角不得超过 2°。

4. 法兰连接时衬垫不得凸入管内,其外边缘接近螺栓孔宜。不得安放双垫或偏垫。

5. 连接法兰的螺栓,直径和长度应符合标准,拧紧后,突出螺母的长度不应大于螺杆直径的 1/2。

6. 螺纹连接的管道安装后的管螺纹根部应有 2~3 扣的外露螺纹,螺纹应做防腐处理。

7. 承插口采用水泥捻口时,油麻填塞密实,水泥捻口密实饱满,其接口面凹入承口边缘的深度不得大于 2mm。

8. 卡箍(套)式连接两管口端应平整、无缝隙,沟槽应均匀,卡紧螺栓后管道应平直,卡(套)安装方向应一致。

9. 标准螺纹旋入牙数及标准紧固扭距见表 4.3.6。

标准螺纹旋入牙数及标准紧固扭矩　　　　　　　　表 4.3.6

公称直径 (mm)	旋　　入		扭　　矩	管子钳规格(mm)×施加的力(kN)
	长　度(mm)	牙　　数	N·m	
15	11	6.0~6.5	40	350×0.15
20	13	6.5~7.0	60	350×0.25
25	15	6.0~6.5	100	450×0.30
32	17	7.0~7.5	120	450×0.35
40	18	7.0~7.5	150	600×0.30
50	20	9.0~9.5	200	600×0.40
65	23	10.0~10.5	250	900×0.35
80	27	11.5~12.0	300	900×0.40
100	33	13.5~14.0	400	1000×0.50

4.3.8 水压试验和灌水试验

各种承压管道系统和设备应做水压试验,非承压管道系统和设备应做灌水试验。

4.4 室内给水系统安装

4.4.1 质量要求

1. 为使建筑给水管道工程的设计、施工及验收做到技术先进、经济合理、安全卫生、确保质量,特提出如下要求。

2. 当管道系统工作压力不大于 1.0MPa 时,宜采用涂(衬)塑焊接管(复合管),可锻铸铁衬塑管件,螺纹连接。

3. 当管道系统工作压力大于 1.0MPa 且不大于 1.6MPa 时,宜采用涂(衬)塑无缝钢管(复合管),无缝钢管件或球墨铸铁涂(衬)塑管件,法兰连接或沟槽式连接。

4. 当管道系统工作压力大于 1.6MPa 且小于 2.5MPa 时,应采用涂(衬)塑的无缝钢管和无缝钢管或铸钢涂(衬)塑管件。采用法兰或沟槽式连接。

5. 管径不大于 100mm 时宜采用螺纹连接,管径大于 100mm 时宜采用法兰或沟槽式连接。

6. 在热水供应管道系统中,应采用内衬交联聚乙烯(PEX)、氯化聚氯乙烯(PVC—C)的钢塑复合管和内衬聚丙烯(PP)、氯化聚氯乙烯(PVC—C)的管件。当采用橡胶密封时,应采用耐热橡胶密封圈。

7. 埋地的钢塑复合管管道,宜在管道外壁采取可靠的防腐措施。

8. 给水管道必须采用与管材相适应的管件,生活给水系统涉及的材料必须达到饮用水卫生标准。

9. 给水塑料管和复合管可以采用橡胶圈接口、粘接接口、热熔连接、专用管件连接及法兰连接等形式。塑料管和复合管与金属管件、阀门连接应用专用管件连接,不得在塑料管上套丝。

10. 铜管连接可采用专用接头或焊接,当管径小于 22mm 时宜采用承插或套管焊接,承口应迎介质流向安装;当管径大于 22mm 时宜采用对口焊接。

11. 住宅用给水管道在我国一些发达地区已禁止使用镀锌管和禁止使用铸铁水龙头。

12. 给水立管和装有 3 个以上配水点的支管始端,均应安装可拆卸的连接件。冷热水管上下平行安装时热水管应在冷水管上方。冷热水管垂直平行安装时热水管应在冷水管左侧。

4.4.2 精品策划

1. 施工图纸及其他技术文件齐全,并已进行了技术交底。

2. 对安装所需要管材、配件和阀门等核对产品合格证书、质量保证书、规格型号、品种和数量、并进行外观检查。

3. 施工现场"三通一平"满足施工要求。

4. 施工机具已到场,并安装固定或定位。

5. 施工应经过技术培训,持证上岗。

6. 对操作人员要有明确的分工,一般两人为一组进行组合。其中必须有一名高级工带一名普通工。

7. 管道切割应采用金属锯。

8. 管道套丝应采用自动套丝机。

9. 管道压槽应采用专用滚槽机。

10. 管道弯管应采用弯管机冷弯。

4.4.3 施工过程质量控制

1. 室内埋地管应在底层土建地坪施工前安装。

2．室内埋地管道安装至外墙外应不小于 1m，管口应及时封堵。

3．钢塑复合管不得埋设于钢筋混凝土结构层中。

4．管道安装宜先地下后地上，先大管径后小管径的顺序进行。

5．管道穿过楼板、屋面，应予留孔洞或予埋套管，予留孔洞尺寸应为管道外径加 40mm；管道在墙体内暗敷设需管槽时，管槽宽度应为管道外径加 30mm；且管槽的坡度应为管坡。

6．给水引入管与排水管排出管的水平净距离不得小于 1m。室内给水与排水管道平行敷设时，两管间的最小水平净距不得小于 0.5m；交叉敷设时，垂直净距不得小 0.15m。给水管应铺在排水管上面，若给水管必须铺在排水管下面时，给水管应加套管，其长度不得小于排水管管径的 3 倍。

7．给水水平管道应有 2‰ ~ 5‰的坡度坡向泄水装置。

8．水表安装在便于检修、不受曝晒、污染和冻结的地方。安装螺翼式水表，表前与阀门应有不小于 8 倍水表接口直径的直线管段。表外壳距墙面净距为 10 ~ 30mm；水表进水中心标高按设计要求，允许偏差 ± 10mm。

4.4.4   给水管道及配件安装控制重点

1．室内给水管道的水压试验必须符合设计要求。当设计未注明时，各种管道系统试验压力均为工作压力的 1.5 倍，但不小于 0.6MPa。一般分两次进行，地下在管道隐蔽前要进行水压试验，管道系统完毕后再进行水压试验。

2．水压试验时，在试验压力下观测 10min，压力降不大于 0.02MPa，然后降到工作压力进行检查，应不渗不漏；塑料管给水系统应在试验压力下稳压 1h，压力降不得超过 0.05MPa，然后在工作压力的 1.15 倍状态下稳压 2h，压力降不得超过 0.03MPa，同时检查各连接处不得渗漏。并做好试验记录。

3．给水系统交付使用前必须进行通水试验并做好记录。

4．生活给水系统管道在交付使用前必须冲洗和消毒，并经有关部门取样检验，符合国家《生活饮用水标准》方可使用。

5．给水管道和阀门安装的允许偏差应符合表 4.4.1 的要求。

管道和阀门安装的允许偏差和检验方法   表 4.4.1

项次	项　　　目			允许偏差(mm)	检　验　方　法
1	水平管道纵横方向弯曲	钢　　管	每　米 全长 25m 以上	1 ≯25	用水平尺、直尺、拉线和尺量检查
		塑料管 复合管	每　米 全长 25m 以上	1.5 ≯25	
		铸　铁　管	每　米 全长 25m 以上	2 ≯25	
2	立管垂直度	钢　　管	每　米 5m 以上	3 ≯8	吊线和尺量检查
		塑料管 复合管	每　米 5m 以上	2 ≯8	
		铸　铁　管	每　米 5m 以上	3 ≯10	
3	成排管道和成排阀门		在同一平面上间距	3	尺量检查

4.4.5　室内消火栓系统安装

1. 室内消火栓系统安装完毕后应取屋顶层(或水箱间内)试验消火栓和首层取两处消火栓做试射试验,达到设计要求为合格。

2. 安装消火栓水龙带,水龙带与水枪和快速接头绑扎好后,应根据箱内构造将水龙带挂放在箱内的挂钉、托盘或支架上。

3. 箱式消火栓安装应栓口朝外,并不应安装在门轴侧。栓口中心距地面为1.1m,允许偏差±20mm。

4. 阀门中心距箱侧面为140mm,距箱后内表面为100mm,允许偏差为±5mm,消火栓箱体安装的垂直度允许偏差为3mm。

4.5　室内排水系统安装

4.5.1　质量要求

1. 一般室内排水管道均采用沿墙、梁、柱平行敷设的明装形式,或主管道敷设在管井内,支管为明装。对美观要求较高的建筑物才采用暗装。

2. 室内排水管一般采用排水铸铁管或硬聚氯乙烯塑料管。管径小于50mm时,可采用钢管。建筑物的高度大于30m以上排水立管,可采用给水普压铸铁管或可承受试验压力0.25MPa的承插式排水铸铁管,排水支管采用焊接钢管。排水管的连接方式有承插式、套管式。承插连接的排水管道,安装时,其承口朝向应与水流方向相反(通气管例外)。排水塑料管可采用粘结。

3. 管道安装应按施工图要求的位置、标高及敷设坡度进行施工。排水横管管径不小于排水支管径,排水立管管径不小于排水横管管径,排出管管径不小于立管管径。管道穿过楼板、墙和基础时,应配合土建施工,按要求预留洞口,预留洞口尺寸见表4.5.1、表4.5.2。

排水立管穿过楼板时留洞尺寸(mm)　　　　　　　　　　表4.5.1

管　径	50	75~100	125~150	200	300
孔洞尺寸	150×150	200×200	250×250	300×300	400×400

排水立管穿过基础时留洞尺寸(单位:mm)　　　　　　　　表4.5.2

管　　　径	50~75	>100
留洞尺寸	300×300	$(d+300)×(d+300)$

4. 为了便于安装和维修,排水立管中心距与抹灰后正墙面的距离为:管径为500mm时,为100mm;管径75mm时,为110mm;管径为100mm时,为130mm;管径为150mm时,为150mm。排水立管上下对准应垂直,避免轴线偏置,当受条件限制必须偏置时,应采用乙字管或两个45°弯头连接。立管管卡间距不得超过3m,当楼层高度不超过4m时,立管上可只设一个管卡,管卡应设在承口上面,距地面或楼面1.5~1.8m。

5. 排水管上不宜采用正三通和正四通,宜采用顺流三通或斜三通配45°弯头;立管与排出管之间宜用两个45°弯头,以保正排水畅通。塑料排水管应按设计规定设置伸缩节及固定支架,管端插入伸缩节处预留的间隙为:夏季5~10mm;冬季15~20mm。

6. 室内排水管道上,应安装检查口或清扫口。水平管段每一转弯角度小于135°或在连接两个及两个以上大便器,或三个及个以上卫生器具的横管上,也设置清扫口。排水管道起点的清扫口与管道相垂直的墙面的距离不小于200mm。排水立管上每隔一层设置一个检查口,但在最底层和有卫生器具的最高层必须各设置一个。检查口中心距地面或楼面高度为1m。检查口正面应向外,在墙角的立管检查口应承45°向外。

4.5.2 精品策划

1. 施工图纸及技术文件齐全,并已进行技术交底。

2. 对安装所需管材配件及管道支承件、紧固件等核对产品合格证、质量保证书、规格型号、品种和数量,并进行外观检查。

3. 施工现场的"三通一平"满足要求。

4. 施工机具已到场,并就位固定。施工人员应经技术培训熟识排水系统图纸,掌握基本操作技能。

4.5.3 施工过程质量控制

1. 室内排水管道一般按下列安装顺序施工,即排出管→底层埋地横管与支管→埋地排水管灌水试验及验收→排水立管→各楼层排水横管与支管→卫生器具安装→通水试验及验收。

2. 排出管是室内排水的总管。指由底层排水管到室外第一个排水检查井之间的管道。施工时,室外做出建筑物外墙1m,室内做至一层立管检查口,以便于隐蔽部分的灌水试验及验收。排出管宜采用两个45°弯头或弯曲半径不小于4倍管径的90°弯头,也可采用带清通口的弯头接出见图4.5.1。

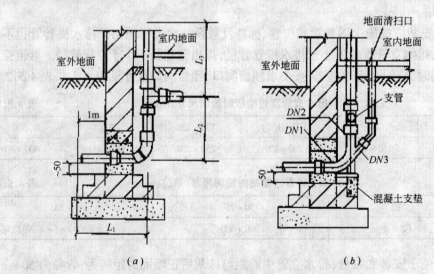

图 4.5.1 排水管的安装

(a)用两个45°弯头接出;(b)用带清通口的弯头接出

3. 与高层排水立管直接连接的排出管,弯管底部应用混凝土支墩承托,支墩的施工质量应严格掌握,以保证有足够的承压能力。排水管应埋设于冰冻线以下。对湿陷性黄土地区,排出管应做检漏沟。

4. 底层排水横管及支管的安装多为直接埋地敷设,或以托、吊架悬吊于地下室顶板下或地沟内。安装时应先预制,待接口达到强度后,再与排出管整体连接。

5. 排水立管安装位置确定时,与后墙及侧墙的距离应考虑到饰面层厚度(一般 20 ~ 25mm)、楼层墙体是否在同一立面上,立管上是否应用乙字管等因素。立管位置确定后,应自顶层向下各层吊线坠,以检查各层预留洞口是否在同一垂线上,作为控制楼层立管安装垂直度的基准线。

6. 楼层排水横管一般考虑距顶板下面 350 ~ 400mm(指管底标高),以便于横管找坡。

7. 排水塑料管道支、吊架间距应符合表 4.5.3 的要求。

排水塑料管道支、吊架最大间距(m)   表 4.5.3

管径(mm)	50	75	110	125	160
立 管	1.2	1.5	2.0	2.0	2.0
横 管	0.5	0.75	1.10	1.30	1.60

8. 排水通气管不得与风道或烟道连接。通气管应高出屋面 300mm,但必须大于最大积雪厚度。

9. 在通气管出口 4m 以内有门、窗时,通气管应高出门、窗顶 600mm 或引向无门窗一侧。在经常有人停留的平屋顶上,通气管应高出屋面 2m,并应根据防雷要求设置防雷装置。通气管的高度应从屋顶有隔热层板面算起。

10. 室内排水管道安装的允许偏差应符合表 4.5.4 的要求。

室内排水和雨排水管道安装的允许偏差和检验方法   表 4.5.4

项次	项 目			允许偏差(mm)	检 验 方 法
1	坐 标			15	
2	标 高			± 15	
3	横管纵横方向弯曲	铸铁管	每 1m	≯1	用水准仪(水平尺)、直尺、拉线和尺量检查
			全长(15m 以上)	≯25	
		钢管	每 1m 管径小于或等于 100mm	1	
			管径大于 100mm	1.5	
			全长(25m 以上) 管径大于 100mm	≯25	
			管径大于 100mm	≯308	
		塑料管	每 1m	1.5	
			全长(25m 以上)	≯38	
		钢筋混凝土管、混凝土管	每 1m	3	
			全长(25m 以上)	≯15	
4	立管垂直度	铸铁管	每 1m	3	吊线和尺量检查
			全长(25m 以上)	≯15	
		钢管	每 1m	3	
			全长(25m 以上)	≯10	
		塑料管	每 1m	3	
			全长(25m 以上)	≯10	

4.5.4 室内排水控制重点

1. 隐蔽或埋地的排水管在隐蔽前必须做灌水试验,其灌水高度应不低于底层卫生器具的上边缘或底层地面高度。试验方法:满水 15min 水面下降后,再灌满观察 5min,液面不降,管道及接口无渗漏为合格。

2. 生活污水铸铁管道的坡度必须符合设计或国家标准,并按表 4.5.5 的要求操作。

生活污水铸铁管道坡度　　表 4.5.5

项　次	管　径(mm)	标准坡度(‰)	最小坡度(‰)
1	50	35	25
2	75	25	15
3	100	20	12
4	125	15	10
5	150	10	7
6	200	8	5

3. 生活污水塑料管道的坡度必须符合设计或国家标准的要求,并按表 4.5.6 的要求操作。

生活污水塑料管道的坡度　　表 4.5.6

项　次	管　径(mm)	最小坡度(‰)	项　次	管　径(mm)	最小坡度(‰)
1	50	20	4	125	6
2	75	15	5	150	5
3	100	8	6	200~400	4

4. 排水塑料管必须按设计要求及位置装设伸缩节。如设计无要求时,伸缩节间距不大于 4m。

5. 高层建筑中明设排水塑料管道应按设计要求设置阻火圈或防火套管。

6. 排水立管及水平干管管道均应做通球试验,通球球径不小于排水管道管径的 2/3,通球率必须达到 100%。

4.5.5　雨水管道及配件安装

1. 安装在室内外的雨排水管道安装后应做灌水试验,灌水高度必须到每根立管上部的雨水斗。灌水试验必须持续 1h,不渗不漏为合格。

2. 雨水管道如采用塑料管,其伸缩节安装应符合设计要求。

3. 悬吊式雨水管道的敷设坡度不小于 5‰;埋地雨水管道的最小坡度,应符合表 4.5.7 的要求。

地下埋设雨水排水管道的最小坡度　　表 4.5.7

项　次	管　径(mm)	最小坡度(‰)	项　次	管　径(mm)	最小坡度(‰)
1	50	20	4	125	6
2	75	15	5	150	5
3	100	8	6	200~400	4

4. 雨水管道不得与生活污水相连接。雨水斗的连接应固定屋面承重结构上。雨水斗

边缘与屋面相连接处应严密不漏。连接管径当设计无要求时,不得小于 100mm。

4.6 卫生器具安装

4.6.1 质量要求

1. 卫生器具品种繁多,造型各异,其豪华悬殊差别大。所以安装中需要根据设计要求在定货的基础,参照样本或实物确定安装方案。卫生器具安装的基本技术要求是:位置正确性、安装的稳定性、严密性、可拆卸性和美观性。其安装一般工艺流程是:安装准备→卫生器具及配件检验→卫生器具安装→卫生器具与墙、地缝隙处理→卫生器外观检查→通水试验。

2. 大便器、洗脸盆安装:

(1) 蹲式大便器安装前,检查大便器完好无损时再进行安装,安装时,首先将胶皮碗大头一端翻卷套在冲洗管端,大便器就位后,再将胶皮碗翻回套在大便器进水口上,另一端套在冲洗管上,应套正、套实,用直径为 1.2mm 的紫铜丝绑牢,应缠绕四圈以上交叉拧紧(此外不允用其他镀锌铁丝代替)。将予留排水管口周围清扫干净,将临时管堵取下,清扫管内杂物。以排水管口为基准,在安装后墙面上吊线坠弹画出便器和冲洗管垂直中心线。在便器的出水口上缠油麻、抹油灰,并在排水管承口内抹上油灰,把适量的白灰膏铺在排水管承口周围,而后将大便器出水口插入承口内并放稳,同时用水平尺放在便器上沿,纵横双向找平、找正,使便器进水口对准墙上中心线。同时便器两侧用砖砌好抹光,将便器排水口与排水管承口接触处的油灰压实、抹光(见图 4.6.1)。

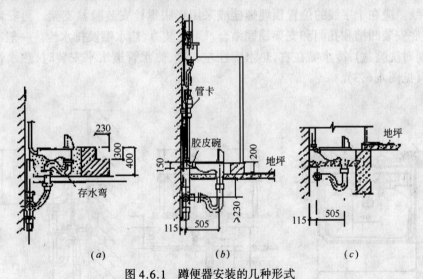

图 4.6.1 蹲便器安装的几种形式
(a)两步台阶式;(b)一步台阶式;(c)无台阶式

(2) 延时自闭冲洗阀安装,冲洗阀的中心距地面高度为 1100mm,安装带 90°弯的冲洗管时尺寸要准确。卸下冲洗阀锁母和胶圈,套在冲洗管直管段上。将弯管的下端插入胶皮碗内40～50mm,用喉箍卡牢。再将上端插入冲洗阀内,推上胶圈,调直找正,将锁母拧至松紧适度。

(3) 坐式大便器的安装,坐式大便器自带水封,按排出形式不同,分为虹吸式、外露斜排出管式、外露直排出管式等。通常配有低水箱冲洗或专用冲洗阀。其安装过程是:将坐便器

预留排水管口周围清理干净,取下临时
管堵,清除管内杂物。以便器排水管口
为准,在安装后墙上吊线坠弹画出便器
安装的垂直中心线。将坐便器出口对准
排水管承口,放平找正,在固定螺栓孔处
画出十字线,移开坐便器,打洞用膨胀螺
栓加胶垫稳固,并有调正余地。在坐便
器底部抹油灰,下水口缠油麻,抹油灰,
对准底座轮廓线,插入下水管口,压实抹
光,再将螺丝拧紧适度(见图 4.6.2)。

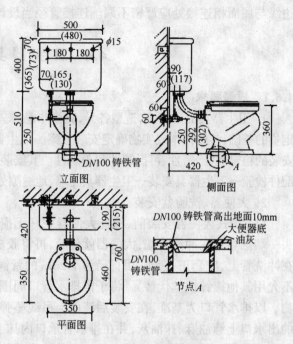

图 4.6.2 坐便器安装图

(4)洗脸盆安装:洗脸盆一般安装在
卫生间、盥洗室和浴室间。类型较多,造
型各异,安装方法也不同。如方形洗脸
盆用架固定在墙上,立式洗脸盆则是靠
自身的柱腿立于地坪面,台式洗脸盆则
是放在预制好的台面洞口内。现以方形
洗脸盆为例,简述其安装过程。支架安
装:按照排水管口中心线在墙上画出洗
脸盆安装中心线,由地面向上量出规定的高度,画出水平线,根据盆宽在水平线上画出支架
位置十字线。应在十字线的位置预埋螺栓或采用膨胀螺栓安装脸盆支架。再安装洗脸盆,
同时使盆底安装凹槽和孔洞和支架稳固结合。可安装冷、热水嘴及排水栓。一般冷、热水嘴
安装(人面对洗脸盆),冷水嘴在右,热水嘴在左。冷、热水管道水平安装时,热水管在上,冷
水管在下(见图 4.6.3)。

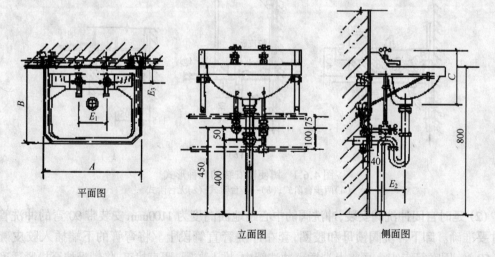

图 4.6.3 方形洗脸盆安装图

3. 卫生器具安装高度如设计无要求时,应符合表 4.6.1 的要求。

4. 卫生器具给水配件的安装高度,如设计无要求时应符合表 4.6.2 的要求。

卫生器具的安装高度 表 4.6.1

项次	卫生器具名称		卫生器具安装高度(mm)		备 注
			居住和公共建筑	幼儿园	
1	污水盆(池)	架 空 式	800	800	
			500	500	
2	洗涤盆(池)		800	800	
3	洗脸盆、洗手盆(有塞、无塞)		800	500	自地面至器具上边缘
4	盥 洗 槽		800	500	
5	浴 盆		≥520		
6	蹲式大便器	高 水 箱	1800	1800	自台阶面至高水箱底
		低 水 箱	900	900	自台阶面至低水箱底
7	坐式大便器	高 水 箱	1800	1800	自地面至高水箱底
	低水箱	外露排水管式	510		自地面至低水箱底
		虹吸喷射式	470	370	

卫生器具给水配件的安装高度 表 4.6.2

项次	给水配件名称		配件中心距地面高度(mm)	冷热水龙头距离(mm)
1	架空式污水盆(池)水龙头		1000	—
2	落地式污水盆(池)水龙头		800	—
3	洗涤盆(池)水龙头		1000	150
4	住宅集中给水龙头		1000	—
5	洗手盆水龙头		1000	—
6	洗脸盆	水龙头(上配水)	1000	150
		水龙头(下配水)	800	150
		角阀(下配水)	450	—
7	盥洗盆	水 龙 头	1000	150
		冷热水管上下并行,其中水龙头	1100	150
8	浴盆	水龙头(上配水)	670	150
9	淋浴器	截 止 阀	1150	95
		混 合 阀	1150	—
		淋浴喷头下沿	2100	—
10		高水箱角阀及截止阀	2040	—
		低水箱角阀	250	—
		手动式自闭冲洗阀	600	—
		脚踏式自闭冲洗阀	150	—
		拉管式冲洗阀(从地面算起)	1600	—
		带防污助冲器阀门(从地面算起)	900	—
11		高水箱角阀及截止阀	2040	—
		低水箱角阀	150	—

项次	给水配件名称	配件中心距地面高度(mm)	
12	大便槽冲洗水箱截止阀(从台阶面算起)	≮2400	—
13	立式小便器角阀	1130	—
14	挂式小便器角阀及截止阀	1050	—
15	小便槽多孔冲洗管	1100	—
16	实验室化验水龙头	1000	—
17	妇女卫生盆混合阀	360	—

4.6.2　卫生器具安装控制重点

1. 排水栓和地漏的安装应平正、牢固、低于排水表面不小于5mm,周边无渗漏。地漏水封高度不得小于50mm。卫生器具交工前应做满水和通水试验。卫生器具满水后各连接件不渗不漏;用水试验给、排水畅通。

2. 有饰面的浴盆,应留有通向浴盆排水口的检修门(见图4.6.4)。

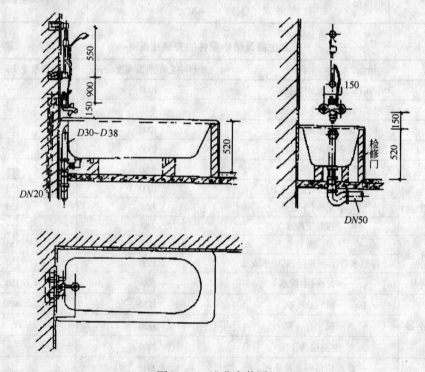

图4.6.4　浴盆安装图

3. 卫生器具给水配件安装应完好无损,接口严密,启动部分灵活。

4. 卫生器具安装的允许偏差应符合表4.6.3的要求。

5. 卫生器具给水配件安装标高的允许偏差应符合表4.6.4的要求。

6. 浴盆软管淋浴器挂钩的高度如设计无要求,应距地面1.8m。

7. 连接卫生器具的排水管道接口应紧密不漏,其固定支架、管卡等支撑位置应正确、牢固,与管道的接触应平整,达到美观大方。

8. 卫生器具排水管道安装的允许偏差应符合表4.6.5的要求。

卫生器具安装的允许偏差和检验方法 表 4.6.3

项 次	项 目		允许偏差(mm)	检 验 方 法
1	坐 标	单独器具	10	拉线、吊线和尺量检查
		成排器具	5	
2	标 高	单独器具	±15	
		成排器具	±10	
3	器具水平度		2	用水平尺和尺量检查
4	器具垂直度		3	吊线和尺量检查

卫生器具给水配件安装标高的允许偏差和检验方法 表 4.6.4

项 次	项 目	允许偏差(mm)	检验方法
1	大便器高、低水箱角阀及截止阀	±10	尺量检查
2	水 嘴	±10	
3	淋浴器喷头下沿	±15	
4	浴盆软管淋浴器挂钩	±20	

卫生器具排水管道安装的允许偏差及检验方法 表 4.6.5

项次	检 查 项 目		允许偏差(mm)	检 验 方 法
1	横管弯曲度	每 1m 长	2	用水平尺量检查
		横管长度≤10,全长	<8	
		横管长度>10,全长	10	
2	卫生器具的排水管口及横支管的纵横坐标	单 独 器 具	10	用尺量检查
		成 排 器 具	5	
3	卫生器具的接口标高	单 独 器 具	±10	用水平尺和尺量检查
		成 排 器 具	±5	

9. 连接卫生器具的排水管管径和最小坡度,如设计无要求时,应符合表4.6.6的要求。

连接卫生器具的排水管管径和最小坡度 表 4.6.6

项次	卫生器具名称		排水管管径(mm)	管道的最小坡度(‰)
1	污水盆(池)		50	25
2	单、双格洗涤盆(池)		50	25
3	洗手盆、洗脸盆		32~50	20
4	浴 盆		50	20
5	淋浴器		50	20
6	大 便 器	高、低水箱	100	12
		自闭式冲洗阀	100	12
		拉管式冲洗阀	100	12
7	小 便 器	手动、自闭式冲洗阀	40~50	20
		自动冲洗水箱	40~50	20
8	化验盆(无塞)		40~50	25

项次	卫生器具名称	排水管管径(mm)	管道的最小坡度(‰)
9	净身器	40～50	20
10	饮水机	20～50	10～20
11	家用洗衣机	50(软管30)	

4.7 室内热水供应系统安装

4.7.1 质量要求

1．室内热水供应管道安装应按照国标 GB 50242—2002 执行。其工作压力不大于 1.0MPa,热水温度不超过 75°的室内热水供热供应管道安装的质量验收与验收。

2．热水供应系统的管道应采用塑料管、复合管、镀锌钢管和铜管。

3．热水供应系统管道及配件安装应按本章"给水系统"的有关规定执行。

4.7.2 施工过程质量控制

1．热水供应系统安装完毕,管道保温之前应进行水压试验。试验压力应符合设计要求。当设计未注明时,热水供应系统水压试验压力应为系统顶点的工作压力加 0.1MPa,同时在系统顶点的试验压力不得小于 0.3MPa。钢管和复合管道系统试压力下 10min 内压力降不大于 0.02MPa,然后降至工作压力检查,压力不降,且不渗不漏;塑料管道系统在试验压力稳压 1h,压力降不得超过 0.05MPa,然后在工作压力 1.15 倍状态下稳压 2h,压力降不得超过 0.03MPa,连接处不得渗漏。

2．热水供应管道应尽量利用自然弯补偿热伸缩,直线段过长则应设置补偿器。补偿器型式、规格、位置应符合设计用求,并按有关规定进行预拉伸。

3．热水供应系统竣工后必须进行冲洗。

4．温度控制器及阀门应安装在便于观察和维修的位置。

5．热水供应管道和阀门安装的允许偏差及检验与验收应按本章给水管道的要求执行。

4.8 室内采暖系统安装

4.8.1 质量要求

1．室内采暖是闭式循环系统,即由供热管道→散热设备→回水管道组成一个封闭的、连续循环的供热系统。室内采暖管道的安装一般按总管及其入口装置→干管→立管→支管的施工顺序进行。

2．热水采暖入口装置一般设在用户的地下室或建筑物的底层,有进行系统调节、检测和统计供应热量的仪表设备。装设的主要仪表设备有温度计、压力表、调节阀及流量计等。供水管和回水管之间设连通管,并加阀门。旁通管的作用是在用户停止供暖时,打开旁通阀,使室外热网入户支管中的水能循环流动,以避免水冻结。在用户采暖时,必须将旁通管关闭严密,否则会造成水流短路而引起室内系统不热。在用户入口装置的最底点应设泄水阀,必要时可泄空室内采暖系统中的水。

3. 供暖干管的安装,干管分供热管及回水管与数根采暖立管相连接的水平管道部分。按输送介质,有保温干管和不保温干管两种。干管安装时,要根据设计图纸要求确定管道位置,进行画线(或挂线)、支架安装、管道下料、予制及管道连接、水压试验、防腐保温等顺序进行。

(1) 定位与挂线,按设计确定的管道走向和轴线位置,在墙(柱)上弹画出管道安装的定位坡度线。热水干管坡度为 0.003,不得小于 0.002。

(2) 支架安装,采暖干管沿墙、柱安装时,应参照管中心线与墙、柱距离的有关规定,将所画出管道定位坡度线水平外移,经打钢钎挂线,定出管道安装的中心线作为管道支架安装的基准线,即干管安装的基准线。

(3) 管道在支架上对口连接时,应检查各管端的平直度、椭圆度,以保证管子对口间隙均匀。对管壁厚度大于 5mm 的管子,应在地面上铲好坡口,对带有弯头的管段,应在地面上将弯头焊好,对法兰阀门连接的管段,应在地面上将法兰焊好或将阀门也一并装好,随管子一道安装在支架上。

(4) 干管的分支与变径连接时应避免采用 T 形连接。当干管与分支干管处同一平面水平连接时,分支干管应用羊角弯从上部接出;当分支干管与干管有安装标高差而做垂直连接时,分支干管应用弯头从上部或下部接出;且接口应在主管弯曲半径以外 100mm 以上的部位,开孔可用样板或将分支管加工成马鞍形管口。在主干管上划线开孔。热水干管变径时,应采用偏心大小头;回水管变径时,应采用同心大小头,安装时大小管应处同一轴线上。

(5) 试压与保温;安装好的管道,不经水压试验合格及验收,不得进行保温及隐蔽。

4. 供暖立管安装,立管安装,先根据干管和散热器的实际安装位置,确定立管及三通和四通的位置,用线坠吊准立管的位置,用测线方法量出立管的安装尺寸。根据安装长度计算出管段的加工长度,然后下料、组装、连接,并用钎子将立管临时固定。立管与干管连接,从地沟接出的供暖立管应用 2~3 个弯头连接。立管遇支管垂直交叉时,立管应设半圆形弯绕过支管。立管与楼板的主要承重结构部位相碰时,应将钢管弯制绕过,或把立管弯成乙字形弯(也叫来回弯)。

5. 散热器支管安装,应在散热器安装并经稳固、校正合格后进行,且支管 $L \le 500mm$ 时,坡降为 5mm;支管长 $L > 500mm$ 时,坡降为 10mm。当一根立管接两根支管时,其中一根支管超过 500mm,两根支管坡降均按 10mm 计。

6. 散热器安装:散热器的种类较多,按材质而论,分铸铁和钢制两类。铸铁制品分圆翼型、长翼型和柱型等多种;钢制品分光管散热器、扁管散热器、钢串片及板式散热器等。散热器的类型不同,其连接、安装的方法也不同。钢制板式和钢串片散热器用钢管焊制,直接与散热器支管连接;铸铁圆翼型散热器采用法兰连接,其余铸铁散热器均采用正反丝扣零件连接。散热器在安装前先在工地按图纸要求组对成整体后,再进行安装。

(1) 施工前应按施工图要求列出用料表,确定所需散热器、对丝、丝堵、补心和垫圈等主要材料,托钩、油、麻等消耗材料和组对工具的数量;然后按用料表对进入现场的材料进行清点。在材料清点时,一定要注意材料的规格必须与设计要求一致,圆翼型散热器应配备连接法兰、弯管及螺栓等部件。检查散热器片是否有裂纹、砂眼等,连接螺纹是否良好,连接口密封面是否平整等。必须使用合格的产品。组对散热器的工具应用高碳钢制成(现场称汽包钥匙)。组对时,为了使散热器不旋转,不颠倒,可使用方木加工的组对架,组对架用地桩固定在地面上。目前已有散热器组对的专门工作台或机床。散热器安装形式见图4.8.1。

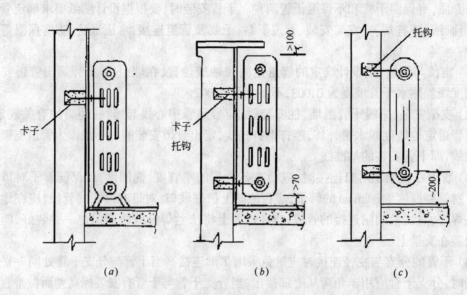

图 4.8.1 柱型、长翼型散热器的安装

(a)柱型散热器的立式安装;(b)、(c)柱型、长翼型散热器的挂装

(2) 组对铸铁散热器是用若干散热片用的对丝接头连接组合而成的。对丝两头有方向相反的外螺纹,一头是左螺纹(称为反扣),另一头是右螺纹(称为正扣),散热片两侧的接口内螺纹也是方向相反的,和对丝螺纹相对应。组对时将散热片平放在工作台上,正扣向上,垫圈套入对丝中部,用两个对丝的正扣,分别拧入散热片的上下接口1~2个螺距。再将另一片散热片的反扣对准上下对丝,用两把钥匙分别从上面的散热片两个接口孔中插入,钥匙的方头正好卡住对丝内部的突缘处。此时由两人同时操作,先反向拧,听到入扣声音后,再正向拧,使对丝跟着旋转,两散热片即随着靠紧而达到紧密的要求。两片散热片的密封面靠合后,要徐徐用力,当垫圈上的油被剂出时则已上紧,一般两散热片接口的间隙在2mm内。按此工序及方法,组对至最后一片后,要根据图纸的要求将进水和出水的方向,将散热器补心及丝堵加垫圈分别拧入散热器边片两侧的上下接口处。补心和堵头的螺纹也有正反之分,安装时要注意。

(3)散热器组对后,应进行水压试验,试验合格后方可进行安装。水压试验的压力应按设计要求进行,当设计无要求时应为工作压力的1.5倍且不得小于0.6MPa,试验时间为2~3min,压力不降且不渗不漏。

(4) 散热器安装:一般散热器安装于室内窗下,并使散热器的中心与窗的中心重合。散热器的安装形式有明装和暗装两种,明装为裸露于室内,暗装则有半暗装、全暗装及半暗装加罩等。安装的形式由设计决定。

4.8.2 施工过程质量控制

1. 焊接钢管的连接,管径小于或等于32mm,应采用螺纹连接;管径大于32mm,采用焊接。镀锌钢管的连接按给水管道连接方式施工。

2. 热量表、疏水器、除污器、过滤器及阀门的型号、规格、公称压力及安装位置应符合设计要求。

3. 钢管管道焊口尺寸的允许偏差应符合表4.8.1的要求。

钢管管道焊口允许偏差和检验方法　　　　　　表 4.8.1

项次	项　目		允　许　偏　差	检　验　方　法
1	焊口平直度	管壁厚 10mm 以内	管壁厚 1/4	焊缝检验尺和游标卡尺检查
2	焊缝加强面	高　度	允　许　偏　差	
		宽　度	+ 1mm	
3	咬　边	深　度	小于 0.5mm	直尺检查
		长度　连 续 长 度	25mm	
		总长度(两侧)	小于焊缝长度的 10%	

4. 散热器支管长度超过 1.5m 时,应在支管上安装管卡。

5. 在管道干管上焊接垂直或分支管道时,干管开孔所产生的钢渣及管壁内废弃物不得残留管内,且分支管道在焊接时不得插入管内。

6. 膨胀水箱的膨胀管及循环管上不得安装阀门。

7. 当采暖热媒为 110~130℃ 的高温水时,管道可拆卸件应使用法兰,不得使用长丝和活接头。法兰垫应使用耐热橡胶板。

8. 焊接钢管管径大于 32mm 的管道转弯,在作为自然补偿时应使用煨弯。塑料管及复合管除必须使用直角弯头的场合外应使用管道直接弯曲转弯。

9. 管道、金属支架和设备的防腐和油漆应附着良好,无起皮、起泡、流淌和漏涂缺陷。

10. 管道和设备保温的允许偏差和检验方法,应按给水管道系统的要求施实。

11. 采暖管道安装的允许偏差应符合表4.8.2的要求。

采暖管道安装的允许偏差和检验方法　　　　　表 4.8.2

项次	项　目			允许偏差	检　验　方　法
1	横管道纵、横方向弯曲(mm)	每 1m	管径 < 100mm	1	用水平尺、直尺、拉线和尺量检查
			管径 > 100mm	1.5	
		全长(25m 以上)	管径≤100mm	13	
			管径 > 100mm	25	
2	立管垂直度(mm)	每 1m		2	吊线和尺量检查
		全长 (5m 以上)		10	
3	弯管	椭圆率 $\dfrac{D_{max}-D_{min}}{D_{max}}$	管径≤100mm	10%	用外卡钳和尺量检查
			管径 > 100mm	8%	
		折皱不平度(mm)	管径≤100mm	4	
			管径 > 100mm	5	

注：D_{max},D_{min} 分别为管子最大外径及最小外径。

12. 散热器组对应紧密,组对后的平直度应符合表4.8.3的要求。

13. 散热器垫片应使用成品,组对后垫片外露不应大于1mm。

组对后的散热器平直度允许偏差 表4.8.3

项 次	散热器类别	片 数	允许偏差(mm)
1	长 翼 型	2～4	4
		5～7	6
2	铸 铁 片 式 钢 制 片 式	3～15	4
		16～25	6

14. 散热器支架、托架安装,位置应正确,埋设牢固。散热器支架、托架数量,应符合设计或产品说明书要求。如设计未注明时则应符合表4.8.4的要求。

散热器托钩或卡架数 表4.8.4

项次	散热器形式	安装方式	每组片数	上部托钩或卡架数	下部托钩或卡架数	合计
1	长 翼 型	挂 墙	2～4	1	2	3
			5	2	2	4
			3～6	2	3	5
			7	2	4	6
2	柱 型 柱 翼 型	挂 墙	3～8	1	2	3
			9～12	1	3	4
			13～16	2	4	6
			17～20	2	5	7
			21～25	2	6	8
3	柱 型 柱 翼 型	带足落地	3～8	1	—	1
			8～12	1	—	1
			13～16	2	—	2
			17～20	2	—	2
			21～25	2	—	2

15. 散热器背面与装饰后的墙内表面安装距离,应符合设计或产品说明书的要求。如设计未注明,应为此30mm。

16. 散热器安装允许偏差应符合表4.8.5的要求。

散热器安装允许偏差和检验方法 表4.8.5

项 次	项 目	允许偏差(3mm)	检 验 方 法
1	散热器背面与墙内表面距离	3	尺 量
2	与窗中心线设计定位尺寸	20	
3	散热器垂直度	3	吊线和尺量

17. 铸铁或钢制散热器表面的防腐及面漆应附着良好,色泽均匀,无脱落、起泡、流淌和漏涂等缺陷。

4.8.3 质量控制重点

1. 管道坡度,当设计未注明时,坡度应为3‰,不得小于2‰。

2. 散热器支管的坡度应为 1%，坡向应利于排气和泄水。

3. 采暖系统安装完毕后，管道在保温之前应进行水压试验。试验压力应符合设计要求。当设计未注明时，应符合下列规定：

(1) 热水采暖系统，应以系统顶点工作压力加 0.1MPa 作水压试验，同时在系统顶点的试验压力不得小于 0.3MPa。

(2) 高温热水采暖系统，试验压力应为系统顶点工作压力加 0.4MP。

(3) 使用塑料管及复合管的热水采暖系统，应以系统顶点工作压力加 0.2MPa 作水压试验，同时在系统顶点的试验压力不小于 0.4MPa。

(4) 使用钢管及复合管的采暖系统应在试验压力下 10min 内压力降不大于 0.02MPa，降至工作压力后检查，不渗、不漏。

(5) 使用塑料管的采暖系统应在实验压力下 1h 内压力降不大于 0.05MPa，然后降至工作压力的 1.15 倍，稳压 2h，压力降不大于 0.03MPa，同时各连接处不渗、不漏。

(6) 系统试压合格后，应对系统进行冲洗并清扫过滤器及除污器。直至排出不含泥沙、铁屑等杂质，且水色不混浊为合格。

(7) 系统冲洗完毕应充水、加热，进行试运行和调试。观察、测量室内温度应满足设计要求。

4.9 低温热水地板辐射采暖安装

4.9.1 质量要求

1. 地下敷设的盘管埋地部分不应有接头。

2. 盘管隐蔽前必须进行水压试验，试验压力为工作压力的 1.5 倍，但不小于 0.6MPa。水压试验时要稳压 1h 内压力降不大于 0.05 MPa 且不渗不漏。

3. 加热盘管弯曲部分不得出现硬折弯现象，曲率半径应符合下列规定：

(1) 塑料管：不应小于管道外径的 8 倍。

(2) 复合管：不应小于管道外径的 5 倍。

4. 分、集水器型号、规格、公称压力及安装位置、高度等应符合设计要求。

5. 加热盘管管径、间距和长度应符合设计要求。间距偏差不大于 ±10mm。

6. 防潮层、防水层、隔热层及伸缩缝应符合设计要求。

7. 填充层强度标号应符合设计要求。

4.9.2 精品策划

1. 地板辐射供暖安装工程，施工前应具备下列条件：

(1) 设计图纸及其他技术文件齐全。

(2) 经批准的施工方案或施工组织设计，已进行技术交底。

(3) 施工力量和机具等，能保证正常施工。

(4) 施工现场、施工用水和用电、材料储放场地等临时设施，能满足施工需要。

2. 地板辐射供暖安装工程，环境温度宜不低于 5℃时可进行安装。

3. 地板辐射供暖施工前，应了解建筑物的结构，熟悉设计图纸、施工方案及与其他工种的配合措施。安装人员应熟悉管材的一般性能，掌握基本操作要点，严禁盲目施工。

4. 加热管道安装前,应对材料的外观和接头的配合公差认真检查,并清除管道和管件内外的污垢和杂物。

5. 敷设于地面填充层内的加热管,应根据耐用年限要求、使用条件等级、热媒温度和工作压力、系统水质要求、材料供应条件、施工技术条件和投资费用等因素,选择采用以下管材:

(1) 交联铝塑复合(XPAP)管。

(2) 聚丁烯(PB)管。

(3) 交联聚乙烯(PX—X)管。

(4) 无规共聚聚丙烯(PP—R)管。

4.9.3 质量控制

1. 安装过程中,应防止油漆、沥青或其他化学溶剂污染塑料类管道。

2. 管道系统安装间断或完毕的敞口处,应随时封堵。

3. 绝热层应铺设在平整的基地上,铺设应平整、搭接严密。当敷有真空镀铝聚酯薄膜或玻璃布基铝箔贴面时,除将加热器固定在绝热层上的塑料卡钉穿越外,不得有其他破损。

4. 加热管的配管和敷设,应按设计要求,进行放线并配管。同一通路的加热管应保持水平。

5. 加热器应固定,可采用以下固定方法:

(1) 用固定卡子将加热管直接固定在敷有复合面层的绝热板上。

(2) 用扎带将加热管绑扎在铺设于绝热层表面的钢丝网上。

(3) 卡在铺设于绝热层表面的专用管架或管卡上。

6. 加热管固定点的间距,直管段不应大于 700mm,弯曲管段不应大于 350mm。

7. 热媒集配装置应加以固定。当水平安装时,一般宜将分水器安装在上,集水器安装在下,中心距宜为 200mm,集水器中心距地面应不小于 300mm。当垂直安装时,分、集水器中心距地面应不小于 150mm。

8. 加热管始末端出地面至连接配件的管段,应设置在硬质套管内。套管外皮不宜超出集配装置外皮的投影面。加热管与集配装置分路阀门的连接,应采用专用卡套连接件或插接式连接件。

9. 加热器始末端的适当距离或其他管道密度较大处,当管间距≤100mm 时,应设置柔性套管等保温措施。

10. 加热管与热媒集配装置连接牢固后或在填充层养护期后,应对加热管全面冲洗,至出水清净为止。

4.9.4 混凝土填充层的浇捣和养护

1. 混凝土填充层应设置以下热膨胀补偿构造措施:

(1) 辐射供暖地板面积超过 30m² 或长边超过 6m 时,填充层应设置间距≤6m、宽度≥5mm 的伸缩缝,缝中填充弹性膨胀材料。

(2) 与墙、柱的交接处,应填充厚度≥10mm 的软质闭孔泡沫塑料。

(3) 加热器穿越伸缩缝处,应设长度不小于 100mm 的柔性套管。

2. 在试压合格后,进行卵石混凝土填充层的浇捣,强度等级应不小于 C15,卵石粒径宜不大于 12mm,并宜掺入适量防止龟裂的添加剂。

3．填充层的养护周期，应不小于48h。

4．混凝土填充层浇捣和养护过程中，系统应保持不小于0.4MPa的压力。

5．地面层的施工

(1) 在填充层养护期满之后，方可进行地面层的施工。

(2) 地面层及找平层施工时，不得剔凿填充层或向填充层楔入任何物件。

6．安全生产和成品保护

(1) 各类塑料管、铝塑复合管和绝热材料，不得直接接触明火。

(2) 加热器严禁攀踏、用作支撑或作它用。

(3) 地板辐射供暖的安装工程，不宜与其他施工作业同时交叉进行。混凝土填充层的浇捣和养护过程中，严禁进入踩踏。

(4) 在混凝土填充层养护期满后，敷设加热管的地面，应设置明显标志，加以保护，严禁在地面上运行重荷载或放置高温物体。

4.9.5 检验、调试与验收

1．中间验收：地板辐射供暖系统，应根据工程施工特点进行中间验收。中间验收过程，从加热管道敷设和热媒集配装置安装完毕进行试压起，至混凝土填充层养护期满再次进行试压为止，由施工单位会同监理单位进行。

2．水压试验：浇捣混凝土填充层之前和混凝土填充层养护期满之后，应分别进行系统水压试验。水压试验应符合下列要求：

(1) 水压试验前，应对试压管道和构件采取固定和保护措施。

(2) 试验压力应不小于系统静压加0.3MPa，但不得低于0.6MPa。

(3) 冬季进行水压试验时，应采取防措施。

(4) 水压试验经分水器缓慢注水，将管道内空气排出。充满水后，进行水密性检查。

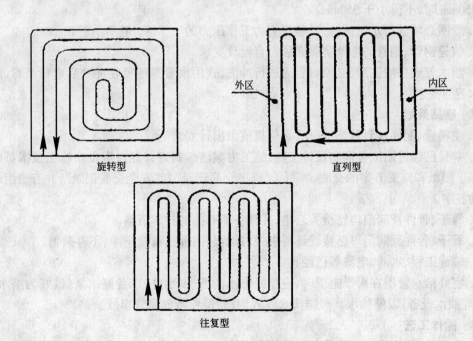

旋转型　　　　　直列型　　　　　往复型

外区　　　内区

图4.9.1 布管方式

（5）采用手动泵缓慢升压时间不得小于 15min。升至规定的试验压力后,稳压 1h,检查有无渗漏现象。

（6）稳压 1h 后,补压规定试验压力值,15min 内压降不超过 0.05MPa 无渗漏为合格。

3．调试

（1）地板辐射供暖系统未经调试,严禁运行使用。

（2）调试时初次通暖应缓慢升温,先将水温控制在 25～30℃ 范围内运行 24h,以后在每隔 24h 升温不超过 5℃,直至达设计温度。

辐射供暖地板加热管的布管方式见图 4.9.1。

4.10　室外给水管网安装

4.10.1　质量要求

1．输送生活给水的管道应采取塑料管、复合管、镀锌钢管或给水铸铁管。塑料管、复合管或给水铸铁管的管材、配件,应是同一厂家。

2．架空或在地沟内敷设的室外给水管道其安装要求按室内给水管道的安装要求执行。塑料管不得露天架空铺设,必须露天架空铺设时应有保温和防晒等措施。

3．给水管道在埋地敷设时,应在当地的冰冻以下,如必须在冰冻线以下铺设时,应做可靠的保温防潮措施。在无冰冻地区,埋地敷设时,管顶的覆土埋深不得小于 500mm,穿越道路部位的埋深不得小于 700mm。

4．给水管道不得直接穿越污水井,化粪池、公共厕所等污染源。

5．管道接口法兰、卡扣、卡箍等应安装在检查井或地沟内,不应埋在土壤中。

6．给水系统各种井室内的管道,如设计无要求,井壁距法兰或承口的距离:管径小于或等于 450mm 时,不得小于 350mm。

7．管网必须进行水压试验,试验压力为工作压力的 1.5 倍,但不小于 0.6MPa。

8．镀锌钢管、钢管的埋地防腐必须符合设计要求。

9．给水管道在竣工后,必须对管道进行冲洗,饮用水管道还要在冲洗后进行消毒,满足饮用水卫生要求。

4.10.2　精品策划

1．主料管、配件材料及施工机具必须提前做出计划。

2．并且已经过图纸会审和设计交底,施工方案已编制好并经过审批。施工技术员已向班组作了图纸和施工方案的交底,编写了"施工交底记录"和"安全交底记录",并有班组施工人员的签字。

3．管子、管件及阀门均已检验合格,并具备了有关的技术资料。

4．管子、管件及阀门等已按设计要求核对无误,内部已清洗干净,不存杂物。

5．临建工程、水源、电源等已经具备。

6．室外给水管道在雨季施工时,应挖好排水沟槽、集水井,准备好水泵（最好为潜水泵）、胶管等抽水设备,以便抽水。严防雨水注入沟槽,避免造成漂管事故。

4.10.3　操作工艺

1．工艺流程:沟槽开挖和验收→散管和下管→管道对口和调直稳固→管道安装→系统水压试验和清洗→给水管道的清洗消毒→回填土。

2. 沟槽开挖和验收。首先,按图纸要求测出管道的坐标和标高后,再按图示方位打桩放线,确定沟槽位置、宽度和深度。其坐标与标高应符合设计要求。当设计无规定时,其沟槽底的宽度应符合表4.10.1的要求。

沟槽底宽尺寸表 表 4.10.1

管 材 名 称	管 径(mm)				
	50~75	100~200	250~350	400~450	500~600
铸铁管、钢管、石棉水泥管、塑料管、复合管	0.70	0.80	0.90	1.10	1.50
陶土管	0.80	0.80	1.00	1.20	1.60
钢筋混凝土管	0.90	1.00	1.00	1.30	1.70

注:1. 当管径大于1000mm时,对任何管材沟底净宽均为 $D_w + 0.6$m(D_w 为管箍外径);

2. 当用支撑板加固管沟时,沟底净宽加0.1m;当沟深大于2.5m时,每增深1m,净宽加0.1m;

3. 在地下水位较高的土层中,管沟的排水宽度为0.3~0.5m。

为了防止塌方,沟槽开挖后应留有一定的边坡,边坡的大小与土质和沟深有关,当设计无沟底时,深度在5m以内的沟槽,最大边坡应符合表4.10.2的规定。为便于管段下沟,挖沟槽的土应堆放在沟的一侧,且土堆底边与沟边应保持一定的距离。

深度在5m以内的沟槽最大边坡坡度(不加支撑) 表 4.10.2

土 名 称	边 坡 坡 度		
	人工挖土,并将土抛于沟边上	机 械 挖 土	
		在 沟 底 挖 土	在 沟 上 挖 土
砂 土	1:1.00	1:0.75	1:1.00
粉 质 砂 土	1:0.67	1:0.50	1:0.75
粉 质 黏 土	1:0.50	1:0.33	1:0.75
粒 土	1:0.33	1:0.25	1:0.67
含砾石、卵石	1:0.67	1:0.50	1:0.75
泥灰岩白土	1:0.33	1:0.25	1:0.67
干 黄 土	1:0.25	1:0.10	1:0.33

注:1. 如人工挖土不把土抛于沟槽上边而随时运走时,即可采用机械在沟底挖土的坡度;

2. 表中砂土不包括细砂和松砂;

3. 在个别情况下,如有足够依据或采用多种挖土机,均可不受本表的限制;

4. 距离沟边0.8m以内,不应堆集弃土和材料,弃土堆置高度不超过1.5m。

4.10.4 质量控制

1. 管道的坐标标高坡度应符合设计要求,管道安装的允许偏差应符合表4.10.3。

2. 管道和金属支架的涂漆应附着良好,无脱皮、起泡、流淌和漏涂等缺陷。

3. 管道连接应符合工艺要求,阀门、水表等安装位置应正确。塑料给水管管道上的水表、阀门等设施其重量或启闭装置的扭矩不得作用于管道上,当管径≥50mm时,必须设独立的支承装置。

室外给水管道安装的允许偏差和检验方法 表4.10.3

项次	项 目			允许偏差(mm)	检 验 方 法
1	坐 标	铸 铁 管	埋 地	100	拉线和尺量检查
			敷设在沟槽内	50	
		钢管、塑料管、复合管	埋 地	100	
			敷设在沟槽内或架空	40	
2	标 高	铸 铁 管	埋 地	±50	拉线和尺量检查
			敷设在地沟内	±30	
		钢管、塑料管、复合管	埋 地	±50	
			敷设在地沟内或架空	±30	
3	水平管纵横向弯曲	铸 铁 管	直段(25m以上)起点~终点	40	拉线和尺量检查
		钢管、塑料管、复合管	直段(25m以上)起点~终点	30	

4. 给水管道与污水管道在不同标高平行敷设,其垂直间距在500mm以内时,给水管管径小于或等于200mm时,管壁水平间距不得小于1.5m;管径大于200mm的,不得小于3m。

5. 承插铸铁管安装。

(1) 安装前,应对管材的外观进行检查,查看有无裂纹、毛刺等,不合格的不能使用。

(2) 铸铁管承插捻口的对口间隙应不小于3mm,最大间隙不得大于表4.10.4的规定。

铸铁管承插捻口的对口最大间隙(mm) 表4.10.4

管 径 DN	沿直线铺设	沿曲线铺设
75	4	5
100~200	5	7~13
300~500	6	14~22

注:沿曲线铺设,每个接口允许有2°转角。

(3) 铸铁管沿直线铺设,承插接口的环形间隙应符合表4.10.5的规定。

铸铁管承插接口的环型间隙(mm) 表4.10.5

管 径 DN	标准环型间隙	允 许 偏 差
75~200	10	+3 −2
250~450	11	+4 −2
500	12	+4 −2

(4) 插口装入承口前,应将承口内部和插口外部清理干净,用气焊烤掉承口内及插口外的沥青。如采用橡胶圈接口时,应先将橡胶圈套在管子的插口上,插口插入承口后调整好管

子的中心位置。

(5) 铸铁管全部放稳后,暂将接口间隙内填塞干净的麻绳等,防止泥土及杂物进入。

(6) 接口前挖好操作坑。

(7) 向口内填油麻填料前,将堵塞物拿掉。捻口用的油麻填料必须清洁,填塞后应捻实,其深度应占整个环型间隙深度的1/3。填麻应密实均匀,应保证接口环型间隙均匀。

(8) 捻口用水泥强度应不低于32.5MPa,接口水泥应密实饱满,其接口水泥面凹入承口边缘的深度不得大于2mm。

(9) 接口完毕,应速用湿泥或湿草袋将接口处周围覆盖好,并用虚土埋好进行养护。天气炎热时,还应铺上湿麻袋等物进行保护,防止热胀冷缩损坏管口。在太阳暴晒时,应随时洒水养护。

(10) 采用水泥捻口的给水铸铁管,在安装地点有侵蚀性的地下水时,应在接口处涂抹沥青防腐层。

(11) 采用橡胶圈接口的埋地给水管道,在土壤或地下水对橡胶圈有腐蚀的地段,在回填土前应用沥青胶泥、沥青麻丝或沥青锯末等材料封闭橡胶圈接口。橡胶圈接口的管道,每个接口的最大偏转角不得超过表4.10.6的规定。

橡胶圈接口最大允许偏转角　　　　　　　　　　表 4.10.6

公称直径(mm)	100	125	150	200	250	300	350	400
允许偏转角度	5°	5°	5°	5°	4°	4°	4°	3°

6. 镀锌钢管安装

(1) 镀锌钢管安装要全部采用镀锌配件变径和变向,不能用加热的方法制成管件。加热会使镀锌层破坏而影响防腐能力。也不能用黑铁管零件代替。

(2) 铸铁管承口与镀锌钢管连接时,镀锌钢管插入的一端要翻边防止水压试验或运行时脱出。另一端要将螺纹套好。简单的翻边方法可将管端等分锯几个口,用钳子逐个将它翻成相同的角度即可。

(3) 管道接口法兰应安装在检查井或地沟内,不得埋在土壤中;如必须将法兰埋在土壤中,应采取防腐蚀措施。

(4) 镀锌钢管、钢管的埋地防腐必须符合设计要求,如设计无规定时,可按表4.10.7的规定执行。卷材与管材间应粘贴牢固,无空鼓、滑移、接口不严等。

管道防腐层种类　　　　　　　　　　表 4.10.7

防腐层层次	正常防腐层	加强防腐层	特加强防腐层
(从金属表面起)			
1	冷 底 子 油	冷 底 子 油	冷 底 子 油
2	沥 青 涂 层	沥 青 涂 层	沥 青 涂 层
3	外包保护层	加强保护层	加强保护层
		(封闭层)	(封闭层)
4		沥 青 涂 层	沥 青 涂 层
5		外包保护层	加强包扎层

续表

防 腐 层 层 次	正 常 防 腐 层	加 强 防 腐 层	特加强防腐层
6			(封闭层)
			沥 青 涂 层
7			外 包 保 护 层
防腐层厚度不小于(mm)	3	6	9

7. 系统水压试验和清洗

(1) 给水管道水压试验长度一般不宜超过 1000m,当承插给水铸铁管管径 $DN \leqslant 350mm$、试验压力不大于 1MPa 时,在弯头和三通处可不作支墩;如在松软土壤中或管内承受压力较大时,试压时应考虑在弯头、三通处加设混凝土支墩。

(2) 埋地给水管道水压试验须在管基检查合格,管身上部回填土不小于 0.5m(管道接口处除外),管内充水 24h 后进行;预应力钢筋混凝土管和钢筋混凝土管管径 $DN \leqslant 1000mm$ 时,应在管道充水 40h 后进行;当管径 $DN > 1000mm$ 时,应在管道充水 72h 后进行。

(3) 试验压力为工作压力的 1.5 倍,但不得小于 0.6MPa。检验方法:管材为钢管、铸铁管时,试验压力下 10min 内压力降不应大于 0.05MPa,然后降至工作压力进行检查,压力应保持不变,不渗不漏;管材为塑料管时,试验压力下,稳压 1h 压力降不大于 0.05MPa,然后降至工作压力进行检查,压力应保持不变,不渗不漏。

(4) 给水管道的冲洗消毒:给水管道在竣工后,必须对管道进行冲洗,饮用水管道还要在冲洗后进行消毒,满足饮用水卫生要求。

(5) 冲洗消毒前,应将管道中已经安装好的水表拆下,以短管代替,使管道接通,并把需冲洗消毒管道与其他正常供水干线或支线断开。消毒前,先用高速水流冲洗水管,在管道末端选择几点将冲洗水排出。当冲洗到所排出的水内不含杂质时,即可进行消毒处理。

(6) 进行消毒处理时,先将消毒段所需的漂白粉放入水桶中内,加水搅拌使之溶解,然后随同管内充水一起加入到管段,浸泡 24h。然后放水冲洗。新安装的给水管道消毒时,每 100m 管道用水及漂白粉用量可按表 4.10.8 所列规定选用。

每 100m 管道消毒用水量及漂白粉量　　　　表 4.10.8

管径 DN(mm)	15 ~ 20	75	100	150	200	250	300	350	400	450	500	600
用水量(m³)	0.8 ~ 5	6	8	14	22	32	42	56	75	93	116	168
漂白粉用量(kg)	0.09	0.11	0.14	0.14	0.38	0.55	0.93	0.97	1.3	1.61	2.02	2.9

8. 回填土

(1) 槽在管道敷设完毕应尽快回填,一般分为两个步骤:管道两侧及管顶以上不小于 0.5m 的土方,安装完毕即行回填,接口处可留出,但其底部管基必须填实;在此同时,要办理"隐蔽工程记录"签证。

(2) 沟槽其余部分在管道试压合格后及时回填。如沟内有积水,必须全部排尽,再行回填。

9. 管道两侧及管顶以上 0.5m 部分的回填,应同时从管道两侧填土分层夯实,不得损坏管子及防腐层。沟槽其余部分的回填,也应分层夯实。管子接口工作坑的回填也必须仔细夯实。

分层夯实时,其虚铺厚度如设计无规定,应按下列规定执行:

使用动力打夯机:≤0.3m;

人工打夯:≤0.2m。

10. 位于道路下的管段,沟槽内管顶以上部分的回填应用砂土或分层充分夯实。

11. 用机械回填管沟时,机械不得在管道上方行走。距管顶 0.5m 范围内,回填土不允许含有直径大于 100mm 的块石或冻结的大土块。

4.11 室外排水管网安装

4.11.1 质量要求

1. 室外排水管道应采用混凝土管、钢筋混凝土、排水铸铁管或塑料管。其规格及质量必须符合现行国家标准及设计要求。

2. 排水管沟及井池的土方工程、沟底的处理、管沟及井池周围的回填要求等,均参照给水管沟及井室的规定执行。

3. 各种排水井、池应按设计给定的标准图施工,各种排水井和化粪池均应用混凝土做地板(雨水井除外),厚度不小于 100mm。

4. 排水管道的坡度必须符合设计要求,严禁无坡或倒坡。

5. 排水铸铁管采用水泥捻口时,油麻填塞应密实,接口水泥应密实饱满,其接口面凹入承口边缘且深度不得大于 2mm。

6. 排水铸铁管外壁在安装前应除锈,涂两遍石油沥青清漆。

7. 承插接口的排水管安装时,管道和管件的承口应与水流方向相反。

8. 混凝土管或钢筋混凝土管采用抹带接口时,应符合下列规定:

(1) 抹带前应将管口的外壁凿毛,扫净,当管径小于或等于 500mm 时,抹带可一次完成;当管径大于 500mm 时,应分二次抹成,抹带不得有裂纹。

(2) 钢丝网应在管道就位前放入下方,抹压砂浆时应将钢丝网抹压牢靠,宽度宜为 80 ~ 100mm

4.11.2 精品策划

1. 主要材料及施工工具必须提前做出计划。

2. 施工技术员已向班组作了图纸和施工方案的交底,编写了"施工交底记录"和"安全交底记录",并有班组施工人员的签字。

3. 管子、管件及阀门均已检验合格,并具备了有关的技术资料。

4. 管子、管件及阀门等已按设计要求核对无误,内部已清洗干净,不存杂物。

4.11.3 操作工艺

1. 工艺流程:沟槽开挖→散管和下管→管道安装→灌水和通水试验→回填土。

2. 沟槽开挖和验收。首先,按图纸要求测出管道的坐标和标高后,再按图示方位打桩放线,确定沟槽位置、宽度和深度。其坐标与标高应符合设计要求。

4.11.4 质量控制

1. 散管:是指将检查并疏通好的管子沿沟散开摆好,其承口应对着水流方向,插口应顺着水流方向。

2. 下管:是指把管子从地面放入沟槽内。下管方法分人工下管和机械下管、集中下管和分散下管、单节下管或组合下管等几种。下管方法的选择可根据管径大小、管道长度和重量,管材和接口强度,沟槽和现场情况及拥有的机械设备等条件而定。当管径较小、重量较轻时,一般采用人工下管。当管径较大、重量较重时,一般采用机械下管;但在不具备下管机械的现场,或现场条件不允许时,可采用人工下管。下管时应谨慎操作,保证人生安全。操作前,必须对沟壁情况、下管工具、绳索、安全措施等认真地检查。

人工下管时,将绳索的一端栓固在地锚(或其他牢固的树木或建筑物上),拉住绕过管子的另一端,并在沟边斜放滑木至沟底,用撬杠将管子移至沟边,再慢慢地放绳,使管沿滑木滚下。如果管子过重,人力拉绳困难时,可把绳子的另一端在地锚上绕几圈,依靠绳子与桩的摩擦力可较省力,且可避免管子冲击而造成断裂事故或安全事故。拉绳不少于两根,且沟底不能站人,保证操作安全。机械下管时,为避免损伤管子,一般应以绳索绕管起吊,如需用卡、钩吊装时,应采取相应的保护措施。

3. 管道安装

(1) 管道的坐标和标高应符合设计要求,安装的允许偏差应符合表 4.11.1 的规定。

室外排水管道安装的允许偏差和检验方法　　　　　　　表 4.11.1

项次	项　　目		允许偏差(mm)	检验方法
1	坐　标	埋　　地	100	拉　线　尺　量
		敷设在沟槽内	50	
2	标　高	埋　　地	±20	用水平仪拉线和尺量
		敷设在沟槽内	±20	
3	水平管道纵横向弯曲	每5m长	10	拉　线　尺　量
		全长(两井间)	30	

(2) 排水管道的坡度必须符合设计要求,严禁无坡和倒坡。室外排水管道敷设的坡度,应满足表 4.11.2 的要求。

排水管道的最小坡度　　　　　　　表 4.11.2

管径 DN(mm)	生　活　污　水		生产废水雨水	生　产　污　水
	标准坡度	最小坡度		
50	0.035	0.025	0.020	0.030
75	0.025	0.015	0.015	0.020
100	0.020	0.012	0.008	0.012
125	0.015	0.010	0.006	0.010
150	0.010	0.007	0.005	0.006
200	0.008	0.005	0.004	0.004
250			0.0035	0.0035
300			0.003	0.003

4.11.5　灌水和通水试验

1. 管道埋设前必须做灌水试验和通水试验,排水应畅通,无堵塞,管接口无渗漏。

2. 管道做闭水试验的程序如下:

(1) 将被试验的管段起点及终点检查井(又称上游井及下游井)的管子两端用钢制堵板堵好;

(2) 在上游井的管沟边设置一试验水箱,要求试验水位高度应高出上游井管顶 1m;

(3) 将进水管接至堵板的下侧,下游管井内管子的堵板下侧应设泄水管,并挖好排水沟,并从水箱向管内充水,管道充满水后,一般应浸泡 1～2d 再进行试验;

(4) 量好水位,观察管口接头处是否严密不漏,如发现漏水应及时返修。作灌水试验,观察时间不应少于 30min;

(5) 灌水试验完毕应及时将水排出。

3. 回填土。在灌水和通水试验完成,并办理"隐蔽工程验收记录"后,即可进行回填土。

4. 管顶上部 500mm 以内不得回填直径大于 100mm 的块石和冻土块;500mm 以上部分回填块石或冻土不得集中;用机械回填,机械不得在管沟上行驶。

5. 回填土应分层夯实。虚铺厚度如设计无要求,应符合下列规定:

(1) 机械夯实 不大于 300mm;

(2) 人工夯实 不大于 200mm;

(3) 管子接口坑的回填必须仔细夯实。

4.11.6 成品保护

1. 钢筋混凝土管、混凝土管等承受外压能力较差,易损坏,所以在搬运和安装过程中不能碰撞,不能随意滚动,要轻放。

2. 回填土注意事项:

(1) 管道施工合格(指已灌水和通水合格后),应及时进行回填,严禁晾沟;

(2) 浇注混凝土管墩、管座时,应待混凝土的强度达到 5MPa 以上方可回填土;

(3) 填土时,不可将土块直接砸在接口抹带及防腐层部位;

(4) 管顶 500mm 以内,应采用人工夯填。

4.12 室外供热管网安装

4.12.1 质量要求

1. 供热管网的管材应按设计要求。当设计未注明时,应符合下列规定:

(1) 管径小于或等于 40mm 时,应使用焊接钢管。

(2) 管径为 50～200mm 时,应使用焊接钢管或无缝钢管。

(3) 管径大于 200mm 时,应使用螺旋焊接钢管。

2. 室外供热管道连接均采用焊接连接。

3. 平衡阀及调节阀型号、规格及公称压力应符合设计要求。安装后应根据系统要求进行调试,并作出标志。

4. 直埋无偿供热管道预热伸长及三通加固应符合设计要求。回填前应注意检查预制保温层外壳及接口的完好性。回填应按设计要求进行。

5. 补偿器的位置必须符合设计要求,并应按设计要求后产品说明书进行预拉伸。管道固定支架的位置和构造必须符合设计要求。

6．检查井室、用户入口处管道布置应便于操作及维修，支、吊、托架稳固，并满足设计要求。

7．直埋管道的保温应符合设计要求，接口在现场发泡时，接头处的厚度应与管道保温层厚度一致，接头处保温层必须与管道保护层成一体，符合防潮防水要求。

8．本章节适用于住宅小区的饱和蒸汽压力不大于 0.7MPa，热水温度不超过 130℃ 的室外供热管网安装工程的质量检验和验收。

4.12.2 精品策划

1．主要材料及施工工具必须提前做出计划。

2．设计图纸齐全，经过图纸会审、设计交底，施工方案已编制好并经过审批。

3．施工技术员已向班组作了图纸和施工方案的交底，编写了"施工交底记录"和"安全交底记录"，并有班组施工人员的签字。

4．管材、管件及阀门均已检验合格，并具备了有关的技术资料。

5．管材、管件及阀门等已按设计要求核对无误，内部已清洗干净，不存杂物。

6．外管基础（土建单位施工的支柱式地沟）均符合设计要求，几何尺寸在允许的偏差范围内，并且已办理交接手续。

7．施工所需临时设施及"三通一平"已经解决；包括现场各种预制场地已落实，且应离现场近，运输方便，在雨季不会造成积水等。

4.12.3 质量控制

1．管道弯曲半径的规定：

（1）热煨：应不小于管子外径（D_w）的 3.5 倍；

（2）冷煨：应不小于管子外径（D_w）的 4 倍；

（3）焊接弯头：应不小于管子外径的 1.5 倍；

（4）冲压弯头：应不小于管子外径。

2．地沟敷设根据其用途重要性可分为：

（1）通行地沟：通行地沟一般净高不小于 1.8m，净空通道宽不小于 0.6m。

（2）半通行地沟：净高不小于 1.4m，通道净空应不小于 0.4m。

（3）不通行地沟：一般用在进入到各建筑物的支线管道上。

3．地沟内的管道（包括保温层）安装位置，其净距宜符合下列规定：

（1）管道自保温层外壁到沟壁面　100～150mm；

（2）管道自保温层外壁到沟壁面　100～200mm；

（3）管道自保温层外壁到沟顶

不通行地沟　50～100mm；

半通行地沟和通行地沟　200～300mm。

4．焊接活动支架：不同管径的活动支架间距按表 4.12.1 确定。

活动支架间距表　　　表 4.12.1

管径(mm)	25	50	75	100	125	150	200	250	300	350	400	450	500	600
支架间距(m)	2	3	4	4.5	5	6	7	8	8.5	9	9	9.5	10	10

5．安装阀门，并分段进行水压试验，试验压力为工作压力的 1.5 倍，但不得小于

0.6MPa,同时检查各接口有无渗漏水现象,在 10min 内压力降小于 0.05MPa,然后降至工作压力,做外观检查,以不渗不漏为合格。

6. 架空敷设的供热管道安装高度,如设计无要求,应符合下列规定:

(1) 人行地区不应低于 2.5m;

(2) 行车辆地区,不应低于 4.5m;

(3) 越铁路距轨顶不应低于 6m;

(4) 安装高度以保温层外表面计算。

7. 管道安装的坡度要求如下:

(1) 热水采暖和热水供应的管道及汽水通向流动的蒸汽和凝结水管道,坡度一般为 0.003,但不得小于 0.002;

(2) 汽水逆向流动的蒸汽管道,坡度不得小于 0.005,以有利于系统排水和放气。

8. 如为钢筋混凝土支架,要求达到一定的养护强度。对支架要检查其稳固性、平面位置、标高和坡度等,要与设计相符。

9. 室外供热管网的输送介质无论是蒸汽还是热水,都必须解决管网的排水和放气问题,才能达到正常的供热要求。疏水器安装应在管道和设备的排水线以下;如凝结水管高于蒸汽管道和设备排水线,应安装止回阀;或在垂直升高的管段之前,或在能积集凝结水的蒸汽管道的闭塞端,以及每隔 50m 左右长的的直管段上。蒸汽管道安装时,要高于凝结水管道,其高差应大于或等于安装疏水装置时所需要的尺寸。

10. 热水管网中也要设置排气和放水装置。排气点应设置在管网中的高位点。一般排气阀门直径值选用 15~25mm。在管网的低位点设置放水装置,放水阀门的直径一般选用热水管直径的 1/10 左右,但最小不应小于 20mm。

11. 补偿器的位置、管道固定支架的位置和构造必须符合设计要求。方形补偿器水平安装,应与管道坡度一致;垂直安装,应有排气装置。

补偿器安装前应作预拉伸。方形补偿器预拉伸方法一般常用的以千斤顶将补偿器的两端撑开。方形补偿器预拉伸长度等于 $1/2\Delta_x$,预拉伸长的允许差为 +10mm。

管道预拉伸长度应按下列公式计算:

$$\Delta_x = 0.012(t_1 - t_2)L$$

式中　Δ_x——管道热伸长(mm);

t_1——热媒温度(℃);

t_2——安装时环境温度(℃);

L——管道长度(m)。

12. 除污器安装。热介质应从管板孔的网格外进入。除污器一般用法兰与干管连接,以便于拆装检修。安装时应设专门支架,但所设支架不能妨碍排污,同时需注意水流方向与除污器要求方向相同,不得装反。系统试压和清洗后,应清扫除污器。

13. 室外供热管道安装的允许偏差应符合表 4.12.2 的规定。

14. 管道焊口的允许偏差应符合表 4.12.3 的规定。

15. 管道及管件焊接的焊缝表面质量应符合下列规定:

(1) 焊缝外形尺寸应符合图纸和工艺文件的规定,焊缝高度不得低于母材表面,焊缝与母材应圆滑过渡；

室外供热管道安装的允许偏差和检验方法　　　　　　　　表 4.12.2

项次	项　目		允许偏差	检　验　方　法
1	坐　标(mm)	敷设在沟槽内及架空	20	用水准仪(水平尺)、直尺、拉线
		埋　地	50	
2	标　高(mm)	敷设在沟槽内及架空	±10	尺量检查
		埋　地	±15	
3	水平管道纵、横方向弯曲(mm)	每 1m	管径 ≤ 100mm	1	用水准仪(水平尺)、直尺、拉线和尺量检查
			管径 > 100mm	1.5	
		全长(25m 以上)	管径 ≤ 100mm	≯13	
			管径 > 100mm	≯25	
4	弯　管	椭圆率 $(D_{max} - D_{min})/D_{max}$	管径 ≤ 100mm	8%	用外卡钳和尺量检查
			管径 > 100mm	5%	
		折皱不平度(mm)	管径 ≤ 100mm	4	
			管径 125 ~ 200mm	5	
			管径 250 ~ 400mm	7	

钢管管道焊口允许偏差和检验方法　　　　　　　　表 4.12.3

项次	项　目			允　许　偏　差	检　查　方　法
1	焊口平直度	管壁厚 10mm 以内		管壁厚 1/4	焊接检验尺和游标卡尺
2	焊缝加强面	高　度		+1mm	
		宽　度			
3	咬　边	深　度		小于 0.5mm	直尺检查
		长　度	连续长度	25mm	
			总长度(两侧)	小于焊缝长度的 10%	

(2) 焊缝及热影响区表面应无裂纹、未熔合、未焊透、夹渣、弧坑和气孔等缺陷。

4.12.4　系统水压试验及调试

1. 系统水压试验:管道试压应符合下列要求

(1) 管道工程的施工质量符合设计要求及本规程的有关规定；

(2) 管道支、吊架已安装调试完毕,固定支架的混凝土及填充物已达到设计强度；

(3) 焊缝及应检查的部位尚未涂漆和保温；

(4) 试压用的临时加固装置已安装完毕,经检查确认安全可靠；

(5) 试压用的压力表已校验,精度不低于1.5级。表的满刻度值应达到试验压力的1.5倍,数量不少于2块；

(6) 地沟及直埋管道的沟槽中有可靠的排水系统,被试压管道及设备无被水淹没的可能；

(7) 试压现场已清理完毕,对被试压管道和设备的检查不受影响；

(8) 试压方案已经过审查并得到批准。

2. 管道水压试验应符合下列要求：

(1) 加盲板处有明显的标志并作了记录,阀门全开,填料密实;

(2) 管道中的空气已排净;

(3) 升压应缓慢、均匀;

(4) 环境温度低于 5℃时,应有防冻措施;

(5) 地沟管道与直埋管道已安装了排除试压用水的设施;

3. 供热管道的水压试验压力应为工作压力的 1.5 倍,但不得小于 0.6MPa。在试验压力下 10min 内压力降不大于 0.05MPa,然后降至工作压力下检查,不渗不漏。

4.12.5 系统清洗

1. 供热管道的清洗应在试压合格后进行。

2. 清洗前,管道及清洗装置应符合下列要求:

(1) 把不应与管道同时清洗的设备、容器及仪表管等与需清洗的管道分开;

(2) 支架的牢固程度能承受清洗时的冲击力,必要时应予以加固;

(3) 排水管道应在水流末端的低点接至排水量可满足需要的排水井或其他允许排放的地点。排水管的截面积应按设计或根据水力计算确定,并能将脏物排出;

3. 管道的水力清洗应符合下列要求:

(1) 清洗应按主干线、支干线、用户线的次序分别进行。清洗前应充水浸泡管道;

(2) 小口径管道中的脏物,在一般情况下不宜进入大口径管道中;在清洗用水量可以满足需要时,尽量扩大直接排水清洗的范围;

(3) 水力冲洗应连续进行并尽量加大管道内的流量,一般情况下管内的平均流速不应低于 1m/s;

(4) 对于大口径管道,当冲洗水量不能满足要求时,宜采用密闭循环的水力清洗方式,管内流速应达到或接近管道正常运行时的流速。在循环清洗的水质较脏时,应更换循环水继续进行清洗。循环清洗的装置应在清洗方案中考虑和确定;

(5) 管道清洗的合格标准:应以排水中全固形物的含量接近或等于清洗用水中全固形物的含量为合格。当设计无明确规定时入口水与排水的透明度相同即为合格。

4.12.6 系统试运行和调试

1. 试运行应在供热管网工程的各单项工程全部竣工并经验收合格,管网总试压合格,管网清洗合格,热源工程已具备供热运行条件后进行。

2. 试运行前,应制定试运行方案,对试运行各个阶段的任务、方法、步骤、各方面的协调配合以及应急措施等均应作细致安排。在初寒期和严寒期进行试运行,应拟定可靠的防冻措施。

3. 供热管网的试运行应有完善、灵敏、可靠的通讯系统。

4. 热运行必须缓慢地升温,在低温热运行期间,应对管网进行全面检查,支架的工作状况应作重点检查。在低温热运行正常以后,可再缓慢升温到设计参数运行。热运行期间,应详细观察管网和设备的工作状态是否正常,完成应当检验的各项工作,做好热运行数据的记录。

5. 供热管网在设计参数下热运行的时间为连续运行 72h。

6. 热运行期间发现的施工质量问题,属于不影响热运行安全的,可待热运行结束后处理。属于必须当即解决的,应停止热运行的局部或全部立即处理。热运行的时间,应从恢复到正常热运行状态的时间起,重新计算。

7. 符合设计参数的热运行宜选择在供暖期前进行,热运行合格后,可直接转入正常的供热运行。不需要继续运行的,应采取停运措施并妥加保护。

8. 蒸汽管网试运行应符合下列要求:

(1) 暖管时开启阀门应缓慢,开启量逐渐加大。对于有旁通管的阀门,可先利用旁通管进行暖管。暖管后的恒温时间应不少于1h。在此期间应观察蒸汽管道的固定支架、滑动支架和补偿器等设备的工作是否正常;疏水器有无堵塞或疏水不畅的现象,发现问题应及时处理,需要停气处理的,应停汽进行处理。

(2) 在暖管合格后,略开大汽门缓慢提高蒸汽管的压力,待管道内蒸汽压力和温度达到设计规定的参数后,对管道、支架及凝结水疏水系统进行全面检查。

4.13 精 品 案 例

1. 工程简介

某工程建筑面积约2万 m²,建筑高度约70m,地下三层,地上十八层。地下三层为制冷机房、泵房、水池,地下二层为娱乐用房,地下一层为车库、配电房,一、二层为商业网点,三层以上为住宅楼。安装部分有给排水、空调、消防系统,安装工程交叉作业多,系统复杂,工期紧,要求达到"精品工程"。

该工程设计采用了十项新技术,其中给水支管采用新型建材 PP-R 聚丙烯塑料管。施工单位在开工前进行了"精品策划"严把质量关,使该工程达到了省级优质工程。

2. 精品点评

该工程为达到"精品工程",施工单位首先对技术难点、关键点进行分析及对策。该工程 PP-R 聚丙烯给水支管均墙内暗装,隐蔽验收量大,工作量大,施工质量要求高。首先选定了五个卫生间的给水支管进行施工,并对影响聚丙烯(PP-R)给水管安装质量的因素进行了统计,详见表 4.13.1。

表 4.13.1

序　　号	项　　　　目	频　　数	频　率%	累计频率%
1	管道接口严密性差	55	45.5	45.5
2	支管出墙位置误差	39	32.2	77.7
3	立管垂直度差	12	9.9	87.6
4	管道固定强度差	9	7.4	95
5	水平管道纵横方向弯曲	6	5.0	100
合　　计		121		

从以上表中可以看出影响聚丙烯(PP-R)给水管安装质量的主要问题是管道接口严密性差与支管出墙位置误差,其累计频率已达 77.7%。根据试验数据,确定创"精品工程"质量目标见表 4.13.2。

质 量 目 标

表 4.13.2

序　号	项 目 名 称	目 标 值(mm)	标 准 允 许 值(mm)
1	管道接口严密性	全部合格,优良率90%以上	全部合格,优良率50%以上
2	支管出墙误差	合格率90%以上	合格率80%以上
3	管道固定强度差	全部合格,优良率90%以上	全部合格,优良率50%以上
4	立管垂直度差	每米不大于2mm	每米不大于3mm
5	水平管道纵横弯曲	每米不大于3mm	每米不大于5mm

3. 可行性论证

该工程为创精品工程,在工程技术人员指导下,对上述质量问题采用因果图进行分析,见因果分析图图4.13.1和图4.13.2。

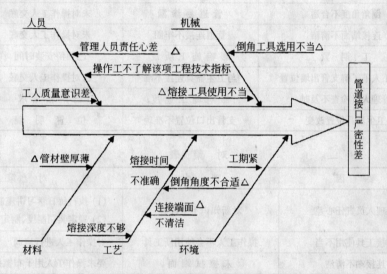

图 4.13.1　因果分析图(一)

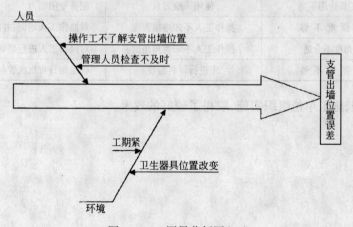

图 4.13.2　因果分析图(二)

根据因果分析,经过考查论证,最后确定了七个要因,见表4.13.3。

4. 制定对策、组织实施

针对主要原因,研究制定对策措施见表4.13.4。

表 4.13.3

序号	末端因素	产生影响	要因确认	结论
1	管理人员责任心差	管理混乱,工程质量差	未形成完整的管理体系	是
2	工人质量意识差	工程质量上不去	工人经过质量教育	否
3	操作工人不了解该项工程技术指标	质量目标不明确	操作工人了解技术指标	否
4	倒角工具选用不当	影响施工速度及质量	未对操作工人交底	是
5	熔接工具使用不当	影响施工质量	未对操作工人交底	是
6	管材壁厚薄	管材裂纹	材料验收制度不完善	是
7	熔接时间不准确	管道连接不牢固	已对操作工人交底	否
8	熔接深度不够	管道易渗漏	未对操作工人交底	是
9	倒角角度不合适	管道易渗漏	未对操作工人交底	是
10	连接端面不清洁	管道连接不牢固	未对操作工人交底	是
11	工期紧	影响施工质量	已预留安装时间	否
12	操作工人不了解支管出墙位置	与卫生器具连接不准	已对操作工人交底	否
13	管理人员检查不及时	影响施工速度	已严格要求	否
14	卫生器具位置改变	支管出口位置不准确	位置明确	否

对 策 表   表 4.13.4

序号	要因	现状	对策
1	管理人员责任心差	对新知识不求甚解	(1) 执行每日学习讲座制度 (2) 确定奖罚制度,制定责任制
2	熔接工具使用不当	操作工人不会使用新工具	对操作工人进行培训
3	连接端不清洁	未擦拭端面	要求操作工人用干布擦拭干净端面
序号	要因	现状	对策
4	倒角工具选用不当	使用一般刀具	配备专用削刀
5	熔接深度不够	操作工人不知熔接深度	对操作工人培训,并配备测量卷尺
6	倒角角度不合适	操作工人不知倒角角度	对操作工人进行培训
7	管材壁厚不够	未进行材料验收	确定每日每批次管材验收制度

根据对策表,施工单位组织实施,取得了较好的效果。

5 建 筑 电 气

5.1 质 量 要 求

精品住宅建筑电气工程,除必须符合《建筑电气工程施工质量验收规范》(GB 50303—2002)的要求外,还应特别注意以下几点:

1. 电线导管、电缆导管敷设

(1) 明配的钢导管(不论是否为镀锌管、也不论壁厚是否大于 2mm)均不得套管熔焊连接,连接处两端也不得熔焊跨接接地线。当采用螺纹连接时,连接处的两端用专用接地卡固定跨接接地线;

(2) 钢导管与金属接线盒焊接连接的,导管进盒长度为 3～5mm;用锁紧螺母连接的,导管螺纹露出锁紧螺母 2～3 扣,PVC 电线导管与塑料接线盒必须使用专用入盒接头和入盒锁扣连接;

(3) 不得随意留设过线盒(分线盒)。卫生间不得留设过线盒(分线盒),其他房间最多只能留设 1 个,所留设的盒子应标高一致,且须加盖板而不得在墙面抹灰时将其隐蔽。

2. 电缆桥架内、电缆沟内和电缆竖井内电缆敷设

(1) 桥架在首端、终端、进出线箱以及转角(分支处)两侧(三侧)的 0.3～0.5m 处应设置支撑;

(2) 桥架安装的允许偏差:不直度 10mm/全长、水平度 5mm/全长;成排安装的电缆支架的高低差不大于 10mm。

3. 电缆头制作、接线

(1) 不同材料的电线不得直接连接;

(2) 在配线的分支线连接处,干线不应受到支线的横向拉力。

4. 插接式母线安装

(1) 垂直安装时与地面之间使用弹性支架,支架间距超过 2m 时,应在墙上增加固定支架。母线槽安装允许偏差:垂直度 1.5mm/m, 10mm/全长;

(2) 插接箱的安装高度应每层统一且设置位置应便于操作和维护;

(3) 母线槽接头不得设置在穿楼板处,且应有护套;母线槽穿过楼板时应按设计要求用防火隔板及防火材料封堵。

5. 配电柜(箱)安装

照明配电箱内小型断路器多路输出用梳形汇流排连接。

6. 照明器具安装

(1) 开关、插座安装便于使用、同一套内面板色泽一致;

(2) 成排安装排列整齐、高度一致。允许偏差:并列安装高差 0.5mm、同一墙面高差

2mm、同一房间的高差 5mm,并且相对于所在地坪高度偏差为 0~+5mm;

(3) 开关、插座的导线连接采用绝缘压接帽工艺。

7. 防雷及接地装置安装

(1) 焊接连接的焊缝平整、饱满,无遗漏;螺栓连接紧密、牢固,应备帽等防松零件齐全。焊接部分补刷的防腐油漆完整(设计无要求的,所有外露焊接处均刷两度红丹防锈漆、两度银粉漆防腐;埋入地下部分的焊接处应采用沥青防腐)。螺栓连接,铜钢直接连接接触面铜接线端子搪锡,防止发生电化学反应而腐蚀接触面;

(2) 明敷避雷带、引下线应用支持卡固定,不得直接焊接固定,在脊瓦上安装的避雷带应用脊瓦卡固定;明敷避雷带、引下线及室内接地干线的转角处,圆弧应均匀一致,弯曲半径为圆钢直径 6~10 倍或不小于扁钢厚度的两倍;测试卡(断接卡)应设置暗装箱体保护,并有明显标志。

5.2 精 品 策 划

5.2.1 施工组织、准备

5.2.1.1 图纸会审

1. 电线、电缆导管敷设与穿线

(1) 重点审查电气管线较多及其附近其他专业管道较多的部位,以保证电气管线与水暖、消防、通风和煤气管道间有足够的安全距离,并避免电线管线与建筑门窗相碰;

(2) 审查线路走向是否合理、可行,空调电源插座、电源插座与照明,是否分路设计;厨房电源插座和卫生间电源插座是否设置独立回路;同一个房间内的插座是否由同一回路供电;

(3) 每套住宅进户线截面不小于 $10mm^2$,分支回路截面不小于 $2.5mm^2$。

2. 配电柜(箱)内开关设备的选用

(1) 每栋住宅的总电源进线断路器,应具有漏电保护功能;

(2) 每套住宅应设置电源总断路器,并应采用可同时断开相线和中性线的开关电器;

(3) 包括空调电源插座在内,所有电源插座电路都应设置漏电保护装置。

空调插座回路也要设置漏电保护装置,这是因为:

1) 空调插座对非空调电气设备的电源插头不具备识别能力;

2) 一般用户不具有电气专业知识,不知道空调插座按规定不能接手握式和移动式电气设备。

因此,不能排除用户将空调插座接手握式或移动式电气设备的可能,不能排除设备漏电后造成触电危险的可能。

(4) 照明回路不受漏电保护开关控制

漏电保护只对相对地短路起作用,对相间及相与零间的短路不起作用,故照明回路没有必要受漏电保护开关控制。而且如果照明回路与插座回路一起受漏电保护开关控制,当接插座的设备漏电引起漏电开关动作,不仅插座回路停电,而且照明回路也停电,不利于检修。

3. 灯具选型

住宅照明灯具的选择应与室内装修设计有机结合,兼顾经济性和合理性,优先采用分区一般照明并与局部照明相配合,局部照明灯具宜采取与家具组合的照明形式,合理选择照明控制方式,采取分区控制或适当增加照明开关点以及采用各种类型的节电开关和管理措施。对可分隔式住宅应使灯具的布置和电源插座的设置适应轻质隔墙任意分隔时的变化,可考虑在顶棚上设置悬挂式插座、采用装饰性多功能线槽等。

提倡绿色照明,选择符合节能要求的高光效光源和高效率灯具,充分利用天然光。

(1) 一般房间优先选用荧光灯。使用带电子镇流器的高效节能荧光灯,灯管使用 T8 管径的细管代替目前使用的 T12、T10;

(2) 推广使用单端荧光灯,即紧凑型荧光灯;

(3) 采用调光开关或电脑程控式开关;

调光灯具的选用,不仅能节能,而且能创造生动的场景灯光效果。如现已开发生产的红外线遥控调光器,可红外线遥控或手动控制开关及调校灯光亮度,还可预设两种亮度,并具有淡入(渐亮)和淡出(渐暗)时间选择功能。

电脑程控式开关广泛应用于多盏灯泡之灯具之中,使之实现用一个单联开关便可产生四种不同的亮灯状态从而避免增加家庭照明电路的布线。

(4) 楼梯走道照明宜设自动节能(延时)开关。可采用光电自动控制电源、触摸式(或声控)延时开关;高层住宅楼梯灯如选用定时开关,应有限流功能并在事故情况下强制转换至点亮状态。

4. 开关、插座的选型

(1) 同一套内的开关、插座分别采用同一系列的产品;

(2) 住宅内插座当安装距地高度低于 1.8m 时,必须采用安全型插座;

(3) 在卫生间、厨房等潮湿场所采用密封型并带保护地线触头的保护型插座;

(4) 对于接插电源时有触电危险的家用电气(如洗衣机等)应采用带开关能断开电源的插座;

(5) 卫生间灯开关应安装在外墙,如安装在卫生间内应选用防潮防溅型,如在跷板上设置防溅罩,可隔着防溅罩上的弹性透明薄膜,按动跷板。该种开关密封性能好,不怕水淋和潮气侵入;

5. 接地装置的型式、布置和等电位联结

(1) 住宅供电系统,应采用 TT、TN-C-S 或 TN-S 接地型式,并进行总等电位联结。

1) 由城市低压电网供电的用户,配电系统应采用 TT 接地系统,并设专用保护线(PE线);

2) 当小区或建筑物内设有 10/0.4kV 配电变压器作供电电源时,低压配电系统应采用 TN-S 或 TN-C-S 接地系统,当采用 TN-C-S 接地系统时,电源进户线处应作重复接地;

(2) 防直击雷的接地宜和防雷电感应、电气设备等接地共用同一接地装置,并宜与埋地金属管道相连。在共用接地装置与埋地金属管道相连的情况下,接地装置宜围绕建筑物敷设成环形接地体,当符合要求时应利用基础和圈梁的主筋作为环形接地体;

(3) 卫生间应作局部等电位联结。

5.2.1.2 施工作业设计、试运行方案

1. 制定电缆敷设施工作业设计

(1) 编制电缆管线表:要注明管线名称、电缆规格、型号和长度、起止点、路径、在桥架上的位置编号等。选择电缆路径时应考虑便于电缆维护和使电缆路径较短；

（2）放电缆的组织：人员组合，起重、牵引、登高等设备的准备，放电缆的指挥和协调；

（3）电缆敷设的主要技术标准；

（4）主要的施工步骤、顺序和要领。

2．制定母线槽安装施工作业设计

（1）母线槽安装的技术标准要求、安装步骤要领及质量控制要点；

（2）绝缘测试、送电试运行及验收；

（3）主要注意事项、安全防护措施等。

3．制定交接试验、试运行方案

（1）交接试验的试验项目、标准，各试验采取的方法、步骤；

（2）试运行应具备的条件、运行过程中应检查的项目、内容和标准；

（3）交接试验及试运行应采取的安全措施。

4．制定避雷、接地施工作业设计

（1）避雷针（网、带）及其接地装置，应采取自下而上的施工顺序。首先安装集中接地装置，再安装引下线，最后安装接闪器。没有有效的接地装置而安装接闪器，引雷而不放，这是非常危险的。特别对于采用人工接地体的一定要先做人工接地装置，经测试接地电阻值符合设计要求，才能进行屋面避雷带的施工；

（2）坡屋面造型、变化较为复杂，避雷带施工难度较大，应根据屋面变化具体情况，制定较为详尽的布置方案后，再进行施工，在避雷带布置好焊接前应进行认真的检查，确定无误后再进行焊接；

（3）屋面各种金属结构和金属管道与避雷接地系统的连接；

（4）高层住宅以及幕墙金属框架防侧击雷措施；

（5）等电位联结的内容、布置和具体的联结方式；

（6）为防止测试接地电阻值达不到设计要求而采取的预防措施；

（7）防雷接地的人工接地装置的接地干线经人行横道处的处理方法；

（8）做好与土建配合的预留、预埋工作；

现在住宅工程大都采用钢筋混凝土结构中的钢筋作为防雷接地系统中的接闪器、引下线和接地体，或者另用各种型材将接闪器、引下线、等电位联结线暗敷在结构的找平层、粉刷层内，因此及时做好与土建配合的预留、预埋和焊接工作，相当重要。

1）熟悉图纸，列出所有需与土建配合的项目、数量、部位；

2）根据土建施工网络进度计划，相应排出的配合时间表，紧密跟踪土建进度，不错过配合时机；

3）根据配合施工的内容，及时准备所需的材料、工机具，安排配合人员；

4）配合时期，严格按要求施工，对于由土建实施的预埋、预留和焊接的要按照电气安装的相关规定和图纸设计的要求进行验收；

（9）安全措施的贯彻落实。

坡屋面避雷带施工的防坠落、深基坑内接地装置施工的防基坑塌方等安全防护措施。

5．实行样板引路制

为了确保工程质量，加快施工进度，减少不必要的材料和工时浪费，在工程中实行样板引路制。在每分项(工序)施工前,由责任工程师依据施工方案和技术交底以及国家有关的规范、标准,组织进行分项(工序)的样板施工,在施工部位挂牌注明工序名称、施工责任人、技术交底人、施工班长、施工日期等。可将各分项(工序)首次施工部分及重点工序作为样板,请建设、监理单位共同验收,样板未通过验收不得进行大范围的施工。通过样板的施工,使参与样板施工的各有关人员结合现场实际接受了技术标准、质量标准的培训,在以后的施工中就能做到统一操作程序,统一施工做法,统一质量验收标准。

　　一层混凝土楼板内暗配管和一层砖砌体内暗配管的敷设可分别作为以后混凝土楼板内和砖砌体内暗配管的施工样板。

　　住宅套内照明器具(灯具、开关、插座、风扇)和户内开关箱安装以及高层住宅楼梯间的照明、电气竖井配电部分的安装均可实行样板制度。只有每一分项(工序)在其样板经建设、监理等有关单位验收通过后方可大范围地进行施工。

5.2.1.3　施工条件

　　严格按施工工序,检查是否具备必要的施工条件

　　1．现浇混凝土板内配管

　　底层钢筋绑扎完成,上层钢筋未绑扎;

　　2．电线、电缆敷设

　　(1) 建筑的结构和土建的墙面、地面抹灰作业全部完成;

　　(2) 导管、电缆桥架或线槽、盒及配电箱、柜全部安装到位且所有金属导管、桥架、线槽及其支架的接地跨接已可靠连接;管内已吹扫,无积水和阻塞;管口已戴上护套或做成喇叭形,对于较长或弯曲较多的管路已穿好钢丝引线;

　　(3) 经检查电线、电缆质量符合要求。

　　不得采取在电线不易穿过的地方先将导管开断,待电线、电缆穿入后再将导管连接起来的方法。这对以后检修(换线)非常不利。

　　3．插接式母线槽安装

　　(1) 竖井内与插接式母线槽安装位置有关的管道、空调及建筑装修工程施工基本结束,确认扫尾施工不会影响已安装的母线且施工现场如屋顶、楼板上无积水和渗漏现象,配电竖井口土建有挡防水措施;

　　(2) 地面标高已确定、层间距离已复核;

　　(3) 设备到货,施工图纸及产品技术文件齐全。组对前,每段绝缘电阻测试合格;

　　并应采取相应措施,保持场地清洁干净,不允许有垃圾等异物落入母线槽内。

　　4．配电柜(箱、盘) 安装

　　(1) 土建施工结束

　　低压配电室、楼层配电小间、设备控制室的成套配电柜、控制柜和配电箱的安装、调试要经常受电,涉及到用电安全,不能与土建交叉配合施工;在安装、调试结束送电运行后,土建也不能再进入施工,因此,要求在盘箱柜安装前,土建施工全部结束;

　　1) 墙面、屋顶粉刷结束,无漏水,门窗玻璃安装完,门上锁;

　　2) 室内地面工程完,场地干净、道路畅通;

　　(2) 盘、箱、柜等设备已运至现场,并经开箱验收;

　　(3) 施工图纸、技术资料齐全;

(4) 技术、安全、消防措施落实。

5.2.1.4 新材料、新工艺的应用

1. 线路敷设

(1) 配线用室内拼装地板

目前,住宅工程电线敷设大都是穿管暗敷,这是一种不太方便的敷设方法,特别是当室内家具重新布置,所使用的设备位置发生变化时,无法利用原先安装的电源或通讯接口而不得不拉明线到位。现已开发出的各种配线用室内拼装地板,可在地板内配置电线、电讯电缆等线路,这些拼装地板有的设计成数个设定基本单元面板(包含供电单元、供电讯单元及一般拼装单元),有的在每块地板下设有通线量很大的型腔,使指定区域范围内的室内地面拼装出隐设有电线与电讯电缆的装置,可在地板的任意点设置或变更终端及出线口,以利各式电器、电讯用品的就近导接。而且这些拼装地板能克服原地面缺陷直接在各类地面上敷设,施工简便、快速、布线容易,更换布线也方便。

(2) 低烟无卤阻燃电线电缆、耐 90℃ 电线和"4 等芯 + 1 芯"的 5 芯电缆

推广使用铜芯防火低烟无卤塑料绝缘软电缆应用技术,减少火灾时因吸入电线电缆燃烧时放出的有毒气体而窒息死亡;

国产 70℃PVC 电缆因载流量小,截面过大无法与开关相匹配。因此,使用 90℃PVC 线或 XLPE 线可以大大提高载流量,节约成本。加上相应电缆尺寸小,弯曲容易,也可节省建筑空间。

随着计算机等非线性阻抗大量使用,20 世纪 90 年代初推出的 3 + 2 芯电缆已不能满足需要,中性线截面太小造成开关跳闸已屡见不鲜,应对 5 芯电缆的各芯作用有充分的认识,广泛应用 4 等芯 + 1 芯接地结构。

(3) 预制分支电缆

住宅的配电干线普遍采用垂直敷设方式,对于多层和小高层通常是铜芯绝缘线穿管由集中表箱分别直接送至各户,或者电源干线在楼梯间公共部位经 T 接箱分线引至楼层电表箱;而高层住宅用普通电缆或密集型插接式母线槽供电。近年来,密集型插接式母线槽在中高层建筑中使用的较为普遍。而 20 世纪 70 年代,建筑物内输电干线到各层楼面的工厂预制的分支电缆在国外得到开发应用,使得干线及各楼面安装敷设工作量大为减少。同时,由于预制,也大幅度降低了工程成本,施工质量也得到了相应的提高。近几年我国部分经济发达城市的高层建筑,已开始在电气竖井内应用分支电缆取代密集型插接式母线槽,某些地区相应的规范和标准也陆续将其纳入其中。由于我国现在还没有分支电缆的标准,国内厂家分支电缆的导体连接和绝缘制作方法差异很大,选用时应注意各生产厂分支电缆的差别。

(4) 超高层建筑竖井内可采用"阻尼缓速器"法放电缆

垂直电缆敷设常用的提拉方法主要有人工合力提拉和电动卷扬机钢绳向上牵引。

人工合力提拉使用的人力多,而且不安全,用电动卷扬机钢绳向上牵引虽节省了人力但是也不安全,而且还有可能对电缆的质量产生影响。因为,随着电缆的上升,受力点及上部电缆受力增大,电缆结构容易变形而损伤。

某施工企业,在超高层建筑中采用"阻尼缓速器"法进行垂直井道内电缆的提拉敷设,较好地解决了这一难题:他们先将整盘电缆吊运上高层,充分利用高位势能,把电缆由上向下输送敷设,用分段设置的"阻尼缓速器"对下放过程产生的重力加速度加以控制,既安全快

捷,又确保电缆绝缘质量完好,该方法在某一工程(63层)应用,经测算,仅用时 7~8min,提高工效 24.8 倍。

2. 照明配电箱

梳形汇流排突破了延续多年的配电箱内小型断路器多路输出靠电线连接、跨接的接线方式,它不仅接线简单、快捷、安全可靠,同时也扩大了连接处的接触面积,降低了温升与功耗;移动式汇流排,它适应各种规格、模数的小型断路器进线方式;小母线汇流排,接线简单、布线直观,尤其大大方便现场接线,是有些地区电网电表箱指定的接线产品。

3. 防雷、接地

(1) 使用新型避雷针

目前,除采用避雷针和避雷带传统做法外,消雷器和提前放电避雷针在工程上已得到不少实际应用。高脉冲电压提前放电避雷针,无电源、无放射性;雷电逼近时高压脉冲自动触发,接闪放电时,环境电场强度低、保护范围大、针体高度低、且重量轻、安装方便、外形美观。当然,提前放电避雷针,尤其是国外引进的提前放电避雷针,维护复杂,价格又不便宜,相比之下,传统的避雷方法比较简单可靠、经济合算。

(2) IEA 电解离子接地系统

常规接地方法不易满足接地要求时,可特设 IEA 电解离子接地系统。它的主要材料为接地铜棒及安全性能分解水分的内充填物,施工时将配套的 IEA 回填料用水搅拌均匀成黏稠状,灌入放有接地铜棒的圆形孔洞内直至指示位置为止。该接地装置配有火泥熔焊导线连接栓。

(3) 接地模块

低电阻接地模块是以非金属材料和电解物质为主体,以金属极芯制成的新型接地体,具有接地电阻低、稳定性好、抗腐蚀、无污染的特点,特别适合在高电阻率地区使用,能弥补金属体的不足,作为各种接地装置的接地体。

(4) 不同材质间的焊接连接——火泥熔焊法

铜线、铜带与钢板等不同金属的焊接连接,可采用火泥熔焊法进行。火泥熔焊法利用化学反应时产生的超高热在瞬间完成导体之间的连接。连接点为分子结合,没有接触面,更没有机械性压力,且无须外加电源、热源,施工快捷、安全可靠。

(5) 螺栓连接型接地端子板

螺栓连接型接地端子板有铜质(JG)和钢质(JFG)材料的,配套的螺栓材质与之对应。接地端子板与柱内主筋相连接,同种材料之间联结采用普通焊接,钢与铜之间焊接采用火泥熔焊(或 107 铜焊条焊接)。接地端子板预埋在墙柱中作为接地端接点,与墙面或柱面相平,施工时端子平面应用胶膜保护。

螺栓连接型接地端子板的应用:

在柱内预埋螺栓连接型接地端子板,该接地端子板与柱内已与柱基焊接成一体的主钢筋相互焊连,并且

1) 用 10mm² 编织软铜带将螺栓连接型接地端子板直接与幕墙金属框架上的接地螺栓连接——幕墙金属框架与防雷装置连接;

2) 将 10mm² 编织软铜带一端与螺栓连接型接地端子连接,另一端与 16×4 的镀锌扁钢连接件连接,再将镀锌扁钢连接件与通长铝合金窗连接——通长铝合金窗与防雷装置连接;

3) 用螺栓将螺栓连接型接地端子板直接与金属窗框连接——金属窗与防雷装置连接。

5.2.2 材料进场验收及选用

1. 电线导管、电缆导管质量要求

(1) PVC 电工套管及配件

PVC 电工套管是一种壁厚均匀、易弯曲、不断(碎)裂、回弹性较好的阻燃半硬管,其氧指数应大于 27(有的地区要求大于 40),具有离火自熄性能。管材及其配件表面有阻燃标记和制造厂标。阻燃管要使用配套的阻燃接线盒。

(2) 钢导管

钢导管无压扁、穿孔、裂缝等情况,管子内壁光滑无毛刺,管壁厚薄均匀。非镀锌钢导管无严重锈蚀,按制造标准油漆出厂的油漆完整;镀锌钢导管镀层覆盖完整、光滑、表面无锈斑。

使用薄壁电线管,应注意其壁厚是否符合产品要求。管壁太薄,不易套丝和焊跨接线。

(3) 金属柔性导管

金属柔性导管不应有退绞、松散,中间不应有接头。金属柔性导管应双面镀锌。

(4) 按制造标准现场抽样检测导管的管径、壁厚及均匀度。

2. 电线、电缆及附件质量要求

(1) 按批查验合格证,合格证有生厂许可证编号,按《额定电压 450/750V 及以下聚氯乙烯绝缘电缆》(GB 5023.1 ~ 5023.7)标准生产的产品有安全认证标志;

(2) 电线绝缘层完整无损,厚度均匀,额定电压应在 500V 以上(疏散照明线路采用的耐火铜芯绝缘电线的额定电压不低于 750V);电缆严禁有压扁、扭曲、铠装松卷、护层断裂和表面严重划伤等缺陷且封端应严密,铠装无锈蚀;耐热、阻燃的电线、电缆外护层有明显标识和制造厂标;

(3) 绝缘电阻值必须大于 $0.5M\Omega$;

(4) 电缆选用:在电缆桥架上敷设的电缆不应有黄麻或其他容易燃烧的材料作保护层;明敷在电缆沟、竖井内带有麻护层的电缆,应剥除麻护层,并对其铠装加以防腐;

(5) 按制造标准,现场抽样检测:圆形线芯的直径误差不大于标称直径的 1%。

3. 桥架选用及质量要求

(1) 电缆桥架上的电缆可无间距敷设,桥架横断面的填充率为电力电缆不大于 40%,控制电缆不大于 50%。沿墙垂直安装的电缆桥架宜选用梯阶式,对于桥架的安装固定和桥架上电缆的固定都比较方便;

(2) 电缆桥架各种组合配件和附件齐全,表面光滑、内壁平直不变形;钢制桥架涂层完整,无锈蚀;玻璃钢制桥架色泽均匀,无破损碎裂;铝合金桥架涂层完整,无扭曲变形,不压扁,表面无划伤;

(3) 桥架订货,应根据桥架平面布置图、桥架系统有关的剖面图以及建筑平面图,准确统计出桥架安装所需的各种规格的直线段、平面和立交弯(三、四)通、变径用的调宽板和桥架调节边框高度的调高片、桥架连接用的连接板、衬板等附件以及固定桥架的立柱、托臂等各种支、吊架的名称、型号规格和数量(以重量定货的还必须折算成重量)加上必要的说明,制定桥架订货清单,按照订货清单将桥架安装所需的材料一次购回,以保证安装的连续性,防止因缺少某些弯通、附件或支架,而造成施工停顿或因现场加工而破坏桥架的防腐层和影响观感。

桥架到现场后,按照订货清单,清点电缆桥架的各种组合配件和附件,检查电缆桥架的外形尺寸、成型、表面防腐及成品保护等情况。

4. 电缆头部件及电线、电缆的芯线连接金具质量要求

电缆终端头套与电缆配套,电线、电缆的芯线连接金具(连接管和端子)规格应与芯线的规格适配;电缆终端头套和连接金具,表面无裂纹和气孔;不得采用开口端子。

5. 母线槽的选用及进场验收

(1) 高层住宅垂直井道内如使用母线槽应选用密集型插接式母线槽。密集型插接式母线槽不仅输送电流大、结构紧凑、体积小而且安全可靠、防烟效果好、散热好,安装灵活、施工中与土建互不干扰,安装条件适应性强,使用维护方便。被广泛用于高层建筑,作为向用电设备供电的架空配电系统。

采用四线制母线槽再单独敷设一根 PE 线比采用五线制母线槽更好,这是由于 PE 线外露,容易检查和保养。PE 线连接可采用螺栓连接,比母线槽插接更可靠,价格也更便宜。

(2) 母线槽进场要进行开箱检查、文件检查(出厂合格证、试验报告、安装技术文件)、实物清点、铭牌检查(额定容量、额定电压等)和导线截面的复核。

在进场验收时,对实物质量的检查,应注意以下几个方面:

1) 外观检查

防潮密封良好,各段编号标志清晰,附件齐全,外壳不变形,母线螺栓搭接面平整、镀层覆盖完整、无起皮和麻面;插接母线上的静角头无缺损、表面光滑、镀层完整。母线槽各组单元均要求有接地端子,安装在容易接近的地方,且有牢固的接地标志。

2) 检查接头,看其冲孔、切断质量

切断面平整,不能有毛口,孔与母线边缘的距离应一致,母线搭接孔要保证同心,便于固定。带上连接螺栓和平垫圈,检查相邻垫圈间应有大于 3mm 的间隙。搪锡要均匀,搭接面应平整,绝缘包缠不能进入母线的搭接面。母线绝缘板不能出现破损、脱落。

3) 绝缘要求

每一节母线槽的相线、中性线、外壳互相之间绝缘电阻都不得小于 20MΩ;

4) 插接箱接地装置的检查

插接箱外壳应有焊接牢固的接地端子,并有明显的接地标志。三相五线制母线槽,应有 PE 端子排。N 端子必须与外壳绝缘。

5) 插接装置检查

插脚弹性、间距一致,底部无毛刺,接触面平整。插接箱插入母线槽后,插脚不外露,插接箱与母线槽应有防反插装置,以防止电源短路。

6. 配电柜(箱、盘)的进场验收

(1) 文件、资料的检查

查验合格证和随带技术文件,实行生产许可证和安全认证制度的产品,有许可证编号和安全认证标志。

(2) 几何尺寸测量

柜(箱)底脚平稳,不应有显著的倾斜和晃动,柜盘框架垂直度偏差不大于 1.5/1000;柜(箱)体外形尺寸方正(测量背面及两侧面对角线)。

(3) 外观情况

柜(箱)周边平整无损伤、表面平整无凹凸,内外油漆均匀、无脱落,柜(箱)结构焊接牢固、焊缝均匀,仪表玻璃及外壳完整,表托、表卡齐全,门锁转动灵活,门在开启过程中不使电器受到冲击损坏。柜(箱)上部进线处和下部接线端子处,有足够的保证外接导线、多芯电缆分开线芯的接线空间。

(4) 设备和元器件安装

柜(箱)内设备、仪表、控制元件的型号、规格符合设计要求,并齐全完好,固定牢靠、布置合理、操作灵活且满足电气间距与爬电距离要求,电流互感器与电流表配套,设备把手、附件齐全完好;

(5) 母线配置

1) 母线连接紧密、接触良好、配置整齐美观。母线落料、钻孔平整,无毛刺,表面没有明显的锤痕、划痕、气孔、凹陷、起皮等缺陷,弯曲处没有裂纹和裂口。母线与设备连接,螺栓受力均匀,电器接线端子不受额外应力。

2) 检查保护导体的截面是否符合要求。

当设计无要求时,柜(屏、台、箱、盘)内保护导体的最小截面 S_p 不应小于表 5.2.1 的规定。

保护导体的最小截面积(mm²)   表 5.2.1

相线的截面积 S	相应保护导体的最小截面积 S_p	相线的截面积 S	相应保护导体的最小截面积 S_p
$S \leqslant 16$	S	$400 < S \leqslant 800$	200
$16 < S \leqslant 35$	16	$S > 800$	$S/4$
$35 < S \leqslant 400$	$S/2$		

(6) 二次配线

二次配线应横平竖直、配置牢固、层次分明、整齐美观。除电子元件回路或类似回路外,其他回路均应采用额定电压不低于 750V 的铜芯绝缘电线或电缆,电流回路、其他回路芯线截面积分别不小于 2.5mm² 和 1.5mm²;可动部位的电线采用多股铜芯软线,与电器连接时,端部绞紧搪锡或接套筒接线鼻子,多股软线成束时外套塑料管等加强绝缘保护层。所有连接导线的端子标号完整、清晰。

(7) 接地接零

二次板、带电器设备的门、柜体上均应焊有接地螺丝,并有明显接地标志。

较高级的住宅户内开关箱配置方案:

① 入户主开关采用中性线先通后断的双极断路器;

② 照明不受漏电保护器控制;

③ 将所有回路各自独立、互不影响。厨房插座、卫生间插座、客厅和卧室插座、空调插座回路均设有各自的漏电保护,不仅缩小了故障时的停电范围,而且也缩小了故障查找的范围,这样能很方便及时地将故障排除;

④ 考虑到电脑、自动保安系统及 Hi-Fi 音响对供电连续性的特殊需要而设计单独的电脑及保安回路;

⑤ 漏电开关有过电压保护功能,当发生漏电故障时,脱扣指示窗不显示,只有当过电压

故障发生时,指示窗显示红色,以区别漏电与过电压故障;

⑥ 分路控制断路器进线使用梳形汇流排连接。

7. 电机本体、附件和技术资料的检查

(1) 查验合格证和随带技术文件,实行生产许可证和安全认证制度的产品,有许可证编号和安全认证标志;

(2) 电动机应有铭牌,注明制造厂名,出厂日期,电动机的型号、容量、频率、电压、电流、接线方式、转速、温升、工作方式、绝缘等级等有关技术数据;

(3) 电动机的容量、规格、型号和电压等级均应符合设计要求,附件、备件齐全,并有出厂合格证及有关的技术文件;

(4) 电动机的控制、保护和启动附属设备,应与电动机配套,并有铭牌,注明制造厂名,出厂日期和规格、型号等技术数据,并有出厂合格证等有关的技术文件;

(5) 所有电气接线端子完好,设备器件无缺损,涂层完整。

8. 灯具的质量要求

(1) 灯具及其配件齐全,无机械损伤、变形、涂层剥落和灯罩破裂等缺陷。普通灯具有安全认证标志;

(2) 对成套灯具的绝缘电阻、内部接线等性能进行现场抽样检测。灯具的绝缘电阻不小于 $2M\Omega$,内部接线为铜芯绝缘电线,线芯截面积不小于 $0.5mm^2$,橡胶或聚氯乙烯(PVC)绝缘电线的绝缘层厚度不小于 $0.6mm$。多股软线的端头需盘圈、涮锡。

9. 开关、插座的质量要求

(1) 查验合格证,实行安全认证制度的产品有安全认证标志;

(2) 开关、插座的面板及接线盒的盒体完整、无碎裂、零件齐全;

(3) 对开关、插座的电气和机械性能进行现场抽样检测。检测规定如下:

1) 不同极性带电部件间的电气间隙和爬电距离不小于 $3mm$;

2) 绝缘电阻值不小于 $5M\Omega$;

3) 用自攻锁紧螺钉或自切螺钉安装的,螺钉与软塑固定件旋合长度不小于 $8mm$,软塑固定件在经受 10 次拧紧退出试验后,无松动或掉渣,螺钉及螺纹无损坏现象;

4) 金属间相旋合的螺钉螺母,拧紧后完全退出,反复 5 次仍能正常使用;

(4) 开关、插座、接线盒及其面板等塑料绝缘材料阻燃性能应符合要求;

(5) 安全型插座安全门的质量要求:

两眼插座,只有当插头两足同时插入时,插座的安全门才能打开;

三眼插座,插头接地极先进入插座接地插套,带电极保护门才能打开;

10. 防雷、接地系统材料选用及质量要求

建筑物宜利用钢筋混凝土屋面板、梁、柱和基础的钢筋作为接闪器、引下线和接地装置。

非混凝土内的金属材料均使用热浸(镀)锌的方法防止锈蚀,在腐蚀性较强的场所,尚应采取加大其截面或其他防腐措施。

镀锌层厚度要求:

镀件厚度 $<5mm$,锌层厚度 $\geqslant65\mu m$(锌附着量 $\geqslant460g/m^2$);

镀件厚度 $\geqslant5mm$,锌层厚度 $\geqslant86\mu m$(锌附着量 $\geqslant610g/m^2$);

镀锌层的均匀性、附着性应抽样检查,不符合要求时应重新加工。

(1) 接地装置的材料选用

1) 当基础采用硅酸盐水泥和周围土壤的含水量不低于 4% 及基础的外表面无防腐层或有沥青质的防腐层时,宜利用基础内的钢筋作为接地装置。

2) 埋于土壤中的人工垂直接地体宜采用角钢、钢管或圆钢等;埋于土壤中的人工水平接地体宜采用扁钢或圆钢。

钢接地体和接地线的最小规格见表 5.2.2。

钢接地体和接地线的最小规格　　　　　　　　　　　表 5.2.2

种类、规格及类别		敷设位置及使用类别			
		地　　上		地　　下	
		室　　内	室　　外	交流电流回路	直流电流回路
圆钢直径(mm)		6	8	10	12
扁钢	截面(mm²)	60	100	100	100
	厚度(mm)	3	4	4	6
角钢厚度(mm)		2	2.5	4	6
钢管管壁厚度(mm)		2.5	2.5	3.5	4.5

接地线应与水平接地体的截面相同。

(2) 避雷引下线及变配电室接地干线的材料选用

1) 当利用建筑物钢筋混凝土中的钢筋作为引下线时,当钢筋直径为 16mm 及以上时,应利用两根钢筋(绑扎或焊接)作为一组引下线;当钢筋直径为 10mm 及以上时,应利用四根钢筋(绑扎或焊接)作为一组引下线。

2) 避雷引下线可采用圆钢或扁钢(优先采用圆钢)其尺寸不应小于下列数值:

圆钢直径为 8mm,扁钢截面为 $48mm^2$、厚度为 4mm

引下线应沿建筑物外墙明敷,并经最短路径接地;当考虑美观暗敷时,截面应加大一级,圆钢直径不应小于 10mm,扁钢截面不应小于 $80mm^2$。

3) 变、配电室接地干线,一般选用扁钢,其最小规格应符合表 5.2.2 的规定。

(3) 接闪器材料选用

1) 避雷针采用圆钢或焊接钢管制成(一般采用圆钢),其直径不应小于:

针长 1m 以下,圆钢为 12mm,钢管为 20mm;

针长 1~2m,圆钢为 16mm,钢管为 25mm。

2) 避雷带和避雷网采用圆钢或扁钢(优先采用圆钢)其尺寸不应小于下列数值:

圆钢直径为 8mm;扁钢截面为 $48mm^2$、厚度为 4mm。

敷设在钢筋混凝土中作为防雷装置的钢筋或圆钢,当仅一根时,其直径不应小于 10mm。

(4) 等电位联结的材料选用

等电位联接的线路最小允许截面为:

铜材:干线为 $16mm^2$,支线为 $6mm^2$;

钢材:干线为 $50mm^2$,支线为 $16mm^2$;

等电位联结端子板采用厚度不小于 4 mm 的紫铜板。

5.2.3 质量控制要点

1. 电线导管、电缆导管敷设

（1）绝缘导管的壁厚及阻燃性能、薄壁电线管的壁厚是否符合产品制造标准；

（2）线路走向、回路设置合理且符合住宅设计规范的规定和设计图纸的要求；

（3）钢导管（尤其是镀锌和壁厚小于等于 2mm 的钢导管）的连接和接地跨接，暗配管的弯曲半径和弯扁度，墙面暗配管的保护层厚度（尤其是疏散照明线路在非燃烧体内穿刚性导管暗敷设的保护层厚度），地坪内金属导管的防腐、混凝土内绝缘导管的防碎裂、导管过变形缝的处理等；

（4）预制板配管、吊顶内配管、轻质隔墙内管盒的固定、柔性导管的敷设。

2. 电线、电缆穿管

（1）电线、电缆选型和线径（截面）的控制。按设计要求选定电线、电缆的规格和型号并且每套进户线不小于 $10mm^2$，分支回路不小于 $2.5mm^2$，N 线、PE 线的线径（截面）选择应符合设计和有关规范规定，不得随意减小截面。

（2）电线、电缆绝缘强度测试。在接线前应进行绝缘测试，电缆在敷设前还应对整盘电缆进行绝缘电阻测试。只有绝缘电阻符合要求，才能进行线路的连接以及线路与设备、器具的连接。

（3）导管内穿线数量、导线分色以及三相或单相交流单芯电缆穿管。

3. 电缆桥架安装和桥架内电缆敷设

（1）有防腐要求的电缆桥架的订货（保证各种组合配件和附件齐全）。

（2）桥架安装（桥架与桥架间、桥架与支架间连接紧固无遗漏，不直度、水平度的控制）。

（3）电缆桥架及其支架接地（全长不少于 2 处与接地干线连接，镀锌及非镀锌桥架的接地跨接）。

（4）桥架内电缆敷设（电缆固定、弯曲、挂牌、防火）。

（5）电缆绝缘测试。

4. 电缆沟内和电缆竖井内电缆敷设

（1）支架安装（支架的位置、固定）。

（2）支架接地。

（3）电缆敷设（电缆固定、弯曲、挂牌、防火）。

（4）竖井内预制分支电缆的敷设。

5. 电缆头制作、接线和线路绝缘测试

（1）电缆终端头套及附件、接线端子材料质量。

（2）电缆头制作。

（3）导线与导线的连接、芯线与电气设备、器具的连接。

（4）绝缘电阻测试。

6. 裸母线、插接式母线安装

（1）裸母线、母线槽材料质量检查。

（2）母线螺栓连接用力矩扳手拧紧，钢制连接螺栓的力矩值。

（3）母线槽支架安装（支架型式、数量及固定）。

(4) 母线槽组装固定(绝缘测试、模拟组装、连接固定和同心度控制)。

(5) 母线槽外壳接地。

(6) 交接试验(绝缘测试、耐压试验)和24h空载试运行。

7．成套配电柜、控制柜和动力、照明配电箱安装

(1) 盘箱柜设备开箱验收。

(2) 基础型钢的制作、安装(不直度、水平度、不平行度和出地面的高度的控制,接地和防腐)。

(3) 盘柜稳装(与基础型钢的连接、找正找平、接地)。

(4) 盘柜二次线连接。

(5) 调整试验、试运行。

(6) 照明配电箱安装。

8．低压电动机检查接线

(1) 电机、附件及其随机技术资料的检查验收。

(2) 电机交接试验。

(3) 需要抽芯、干燥的电机进行抽芯检查和线圈干燥。

(4) 电机的控制、保护和起动设备的检查、接线。

(5) 电机的试运行。

9．照明灯具安装

(1) 灯具的选型及质量检查。

(2) 大(重) 型灯具用的吊钩、预埋件埋设,大型花灯固定及悬吊装置的 2 倍过载试验。

(3) 安装高度低于 2.4m 的灯具可接近裸露导体接地或接零。

(4) 公共场所应急照明灯和疏散指示灯的安装。

(5) 照明通电试运行。

10．开关、插座、风扇安装

(1) 开关、插座的选型。

(2) 开关、插座安装高差的控制。

(3) 开关、插座的接线的正确性及通电安全性检查。

(4) 吊扇挂钩直径的控制及安装的牢固性。

11．防雷、接地装置安装及等电位联结

(1) 接闪器、引下线及变配电室明敷接地干线、接地装置及等电位联结的材料选用和截面控制。

(2) 焊接连接、螺栓连接、火泥熔焊法连接等各种连接的质量。

(3) 人工接地体、自然接地体的敷设(埋深、距离、焊接和过变形缝的处理),防跨步电压的处理。

(4) 引下线、明敷接地干线敷设(连接、固定、平整度、顺直度和过变形缝的处理),断接卡、测试卡制作、安装。

(5) 接闪器安装(连接、弯曲、固定、平整度、顺直度和过变形缝的处理)、屋面各种金属件与避雷接地系统的可靠连接。

(6) 固定在建筑物上的各种用电设备的线路防止雷电波侵入措施。

(7) 总等电位联结、局部等电位联结的布置和连接质量。

(8) 高层住宅、幕墙金属框架防侧击雷做法。

(9) 接地电阻的测试、接地电阻值达不到设计要求的处理。

5.3 过 程 控 制

5.3.1 工艺流程

1. 电线导管、电缆导管敷设工艺流程,见图 5.3.1。

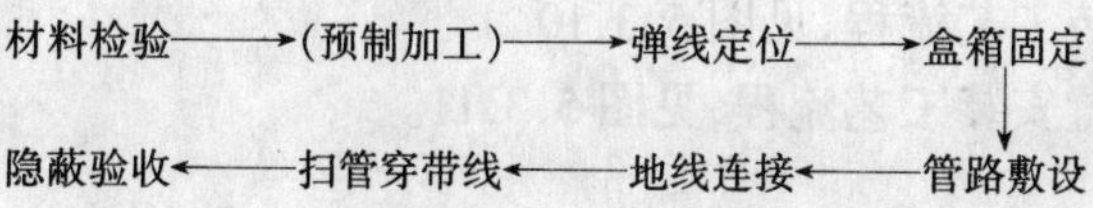

材料检验 ——→（预制加工）——→ 弹线定位 ——→ 盒箱固定

隐蔽验收 ←—— 扫管穿带线 ←—— 地线连接 ←—— 管路敷设

图 5.3.1　电线导管、电缆导管敷设工艺流程

2. 电线、电缆穿管工艺流程,见图 5.3.2。

准备工作 ——→ 材料检验 ——→ 穿线穿电缆 ——→ 防护措施

图 5.3.2　电线、电缆穿管工艺流程

3. 电缆桥架安装和桥架内电缆敷设工艺流程,见图 5.3.3。

4. 电缆沟内和电缆竖井内电缆敷设工艺流程,见图 5.3.4。

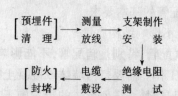

图 5.3.3　电缆桥架安装和桥架内
电缆敷设工艺流程

图 5.3.4　电缆沟内和电缆竖井内
电缆敷设工艺流程

5. 电缆头制作、接线工艺流程,见图 5.3.5。

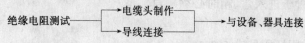

图 5.3.5　电缆头制作、接线工艺流程

6. 封闭母线、插接式母线安装工艺流程,见图 5.3.6。

7. 成套配电柜、控制柜和动力、照明配电箱(盘)安装工艺流程,见图 5.3.7。

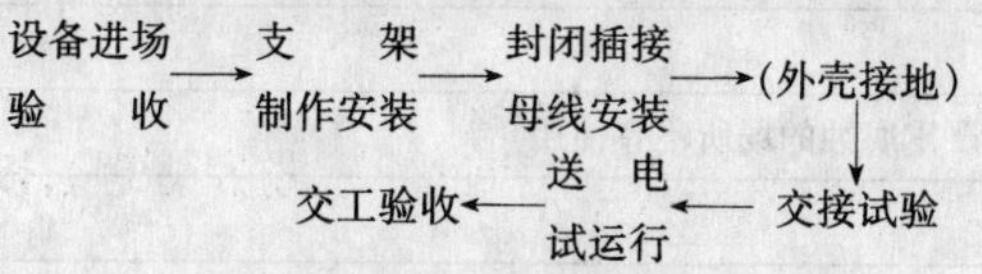

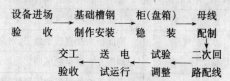

图 5.3.6　封闭母线、插接式
母线安装工艺流程

图 5.3.7　成套配电柜、控制柜和动力、
照明配电箱(盘)安装工艺流程

8. 低压电动机检查接线工艺流程,见图5.3.8。

9. 照明灯具安装工艺流程,见图5.3.9。

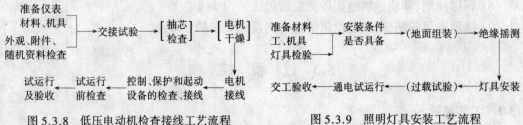

图 5.3.8 低压电动机检查接线工艺流程   图 5.3.9 照明灯具安装工艺流程

10. 开关、插座安装工艺流程,见图5.3.10。

11. 防雷、接地装置安装工艺流程,见图5.3.11。

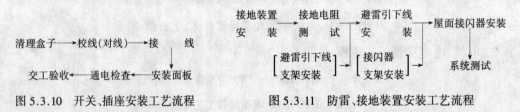

图 5.3.10 开关、插座安装工艺流程   图 5.3.11 防雷、接地装置安装工艺流程

5.3.2 主要施工工艺及质量控制

5.3.2.1 电线导管、电缆导管敷设

1. 配管的基本要求

(1) 不影响结构质量

电气配管,特别是暗配管,不能影响土建结构的质量。要与土建施工密切配合,做好预埋、预留工作。需要打凿墙体或混凝土楼板,要征得设计和土建专业的同意并且适当利用一些切割机具,禁止任何形式的野蛮施工,特别是对于多孔砖、空心砖、小砌块和混凝土砌块墙体不得随意打凿。

(2) 线路最近

暗配管宜沿最近的线路敷设,并应减少弯曲。特别是大面积的混凝土楼板内的配管,不要求横平竖直,但是管子进入盒、箱时必须顺直。

(3) 管材适用

常用电线导管适用场所见表5.3.1。

常用电线导管适用场所   表 5.3.1

导管名称	适 用 场 所
PVC电工套管	适用于屋内场所和有酸碱腐蚀介质的场所,不适用于高温和易受机械损伤的场所明敷
薄壁电线管	干燥场所和非直埋于地下
水煤气管	潮湿场所及直埋于地下,对金属有严重腐蚀的场所不宜使用
镀 锌 管	潮湿及有腐蚀的场所
金属柔性管	不易受机械损伤的干燥场所,不应直埋于地下或混凝土中(一般用在钢性导管与电气设备、器具间的连接)。当在潮湿等特殊场所使用时,应采用带有非金属护套且附配套连接器件的防液型金属柔性管,其护套应经阻燃处理

2．不同场所电线导管敷设的质量控制

（1）地坪配管

直埋于地下应使用焊接钢管或镀锌钢管,不应使用薄壁电线管和 PVC 电工套管。埋地管应沿最近的线路敷设,并应减少弯曲。埋地管弯曲半径不应小于管外径的 10 倍,埋地管不宜穿过建筑物、设备的基础,当必须穿过时应采取保护措施(如加套保护管等),埋入素土内的非镀锌管应用水泥砂浆或两遍沥青全面防护,镀锌管锌层剥落处也应防腐,埋有腐蚀性垫层时所有管路应用水泥砂浆全面防护。

（2）混凝土中的配管

PVC 电工套管的绑扎固定应紧靠钢筋,套管连接处及管进盒子处易受震动挤压而断(破)裂,应在紧靠套管连接处及盒子两侧的 30mm 以内以及直线段每隔 1m 左右用扎丝与钢筋绑扎,固定牢靠,为防止穿梁管在打混凝土时受震动挤压而断(破)裂可考虑加套管保护。

对于较长的金属管路,除本身连接处以及与盒、箱之间必须通过焊接或焊圆钢跨接线而可靠地连接成电气通路外,还应多处与结构钢筋焊接,以确保金属管路可靠接地。

应尽量减少在混凝土结构中设置过线盒、分线盒,必须设置的过线盒、分线盒可设置在梁下的墙面上。

施工中还应特别注意:

1) 对于现浇混凝土梁内,当多根管竖穿梁时,管子应在梁受剪、应力较小部位的轴线上,并列敷设,管与管的间距不应小于 25mm,以使混凝土浇捣密实。暗配钢管要横向穿过混凝土梁时,对梁的结构强度影响不会太大,但也应考虑在梁受剪、应力较小部位(梁净跨度的1/3 的中跨区域内)通过,或应在梁的中和轴处通过,当无法确定中和轴的准确位置时,管宜在梁中部在中和轴及以下受控区域内横向穿过,穿梁管应距底筋上侧不小于 50mm。

2) 现浇混凝土结构施工中,配管与土建钢筋绑扎应相互配合。配管时尽量不要将管子交叉,也不要随意抬高配管,要保证配管上下均有足够厚度的保护层,防止楼板顺着管路走向开裂。

3) 对于梁与梁下墙厚度不一的,应搞清梁下墙砌筑的位置,以便确定管出梁的位置。不至于将来由梁引下的管凸出于墙面而无法与墙上的管连接,厨卫间隔墙处的配管经常出现这种情况。

4) 电线导管由梁引下两步施工法

由混凝土梁引下的导管,如果模板不允许开大孔,可分两步施工:

第一步:薄壁电线管可将管前端套上管箍(焊接钢管和 PVC 电工套管带上套管)抵住模板,同时将管焊好跨接线,跨接线贴着模板放好,如果允许跨接线可直接穿出模板引下。

第二步:拆模后往下丝扣接管(焊接钢管套管焊接、PVC 电工套管用套管胶接),并找出跨接线与接续钢管焊接。

5) 成排管由混凝土梁引下进入配电箱,要从以下两方面加以控制:

① 配管在混凝土梁内排列整齐、间距均匀并且与梁底相垂直;

② 接续管排列整齐、间距均匀,长度超过 300mm 的配电箱上要做过梁板,为保证管穿过过梁板而顺直的进入配电箱内,须在过梁板上对应引下管预留孔洞,孔洞直径比将要穿入的管子的外径大 10～20mm,孔洞壁之间以及孔洞壁距过梁板外侧边沿的距离分别不小于20mm 和 25mm。

这样从梁引下的管子的接续管可方便地从过梁板穿过而顺直地进入配电箱内,且排列整齐、间距均匀,而无须在过梁板上开槽,甚至破坏过梁板上的钢筋,在保证墙体结构质量的同时,提高了工效。

6) 现浇混凝土剪力墙内盒、箱的安装——二次暗装法:

为了保证盒、箱在混凝土墙中的安装标高和坐标的准确性,可采用二次暗装法——混凝土墙体支模时,在电气盒、箱位置处预留以苯板,拆模后将混凝土中预留的苯板清除干净,测准坐标与标高,放入盒、箱,用不低于原混凝土墙强度等级的细石混凝土灌入稳牢。

(3) 墙面暗配管

对于普通粘土砖砌体,提倡机械切槽敷设,不宜在砌墙时将管敷设在两层砖的中间(不仅仅是因为盒子埋设较浅,而管子埋设较深,管子进盒要煨来回弯,给配管和砌筑墙体带来不便,而且所配横管还要将丁砖全部切断,破坏墙体结构)。管槽内壁要平整、走向要顺直,槽深要保证管子最终有不小于 15mm 厚的保护层,疏散照明线路在非燃烧体内穿刚性导管暗敷设,暗敷保护层厚度不小于 30mm(以土建墙面粉刷层冲筋厚度为准);槽宽要使并列敷设的配管之间、管与槽壁间留有适当间隙,以使补槽砂浆密实。管槽内的管路应每隔 0.5m 左右用扎丝绑扎固定(扎丝用钉子固定于墙)而不宜采用钉子砸弯后直接压在管子上的固定方法。管槽要用强度等级不小于 M10 水泥砂浆来补。箱、盒四周用水泥砂浆填实、抹平。

壁厚 2mm 以下的薄壁电线管敷设中,插座在墙的两边背靠背安装时,穿墙部分的跨接线不能断,需将跨接线钢筋穿墙分别与墙两边的电线管焊接。

多孔砖、空心砖、小砌块墙体表面不得随意留设水平沟槽,可事先预制留有管槽的与使用的多孔砖、空心砖、小砌块砌体外形尺寸完全相同的水泥砌块。在敷设有管线的部位使用这种特制的水泥砌块代替多孔砖、空心砖、小砌块砌体。

(4) GRC 空心板轻质隔断上的管盒固定

GRC 空心板厚度小,质量轻、表面平整,给电气配管带来了一定的难度:开关盒、插座盒不易固定,极易被拨出,沿着管路走向墙体表面极易出现通长裂缝。施工时应从以下几个方面加以控制:

1) 采用云石切割机开槽、开孔,保证槽深、减小槽宽;

2) 利用板孔配置竖向配管,只开竖向槽,不开横向槽,这就要求在框架结构阶段就要考虑好管子的配法,管子尽量配在混凝土楼板内,以减少轻质隔断上的配管。

3) 分别用 1.5mm×15mm 的钢带制作的管子固定卡和 12 号镀锌铁线,穿过 GRC 板将管子和盒子固定在板的背后,使电气管盒固定牢靠,不易被拨出。

4) 管盒与 GRC 板的间隙使用 GRC 板供应商指定的专用材料,安排抹灰工填塞修补、抹平收光。

总之,在轻质隔断上配管埋盒,先要测量好盒、箱的准确位置,计划好管路的走向,牢固地固定好管、盒、箱并与装修人员配合开槽、打洞与修补。

(5) 预制空心板配管

住宅配管不得随意留设过线盒、分线盒。卫生间不得留盒,其他房间最多只留 1 个盒。受找平层厚度的制约,不宜在预制板面上配管,可在板缝或板孔内配管,尽量不采用在板孔内穿护套线的作法。

预制空心板结构给配管带来了一定的难度,尤其是现浇与预制的结合部位不易处理。

首先,预制板安装时,需配合安排好预制板的排列顺序,使得预制顶板上的灯具位置符合设计要求(一般居中);

第二,需设置一定的过(分)线盒,但不能随意留设,影响美观,所留设的盒子应标高一致(顶棚下 200mm),加盖板而不得在墙面抹灰时被隐蔽。

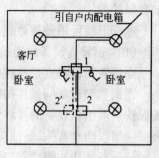

图 5.3.12

如图 5.3.12 做法比较简洁适用:它在两个卧室与客厅三者相交部位的梁内埋设一个分线盒 1,由此分别引向客厅灯位盒(取照明电源)、两个卧室的开关(取控制线)、其中一个卧室混凝土梁内设置的分线合 2,由分线合 2 引向两个灯头盒。在打混凝土梁之前,要准确测定预制楼板上灯具的位置,而预先埋设好图示的分线盒 2 以及 1、2 两个分线盒之间的管路。也可如图中虚线所示:在两个卧室的混凝土梁内分别设置分线盒 2 及 2′,从分线盒 1 配双管分别至 2 和 2′两个分线盒,再由 2 和 2′两个分线盒分别引向两个卧室的灯头盒。

(6) 吊顶内配管

根据《低压配电设计规范》(GB 50054—95)的要求,在建筑物的顶棚内,必须使用金属管、金属线槽布线,但实际情况是顶棚内大量使用 PVC 管。

吊顶内配管应按明配管要求敷设,注意横平竖直,要设专门的吊卡和卡具,不得利用龙骨吊架,也不得将管直接固定在轻钢龙骨上。

顶棚内接线盒引向器具的绝缘导线不应有裸露部分,可采用可挠金属电线保护管、金属柔性管保护,其长度不大于 1.2m,接线盒的设置应便于检修,一般应朝下,并应有盖板,接线应在接线盒或灯具中进行,确保接头不外露。

(7) 厨房、卫生间楼板内的配管

厨卫间楼板处的电气配管要注意不要与厨卫间穿楼板的排水管道、煤气管道交叉。为此在浇注混凝土楼板时就要将穿楼板的排水管道、煤气管道预留洞留好,防止后来在楼板上打洞时将电气配管打断。同时也要注意厨卫间给水管道暗敷设的位置,防止将来在地面面层内敷设给水管道,因保护层厚度不够,需在地面开槽而破坏楼板内电气暗配管。

(8) 架空进线

横担注意不要架设在一、二层(或二、三层)的休息平台边、住宅厨卫间窗户旁等伸手可触的地方。接户线位置应符合下列要求:

接户线与接户线上方窗户的垂直距离不小于:800mm;

接户线与接户线下方窗户的垂直距离不小于:200mm;

接户线至阳台、窗户的水平距离不小于:600mm;

进户管的外侧应做防水弯头,且导线应弯成滴水弧状后方可引入室内。

接零系统架空进线在引入处重复接地的施工,应在中性线芯线与接地扁钢之间垫以薄铝带用卡子卡紧,也可与埋地电缆进线一样在配电箱内进行。铜钢直接连接处,铜接触面要搪锡,接触要紧密,防松紧固件齐全。

横担和进户管等金属件也应可靠接地。

(9) 过变形缝及设备、建筑物基础

过变形缝要设补偿装置,补偿装置能活动自如,与管子连接可靠;过设备、建筑物基础处加套保护管。

过变形缝可用带转角或直通的专用接线箱。

(10) 钢管与设备的连接

当钢管与设备直接连接时,应将钢管敷设到设备的接线盒内。

当钢管与设备间接连接时,对于干燥场所,钢管端部宜增设电线保护软管或可挠金属电线保护管后引入设备的接线盒内,且钢管管口应包扎紧密;对于室外或室内潮湿场所,钢管端部应增设防水弯头,导线应加套保护软管,经弯成滴水弧状后再引入设备的接线盒。

与设备连接的钢管管口与地面的距离宜大于 200mm。

(11) 钢塑混用

钢塑可以混用,但金属电线保护管和金属盒(箱)必须与保护地线(PE 线)有可靠的电气连接。

施工中,考虑到 PVC 管机械工强度不高,不宜埋地敷设。如果埋地部分改用钢管,要保证钢管与保护地线有可靠的电气连接,亦即从出配电箱开始直至穿过地坪为止均要使用钢管,且钢管要与专用保护线(PE 线)有可靠连接的配电箱铁质外壳作电气跨接。

3. 电缆导管敷设

(1) 金属电缆管不应对焊连接,可采用套管焊接或螺纹连接,做到连接牢固、密封良好,两管口对准;每根电缆管的弯头不应超过 3 个,直角弯不应超过 2 个;金属电缆管外表应涂防腐漆或沥青防腐,镀锌管锌层剥落处也应涂以防腐漆;

(2) 引至设备的电缆管管口位置,应便于与设备连接并不妨碍设备拆装和进出。并列敷设的电缆管管口应排列整齐。敷设至设备的电缆导管在敷设前要仔细审查工艺设备安装图和设备基础图,弄清设备接线口的位置和基础的尺寸大小,以使导管在不妨碍设备拆装和进出的同时,距设备接线口的距离适中。

4. 金属、非金属柔性导管敷设

钢性导管与电气设备、器具间的电线保护管宜用金属柔性导管或可挠金属管。金属柔性管只能敷设在不易受机械损伤的干燥场所,且不应直埋于地下或混凝土中。当在潮湿等特殊场所使用时,应采用带有非金属护套且附配套连接器件的防液型金属柔性管,其护套应经阻燃处理。

可挠金属管或其他柔性导管与钢性导管或电器设备、器具间的连接采用专用接头,不应将软管直接插入配管或设备、器具中。

柔性导管的长度在动力工程中不大于 0.8m,在照明工程中不大于 1.2m。

可挠性金属导管和金属柔性导管不能做接地(PE)或接零(PEN)的接续导体,不得作为灯与灯之间的导管。

5. 导管连接、弯曲、除锈、跨接接地线

(1) 导管连接

金属导管严禁对口熔焊连接,镀锌和壁厚小于等于 2mm 的钢导管不得套管熔焊连接。精品工程壁厚大于 2mm 的明敷设非镀锌钢导管也不得套管熔焊连接。镀锌管、明敷设钢导管和壁厚小于等于 2mm 的钢导管可采用螺纹连接或套管紧定螺钉连接,接地线卡跨接接地线,两卡间连线为截面积不小于 4mm² 的铜芯软导线(对于暗配的镀锌管,接地线卡的两卡间连接线可考虑用镀锌扁钢或圆钢);壁厚大于 2mm 的暗敷设非镀锌钢导管可以套管熔焊连接,焊接接地跨接线。

(2) 导管煨弯

电线、电缆导管的弯曲要严格控制:电线导管弯曲半径:明配 $\geqslant 6D$、两盒之间只有一个弯 $\geqslant 4D$,暗配 $\geqslant 6D$、混凝土内及埋地 $\geqslant 10D$;弯扁度 $\leqslant 0.1D$;电缆导管弯曲半径不小于电缆最小允许弯曲半径,电缆最小允许弯曲半径见表 5.3.2;

电缆最小允许弯曲半径　　　　　　　　　　　表 5.3.2

序　　号	电 缆 种 类	最小允许弯曲半径
1	无铅包钢铠护套的橡皮绝缘电力电缆	10D
2	有钢铠护套的橡皮绝缘电力电缆	20D
3	聚氯乙烯绝缘电力电缆	10D
4	交联聚氯乙烯绝缘电力电缆	15D
5	多芯控制电缆	10D

注: D 为电缆外径。

1) 钢管不得使用成品冲压弯头(弯曲半径太小,不符合要求)。小口径管使用手扳弯管器,应在管身上按弯曲半径的要求画好弯曲起始点和终止点,并将此两点范围内的部份均分为若干等份,煨弯时从起点至终点均匀煨制;较大口径的管子使用液压或电动弯管器,模具一定要与所要煨制的管的管径相适应,对于 G80 及以上的管子可采用热煨法。

2) 钢管弯管的弯曲方向与管子焊缝位置之间的关系:焊缝如处于弯曲方向的内侧或外侧,管子容易出现裂缝;而且由于焊接处的管内壁往往有毛刺,如果处于弯曲方向的内侧,则穿线时容易把导线擦伤,影响绝缘性能。

3) PVC 电工套管不得使用 90°成品弯头,小管径的可使用弹簧弯管,管径较大的可制作模具加热煨弯,热煨时要控制好弯扁度和折皱的产生。

(3) 钢管除锈

焊接钢管配管内外壁需除锈防腐(混凝土内的外壁不需防腐),对于管径较小($\phi50$ 以下)长度又比较长的钢管,其内壁除锈确实不太容易。某施工企业对此作了有宜的尝试:取一根长度大于 3m 的 $\phi10$ 或 $\phi12$ 的圆钢,在其中部至端点分 3～5 段绑上铁砂布或清洁球,所绑的厚度根据所要除锈的管子的管径大小而定,再将圆钢的另一端夹在手电钻的夹头上,启动手电钻,将圆钢绑有清洁球的一端缓缓塞入钢管内,来回反复抽动 3～4 次,然后将圆钢移出并塞入钢管的另一端,对管子的另一半进行除锈。最后将管子立起,用锤敲打震出管内的锈粉。这种除锈方法比较能保证将管内的铁锈清除,而且施工效率提高近两倍。

(4) 进入配电箱成排布置的暗配管跨接接地线做法

暗配钢管接地跨接线采用圆钢搭接焊,搭接长度为圆钢直径的 6 倍,双面焊接。进入配电箱的成排管的接地跨接,不应将圆钢与钢管相垂直,在接触处点焊,而应采用跨接线的施工。

6. 混凝土内暗敷设导管不通的处理

如废除原暗配在混凝土内的导管,在混凝土表层开槽另敷,首先要征得设计和土建专业的同意,用切割机切槽,不得随意切断混凝土内的钢筋,槽子不要切得太深,但要保证导管保护层的厚度符合要求,最好沿着导管走向在导管上加一两边各超出导管 50mm 的钢丝网片,防止因保护层厚度不够,地坪顺导管开裂。

如将导管不通部分切除,另接入同材质比原导管规格大一号的管子。对于钢导管,在连接前要认真细致地处理好切除后的管口,做到管子连接处光滑无毛刺,防止穿线时损伤导线的绝缘皮或电缆护层,而且管子连接要紧密。在热处理的同时要保护好附近的其他管道和设备、器具。

7. 成品保护

(1) 在钢筋绑扎、混凝土浇筑过程中要注意对混凝土中的 PVC 管、在拆模以及墙体砌筑的过程中要注意对由楼、地面引出的 PVC 管和薄壁电线管加强保护,对暂时不进入盒箱的向上的管口要及时做好临时封堵。

出混凝土楼面的导管,为防止拆模或砌筑墙体时遭到损坏,可采取以下两种方法加以保护:

1) 在需保护的导管周围做一细石混凝土或高标号水泥砂浆保护层。具体做法为:在需保护的导管头上连接套管(螺纹连接的接上管箍),钢导管还需焊好跨接线,同时将导管管口作临时封堵。在浇筑楼面混凝土的同时或以后,在需保护的导管外套上至少大 2 号的钢套管作为模具,在管与套管之间灌入细石混凝土或高强度等级水泥砂浆。以后墙内配管时,去除临时封堵,往上接续管,钢导管的与原来焊好的跨接线焊接。

2) 制作三角架保护:用废旧钢管或较粗的螺纹钢筋制作三角架,将需保护的导管置入三角架内保护,三角架的高度应大于需保护导管的高度。

(2) 交工时应将暗配管的实际走向在楼(地)面及墙体上标示出来,防止二次装修时被破坏。

(3) 墙面暗装开关、插座盒的保护

在开关、插座盒稳牢后,面板安装前要对开关盒、插座盒的盒边及固定螺丝眼进行保护。可用不低于 M10 的水泥砂浆以 45°角分别从盒子的四边粉向墙面,在盒子面与墙面之间形成正四棱台形,以保护凸出于墙面的接线盒边不至受到破坏。另外也可将盒套上防浆套,以对整个盒子进行保护。

5.3.2.2 电线、电缆穿导管

1. 穿线数量

管内穿线包括绝缘层在内的截面积不大于 40% 管内空截面。各种型号、规格的管子的穿线数量可查表。电缆导管内径不应小于电缆外径的 1.5 倍。

2. 穿线注意事项

(1) 每根电力电缆应单独穿入一根电缆导管中,但三相或单相的交流单芯电缆,不得单独穿于钢导管内;同一交流回路的各相导线及工作零线(N 线)穿于同一金属导管内。三相四线制系统中使用的电力电缆,不应采用三芯电缆另加一根单芯电缆(或导线)或用电缆金属护套等作中性线的方式。

同类照明的几个回路可穿同一管内,但管内绝缘导线的总数不应多于 8 根。

(2) 强弱电不能共管或进同一接线盒内(住宅的防盗门对讲系统与开关线、插座线与电视电话线不进同一盒内)。

(3) 导线在管内不应有接头和扭结,接头应设在接线盒(箱)内,在开关盒、插座盒及灯头盒内导线预留长度为 15cm,配电箱内导线的预留长度应为配电箱体周长的 1/2。

（4）导线固定：敷设在垂直管路中的导线当导线截面分别为 50mm² 及其以下、70～95mm²、120～240mm²，长度分别超过 30m、20m、18m 应在管口处或接线盒中加以固定，以减小因导线自重下垂力的作用损伤导线。

高层住宅中每单元电源干线从底层到顶层在楼梯间墙体内穿管暗配，应考虑在楼层分线箱内对导线作适当固定。

（5）在变形缝处导线留有足够的补偿余量，在变形缝的两边导线应固定。

（6）所有配管全部配完且配电箱安装结束才能穿线，所有穿线必须能方便地来回抽动。穿线结束须经抽线检查，合格后方可接线和安装器具。

3. 导线分色

当采用多相导线时，其相线的颜色应易于区分，相线与零线的颜色应不同，在同一建筑物内的导线，其颜色选择应统一，如：A 相-黄色，B 相-绿色，C 相-红色；保护线（PE 线）应采用黄绿颜色相间的绝缘导线，零线宜采用淡蓝色绝缘导线。

4. 对电线、电缆的保护

（1）在穿（布）线或穿电缆的过程中要注意保护电线的绝缘层和电缆的护层不受到损伤，保证电线和电缆线芯的绝缘强度不受影响；

（2）电线、电缆敷设到位后，应及时将电线、电缆盘入盒、箱内，并用纸封堵严实，同时防止盒、箱进水和做好看护、保管工作。在线槽内的将导线整理好，盖上盖板。暂不与电气设备连接的电缆应将端头密封和采取其他妥善的保护措施，防止电缆受潮和遭受破坏。

5.3.2.3 电缆桥架安装和桥架内电缆敷设

1. 电缆桥架安装

（1）电缆桥架支、吊架的固定

支、吊架的固定可采用焊接或螺栓固定，位置应准确。支架间距为：水平安装的 1.5～3m；垂直安装的不大于 2m；一般电缆桥架支、吊架都与桥架配套供应，采用焊接固定将损坏桥架的防腐层，而采用膨胀螺栓固定较为方便，也易于质量控制。当采用螺栓固定时，要做到螺栓选用适配，连接紧固，防松零件齐全。

（2）电缆桥架与支架间的连接固定

桥架与桥架、桥架与支架之间螺栓连接，固定紧固无遗漏，螺母位于桥架的外侧；每一个支架都要与桥架连接，当桥架宽度为 150mm 及以上时，必须使用双螺栓与桥架连接。

当铝合金桥架与钢支架固定时，可在铝合金桥架与钢支架间加入绝缘橡胶板，防止二者间发生电化学反应而腐蚀。不仅桥架，而且支架都要与接地干线相连接，二者可分别连接，也可在桥架与接地干线连接的基础上相互跨接，接地线与铝合金桥架采用铜铝过渡接线端子或搪过锡的铜接线端子连接。

（3）电缆桥架的补偿装置

直线段钢制电缆桥架长度超过 30m、铝合金或玻璃钢制电缆桥架长度超过 15m 应采用伸缩连接板连接，并留有不小于 20mm 伸缩缝；电缆桥架跨越建筑物变形缝处设置补偿装置。桥架应断开，断开距离以 100mm 左右为宜。电缆桥架不专设保护 PE 线（或 PEN 线）的，桥架在断开处应用不小于 4 mm² 的多股铜芯软线或编织铜线跨接，若专设保护 PE 线（或 PEN 线）则保护线应留有补偿余量。

（4）电缆桥架的防火

敷设在竖井和穿越不同防火工区的桥架,按设计要求位置,有防火隔堵措施;

(5) 电缆桥架的接地或接零

金属电缆桥架及其支架和引入或引出的金属电缆导管必须接地(PE)或接零(PEN)可靠,且必须符合下列规定:

1) 金属电缆桥架及其支架全长应不少于 2 处与接地(PE)或接零(PEN)干线相连接;

2) 非镀锌电缆桥架间连接板的两端跨接铜芯接地线,接地线最小允许截面积不小于 4mm², 或在桥架内沿桥架全长另敷接地干线,桥架每段至少有一点与该接地干线连接。

3) 镀锌电缆桥架间连接板的两端不跨接接地线,但连接板两端不少于 2 个有防松螺母或防松垫圈的连接固定螺栓。

也可在桥架内底部,全线敷设一根铜或镀锌扁钢制成的保护地线(PE),且与每段桥架都有电气连接,这种做法接地或接零十分可靠。

2. 桥架内电缆敷设

(1) 桥架内电缆固定:

1) 大于 45°倾斜敷设的电缆每隔 2m 处设固定点;

2) 水平敷设的电缆,首尾两端、转弯两侧、中间接头两侧以及直线段每隔 5～10m 处设固定点;敷设于垂直桥架内的电缆固定点间距,不大于表 5.3.3 规定;

电缆固定点的间距(mm)　　　　　　　　　　　　　表 5.3.3

电 缆 种 类		固 定 点 间 距
电 力 电 缆	全 塑 型	1000
	除全塑型外的电缆	1500
控 制 电 缆		1000

(2) 同一回路不同相的电缆,各相与中性线必须成组地安装在同一桥架上;并联运行的电源电缆应长度相同,但不宜敷设在同一桥架上。

(3) 桥架引出线路:

从电缆桥架引出电气线路,根据具体情况可采用硬管或柔性管,但无论使用何种管均应使用相应的接头连接且金属管应与桥架做好接地跨接。

(4) 电缆挂牌:

电缆的首端、末端和转弯分支处以及直线段每隔 50m 应设有注明电缆编号、型号规格、及起止地点等的标志牌,标志牌清晰齐全。

(5) 电缆防火封堵。

(6) 电缆从盘上放出时,无论规格大小,均须用托架支承,顺向放出,不得将电缆盘平放倒圈;敷设电缆要留出一定余量以便检修及补偿温度变化。电缆敷设完以后电缆桥架终端应封闭。

5.3.2.4 电缆沟和电缆竖井内电缆敷设

1. 电缆支架安装

(1) 电缆支架的布置

当设计无要求时,电缆支架最上层至竖井顶部或楼板的距离不小于 150～200mm;电缆支架最下层至沟底或地面的距离不小于 50～100mm;沿墙垂直安装的梯阶式电缆桥架的支

架间距不超过 2m,

电缆支架的长度不宜大于 350mm,支架层间垂直距离不小于:电力电缆 0.15m,控制电缆 0.1m。

(2) 电缆支架的固定

电缆支架可采用焊接固定,也可采用螺栓固定。支架与预埋件焊接时,焊缝饱满;用膨胀螺栓时,选用螺栓适配,连接紧固,防松零件齐全。预埋件或膨胀螺栓埋设的位置要准确。

(3) 电缆支架接地(或接零) 做法

1) 电缆沟内电缆支架接地或接零做法

在电缆沟的两侧分别用 $\phi 10$ 圆钢(或 25×4 的扁钢)设置一条接地干线与电缆支架焊接,焊接时应从通长圆钢(或扁钢)上绑焊出一根圆钢,与支架进行搭接焊,保证搭接倍数。

2) 竖井内电缆支架接地或接零做法

将竖井内扁钢接地干线 PE 与电缆支架焊接连接或用软导线接线端子连接。

2. 电缆敷设

(1) 电缆弯曲

电缆在支架上敷设,转弯处的最小允许弯曲半径应符合表 5.3.2 的规定,支架能托住电缆均匀平滑的过渡。

(2) 电缆敷设固定

1) 垂直敷设或大于 45°倾斜敷设的电缆在每个支架上固定;

2) 交流单芯电力电缆应布置在同侧支架上,当按紧贴的正三角形排列时,应每隔 1m 用绑带扎牢。交流单芯电缆或分相后的每相电缆固定用的夹具和支架,不形成闭合铁磁回路。

3) 当设计无要求时,电缆支持点间距,不大于的表 5.3.4 规定:

电缆支持点间距(mm)

表 5.3.4

电缆种类		敷 设 方 式	
		水 平	垂 直
电 力 电 缆	全 塑 型	400	1000
	除全塑型外的电缆	800	1500
控 制 电 缆		800	1000

(3) 电缆沟和竖井防火隔堵

敷设电缆的电缆沟和竖井,按设计要求位置,用防火隔板及防火堵料进行防火隔堵。电缆和绝缘电线穿管布线,应在楼层间预埋钢管,布线后两端管口空隙应做密封隔离。

建筑高度不超过 100m 的高层建筑,其电缆井应每隔 2 ~ 3 层在楼板处用相当于楼板耐火极限的不燃烧体作防火分隔;建筑高度超过 100m 的高层建筑,应在每层楼板处用相当于楼板耐火极限的不燃烧体作防火分隔。

4) 电缆挂牌

5) 电缆出入电缆沟、竖井、建筑物、柜(盘)、台处以及管子管口处等做密封处理;明敷在电缆沟、竖井内带有麻护层的电缆,应剥除麻护层,并对其铠装加以防腐;电缆自电缆沟引上至配电柜时,为保证电缆弯曲半径,可将截面较大的电缆尽量敷设在电缆沟支架的下层,而将截面较小的电缆尽量敷设在电缆沟支架的上层,并将电缆留出一定的检修余量。

3. 电缆竖井内预制分支电缆敷设

(1) 预埋和预留

预埋吊钩(或安装吊钩横担,固定吊钩),吊钩及预埋吊钩安全系数≥4,吊钩圆钢直径及各部分尺寸与主干电缆规格相配套。

竖井(或楼板)的预留孔尺寸为:长度——主电缆数量×电缆外径×3;宽度——200mm(主电缆 240mm² 及以下)—300mm(主电缆 240mm² 以上)

(2) 选型和定货

按设计要求选型,经测量计算后,除向生产厂家提出主干电缆和各分支电缆的规格与长度外,还要提供工程建筑物楼层层高剖面图,分支接头距楼层地坪高度,以及分支电缆进楼层照明配电箱(电表箱)上进线或下进线的方式。

(3) 支架安装固定

主干电缆每一分支接头上下 300mm 处、最高层分支接头下 300mm 处以及分支电缆距分支接头 300mm 处应用 U 形槽钢支架固定,多根主干电缆并排敷设共用支架时,使用角钢支架固定,固定点间距为 1.5~2.0m,主干电缆在穿楼板处用支持夹具固定。

(4) 电缆敷设

电缆放一根,固定一根,由高向低依次用电缆马鞍线夹固定在支架上,待主干电缆安装固定后,再将紧紧绑扎在主干电缆上的分支电缆从主干电缆上解开,安装时不应过分强拉分支电缆。

主干电缆采用单芯电缆时,应考虑防止涡流效应,禁止使用导磁金属夹具。

(5) 防火封堵

电缆穿楼板处,应按防火规范要求,进行防火封堵,可将楼板内和楼板上下分别用防火堵料 SDF-Ⅱ 和 SDF-Ⅲ(A)进行封堵。

(6) 接地(接零)

竖井内采用等电位连接,从总等电位联结(MEB)端子箱引出一根 MEB 干线自下而上敷设在竖井中,竖井的每层设有辅助等电位联结(SEB)端子箱,而预制分支电缆采用 4 芯,专设 SEB 线,使用更安全可靠,且易于连接和保养,而 4 芯也更节省。

预制分支电缆也可敷设在竖井内梯阶式电缆桥架上和电缆沟内以及沿墙敷设。

5.3.2.5 电缆头制作、接线和线路绝缘测试

1. 电缆终端头制作、安装

(1) 固定钢带:利用电缆本身钢带宽的 1/2 做卡子,采用咬口的方法打两道卡子,卡子间距为 15mm,卡子要打牢,防止钢带松开;去除多余钢带时,环形锯痕的深度为钢带厚度的 2/3,而不要将钢带锯透,防止伤及电缆;

(2) 焊接地线:地线一定要焊接牢固,不应有虚焊现象,但也要注意不能将电缆烫伤。焊接时要将钢带的焊接部位用钢锉锉出新茬,并使用不小于 500W 的电烙铁焊接;

(3) 套电缆头套:在用塑料带包缠电缆前,先套入电缆头套的下部。整个包缠部分呈枣核状,在第一个卡子处,受力最大,包缠的最多,形成应力锥。

(4) 压接线鼻子:接线鼻子与电缆芯线规格一致与压接模具配套,压痕不少于两道;

(5) 电缆头固定、与设备连接

制作电缆终端头和接头前应检查电缆绝缘纸受潮及相位连接情况;所使用的绝缘材料应符合要求,制作过程需一次完成,不得受潮;电缆芯线的长短以芯线能调换相序为宜,不宜过长或过短;与设备连接的相序、极性标志应明显、正确,如与设备连接的相色不符时,应用相色带全线包扎来改变相色。电缆头固定应牢靠,卡子尺寸应与固定的电缆相适应,单芯电缆、交流电缆不应使用磁性卡子来固定,塑料护套电缆卡子固定时要加垫片,卡子本身应做防腐处理。

2. 线芯连接的基本要求

(1) 导线接头不能增加电阻值;

(2) 受力导线不能降低原机械强度;

(3) 不能降低原绝缘电阻;

(4) 耐腐蚀(防止熔焊法中残余熔剂和焊渣的化学腐蚀以及不同材料的导线接头处发生电化学反应)

3. 导线与导线的连接

(1) 铜导线的直接连接(包括中间接头和分支接头)

1) 单股铜导线的连接:有绞接和缠卷两种方法,凡是截面较小的两根导线连接,一般多用绞接法;截面较大的导线连接或二根以上的导线并接,多用缠卷法。

2) 多股铜导线的连接:有单卷、复卷和缠卷三种方法,无论何种方法,均需把多股导线顺开成 30°伞状,用钳子逐根拉直。

3) 铜导线接头处锡焊:铜导线接头做好以后,要用锡焊牢,以增加机械强度和导电性能,并避免锈蚀和松动。对于 $10mm^2$ 及以下的铜导线接头可直接用电烙铁进行锡焊,$16\ mm^2$ 及以上的铜导线接头应用浇焊法进行锡焊。无论哪种焊法,焊锡要饱满、光滑。在连接前要用砂布把导线表面的残余物清除干净,焊接后要清除残余焊药和焊渣,且不应使用酸性焊剂。

(2) 采用导线分流器连接

导线分流器是新颖实用的科技新产品,它克服了导线直接绞接的缺点。导线分流器特别适用于在主干导线上连接分支线路。住宅电气供电系统中,当电表箱分层设置时,在每层楼梯间的主干线上设置电源分线箱,在电源分线箱内用 T 形分流器将电源引至各楼层电表箱。

(3) 用安全型压接帽连接

按导线的规格和需压接的根数选择压线帽,剥去导线绝缘层、清除表面氧化物,将线芯插入压线帽的压接管内,若填不实,可将导线折回头,填满为止,线芯插到底后,导线绝缘应和压接管口平齐,并包在帽壳内,用专用压接钳压实即可。

导线的分支连接有两种方法:一种是把导线直接连接在一起,从中引出一根分支线头,可称其为并接连接分支法;另一种是利用电气元件的接线柱分支的方法,可称其为"头攻头"连接分支法。并接连接分支法,连接点接触电阻小、可靠;"头攻头"连接分支法,虽然施工方便,但实际上它是串接分支,如果前面一节松脱,后面将断电,且越靠前面的桩头和分支线的电流越大,易过热,很不可靠。所以使用场合有一定的限制(接地线就不宜采用这种方法);另外,利用接线桩头的"头攻头"接线法时,导线不宜超过两根。

插座接线,插座保护线不串联连接。开关、插座接线的分支连接一律采用并接连接分支法,不可采用"头攻头"分支连接法。根据国家工程质量专项治理活动的有关要求,导线连接应采用绝缘压接帽工艺。使用压接帽连接,要注意压接帽的规格一定要与所压接的导线的规格及根数相适配。

(4) 压接管连接

将相应尺寸的铜接管套在被连接的线芯上,用压接钳和模具进行冷态压接。这种方法操作非常方便。使用压接法连接,压模的规格应与线芯截面相符。

所有导线连接处,应先用绝缘带(塑料带、黄蜡带)半幅重叠包扎一层,然后用黑胶布半幅重叠包缠,所有包缠应均匀、严密,绝缘强度不低于原有强度。

4. 芯线与电器设备、器具的连接

(1) 芯线与电器设备的连接应符合下列规定:

1) 截面积在 10mm² 及以下的单股铜芯和铝芯线可直接与设备、器具的端子连接;

2) 截面积在 2.5mm² 及以下的多股铜芯线拧紧搪锡或接续端子后与设备、器具的端子连接;

3) 截面积大于 2.5mm² 的多股铜芯线,除设备自带插接式端子外,接续端子后与设备、器具的端子连接;多股铜芯线与插接式端子连接前,端部拧紧搪锡;

4) 每个设备和器具的端子连接不多于 2 根电线(超过 2 根必须用接线端子);

5) 接线端子的根部与导线绝缘层间的空隙处,应采用绝缘带包缠严密。

(2) 接续接线端子连接

16mm² 及其以上的铜导线需接续接线端子(线鼻子)后再与设备连接,铜接线端子装接,可采用锡焊和压接两种方法。锡焊法要注意只有等到焊锡完全渗透到线芯缝隙中去以后,才能停止加热;压接法操作简便,质量易于控制,但要保证压痕的深度和布置符合要求,接线端子应与电线、电缆芯线截面,模具规格与相适配,保证压接牢固。导线与接线端子连接导线外露部分控制在 1~2mm。

(3) 导线与平压式接线柱连接

导线要顺螺钉旋进方向紧绕一周后再旋紧;多股铜芯软线应先将线芯做成单眼圈状,涮锡压平后再套入螺钉连接。此种接法要求压头要满圈,螺钉、垫片与导线适配,垫片能压住导线。一般一个端子只能压一根线,最多不能超过两根,并且两根线间加平垫圈。

(4) 玻形瓦式垫片螺钉压接连接

这种连接形式只适用于单股铜芯线。连接时将导线直接插入玻形瓦式垫片下的凹槽中,拧紧螺钉即可。连接时需注意,垫片下螺丝两侧凹槽中压的导线截面积应相同。

(5) 针孔式接线柱螺钉支紧连接

导线插入针孔后应露出 1~2mm,针孔大于导线截面 1 倍时,导线需折回头插入压接。

无论哪种连接,导线绝缘层剥削都要适当,线芯不外露。如外露,则外露处加强绝缘。

5. 线路绝缘测试

(1) 标准要求:低压电线和电缆,线间和线对地间的绝缘电阻值必须大于 0.5MΩ。

(2) 测试方法:根据系统图,按系统一级一级的,一个回路一个回路的进行,做到不重不漏。测量时应将用电设备、开关、仪表等脱开。同一插座回路可带所有插座一起测,同一照明回路只须将所有灯具下掉或将所有开关打在"断"的位置。

(3) 测试内容:相间以及各相对地、对零的绝缘电阻值。

三相(如整栋楼的进线)的一组 10 个数据,单相三线(如每单元、每户进线、单相插座)一组 3 个数据,照明只有两根线一组一个数据。

(4) 测试用表:所测线路的电压等级与表要对应:

100V 以下——250V 兆欧表——量程 250MΩ

100V ~ 500V——500V 兆欧表——量程 500MΩ

500V ~ 3kV——1000V 兆欧表——量程 1000MΩ

3kV 以上——2500V 兆欧表——量程 2500MΩ

(5) 注意事项:

1) 不能使用不同电压级的高阻计测量同一绝缘物,因为施加的电压不同,测量的结果也不同。

2) 测量要求较高的,使用保护(屏蔽)端子"G"。如:电缆绝缘测试时为了消除表面漏泄所引起的误差,将"G"柱引线缠绕在被测芯线的表面上。

3) 测量仪表应水平放置,测量前要进行开路和短路检查,转动手柄由慢到快,达到额定转速(120 转/分),待指针平稳时读数。

4) 测量时摇表的转速应酬尽可能保持额定值,当测试电缆等电容量较大的被试物时,为了避免指针的摆动,最好把转速提高 10%(如 130 转/分)。

5) 使用普通绝缘导线作测量导线时应注意表的引线应绝缘良好,并且"线路 L"端测量线的绝缘不得碰及其他测量线及接地物。

6) 仪表应在检定有效期内使用。

5.3.2.6 竖井内插接式母线槽安装

1. 支架安装

(1) 穿楼板处应设槽钢底座弹性支架,弹性支架的组数由生产厂商根据母线槽型式和容量规定。在上下两层槽钢支架之间安装固定在墙上的"一"字型或门型角钢支架,用压板或扁钢抱箍将母线槽固定在角钢支架上。保证直线段母线槽支架间距不超过 2m,当进线箱及末端悬空时应采用支架固定。

(2) 支架与预埋件焊接固定时,焊缝应饱满;采用膨胀螺栓固定时,选用的螺栓应适配,连接应牢固,平垫、弹簧垫齐全。

2. 母线槽组装固定

(1) 首先根据制造厂提供的安装图及说明书在地面进行安装前的模拟组装,并在参与模拟组装的各个部件上进行编号,同时注明这些部件各自在实际安装中的安装地点,最后绘制实际安装的排列图,将各部件的编号在排列图中标明,作为正式安装时的安装图。

(2) 在安装前,对每节母线槽进行绝缘测试,要求绝缘电阻值不小于 20MΩ。

(3) 按照编好号的安装图,从电气竖井入口处开始向上安装,插接开关的高度符合设计或厂家的规定。从安装第一节母线就要注意方向,不能将每节母线的雌雄头装反(母线槽有插接式连接和对接式连接两种连接方法)。每一个新部件安装就位后,按照技术文件的要求正确选用连接螺栓和按规定的力矩扭紧螺栓。连接螺栓两侧应有平垫圈。相邻垫圈间有大于 3mm 的间隙,螺母侧装有弹簧垫圈或锁紧螺母。

(4) 母线槽应直接用螺栓固定在支架上,螺栓加装平垫和弹簧垫圈固定牢固。

(5) 安装时注意母线搭接要保证同心,安装过程中要经常检查母线与外壳间的同心度和母线槽的垂直度以保证它们的偏差一直控制在允许范围内。

3．母线槽外壳及接线箱、插接箱外壳接地

每段母线槽外壳均须接地,接地线连接紧密、无遗漏。

母线槽连接处首尾两端安装接地线连接板,每段母线应用不小于 $16mm^2$ 的编织软铜带跨接,使母线外壳互连成一体。

如用四线型母线槽,则应在竖井内另设一根接地干线(PE 线),将母线槽始端、末端、中间若干处的外壳以及接线箱、各插接箱的外壳、PE 端子与该接地干线进行可靠的电气连接。

如使用三相五线型母线槽,且 PE 线直接与母线槽外壳可靠连接时,可以考虑不设跨接线,但必须有制造厂商的有关技术证明。

4．低压母线交接试验及通电试运行

裸母线、母线槽安装结束,经整理、清扫干净后可进行以下交接试验:

(1) 相间和相对地间的绝缘电阻值应大于 0.5MΩ;

(2) 交流工频耐压试验电压为 1kV,当绝缘电阻值大于 10MΩ 时,可采用 2500V 兆欧表摇测替代,试验持续时间 1min,无击穿闪络现象。

交接试验符合要求,可送电进行试运行,空载运行 24h 无异常现象,可办理验收手续,交付使用。

5.3.2.7 成套配电柜、控制柜和动力、照明配电箱安装

1．照明配电箱(盘)安装

(1) 安装位置

1) 照明配电箱安装高度为底边距地面 1.5mm,要注意这个地面是指配电箱所处位置处的地面,尽量不要在楼梯间、复式住宅、带跃层住宅的楼梯踏步边墙上安装电表箱、户内照明配电箱;

2) 配电箱与煤气管的距离不应小于 300mm;配电箱不应安装在门后,也不应安装在客厅内将来装上门就能作为储藏间使用的地方;

3) 带绞链门而非盖板的嵌入式配电箱安装时,箱体应凸出墙面 5mm,以保证箱体与墙间接缝平整、顺直。

(2) 箱体开孔

管从箱体的上下侧进出箱,箱体开孔一律采用开孔钻,且开孔大小合适,禁止热加工开孔;管与箱体连接用专用锁紧螺母,做到开口平整、光滑,管进箱顺直,排列整齐;另外,最好不要使用已开好孔的配电箱,可由电气安装人员根据实际需要在合适的部位开孔,以利做到一孔一管而没有多余管和所配管与开孔大小相适应以及进入配电箱的导管排列整齐、间距均匀。

(3) 设备要求

箱盘内开关动作灵活可靠,带有漏电保护的回路,漏电保护装置动作电流不大于 30mA,动作时间不大于 0.1s,应做模拟动作试验;

(4) 箱内配线

1) 分户控制箱内进户总开关的进出线线径一致。分路控制开关可用梳形汇流排连接或用导线并(跨) 接,当用导线并接时须注意导线线径(截面)递减的要合理、适当;

2) 照明箱盘内分别设置零线(N)保护地线(PE 线)汇流排,零线和保护地线经汇流排配出。

3) 箱盘内配线整齐,无绞接现象。回路清晰、编号齐全、标识正确(导线套号码管编号及对应开关均需标明回路名称)。导线连接紧密,不伤芯线,不断股。接线端子的根部与导线绝缘层间的空隙处,应采用绝缘带包缠严密。垫圈下螺丝两侧压的导线截面积相同,同一端子上导线连接不多于 2 根,防松垫圈等零件齐全;

(5) 接地、接零

接地(接零)线截面选用正确。电源进线的 PE 线与 PE 线汇流排(端子排)以及箱壳接地螺丝三者连接时注意连接顺序,不能串接。即不应将接地线先与箱外壳接地螺栓连接,再由接地螺栓引向箱内接地汇流排(端子板)。而应将接地线直接与接地汇流排(端子板)连接,再由接地汇流排(端子板)接线引向箱壳的接地螺栓作为箱壳的接地。

1) 对于进箱的 PE 线是铜芯线的(如户内配电箱内),可压铜鼻子后直接与接地汇流排(端子板)连接。铁质的配电箱箱壳及盖板应用铜芯软线与接地汇流排(端子板)连接;

2) 对于 PE 线采用接地扁钢直接进配电箱的(如总配电箱或单元集中电表箱)接地扁钢的位置不易准确控制,如果将接地扁钢与箱内接地汇流排(端子板)直接连接而很难做到二者连接紧密、接触良好,可采用铜芯线跨接,将铜芯线两端压铜鼻子后分别与接地扁钢和接地汇流排(端子板)连接,与扁钢连接的铜接触面应搪锡。

(6) 箱内应只有相线、零线、保护线而没有其他不相关的线(如经开关返回的控制线),且相线、零线、保护线的数量相适应,不允许在中途随意分接相线、零线和保护线。

在精品工程中,要坚决杜绝:线径随意、线色不分,PE 线、N 线无汇流排(端子)而绞接、PE 线串接、PE 线截面过小以及配电箱热开孔等现象。

2. 基础型钢安装

(1) 预埋与成套配电柜(屏、台、盘)基础型钢相焊接的铁件,如果是土建预埋,检查预埋件的数量和埋设位置是否符合实际需要。因手车柜基础型钢顶面必须与成熟地坪相平,应与土建配合将手车柜基础型钢直接埋设在混凝土楼板中;先将预制好的基础型钢安装到位,再进行配电室(控制室)地坪面层施工,地坪面层将型钢部分抹进,最终基础型钢顶部宜高出成熟地坪 10mm 以上。

(2) 基础型钢就位:基础型钢底座一定要用水准仪找正、找平,因为基础型钢安装质量的高低直接影响成套配电柜的安装质量。对于变压器低压侧与受电配电柜使用封闭式母线槽连接的,更要用经纬仪来控制基础型钢的坐标和标高。在找平的过程中,需用垫铁的地方最多不能超过三片。

基础型钢安装允许偏差不得超过表 5.3.5 的规定:

基础型钢安装允许偏差　　　　　　　　　　　表 5.3.5

项　　目	允　许　偏　差	
	(mm/m)	(mm/全长)
不 直 度	1	5
水 平 度	1	5
不 平 行 度	——	5

(3) 基础型钢的接地:基础型钢与从室外接地装置引入的扁钢接地干线焊接可靠。为与成套柜作保护接地连接,事先在基础型钢上焊接接地螺栓,螺栓为镀锌件,且不应小于M10。

(4) 基础型钢制作完成后安装前,应将焊接处焊渣清理干净、磨光,除锈彻底,油漆涂刷均匀,无遗漏。基础型钢安装固定后,还应对焊接部位进行防腐处理,成套柜就位后还要将型钢外表面涂刷与成套柜同色面漆两遍。

3. 柜盘稳装

(1) 柜(屏、台、箱、盘)相互间或与基础型钢之间用镀锌螺栓连接平整、严密,螺栓防松零件齐全。禁止柜盘与基础型钢间焊接连接、禁止型钢热切割、热开孔。

(2) 柜盘找正:先找正端头的柜,并在柜高的 2/3 处绷上小线,以此为控制线,以端头先调好的柜为基准按顺序进行逐台调整。

(3) 柜盘接地:PE 母排至少有两处分别与从接地装置引来的接地干线连接;基础型钢及每台柜盘外壳接地螺栓分别与柜盘内 PE 母排连接,而不得相互串接。当无通长 PE 母排时,每台柜盘内的 PE 母排应分别与接地干线直接连接,而不能在柜盘间串接连接。柜、盘的PE 母排、金属框架及基础型钢的接地应连接紧密、牢固,接地(接零)线截面选用正确,需防腐的部分涂漆均匀无遗漏。装有电器的可开启门,门和框架的接地端子间应用编织裸铜线连接,且有标识。

4. 二次线连接

5. 试验调整

(1) 柜(屏、台、箱、盘)内检查试验应符合下列规定:

1) 控制开关及保护装置的规格、型号符合设计要求;

2) 闭锁装置动作准确可靠;

3) 主开关的辅助开关切换动作与主开关动作一致;

4) 柜(屏、台、箱、盘)上标识器件标明被控设备编号及名称,或操作位置,接线端子有编号,且清晰、工整、不易脱色;

5) 回路中的电子元件不应参加交流工频耐压试验;48V 及以下回路可不做交流工频耐压试验。

(2) 交接试验

1) 进行柜、屏、台、箱、盘间线路的线间和线对地间绝缘电阻的测试,其绝缘电阻值应满足:馈电线路必须大于 0.5MΩ;二次回路必须大于 1MΩ。

2) 进行柜、屏、台、箱、盘间二次回路交流工频耐压试验,当绝缘电阻值大于 10MΩ 时,用 2500V 兆欧表摇测 1min,应无闪络击穿现象;当绝缘电阻值在 1~10MΩ 时,做 1000V 交流工频耐压试验,时间为 1min,应无闪络击穿现象。在做 1000V 交流工频耐压试验时,首先应正确选择试验变压器及其保护电阻。试验时应均匀地将电压升至试验电压,开始计算时间,待 1min 后,迅速而均匀地降压至零,再断开电源。

6. 送电试运行

(1) 安装结束,交接试验符合要求,在手续齐全、资料齐全的情况下准备送电所需的安全防护用品、设置必要的围栏、警告牌等安全防护设施和消防灭火设施,清除除送电所需的设备以外的其他所有物品,彻底打扫配电室,检查母线上、设备上有无遗留下的工具、金属材料及其他物件,明确试运行指挥者、操作者和监护人,并经有关部门检查全部合格,具备送电条件,准备送电试运行。

(2) 电源送进室内,经过验电、校相无误后合低压柜进线开关,查看电压表三相电压是否正常,最后合其他柜。

(3) 送电空载运行 24h,成套配电(控制)柜、台、箱、盘的运行电压、电流正常,各种仪表指示正常,可正式受电运行。从正式受电至最后交付建设单位期间,配电(控制)室需有专人值班,并制定值班制度。

5.3.2.8　电机的电气检查、接线

1. 交接试验

对于 1kV 以下低压电动机,可只进行以下交接试验:

(1) 测量绕组的绝缘电阻

1) 测量绕组的绝缘电阻可用 500V 绝缘摇表测量。

2) 每相绕组的始末端均有引出线时,可分别测量每相绕组对外壳和相间的绝缘电阻;定子绕组只有三个出线端或绕线式转子绕组,则将三个出线端用导线连接在一起,测量三相绕组对外壳的绝缘电阻。

3) 所测得的绝缘电阻值应大于 $0.5M\Omega$。如果有出厂数值,将其与出厂数值比较,换算到相同温度不应有显著下降。

4) 测量时,可将定子绕组与所连接的电缆一起测量,转子绕组与起动设备一起测量。

(2) 100KW 以上的电动机,测量绕组的直流电阻

1) 测量目的是检查绕组各相电阻是否平衡,如有不平衡,则说明电机绕组有匝间短路、接头接触不良等故障,应进一步检查。

2) 根据绕组电阻的大小,使用单臂或双臂电桥,分别测量各相绕组的直流电阻,相互差别不应大于其最小值的 2%;无中性点引出的电动机,测量线间直流电阻值,相互差不应大于其最小值的 1%。

(3) 定子绕组极性与接线的检查

检查的目的主要是确定三相绕组出线端的头(首端)与尾(尾端)连接是否正确。可以使用的方法有:直流感应法、交流电压法、万用表检查法等。

(4) 旋转方向的确定

1) 单向运转的电动机接入未知相序的三相电源时,如果电机与原规定的方向相反,只要任意改变接入电动机的两根电源接线,就可改变电机的转向。但对于不可逆转的电动机,在起动前必须先要确定三相电源的相序和电动机的旋转方向,才能使电动机按规定的方向旋转。

2) 电源线路相序的确定,可用相序指示器,如果现场没有相序指示器,也可用感抗法或容抗法来确定。

3) 确定电机旋转方向,先确定定子绕组的极性和接线方式,然后再用电池、电压表法来确定:将 2~4V 蓄电池接于原有标号或假定的 A、C 相上,电池的正极接于 A 相,负极接于 C 相。电压表的正端接于 B 相,负端接于 C 相,在电池的负端和电压表的负端之间接入一开关。合上开关后,将转子向规定的旋转方向盘动,此时电压表指针如向正方向摆动,则电池的正、负极所接的出线端分别为 A 相和 C 相,电压表正端所接的出线端为 B 相。电压表指

针如向负方向摆动,可把电池所接的两相互换一下,然后再按上述方法确定。

(5) 空载试验(见"电机试运行")

2. 电动机接线

电动机接线端子与导线端子必须连接紧密,不受外力,连接用紧固件的锁紧装置完整齐全。在设备接线盒内,裸露的不同相导线间和导线对地间的最小距离应大于 8mm,如因特殊情况对地距离不够时应采取绝缘防护措施;安装在室外或地下泵房需防水防潮的电气设备的接线入口及接线盒等应做密封处理;

3. 接地或接零

电动机、电动执行机构的外壳必须接地(PE)或接零(PEN),接地(接零)线应接在电动机指定标志处;接地(接零)线截面选用正确,连接紧密、牢固。

4. 抽芯检查

除电动机随带技术文件说明不允许在施工现场抽芯检查外,有下列情况之一的电动机,应抽芯检查:

(1) 出厂时间已超过制造厂保证期限,无保证期限的已超过出厂时间一年以上;

(2) 外观检查、电气试验、手动盘车和试运转,有异常情况。

电动机抽芯检查应符合下列规定:

① 线圈绝缘层完好、无伤痕,端部绑线无松动,槽楔固定、无断裂,引线焊接饱满,内部清洁,通风孔道无堵塞;

② 轴承无锈斑,注油(脂)的型号、规格和数量正确,转子平衡块紧固,平衡螺丝锁紧,风扇叶片无裂纹;

③ 连接用紧固件的防松零件齐全完整;

④ 其他指标符合产品技术文件的特有要求。

5. 电机干燥

(1) 电动机受潮,绝缘电阻达不到规范要求时,应进行干燥处理。

(2) 电动机干燥工作,应由有经验的电工进行,在干燥前应根据电动机受潮情况制定烘干方法及有关技术措施。

(3) 烘干温度要缓慢上升,铁芯和线圈的最高温度应控制在 70 ~ 80℃。

(4) 当电动机绝缘电阻值达到规范要求时,在同一温度下经 5h 稳定不变时,方可认为干燥完毕。

(5) 烘干工作可根据现场情况,电机受潮程度选择以下方法进行:

1) 循环热风干燥室进行烘干。

2) 灯泡干燥法:可采用红外线灯泡或一般灯泡使灯光直接照射在绕组上,温度高低的调节可用改变灯泡瓦数来实现。

3) 电流干燥法:采用低电压,用变阻器调节电流,其电流大小宜控制在电机额定电流的 60% 以内,并应设置温度计,随时监视干燥温度。

6. 控制、保护和启动设备的安装

(1) 电动机的控制和保护设备安装前应检查是否与电动机容量相符。

(2) 电动机的控制和保护设备安装应按设计要求进行,一般应装在电动机附近。

(3) 电动机、控制设备及其所拖动的设备应对应编号。

（4）电动机应装设过流和短路保护，并正确选择保护元件(热元件和熔丝、熔片分别按电动机额定电流的 1.1～1.25 和 1.5～2.5 倍来选择)。

7. 电机试运行

试运行前的检查：

（1）土建工程全部结束，现场清扫整理完毕。

（2）电动机本体安装检查结束。

（3）冷却、调速、润滑等附属系统安装完毕，验收合格，分部试运行情况良好。

（4）电动机的保护、控制、测量、信号、励磁等回路调试完毕，动作正常。

电动机空载转动检查的运行时间可为 2h，并记录电动机的起动电流、空载电流、电压、温度、运行时间、机身和轴承的温升和振动等有关数据，且应符合建筑设备或工艺装置的空载状态运行要求。

电动机在空载转动检查前应试通电，检查转向和机械传动有无异常情况。试通电前手动盘车，应无明显的卡阻和摩擦。

当电动机与其机械部分的连接不易拆开时，可连在一起进行空载转动检查试验。

交流电动机在空载状态下(不投料)可启动次数及间隔时间应符合产品技术条件的要求；无要求时，连续启动 2 次的时间间隔不应小于 5min，再次启动应将电动机冷却至常温下。

电动执行机构的动作方向及指示，应与工艺装置的设计要求保持一致。

电动机试运行接通电源后，如发现电动机不能启动和启动时转速很低或声音不正常等现象，应立即切断电源检查原因。

启动多台电动机时，应按容量从大到小逐台启动，不能同时启动。对于泵类、风机类设备的启动，先关闭阀门、风门，启动正常后，逐渐打开阀门、风门。

电动机试运行中还应进行下列检查：

① 电动机的旋转方向符合要求，声音正常。

② 换向器、滑环和电刷工作情况正常。

③ 电动机不应有过热现象：滑动轴承温升不应超过 45℃，滚动轴承温升不应超过 60℃。

④ 电动机的振动应符合规范要求。

8. 与设备安装的配合

（1）无论是电机空转还是带设备试运行都要征得设备安装单位的同意，并有设备安装单位人员在现场进行配合。每次启动前都要征得设备安装单位人员同意。

（2）机械设备安装结束后，设备安装单位对电机本体和工艺设备进行检查、调整和试车时，必须给予充分的配合，并且听从设备安装单位人员的指挥。

5.3.2.9 照明灯具安装

1. 普通灯具安装

（1）灯具固定牢固可靠，不使用木楔，每个灯具固定用螺钉或螺栓不少于 2 个；当绝缘台直径在 75mm 及以下时，采用 1 个螺钉或螺栓固定；

（2）灯具木台紧贴建筑物表面，二者之间无明显缝隙，木台大小合适，盖住灯位盒且美观；

（3）当吊灯灯具重量大于 3kg 时，应采用预埋吊钩或螺栓固定；

（4）花灯的吊钩,其圆钢直径不应小于灯具挂销直径,且不应小于6mm。大型花灯的固定及悬吊装置,应按灯具重量的2倍做过载试验;

（5）钢管作灯具吊杆时,钢管内径不应小于10mm,钢管壁厚不应小于1.5mm。吊杆垂直;

（6）当软线吊灯灯具重量大于0.5kg时,应增设吊链。软线吊灯的软线长度1m,多余的软线盘绕在一起,软线吊灯的软线两端应作保护扣,保护扣大小合适,两端芯线应搪锡;

（7）吊链灯具的灯线不应受力,灯线与吊链编叉在一起,吊链应互相平行,引下线整齐美观。安装在吊顶上的灯具应有单独吊链,不得直接安装在平顶的龙骨上;

（8）厨房、卫生间应使用防水瓷质灯头或其他防水灯头;卫生间灯具应避免安装在便器或浴缸的上面及其背后;

（9）安装高度低于2.4m的灯具的可接近裸露导体必须接地或接零可靠,并应有专用接地螺栓,且有标识。接地导线截面与其电源线等截面,接地线不得串接,且有防腐、防松措施;

（10）灯头的绝缘外壳没有破损和漏电;带有开关的灯头,开关手柄无裸露的金属部分;

（11）灯的位置应合理,不能影响正常使用(如有的吸顶灯正好在排水横管的上方)。

2. 公共场所应急照明灯、疏散指示灯和走道灯安装

公共场所应急照明灯和疏散指示灯必须灵敏可靠,连续供电时间应满足要求(不应少于20min,高度超过100m的高层建筑,不应少于30min),应急灯应急电源与正常电源之间必须采取防止并列运行的措施。指示灯应有明显标志,指示方向正确无误,安全出口标志灯宜设在安全出口的顶部,高度不宜低于2m,疏散走道的指示标志宜设在疏散走道及转角处离地面1m以下的墙面上,间距不宜大于15m。

楼梯走道照明宜设自动节能(延时)开关,如声光控制的延时开关和触摸式延时开关,既方便使用,又节省电能,同时还能延长灯泡的使用寿命。

高层住宅楼梯灯如选用定时开关时,应有限流功能并在事故情况下强制转换至点亮状态。

3. 灯具接线

螺口灯头的接线,相线应接在中心触点的端子上,零线应接在螺纹的端子上;

带软接线的灯具应采用磁接头或接线端子连接导线,不宜和电源线直接连接。

4. 建筑物照明通电试运行(照明全负荷试验)

住宅照明系统通电连续试运行时间为8h。所有照明灯具均应开启,连续试运行时间内无故障。

并进行以下检查、测试:

（1）每间隔2h记录运行状态一次(测量电源电压、负荷电流);

（2）检查电表箱的回路标识是否与实际情况一致;

（3）检查各户漏电护装置是否能可靠动作,动作电流不大于30mA,动作时间不大于0.1s;

（4）检查各户灯具、插座回路控制是否与照明配电箱回路的标识一致;

（5）检查各户开关与灯具控制顺序是否相对应,灯具控制是否灵活、准确;

（6）检查各户插座、灯具螺口灯头接线是否正确;

（7）检查各户风扇的转向及调速开关是否正常。

5.大型灯具牢固性试验

大型花灯的固定及悬吊装置,应按灯具重量的 2 倍做过载试验。试验时间为 15～20min。

6.成品保护

（1）灯具的保管:

灯具为易碎品,进入现场后,应码放整齐、稳固,并要注意防水防潮;安装搬运时要轻拿轻放,以免破坏表面的镀锌层、油漆及玻璃罩。

（2）灯具的防污染

安装完毕后,土建一般不得再次对装有灯具的墙面或顶棚进行喷浆等处理。如必须处理,则要加强对灯具的保护,以免造成灯具污染。

5.3.2.10 开关、插座、风扇安装

1.开关盒、插座盒标高、高差、相互距离的控制

成排安装的插座、开关高度一致。高差要求:并列安装的不超过 0.5mm、成排安装的不超过 2mm、同一场所的不超过 5mm,精品工程开关、插座的安装高度允许偏差应控制在 0～+5mm,考虑到初装修地坪,用户入住后要处理,因此,偏差只能为正误差。要想达到上述要求,不仅要在思想上高度重视,认真操作,更要掌握控制方法和与土建密切配合。开关、插座安装高差(高度)和并列安装的距离的控制根本上还是对开关盒、插座盒高差(高度)和相互距离的控制。

首先,开关盒、插座盒高差(高度)的控制基准应该是一个统一的基准,而不能以各个开关、插座各自所对应的土建地面为基准,因为土建地面的平整度允许偏差大于开关、插座安装高差的允许偏差,否则会造成各自高度正确(以各自所对应的地坪而测量)而却明显不在同一标高线上亦即高差可能超出允许偏差范围。在实际施工中应以土建在墙上弹出的标高控制线(50 线或 90 线)为开关、插座盒高度(高差)的控制基准较为合适,要密切与土建配合,地坪标高如有变化,开关、插座的高度要及时随之变化,特别在卫生间内这种情况发生较多。

对并列安装的开关盒、插座盒之间的距离、高差可用自制的模具进行控制,只有所有螺丝从模具的螺丝眼中自然穿过,全部旋进开关盒或插座盒的螺丝眼中且模具两端距标高控制线的距离一致,即为通过。

2.开关、插座的接线

接线要求:

（1）接地保护线(PE 线)单独敷设,不能与工作零线混用;

（2）插座接线:单相两孔插座,面对插座的右孔或上孔与相线连接,左孔或下孔与零线连接;单相三孔、三相四孔及三相五孔插座的接地或接零线接在上孔。同一场所的三相插座,接线的相序一致。

（3）接地或接零线在插座间不串联连接。

（4）相线应经开关控制。

控制措施:

① 不论采用何种住宅工程可采纳的接地型式,在户内的 PE 线和 N 线都是严格分开的,

不能在任何地方再连接,插座接地端不与零线端子直接连接。

② 接线前应校线(或称对线)保证接线正确。导线分色,可减少校线工作量,提高效率。

③ 插座不得采用头攻头接线,根据国家工程质量专项治理的有关要求使用压接帽连接;

④ 开关、插座安装完毕,必须进行通电安全性检查,以保证接线正确:按住宅一户一户的、一个回路的一个回路的逐一对开关、插座的接线进行检查。一种比较简单的方法就是用插座接线检查器来检查。用插座检查器检查是根据其三个氖泡(或发光二极管)发亮组合(全不亮时,缺相线)可一次查出 L 与 N、L 与 PE 是否反接和是否有缺线,但要查 N、PE 是否反接或短路,必须分两步进行:在排除 L 与 N 和 L 与 PE 反接及缺线错误后,在总配电箱处人为切断总 N 线,再用检查器检查如果显示同缺 N 线的结果一致,则可认为 N、PE 线没有反接,也没有短路。

3. 开关、插座与其他管道、线路(弱电)、器具的相对位置关系

(1) 厨房插座距煤气管距离应不小于 150mm;

(2) 卫生间插座注意不要安装在排水管检查口或堵头的正下方,也不要安装在排水立管的背后。

(3) 电气插座与弱电插座不应互通,线路不应在盒内交叉通过;

(4) 卫生间插座安装位置应注意避开 2 区范围:洗衣机插座安装位置离浴缸边缘垂直面大于 60cm,即在 3 区布置;电热水器、换气扇插座位置如果离浴缸边缘垂直面大于 60cm 有困难,则将其安装在 2.25m 以上而避开 2 区范围。

4. 开关、插座的安装位置

(1) 开关边缘距门框边缘的距离为 0.15~0.2m。在卫生间、进户门旁安装开关、插座注意不要将其置于门后。

(2) 考虑到用户入住后在卧室可能要打壁柜,在装有门的那面墙上不安装插座,在与其垂直的墙上安装的插座距墙角应不小于 600mm,

(3) 在有可能设置电视机柜之类家具的地方,电视机电源插座、信号插座为方便使用,其安装高度应在 0.80m 左右,以不被电视机柜之类的家具挡住为宜;

4) 洗衣机插座安装标高应在 1.4m 左右;

(5) 空调挂机电源插座不要安装在距离穿墙洞较远的地方,也不要安装在与穿墙洞同一标高上,以免影响美观和插座的使用。

5. 吊扇挂钩安装

吊扇挂钩要安装牢固,直径不应小于吊扇悬挂销钉的直径,且不得小于 8mm。

先把吊钩煨好埋在混凝土内,后拉出不可取。可在打混凝土时,预留一个孔洞,在做地面之前将煨好圆的钢筋顺孔穿过楼板,然后做来回弯固定在楼面上。

施工时应注意吊钩的长短(以接线钟罩与平顶齐平,能将整个吊钩遮没为宜,大致为距顶板 80~90mm)、位置(应尽量紧贴出线盒,接线钟罩能同时罩住吊钩及盒子而无外露明线为宜)、圈的大小(以 G40 钢管为模具)、朝向(整栋楼统一)、重心(与吊钩的直线部分在同一条直线上),吊钩与地面垂直。

吊扇叶面距地面的高度不得小于 2.5m。为此在预留吊扇挂钩时要观察、判断该吊扇挂

钩的安装能否保证将来安装吊扇后叶面距地面的高度符合要求。

6. 成品保护

（1）在墙面安装开关、插座面板及风扇时，注意不要污染已装修好的墙面。

（2）安装完毕后，土建一般不得再次对装有开关、插座、壁扇的墙面进行喷浆等处理。如必须处理，则要加强对开关、插座、壁扇的保护，以免造成污染。

5.3.2.11 防雷、接地装置安装

1. 连接

焊接连接的焊缝平整，饱满、无遗漏；螺栓连接紧密、牢固，应备帽等防松零件齐全。接地线与管道等伸长接地体的连接应焊接，如焊接有困难，可采用抱箍连接，但应保证电气接触良好。

焊接连接应采用搭接焊，搭接焊的长度应符合下列规定：

（1）扁钢与扁钢搭接为扁钢宽度的2倍，不少于三面施焊；

（2）圆钢与圆钢搭接为圆钢直径的6倍，双面施焊；

（3）圆钢与扁钢搭接为圆钢直径的6倍，双面施焊；

（4）扁钢与钢管、扁钢与角钢焊接，除应在其接触部位两侧进行焊接外，并应焊以由钢带弯成的弧形（或直角形）卡子或直接由钢带本身弯成弧形（或直角形），紧贴3/4钢管表面（或紧贴角钢的外侧两面），上下两侧施焊；

（5）除埋设在混凝土中的焊接接头外，有防腐措施。设计无要求时，所有外露焊接处均刷两度红丹防锈漆、两度银粉漆防腐；埋入地下部分的焊接处应采用沥青防腐。

2. 接地装置安装

（1）对于自然接地体，选用的圈梁钢筋应相互交叉焊连成闭合回路并于指定的柱内钢筋引下线相互焊连，有桩基的桩基钢筋应与圈梁钢筋、指定的柱内钢筋引下线三者相互焊连。钢筋焊接质量要求同前。

（2）当设计无要求时人工接地装置的顶面埋设深度距地面不小于0.6m。圆钢、角钢及钢管垂直接地体的长度一般为2.5m，垂直接地极应垂直埋入地下，间距不应小于5m。为防止将接地体打劈裂，一方面可根据土质情况将钢管接地体加工成斜面形、扁尖形和圆锥形，角钢接地体加工成尖头形状，加工部分长度不超过120mm，另一方面在接地体的顶端加保护帽，保护帽做法如图5.3.13。

（3）人工闭合环状水平接地体应沿建筑物外面四周敷设在建筑物散水及灰土基础以外的基础槽边，而不应埋设在基础下的混凝土垫层内。接地体也不宜埋设在污水排放和土壤腐蚀性强的区域，如难以避开，应适当增大接地体截面和镀锌层的厚度。

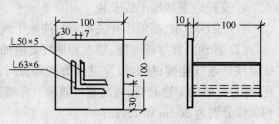

图 5.3.13 人工垂直接地体保护帽做法

（4）接地模块顶面埋深不应小于0.6m，接地模块间距不应小于模块长度的3~5倍。接地模块埋设基坑，一般为模块外形尺寸的1.2~1.4倍。

接地模块应垂直或水平就位，不应倾斜设置；回填采用细粒土作为填料，分层夯实，保持接地模块与原土层接触紧密、亲合良好，且不损伤模块本身。

接地模块应集中引线,用干线把接地模块并联焊接成一个环路,干线的材质与接地模块焊接点的材质应相同,钢制的采用热浸(镀)锌扁钢,引出线不少于2处。

(5) 接地装置过变形缝有补偿装置,补偿装置可由接地线本身弯成弧状代替。

(6) 接地装置必须在地面以上便于检测的位置设置不少于2个测试点。当利用钢筋混凝土中的钢筋作为引下线并同时采用基础接地时,可不设断接卡,但利用钢筋作为引下线时应在每根引下线室内外适当地点设若干连接板,该连接板可供测量、接人工接地体和作等电位连接用。也可在引下线下部的室外地坪以下 0.8 ~ 1m 处焊接出一根 $D12mm$ 或 $40mm \times 40mm$ 的镀锌导体,此导体伸向室外距外墙的距离不小于1m,以备人工接地体连接用。

(7) 接地装置施工完毕后,应及时进行接地电阻的测试。测试的接地电阻值符合设计要求且接地装置的施工经有关部门验收合格,才能进行混凝土的浇筑或人工接地装置的回填并分层夯实。

若测试的接地电阻值不符合设计要求,应由原设计单位提出措施,进行完善后再经检测,直至符合要求为止。

(8) 为降低跨步电压,防雷接地的人工接地装置的接地干线埋设,经人行通道处埋地深度不应小于1m,且应采取均压措施或采用高电阻率路面(在其上方铺设卵石或 50 ~ 80mm 厚的沥青地面,其宽度超过接地装置 2m)。

3. 引下线施工

(1) 利用建筑物钢筋混凝土中的钢筋作为引下线,按设计要求确定位置和根数,如只选其中的一部分(如选2根),最好选外侧的2根,并在引下线钢筋上刷一段颜色明显的油漆作标记,以免以后连接时接错钢筋。

(2) 搭接焊质量要求同避雷带。如果另加圆钢绑焊,该圆钢应与引下线钢筋等直径。钢筋引下线与屋面避雷带连接禁止交叉点焊,必须圆弧引上与避雷带搭接焊。

(3) 暗敷在建筑物抹灰层内的引下线应有卡钉分段固定,明敷的引下线应平直、无急弯,引下线用支持卡固定,而不采用焊接固定。

(4) 测试卡(断接卡)设置位置正确,便于检测,接触面镀锌(或镀锡)完整,接触紧密,螺栓等紧固件齐全。

4. 变配电室接地干线安装

(1) 变压器室、高低压开关室内的接地干线应有不少于2处与接地装置引出干线连接;

(2) 接地线在穿越墙壁、楼板和地坪处应加套钢管或其他坚固的保护套管,钢套管应与接地线做电气连接;接地线穿过外墙或楼板时,其套管管口须用沥青麻丝或建筑密封膏堵死,穿过外墙的穿墙套管,应向室外倾斜。穿墙套管两边出墙面各 10mm,穿楼板套管出地坪和顶棚分别为 30mm 和 10mm;

(3) 接地干线经过门口时,应埋地敷设,其埋地部分必须用沥青加以防腐。接地线露出地面150mm 处,套钢管保护,并将钢管埋入地中50mm;

(4) 变、配电室内明敷接地干线安装应符合下列规定:

1) 便于检查,敷设位置不妨碍设备的拆卸与检修;

2) 当沿建筑物墙壁水平敷设时,距地面高度 250 ~ 300mm;与建筑物墙壁间的间隙 10 ~ 15mm;

3) 当接地线跨越建筑物变形缝时,设补偿装置;

4）接地线表面沿长度方向,每段为 15~100mm,分别涂以黄色和绿色相间的条纹。

5）在墙面平整的情况下,为保证明敷接地干线全长与墙面的距离保持一致,并加快施工进度,可用一块方木制成的样板施工(该方木样板的厚度即为接地干线至墙面的距离),在支持件埋设时,把方木放在支持件与墙面之间,以控制接地干线与距墙的距离。

5. 接闪器安装

(1) 为保证屋面避雷带的施工质量、减轻腐蚀、提高工效,屋面避雷带一律用支持卡卡接固定,不得采用焊接固定。在坡屋面屋脊瓦上采用脊瓦卡固定。因每块脊瓦面不是一个水平面,为使支持卡间距均匀,脊瓦支持卡就很可能卡在脊瓦上不同部位而造成避雷带不平整,为此宜将支持卡上固定避雷带的螺丝孔开成垂直方向的长孔,这样避雷带高度可调,可使避雷带保持平整。支持卡及避雷带要固定牢靠,每个支持件应能承受 49N(5kg)的垂直拉力。

(2) 屋面避雷带平整、顺直,没有高低起伏和弯曲现象。需作以下控制:

1) 避雷带调直:

作避雷带使用的圆钢或扁钢需充分调直,整体的调直可采用机械冷拉法,局部的调直尽可能用木锤敲打,少用铁锤。

2) 支持卡埋设准备工作:

先测量出直线段的总长度,按照"支持卡距转角处 0.3~0.5m"的要求设置两端的支持卡,然后将两端支持卡间的长度平均分配得出的即为支持卡的间距,按规范要求它必须在 0.5~1.5m 之间,实际施工时最好不超过 1m,混凝土支座水平间距不大于 2m。

沿避雷带走向弹线,根据测量计算结果确定每一个支持卡的位置;在钻头上做上记号,使孔洞的深度一致、约为支持卡长度的 1/3,打孔时钻头一定要保持垂直向下,不可歪斜。

3) 埋设支持卡

支持卡埋深为整个支持卡长度的 1/3,用高强度等级水泥砂浆灌浆固定。在日常监督检查中我们发现支持卡根部极易锈蚀,主要是因为固定支持卡孔洞的表面没有抹平,形成凹坑积水,浸泡支持卡根部造成的。因此在施工中支持卡孔洞的表面一定要用防水砂浆抹平,并用沥青封堵严密。

4) 避雷带的敷设、调整

避雷带用支持卡卡接固定,不可焊接固定。虽然作为避雷带使用的圆钢(或扁钢)在安装前已经进行了调直,但在施工中由于运输、转角处煨弯、焊接(包括于引下线)等原因会造成避雷带局部不平整、不顺直,在施工中要不断对避雷带的平整度、顺直度进行调整。

5) 成品保护

在屋面的交叉作业中要加强对避雷带的成品保护。

(3) 对于屋面明敷避雷带、明敷引下线用镀锌圆钢施工的,为了保证平整、顺直,提高观感质量,可有以下两种方法:

1) 如图 5.3.14(a),先将其中的一根圆钢折成" ‾‾‾＼＿＿ "形状的来回弯,再与另一根圆钢搭接焊(搭接长度为圆钢直径的 6 倍),使整个避雷带成一条直线;

2) 如图 5.3.14(b),可先将两圆钢碰头对焊,再在圆钢下用同等截面的圆钢绑焊,为了保证接头两边都有 6 倍圆钢直径的搭接长度,绑焊钢筋的长度应不小于 2×6 倍圆钢直径,下料时可略为放长一点。

图(a)的做法,圆钢在较小的范围内来回折弯,不仅对圆钢材质有损伤,而且施工质量也不易控制,建议使用图(b)的绑焊法,绑焊的钢筋最好放在避雷带圆钢的下面,既能使观感好,又能使搭接焊的焊缝在两侧边,便于焊接。无论哪种搭接焊焊缝都要平整、饱满,没有咬肉、气孔、夹渣。

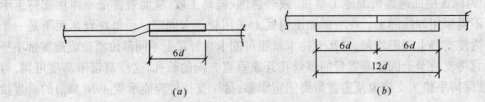

图5.3.14 避雷带、引下线圆钢搭接焊的两种方法

(4) 施工时,避雷带应尽量沿建筑物的外廊布置,但在转角弯曲处、避雷带与引下线连接处圆弧应均匀一致(避雷带与引下线连接应采用搭接焊而不能是十字交叉点焊),不应有尖角且圆弧半径应统一(不小于圆钢直径的6~10倍)。

(5) 避雷带过变形缝有补偿装置。直接由避雷带(圆钢或扁钢)弯成"Ω"形,而留有一定的余量。

(6) 建筑物顶部的避雷针、避雷带等必须与顶部外露的其他金属物体(设备的金属本体及其金属支架、金属爬梯、金属管道、铁塔、各种金属装饰物等)连成一个整体的电气通路,且与避雷引下线连接可靠。所有避雷带(包括不同层高的屋面避雷带)要连接成闭合的避雷网格。

1) 跃层中间隔墙采用金属栅栏的,金属栅栏最上一层的材料如符合作为接闪器条件的,可将金属栅栏作为屋面避雷带的一部分,将栅栏两端分别与屋面避雷带焊连;如不符合作为接闪器的条件,则将屋面避雷带沿栅栏全线贯通,并将金属栅栏与避雷带可靠焊连。

2) 屋顶上厚度不小于2.5mm的钢管、钢罐,且不会由于被雷击穿而发生危险的可作接闪器。一旦被雷击穿,其介质对周围环境造成危险时,其壁厚不得小于4mm。在实际使用时应注意:

对于屋面用钢管做成的扶手栏杆,只要壁厚不小于2.5mm,就可用作避雷带使用,但对钢管直线段对接、转角、三通引下等所有对焊处应加不小于 $\phi10$ 的镀锌圆钢绑焊,圆钢与对焊接口两边的钢管各有不小于6倍圆钢直径的搭接长度。所有绑焊应在侧面及背面等较为隐蔽处进行,以免影响观感。如图5.3.15。

对于屋面或跃层阳台装饰薄壁不锈钢栏杆,壁厚远远小于2.5mm左右,不能作为避雷带使用,但必须与屋面避雷接闪器可靠连接。可沿栏杆全线贯通敷设 $\phi10$ 镀锌圆钢避雷带,并将圆钢焊接或卡接在薄壁不锈钢栏杆上(如图5.3.16)。如果考虑到美观,可将该圆钢穿在薄壁不锈钢管内,到达避雷引下线附近时,穿出与引下线焊连。这种做法要保证做到作为避雷带使用的圆钢始终连续不断开和任意一段薄壁不锈钢栏杆内壁均与圆钢避雷带可靠焊连。

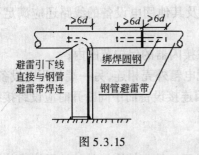

图 5.3.15

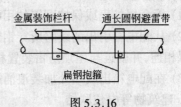

图 5.3.16

3）屋面铸铁通气管应与避雷带可靠连接。用与屋面避雷带同材质、同规格的金属材料将屋面避雷带与安装在屋面铸铁透气管上的抱箍相焊连，铸铁透气管与抱箍的接触表面须打磨得平整、干净，抱箍内径等于管道外径，以保证抱箍与管道紧密接触。

4）屋面金属水箱壁厚不小于 2.5mm 时可直接作为接闪器使用；当壁厚小于 2.5mm 时，应另设避雷针或避雷带等接闪器。

（7）当屋面有采光天棚时，其金属构架间必须有跨接连接，且至少有两处与避雷带进行可靠连接。凸出屋面的透气道、烟道均应设置避雷带

（8）避雷针不便于维护，因此避雷针所有金属部件应采用不锈钢或热镀锌材料制成，采用镀锌圆钢车制的或采用热镀锌钢管锯口焊接的针尖，在制作完毕后应进行二次镀锌或刷锡处理。各段针体间的连接除焊接外还应用 2 根 M12 穿心螺栓交叉连接固定（或 2 根 ϕ12 穿钉安装好后用电焊焊死）。

1~12m 长的避雷针采用组装形式，其各节尺寸应符合设计或标准图的要求。

（9）避雷短针在女儿墙上的安装

女儿墙上的接闪器可采用避雷带加避雷短针的做法，避雷短针一般每间隔 3~4m 设置一个。避雷短针全长 400~500mm，其中针尖长为 150mm，针体通过三块三角形的加强肋板（两直角边分别为 100mm 和 50mm）焊接固定在预埋钢板上（120mm×120mm 带两根 ϕ8 的铁脚），避雷短针、避雷带、引下线三者相互焊连。

6. 高层住宅防雷措施

（1）从首层起，每三层利用结构圈梁水平钢筋与引下线焊接成均匀环；

（2）从距地面 30m 起，向上每三层，在结构圈梁内敷设一条 25×4mm 的扁钢与引下线焊成一环形水平避雷带；

（3）30m 以上外墙金属栏杆、金属门窗框等较大的金属物体就近与建筑物防雷装置作等电位连接，连接处不同金属间应有防电化腐蚀措施，

（4）高层建筑应用其结构柱内钢筋做防雷引下线（外墙转角处的柱子钢筋宜被选用），其间距一类防雷不应大于 18m，二类防雷不应大于 24m。

7. 航空障碍信号灯和节日彩灯的避雷

航空障碍信号灯在建筑物侧墙上安装时，应将其及金属支架就近与防侧击雷装置可靠连接，在建筑物屋面上安装时，应在灯边上安装避雷短针保护，短针与灯（灯具金属外壳）都应和避雷带可靠连接。

节日彩灯沿避雷带平行装设时，避雷带的高度宜高于彩灯顶部 100mm，避雷带高度为 200mm。节日彩灯的配线钢管、垂直彩灯的槽钢挑臂与避雷带可靠焊连。

固定在建筑物上的节日彩灯、航空障碍信号灯及其他用电设备的线路还应满足下列要求,以防止雷电波侵入:

(1) 无金属外壳或保护网罩的用电设备宜处在接闪器的保护范围内;

(2) 从配电箱引出的线路所穿钢管的一端与配电箱外壳相连,另一端与用电设备外壳、保护罩相连,并就近与屋顶防雷装置相连,当钢管因连接设备而中间断开时应设跨接线。

(3) 在配电箱出线端处加装浪涌过电压防护器

8. 建筑物等电位联结

建筑物等电位联结干线应从与接地装置有不少于 2 处直接连接的接地干线或总等电位箱引出,等电位联结干线或局部等电位箱间的连接线形成环形网路,环形网路应就近与等电位联结干线或局部等电位箱连接。支线间不应串接连接。

需等电位联结的高级装修金属部件或零件,应有专用接线螺栓与等电位联结支线连接且有标识;连接处螺帽紧固、防松零件齐全。

(1) 建筑物总等电位联结(MEB)

在电源进线配电箱近旁设置总等电位箱,内设总等电位联结端子板(接地母排),通过总等电位联结端子板上的连接螺栓将以下导电部分互相连通:

进线配电箱的 PE(PEN)母排;

由接地装置引来的接地干线(扁钢);

建筑物内的上、下水管,煤气管、采暖和空调管道等金属管道;

建筑物金属构件等。

建筑物每一电源进线都应做总等电位联结,各个总等电位联结端子板应互相连通。

利用建筑物金属体做防雷及接地时,MEB 端子板宜直接短捷地与该建筑物用作防雷及接地的金属体连通。

(2) 卫生间局部等电位联结(LEB)

使用有电源的洗浴设备,用 PE 线将靠近洗浴部位及附近的金属管道、部件相互连接起来;靠近防雷引下线的卫生间,即使洗浴设备未接电源,也应将洗浴部位及附近的金属管道、部件互相作电气通路的连接。卫生间局部等电位连接的作法主要有:

1) 放射式连接:

在卫生间内方便检测的位置设置等电位联结端子板(接地母排),将每一外部导电部分以单独的 BV-1×4mm² 在地面内或墙内穿 PVC 管暗敷与之连接。这种连接的优点是能断开每一个端子,以检查其导电的连续性。

2) 接地网连接:

用 25×4 的镀锌扁钢在卫生间的墙内或地坪内暗敷成环形网路,该环形网路就近与需要作等电位联结的所有金属管道、部件相联结,在适当的位置焊接出连接片备用。它的优点是能与穿越楼板或墙板的金属管线在楼板或墙板内焊接,方便美观。

以上两种做法,地面内钢筋宜与等电位联结线连通,当墙为混凝土墙时,墙内钢筋也宜与等电位联结线连通。

(3) 竖井内辅助等电位联结

电气竖井内无论是密集型插接式母线槽还是预制分支式电缆或普通电缆供电,均按四线制考虑,另设一根公共 PE 干线,除竖井内各层引出回路 PE 线接该 PE 干线外,应将竖井内各金属管线、支架、构件、设备外壳接公共 PE 干线,构成局部范围内的辅助等电位联结。

这种四线制再单独敷设一根 PE 线比采用五线制更好,这是由于 PE 线外露,容易检查和保养,价格也更便宜。

整个电梯装置的金属件,也应采取等电位联结措施。

(4) 等电位联结端子板与各种需联结的金属体的连接做法

1) 各种需联结的金属体在等电位联结端子板上一律用螺栓连接;

2) 从等电位联结端子板引出的扁钢连接线与接地体、建筑物的金属结构采用焊接连接;

3) 等电位联结端子板与进线配电箱的 PE 母排用塑料铜芯线压接接线鼻子连接。连接线的截面应符合表 5.2.1 的规定。

4) 各种金属管道(包括给排水管、热水管、通风空调管、户内煤气管)通过抱箍与等电位联结端子板连接。等电位连接线为扁钢的与管道上的长抱箍焊接连接,等电位连接线为塑料铜芯线的与管道上的抱箍采用压接接线鼻子连接。管道与抱箍的接触表面须打磨得平整、干净,抱箍内径等于管道外径以保证抱箍与管道紧密接触。

5) 管道上的计量表或阀门两边须做跨接线。可将计量表或阀门两边的管道各安装一个抱箍,将两个抱箍用 BVR—6 导线压接线鼻子连接;或用两根 25×4 的扁钢分别焊接在计量表或阀门的两边,然后将这两根扁钢用两个 M10 螺栓进行连接。管道采用法兰连接的,法兰的两边用 BVR—6 导线连接。

6) 为避免用煤气管道作接地极,煤气管入户后应插入一绝缘段(例如在法兰盘间插入绝缘板)以与户外埋地的煤气管隔离。为防雷电流在煤气管道内产生电火花,在此绝缘段两端应跨接火花放电间隙。

(5) 等电位联结导通性的测试

等电位联结安装完毕后应进行导通性测试,测试用电源可采用空载电压为 4~24V 的直流电源,测试电流不应小于 0.2A,当测得等电位端子板与等电位联结范围内的金属管道等金属体末端之间的电阻不超过 3Ω 时,可认为等电位联结是有效的,如发现导通不良的管道连接处,应作跨接线。在投入使用后应定期作测试。

9. 接地电阻的测试

(1) 测量标准:接地电阻应符合设计要求,而非规范要求。

(2) 测量方法:通常精确度要求不是很高的可采用接地摇表测量(它既不要外加电压,也不要别的仪表,减少了接线的麻烦,工作效率较高,使用和携带均很方便)。可根据具体情况采用直线式或三角形式。

(3) 注意以下几点:

1) 仪表应在检定的有效期内使用。否则测量无效。

2) 为了得到准确测量值,被测接地装置与被保护的线路、设备断开

3) 测量时间应选择土壤电阻率最大的时候,如在冬季冻结时或夏季干燥时进行,不能在下雨后和土壤吸收水分太多的时候以及气候、温度、压力有急剧变化的时候。多雨季节测量的接地电阻值应乘以季节系数进行换算。

4) 表要调零,倍率与读数盘刻度选择要适当。

5) 转动手柄由慢到快,达到额定转速,待指针平稳时读数。

6) 电流、电压极应远离下水管、电缆、铁路等较大的金属体;

7) 要注意电流级插入土壤与接地网的位置,使接地极处于零电位状态。

8) 连接导线应使用完好的橡皮软线,以避免有漏电现象。

9) 注意现场不应有电解质和腐烂动物尸体。

10. 对防雷、接地装置的保护

(1) 其他工种挖土时要注意不得损坏接地体,安装接地体时不得破坏建筑物或外墙面的装修;

(2) 安装后的避雷带要避免砸碰或作为屋面其他作业人员的搭手或用来固定其他材料。避雷带施工时要避免踩坏屋面,不得损坏土建的外檐装修。屋面避雷带固定支持卡打眼在做防水之前进行,支持卡埋设固定后根部要做好防水,防止根部形成小水窝对支持卡长期腐蚀,在脊瓦上固定最好不要在瓦上打眼而使用脊瓦卡,如果打眼注意不要损坏瓦,必要时可采用切割机切割出方孔的办法;

(3) 引下线施工时要注意不损坏土建的结构及装修、粉刷的成品,明敷引下线在拆架子时注意不要碰撞。

防雷接地装置安装特别要加强对屋面明敷避雷带、明敷引下线、配电室明敷接地干线的成品保护

5.3.3 验收

5.3.3.1 工程验收的内容

工程验收可分为过程中的验收和竣工验收。

1. 为及时发现、处理工程上存在的质量问题,提高工程质量,争创精品工程,就要加强过程中的验收,对过程中对施工质量影响较大的节点、工序、检验批以及为提高工程质量和工作效率而做的施工样板加强验收;

2. 工程竣工验收,主要检查配电室和5%的自然间的建筑电气照明工程,以及建筑物防雷、接地工程;

3. 为保证工程质量,使验收工作真正落到实处,要注意以下两个方面:

(1) 隐蔽工程验收:

隐蔽工程隐蔽后,其存在的质量问题难以整改或整改造成的损失非常大,必须加大对隐蔽工程检查验收的力度、及时对隐蔽工程进行检查验收和向有关部门报验,在单位工程中实行隐蔽会签制度。

在土建浇筑混凝土以前,一定要对混凝土结构中的配管和所利用的作为避雷接闪器、引下线或接地装置的结构钢筋,进行全面、仔细的检查,只有在隐蔽报验合格和混凝土浇筑会签后才能进行混凝土的浇筑施工。

(2) 调整、试验、试运行项目的验收

对于这些项目的检查验收,不仅仅要查阅调整、试验或试运行记录,有些项目还要用适配的仪表进行抽测,力争能做到旁站。对下列安全和功能项目进行抽样试验:

1) 照明全负荷试验;

2) 大型灯具牢固性试验;

3) 绝缘电阻、接地电阻的测试;

4) 线路、插座接地(PE)或接零(PEN)检验(导通状态测试)。

5) 插座、螺口灯头接线正确性

6) 漏电保护装置动作数据值

5.3.3.2 工程验收时应核查的质量控制资料

1. 施工图设计文件(包括变更设计部分的实际施工图)和图纸会审记录及设计变更、洽商记录。

2. 主要设备、器具、材料的质量证明文件(包括合格证和出厂检验报告)和进场验收记录(材料报验记录)。

3. 隐蔽工程验收表。

4. 调整、试验记录,包括:

(1) 电气设备交接试验记录;

(2) 接地电阻、绝缘电阻测试记录;

(3) 水泵、风机等设备的空载试运行和负荷试运行记录;

(4) 照明通电试运行记录;

5. 施工记录(工序交接合格记录等)

6. 分部、分项工程和检验批质量验收记录

5.4 精 品 案 例

案例一:某市一创市优质工程奖的小高层住宅工程

1. 如图 5.4.1,多孔砖、空心砖、小砌块墙体暗配管。

图 5.4.1

事先预制留有管槽的与多孔砖、空心砖、小砌块砌体外形尺寸完全相同的水泥砌块,在敷设有管线的部位使用这种特制的水泥砌块代替多孔砖、空心砖、小砌块砌体,不仅减少了对墙体结构的破坏,而且提高了工效。

2. 如图 5.4.2,墙面暗装盒的保护。

在接线盒稳牢后墙面粉刷前,即用不低于 M10 的水泥砂浆以 45°角分别从盒子的四边粉向墙面,在盒子面与墙面之间形成正四棱台形,以保护凸出于墙面的接线盒边不至受到破坏。另外将盒套上防浆套,以对整个盒子进行保护。

3. 如图 5.4.3,对并列安装的开关盒、插座盒之间的距离及出墙面的高度用自制的模具

进行控制,只有所有螺丝从模具的螺丝眼中穿过,全部旋进并列安装的开关盒或插座盒的螺丝眼中且模具两端距墙间距一致,才算通过。

4. 如图5.4.4,该扁钢避雷带紧贴建筑物的外廓布置,转角弯曲处圆弧均匀且整个避雷带平整、顺直。

案例二:某小区一住宅工程,为六层、三单元砖混结构,其水电安装工程为该市2001年度安装样板工程

1. 如图5.4.5,集中电表箱的配线、接线。

电线管从箱体的上侧进出箱。导管与箱体用入盒接头和入盒锁扣连接,排列整齐。箱内零线和保护线经汇流排配出。导线排列横平竖直,接线整齐、回路清晰、编号齐全。

2. 如图5.4.6,户内照明配电箱的配线、接线。

图5.4.2

图5.4.3

图5.4.4

图5.4.5

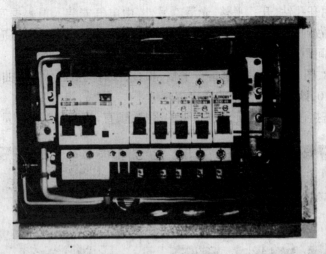

图 5.4.6

(1) 分路控制开关上火用梳形汇流排连接,突破了延续多年来的配电箱内小型断路器多路输出靠电线连接、跨接的接线方式,不仅接线简单、快捷、安全可靠,同时也扩大了连接处的接触面积,降低了温升与功耗。

(2) 零线和保护线经端子排配出,导线排列横平竖直,接线整齐、回路清晰、编号齐全。

3. 如图 5.4.7,箱体采用开孔钻开孔。

图 5.4.7

图 5.4.8

图 5.4.9

箱体开孔采用开孔钻,开孔平整、光滑。另外,由电气安装人员根据实际需要现场在合适的部位开孔,以做到一孔一管而没有多余管且所配管与开孔大小相适应以及进入配电箱的导管排列整齐、间距均匀。

4. 如图 5.4.8、图 5.4.9,屋面避雷带平整、顺直,没有高低起伏和弯曲现象。

5. 如图 5.4.10,该屋面避雷带的搭接焊焊缝平整、饱满,没有咬肉、气孔、夹渣。而且该避雷带采用绑焊搭接法连接,保证了避雷带的平整、顺直,提高了观感质量。

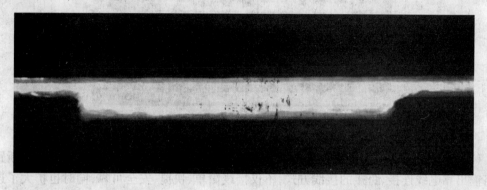

图 5.4.10

6. 如图 5.4.11,避雷带在转角弯曲处、避雷带与引下线连接处圆弧均匀一致。

案例三:某省一省优住宅小区工程,共有 12 幢住宅工程,建筑面积七万多平方米。该小区在施工过程中严格过程控制,取得了较好的效果

1. 如图 5.4.12、图 5.4.13,成排管由混凝土梁引下进入配电箱。

在混凝土梁内的配管以及接续管均排列整齐、间距均匀并且与梁相垂直,从而保证将来导管能顺直地进入

图 5.4.11

图 5.4.12

配电箱。

2. 图 5.4.14,并列安装的插座盒、开关盒标高、高差的控制。

为满足开关、插座安装高差要求,不仅要在思想上高度重视,认真操作,更要掌握控制方法和与土建密切配合。开关、插座安装高差(高度)和距离的控制根本上还是对开关盒、插座盒高差(高度)和距离的控制。

在实际施工中以土建在墙上弹出的标高控制线(50 线或 90 线)而不以地坪为开关、插座盒高度(高差)的控制基准较为合适;

控制开关、插座的安装高度要与土建密切配合,土建提供的标高控制线要准确可靠,而且,一旦地坪标高在找平时发生变化,要及时通知电气安装人员。

3. 图 5.4.15,使用支持卡和脊瓦卡固定避雷带。

图 5.4.13

图 5.4.14

图 5.4.15

为保证屋面避雷带的施工质量、减轻腐蚀、提高工效,屋面避雷带一律用支持卡卡接固定,不得采用焊接固定,在坡屋面屋脊瓦上采用脊瓦卡固定。

案例四:某省一省优住宅工程,八层框架结构

1. 如图 5.4.16,屋面避雷带利用钢管扶手栏杆,连接处套管焊接,用∟40×4 角钢作为避雷带支架,避雷带 U 形管卡固定。避雷带平整、顺直,支架间距均匀。

2. 如图 5.4.17,为出屋面铸铁透气管与避雷带的连接:用 $\phi10$ 镀锌圆钢将屋面避雷带与安装在屋面铸铁透气管上的抱箍(—40×4 扁钢制作)相焊连,铸铁透气管与抱箍的接触

图 5.4.16

表面打磨得平整、干净,抱箍内径等于管道外径,以保证抱箍与管道紧密接触。

3. 如图 5.4.18,为接地扁钢与钢管焊接,除在其接触部位两侧进行焊接外,还焊以钢带弯成的弧形卡子,紧贴 3/4 钢管表面,上下两侧施焊。

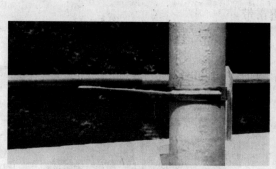

图 5.4.17   图 5.4.18

并列进入合、箱的钢管之间的圆钢跨接接地线弯成 S 形,它与每根钢管均为搭接焊,而不可将圆钢跨接线与钢管垂直布置,在接触处点焊。

6 通风与空调

6.1 质量要求

应符合以下标准规范：

《建筑工程施工质量验收统一标准》(GB 50300—2001)；

《通风与空调工程施工质量验收规范》(GB 50243—2002)；

《建筑给水排水及采暖工程施工质量验收规范》(GB 50242—2002)；

《建筑电气工程施工质量施工验收规范》(GB 50303—2002)；

《制冷设备、空气分离设备安装工程施工及验收规范》(GB 50274—98)；

《山东省建筑安装工程施工操作规程》(DBJ—WB13)。

6.2 精品策划

6.2.1 施工组织准备

1. 通风空调工程的安装宜在土建屋面层、墙、地面层基本完工,地面杂物已清理干净的条件下施工。

2. 土建结构施工时,按设计位置预留孔洞及预埋铁件,在安装前检查安装的位置是否符合设计要求。

3. 要编制切实可行的施工组织设计,工艺复杂的分项工程要编制详细的施工方案,并在安装过程中严格执行。

6.2.2 通风机的安装

1. 通风机应安装隔减振装置,以有效降低住宅建筑物的噪声,安装通风机的隔振钢支架、吊架的结构形式和外形尺寸应符合设计或设备技术文件的规定,焊接应牢固,焊缝应均匀饱满。

2. 安装隔振的地面应平整,各组减振器承受荷载的压缩量应均匀,高度误差应小于2mm。

3. 通风机的机身不得承受风管及其他构件的重量,风管与机身连接时,中间要装有柔性接管,风管与机身连接不得强迫对口。

4. 通风机的传动装置外露部分应设计防护罩;直通大气的风机的进风口或进风管路,应加装保护网等安全措施。

6.2.3 单元式空调机组的安装

1. 分体式室外机组和风冷式整体机组的安装,周边空间应能满足冷却风循环要求,还应符合环境保护有关规定。

2. 室内机组安装位置正确,目测水平,冷凝水排放应畅通,制冷剂管道连接必须严密无渗漏;管道穿过的墙孔必须密封,雨水不得渗入。

3. 水冷空调机组的安装要平稳,四周留出足够的维修保养的空间,与进、出水管及冷凝水管应采取弹性连接,冷凝水管连接紧密,不得渗漏,冷凝水能顺畅排出。

4. 窗式空调机应固定牢靠,有遮阳、防雨措施,但不得遮挡冷凝器排风,凝结水盘应有坡度,其出水口应设在水盘最低处;安装后四周应用密封条封闭,面板平整,不得倾斜,运转时无明显的窗框振动及噪声。

6.2.4　消声器的安装

1. 消声器安装的方向要正确,气流方向应符合设计要求。

2. 消声器的两法兰平面要加以保护,法兰面不能朝上,不得损坏和受潮。

3. 消声器及消声弯头应单独设支、吊架,其重量不得由风管来承担,支、吊架的数量不少于2个;严禁其他支、吊架固定在消声器法兰及消声器上。

6.2.5　制冷机组设备安装

1. 制冷机组设备安装前,要对设备基础进行检查验收,基础的外形尺寸、标高、中心线、预留孔(预埋件)要符合设计及安装要求。

2. 制冷机组设备就位后,其中心线应同基础中心线相吻合,标高应符合设计要求,平面位移允许偏差10mm,标高允许偏差±10mm,两台以上机组并列安装时,标高应在同一水平线上,且机组间的距离要均匀适宜。

3. 制冷机组设备找平找正时,应在其加工面上进行,机身纵、横向水平度的允许偏差为1/1000。

4. 制冷机组设备的底座应设隔振器,基础底板(地面)应平整,各个隔振器的压缩量应均匀一致,偏差不大于2mm。

5. 安装机组的法兰时,应用高压耐油石棉橡胶垫,丝扣连接处,应使用氧化铅干油,聚四氟乙烯薄膜等。

6.2.6　设计中应注意的事项

1. 风机盘管的选择:风机盘管应注意选择运行噪声低,可自动控制室内温度的风机盘管。

2. 冷冻水、冷却水泵选择:清水泵在空调工程中使用较多,其噪声、振动等技术参数指标差距较大。但在工程中可供选择使用的泵的种类较多。一般讲来,立式泵的噪声、振动较少。如条件允许应优先选用立式水泵。

3. 空调冷冻水系统设计中多选用三台泵,两用一备不能经济运行。故应注意选用变频调速。

4. 由于空调系统内精细的设备、器材较多,一旦堵塞,对系统调试、日常运行带来诸多不便。施工时在风机盘管进水处、冷水机组冷冻水回水处等部位注意设置过滤器。

5. 在民用建筑物中,空调系统有相当多冷却塔设置在比较高的位置,本系统属开式系统,冷却水经泵输送至高处,而后经冷却塔冷却后流至位置较底的机房,条件允许冷却塔设置在比较底的位置,可节省能源。

6. 冷却塔设置在较高位置时,冷却水能一相满管回流可降低能耗(采用有压流虹吸式屋面排水技术)。

7. 运转设备的振动及噪声在民用住宅工程中应引起高度重视。泵类、冷水机组等旋转设备应考虑将其放在有一定刚度、质量及大小尺寸的混凝土板上,混凝土板与建筑物基础或主体结构间放置减振垫或减振器,可显著降低振动及噪声。

6.2.7　材料选购

1. 小型阀门选用铜质球阀、不锈钢阀门等,可显著降低漏水,并给以后系统调试、日常维修带来诸多方便。

2. 空调系统中水系统应用自动排气阀较多,老式铸铁自动排气阀体积较大,易漏水,使用不便,弊病较多,一般可选择动作可靠,体积较小的铜质自动排气阀为好。

3. 管材的选择:目前市场上可供选购的镀锌管材品种较多,其品质差距较大。在高层住宅工程中若选用镀锌管,应选用热镀管,并应注意检验管材内部镀锌层的质量。多层建筑空调水系统管道施工中,也可考虑使用复合管和塑料管材,铝塑复合管有较好的阻氧性能,在这种管材其他性能满足设计要求时应优先选用。

6.2.8　施工主要机械设备

1. 风管加工设备:剪板机、折方机、咬口机、合缝机、卷圆机、型钢切割机、台钻、电气焊设备。

2. 空调调试仪表器材:温度测试仪表、湿度测量仪表、风速测量仪表、风压测量仪表、噪声测试仪。

3. 管道和设备安装机具:套丝机、交流电焊机、冲击电钻、手持电钻、砂轮机、液压弯管机、电动开孔机、水准仪、吊装机械、手动试压泵、电动试压泵。

6.3　施 工 过 程 控 制

6.3.1　空调系统安装工艺流程

图纸会审 → 施工方案 → 材料计划 → 配合预留孔洞及预埋件 → 支、吊、托架安装 →

风、水管道安装 → 风机盘管安装 / 机房设备安装 → 水压试验清洗 → 单机运转 → 系统试运转 →

系统调试 → 交工验收 → 交付使用

6.3.2　工艺措施

6.3.2.1　钢板风管加工制作

1. 钢板厚度应符合设计及规范要求,其厚度小于或等于1.2mm可采用咬接;大于1.2mm可采用焊接。镀锌钢板及含有保护层的钢板可采用咬接或铆接。施工中钢板或镀锌钢板及不锈钢板的厚度不得小于表6.3.1的规定。

钢板、镀锌钢板风管板材厚度(mm)　　　　　　表6.3.1

类别 风管直径 D 或 边尺寸边长尺寸 b	圆 形 风 管	矩 形 风 管	
		中、低压系统	高 压 系 统
D(b)≤320	0.5	0.5	0.75
320<D(b)≤450	0.6	0.6	0.75
450<D(b)≤630	0.75	0.6	0.75

续表

类　别 风管直径 D 或 边尺寸边长尺寸 b	圆 形 风 管	矩 形 风 管	
		中、低压系统	高 压 系 统
630 < D(b) ≤ 1000	0.75	0.75	1
1000 < D(b) ≤ 1250	1	1	1
1250 < D(b) ≤ 2000	1.2	1	1.2
2000 < D(b) ≤ 4000	按 设 计	1.2	按 设 计

注：1. 螺旋风管的钢板厚度可适当减小 10% ~ 15%。

　　2. 排烟系统风管钢板厚度可按高压系统。

2. 风管及部件不得有空洞、半咬口和涨裂现象。

3. 焊缝表面不得有裂纹、烧穿现象及明显咬肉等缺陷。

4. 风管表面应平整，圆弧均匀，折角平直。加固装置应牢固，不应扭曲翘角。

5. 咬口缝应紧密、平直、均匀纵向咬口缝应交错；纵横咬口缝处不应有裂缝和明显凸瘤。

6. 风管单角咬口的手工加工按照有关操作规程方法如下：

(1) 先将一块板材折成 90°立折边；另一块折成 180°平折边。再将带有平折边的板材套在带有立折边的板材上（图6.3.1a）；并用小方锤和衬铁将咬口打紧。

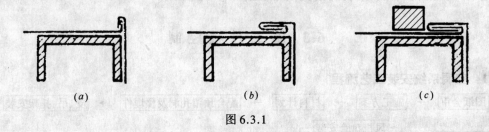

图6.3.1

(2) 再用拍板将咬口打平（图6.3.1b）；最后用小方锤和衬铁加以平整（图6.3.1c），即成单角咬口。

7. 风管联合角咬口的手工加工方法如下：

(1) 将一块板材按图6.3.2(a)~图6.3.2(e)的折边过程折成如图6.3.2(e)所示形状；

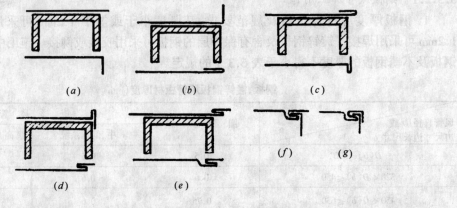

图6.3.2

并将另一块板材折边 90°；再将两块扣合（图 6.3.2*f*）。

（2）将第一块板伸出的板边拍折打弯折 90°，并将咬口打平打紧，如图 6.3.2(*g*)所示，即成联合角咬口。

8. 使用某地生产的 SAF-7 型单平口折边机（图 6.3.3）加工风管时，应遵守下列规定：

（1）加工板材厚度应为 0.5～1.2mm。

（2）板材沿左边进料端靠尺推进后，经左边滚轮滚压成如图 6.3.4(*a*)所示形状，板材沿右边进料端靠尺推进，经右边滚轮压成如图 6.3.4(*b*)所示形状，经咬合后再手工打紧或用机械压实成型。

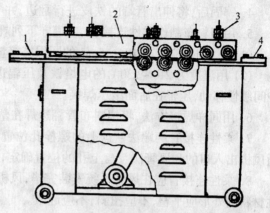

图 6.3.3　SAF-7 型单平咬口折边机的正视图
1—进料端靠尺；2—操作机构；3—调整螺母；4—成型端靠尺

（3）图 6.3.4(*a*)中折边的咬口留量应为 24mm；图 6.3.4(*b*)中折边的咬口留量应为 10mm。

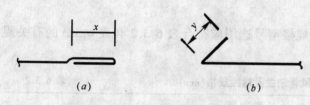

（*a*)　　　　　　　　　（*b*)

图 6.3.4　单平咬口折边形状

（4）加工前，应根据板材厚度调整螺母（见图 6.3.4），使滚轮既不压轧过紧，又不空滑。调好后应将调整螺母锁紧。

（5）若需调整 x、y（见图 6.3.4）时，可移动进料端靠尺若需缩短可将进料端尺向外侧移；若需加长，可将进料端靠尺向内侧平移，但不得大于规定值。

（6）加工的板材必须平整，其边缘必须平直光滑，并应紧贴靠尺，不得歪斜，以免滚压时跑偏。

6.3.2.2　柔性连接管的制作及安装

1. 通风机和其他设备的入口和出口等处，应用柔性连接管与风管连接，以防止振动噪声及振坏风管。

一般通风系统的柔性连接管均用帆布制作；输送潮湿、腐蚀性气体的通风系统，用耐酸橡胶或 0.8～1mm 厚的聚氯乙烯塑料布制作。

2. 柔性连接管两端的形式和尺寸，应根据通风机出入口的形状和尺寸确定；其长度应有适当的伸缩量，不得拉的过紧，亦不得过松；应画出展开图下料。

柔性短管长度一般为 150～200mm，安装应松紧适度，两侧应平行。并不能作为变径管。

3. 用帆布制作柔性连接管，应遵守下列规定：

（1）下料时，应留出 20～30mm 的圆周搭接量，用缝纫机缝合。

（2）缝合后，垫 1mm 厚的条形镀锌铁皮或刷油的黑铁皮，将帆布管端部铆接在角钢法兰盘上，帆布管夹在铁皮与法兰盘中间。铆钉距离一般为 60～80mm。

帆布管应与铁皮紧密吻合，但不得砸得过死，亦不得用铁锤打口，防止损坏帆布。

4. 铆固后,将伸出管端的铁皮进行翻边,并与法兰盘平面打平。

5. 用塑料布制作柔性连接管,应遵守下列规定:

(1) 下料时,应留出 10～15mm 的圆周搭接量和法兰盘翻边留量。

(2) 用温度为 210～230℃的电烙铁及压辊进行搭接缝的焊接。焊接时,烙铁在搭接缝中间缓慢移动,压辊在后面滚压焊接。

6. 用同样焊接方法,将塑料布管翻边焊在塑料法兰盘上。

7. 柔性连接管两端法兰盘上的螺栓孔位置,应在柔性连接管放置端正的情况下,对照通风机出入口的和风管法兰盘上孔的位置确定,防止柔性连接管安装后扭斜。

8. 柔性连接管应在风管系统安装完毕,风机或其他设备就位后,进行安装。安装后,柔性材料的外形应平整,不应扭斜,不应起皱。

6.3.2.3 金属法兰盘制作

1. 金属法兰盘制作要平整、四周整齐,中低压系统螺距不大于 150mm,高压系统风管不得大于 100mm,矩形法兰的四角部位应设螺孔。在上述基础上螺栓孔距要一致,同规格法兰应能互换。法兰盘和风管连接时,管端留出 10mm 左右的翻边量,翻边要平整,并与法盘靠平。

2. 法兰之间应采用阻燃密封橡胶等材料,为防止漏风橡胶条在转角处不应断开;其接头处应采用燕尾槽连接。

3. 金属法兰及螺栓加工安装材料规格型号选用应符合表 6.3.2 和表 6.3.3 的有关规定:

金属圆形风管法兰及螺栓规格(mm)   表 6.3.2

风管直径 D	法兰材料规格		螺栓规格
	扁 钢	角 钢	
$D \leqslant 140$	20×4		M6
140 < D ≤ 280	25×4		
280 < D ≤ 630		25×3	
630 < D ≤ 1250		30×4	M8
1250 < D ≤ 2000		40×4	

金属矩形风管法兰及螺栓规格(mm)   表 6.3.3

风管边长尺寸 b	法兰材料规格(角钢)	螺栓规格
$b \leqslant 630$	25×3	M6
630 < b ≤ 1500	30×3	M8
1500 < b ≤ 2500	40×4	
2500 < b ≤ 4000	50×5	M10

6.3.2.4 支架及吊架制作

1. 风管各种支、吊架,当设计无规定时,应参照标准构件图进行加工。

2. 同系统、同规格的每排风管的支、吊架的形式应一致。其尺寸应按风管中心距墙、柱或楼板的实际距离确定。

3. 埋墙支架(图6.3.5)埋入墙内的部分为150～200mm。水平角钢埋入墙内的一端应切口折角。斜撑与墙的夹角为40°～60°,埋入墙内的一端可焊上角钢横档。

4. 夹墙支架(图6.3.6)适用于墙厚在240mm以下或负荷较大的墙壁上。双头螺栓的直径不得小于12mm。

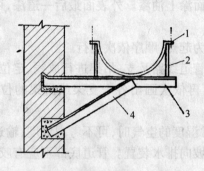
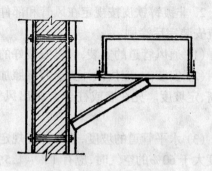

图6.3.5 图6.3.6
1—半圆;2—支柱;3—水平角钢;4—斜撑

5. 抱柱支架如图6.3.7所示。双头螺栓的直径不得小于12mm。角钢托架宜先钻孔。4段小角钢应按柱宽焊于托架上。

6. 吊架如图6.3.8所示。一般用直径为10～12mm的圆钢作吊筋、吊环。吊环煨制后应将对口处焊接。用调节螺栓调整其标高或松紧度。

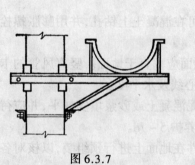
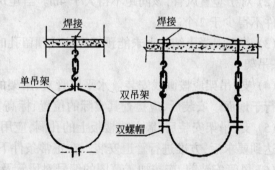

图6.3.7 图6.3.8

7. 立管支架埋入墙内部分一般以150mm为宜。

8. 支、吊架的卡箍用扁钢制作,其尺寸应与风管断面相符,卡牢后其两边与风管仍保持5mm左右的缝隙。卡箍侧面应保持在一个平面上,不得扭曲。方箍四角应为90°;圆箍弧度应均匀。

卡箍在支架上的位置,应位于风管的中心线上。半圆箍的两端应焊以支柱图6.3.5。

9. 吊架的吊杆应顺直,不得扭曲。顶端螺帽必须与螺栓合扣。

10. 支、吊架接合点的焊缝应饱满,不得有咬肉、夹渣、结瘤等现象,焊缝表面严禁有裂纹。

6.3.2.5 风管及支架的安装

1. 通风管道安装前,应做好以下准备工作:

(1)清理现场,排除障碍。

(2) 准备并检查所需的安装工具,如机械、梯子、安装台、照明设备等,并运到安装现场。

(3) 检查脚手架,若有不牢之处,应进行加固。高空的通风管道,可利用原有脚手架或起重设备进行安装。若不搭设脚手架时,可采用悬挂式安装台或斜靠式安装梯台。

2. 非镀锌铁皮按规定在风管和部件的内外表面涂上油漆。外表面最后一道漆,可在全系统安装完后涂刷。

(1) 通风管道的安装,应以安装好的通风设备为起点,顺序依次进行。

(2) 安装前,应按设计要求并参照加工草图对管道线路及支、吊架进行放线、定位置、定标高、定坡度。先在墙或柱子上画出风管中心线,再依次画出各个支架或吊架的位置、标高。

(3) 水平管道的坡度,若设计无规定,输送正常湿度的空气时,可不考虑坡度;输送相对湿度大于 60% 的空气时,应有 1% ~ 1.5% 的坡度,坡向排水装置。管道底部不应有咬口,若有咬口须用锡焊。

(4) 立管中心线应根据水平风管、弯头、三通等组装的实际尺寸确定。

(5) 风管及部件的法兰盘不得固定在支、吊架上,也不得放在墙内或楼板内。

(6) 不得在建筑物的金属结构上任意焊接支、吊架。

3. 支、吊架的间距,若设计无规定时,应按下列规定执行:

(1) 对于水平风管,该间距不得大于 3m,对于塑料风管,该间距以 1.5 ~ 3m 为宜。

(2) 对于竖直风管,该间距不得大于 4m。当建筑物每层高度在 4m 以上时,每层的风管固定件不得少于 2 个。

(3) 若在混凝土结构上未能预埋螺栓或预留孔时,可在混凝土上钻孔,并用膨胀螺栓固定支、吊架。

(4) 支、吊架应按画线安装。水平风管支、吊架的立面应垂直于地面。竖直风管的卡箍应平行于地面。安装后,应检查其实际的位置、标高、中心线及水平度。

(5) 支、吊架安装后,墙上或楼板上的孔洞,应用水泥混凝土或砂浆填实抹平,并应待其强度达到要求后,方准进行管道安装。在正常条件下应养护 5 ~ 7d。

(6) 风管安装前,应按加工草图的编号对风管及部件在地面上进行预组装,以核对各管节及部件的尺寸、平直度、中心线及方向等。

(7) 风管的安装,应根据管径大小、吊装条件及现场情况,尽可能预先在地面上将多节风管组对,采用整体或较长管段吊装方式。

(8) 风管安装时,应轻拿轻放。吊装时,应绑控制绳,防止碰撞造成损坏。冬天更应注意。

(9) 水平风管进行吊装时,当起吊到要求高度后,应先用钢丝绳或缆绳吊牢,并经校正证明位置正确后,再固定在吊环上。若吊装后仍有偏差,可利用吊环上的调整螺栓调整。

(10) 竖直风管安装,可一边向上吊起,一边在下面逐节连接风管。安装后应挂线坠,检查垂直度。

(11) 风管、部件连接法兰盘时,若孔眼对不准,必须使用拔棍撬正,不得用手摸触。

(12) 支、吊架上的卡箍螺栓,应待法兰盘螺栓紧固后,再行拧紧。

4. 风管安装其他注意事项

支、吊、托架安装前应先除锈,除去埋入部分外刷防锈漆一道,涂漆应均匀,颜色一致。风管安装完毕后,再刷一遍防锈漆。支、吊、托架安装的位置及标高应正确,方向一致,吊杆要求垂直,埋设应平整、牢固;砂浆饱满,但不应突出墙面。风管水平安装,直径或长边尺寸小于等于400mm,支吊、架间距不应大于4m;大于400mm,不应大于3m。薄钢板法兰的风管,其支吊、架间距不应大于3m。风管垂直安装,支架间距应控制在4m以内,单根直管至应有2个固定点。当水平悬吊的主、干风管长度超过20m时,应设置防止摆动的固定点,每个系统不应少于1个。角钢支托架的端部应做成45°斜口,斜口部位的毛刺等应打磨光滑。法兰盘连接时,其螺栓方向应与风管内空气流动方向一致。螺栓、螺母垫片应选用镀锌件。

6.3.2.6 通风与空调设备安装

1. 风机盘管安装:

风机盘管安装前应逐台进行水压试验,试验压力为系统工作压力的1.5倍,但最小不小于0.6MPa;当工作压力大于1.0MPa时,为工作压力加0.5MPa。定压后观察3min不渗不漏方可。安装前风机盘管应逐台进行三速试运转,机械部分不得摩擦,电气部分不得漏电。换热器无变形、损伤、锈蚀等。供、回水阀门及过滤器应靠近风机盘管安装。供、回水管与风机盘管机组的连接,应为弹性接管或软接管(金属或非金属软管)。凝结水管应用透明软胶管连接,胶管连接处可使用专用镀锌卡子紧固,严禁漏水,水盘内应无积水现象。敷设于顶棚内的风机盘管的供、回水阀门、过滤器、软接管,一般应设置于凝水盘上方。卧式风机盘管吊架,应加装橡胶减振垫或用弹簧吊架并应便于拆卸。在风机盘管换热器前的回风管适当部位,应加装过滤网。

2. 空调制冷系统安装:

冷冻水泵、冷却水泵安装时,应在前后进水管上设置管道支架,不应使水泵进、出水管接口部位受力。冷冻、冷却泵安装时,其底部应安装减振垫或减振器。减振器与基础或与水泵连接牢固、平稳、接触紧密。并注意不应使油类沾污减振器材,以免橡胶变质。水泵安装前应检查有无缺件、损坏和锈蚀等情况,进出管口、保护物和封盖应完好;基础尺寸、平面位置和标高应符合设计要求,其允许偏差应控制在±8mm以内。安装水泵的地脚螺栓应垂直拧紧,并有防松动措施。盘车应灵活、无阻滞、卡塞现象,无异常声音;水泵及其他设备安装前,应对配套电机进行绝缘检验,其绝缘电阻应大于0.5MΩ。除电动机随机技术文件说明不允许在施工现场抽芯检查外有下列情况之一的电动机电机,应抽芯检查:

(1) 出厂时间已超过制造厂保证期限的,无保证期限已超过出厂一年以上。

(2) 外观检查、电气实验、手动盘车和试运转有异常情况。

冷水机组安装时应注意按设计正确安装上隔振垫。冷冻水回水管进机组前应安装过滤器。冷冻水供、回水管及冷却水在与机组连接前应加装橡胶软接头。

3. 通风机外观应无损伤、变形、锈蚀,皮带轮转动灵活,叶轮无不平衡现象,叶轮与机壳间隙要符合要求,噪声要符合住宅建筑的指标要求;通风机的安装应有隔振、减振措施,允许偏差见表6.3.4。

4. 柜式空调机组、单元式空调机组的外观应光滑平整、色泽均匀、无变形、刻痕,隔热材料无破损,换热器无损伤,排水斗无漏水等现象,运转应平稳、噪音小。

5. 消声器的外表面要平整、无明显的凹凸、划痕及锈蚀,吸声片外包纤维布应平整无破损,接缝平整,穿孔板表面清洁、无锈蚀及孔洞堵塞等现象。

通风机安装的允许偏差   表 6.3.4

项次	项　目		允许偏差	检　验　方　法
1	中心线的平面位移		10mm	经纬仪或拉线和尺量检查
2	标　高		±10mm	水准仪或水平仪、直尺、拉线和尺量检查
3	皮带轮轮宽中心平面偏移		1mm	在主、从动皮带轮端面拉线和尺量检查
4	传动轴水平度		纵向 0.2/1000 横向 0.3/1000	在轴或皮带输出轮 0°和 180°的两个位置上,用水平仪检查
5	联轴器	两轴芯径向位移	0.05mm	在联轴器互相垂直的四个位置上,用百分表检查
		两轴线倾斜	0.2/1000	

6. 设备安装所使用的主要材料和辅助材料规格型号应符合设计要求,并有出厂合格证明。螺栓、螺母、垫圈等紧固件应使用镀锌材料。

7. 制冷系统设备安装:

(1) 活塞式制冷机、离心式制冷机、螺杆式制冷机、模块式制冷机、溴化锂吸收式制冷机组的外观应表面平整,完好无损,色调一致,密封良好,接口牢固。

(2) 安装前放置设备,应用衬垫将设备垫妥;吊运捆扎应稳固,主要承力点高于设备重心;防止底座扭曲和变形;在捆绑钢丝绳时,与设备接触的部位应采用软质材料衬垫,不得损坏。

(3) 整体安装的机组,内部带有的保护性气体安装时应保证设备表面完整无缺,气体无渗漏,油封应完好,表面擦洗时,不得将脏物和水汽混入到其内部。

8. 卧式风机盘管安装工艺措施:

(1) 风机盘管安装进、出水管及进、送风采用软连接,吊架安装采用弹簧吊架或放置橡胶垫片。与风机盘管连接的供水、回水、冷凝水三根管道的坡度应符合设计要求,在距离风机盘管较近处安装防管道晃动支架。

在换热器进水口处安装与其管径大小一致的过滤器。并注意使安装在进出水口处的铜球阀、软接头、过滤器全部处于风机盘管冷凝水盘的上方,以便使冷凝水、系统调试及日常维修漏水滴入冷凝水盘内。如冷凝水盘尺寸大小不够时,可事先在设备订货时考虑增大其尺寸。

空调水系统水压实验、系统清洗完毕后应注意防冻,可将系统内的水排空。在风机盘管手动排风阀处接入 0.15MPa 压缩空气,逐台吹除内部存水。见图 6.3.9。

(2) 风机盘管安装过程中的检查及验收:

1) 安装前的检查及验收:风机盘管进入施工现场后,由业主、监理、施工三方首先检查其型号、规格、技术参数是否符合设计要求。然后应逐台进行单机三速试运转及水压检漏试验。同时检查机械部分有无摩擦、换热器有无变形、锈蚀。电气部分用 500V 兆欧表检查。其绝缘电阻应大于 0.5MΩ。以 1.5 倍系统工作压力,但最底不小于 0.6MPa;当工作压力大于 1.0MPa 时,为工作压力加 0.5MPa。用手压泵实验。定压 3min 后不渗不漏方可,检验完毕后监理(建设)、施工单位人员在有关设备安装检验批质量验收记录表格上签字认可。

2) 安装施工过程中的检查、验收:风机盘管水系统及风系统安装完毕后。应检查其吊

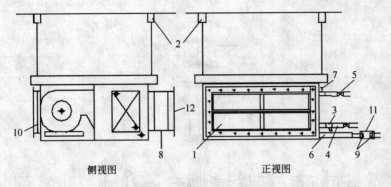

图 6.3.9

1—暗装风机盘管;2—弹簧或橡胶垫片减振吊架;3—过滤器;4—金属或非金属软接管;
5—钢球阀;6—冷凝水盘;7—手动放气阀;8—柔性软管;9—专用镀锌卡子;10—回风过
滤网;11—透明软胶管;12—送风口

架安装的位置高度是否正确、牢固。进、出水柔性软接管连接应严密、不允许有强扭和瘪管现象发生。风系统应检查其柔性短接管的材质是否防腐、防潮、不透气,连接是否严密、可靠,其长度应在 150~300mm 范围内。并柔性短管不得作为找正、找平风机盘管前、后风管进出风管的异径连接管。

上述检查完毕后监理(建设)、施工单位人员在有关设备检验批质量验收记录表格上签字认可。

(3) 单机试运转及调试过程中的检验:

在这一施工过程中,主要检验风机盘管的三速、温控开关的动作是否正确,并与风机盘管运行状态——对应。

9. 循环泵安装工艺措施:

(1) 水泵安装其底座纵、横方向应保持水平,整体安装的水泵纵向水平偏差应控制在 0.1/1000 以内,横向水平偏差应控制在 0.20/1000 以内。施工中把水平尺放在水泵底座加工面上测量纵向横向水平;也可用吊垂线的方法,测量水泵进口法兰垂直平面与垂线是否平行,通过调整泵座下垫铁来达到上述规范要求。

(2) 水泵软接头及阀门前、后的进、出水管道应做支架,以免水泵进出水口受力。

(3) 阀门手轮位置、朝向要便于操做。多台水泵安装时,各类管道附件均应安装一致,标高朝向统一。

(4) 水泵减振台按设计用钢筋混凝土制作,用斜垫铁 1~3 块放置在地脚螺栓内侧如图所示位置,把水泵找平后 20mm 水泥沙浆抹面。

(5) 水泵减振台下按设计敷设减振垫。

(6) 水泵安装时应使减振体系总重心和减振器总刚度中心重合在水平投影面上。施工中根据钢筋混凝基础及水泵底座的长和宽,找出他们的重心使其重合即可(图 6.3.10)。

(7) 水泵安装过程中的检查及验收:

1) 水泵安装前的检查、验收:水泵运达施工现场后,由监理(建设)、施工单位首先应检查其规格、型号技术参数应符合设计要求并应符合前述有关要求。

2) 水泵安装过程的检查、验收:水泵下的钢筋混凝土减振台的大小尺寸、技术参数、安装位置等要符合设计要求,此外应检查减振台下的减振垫规格、型号、技术参数、放置位置、

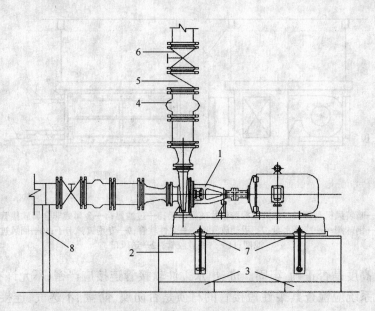

图 6.3.10

1—水泵;2—钢筋混凝土台座;3—减振垫;4—橡胶软接头;5—止回阀;
6—阀门;7—斜垫铁;8—管道支架

敷设方式应符合设计要求。

3）水泵单机试运转、系统调试过程中的检查及验收：水泵单机试运转时，首先检查叶轮的旋转方向是否正确，有无异常振动和声响，紧固连接部位有无松动。经 2h 额定转速运转后，滑动轴承外壳温度最高不得超过 70℃；滚动轴承不得超过 80℃。

水泵运行时不应有异常震动和声响、壳体密封处不得渗漏、紧固连接部位不应松动、轴承的温升应正常；普通填料泄露量不应大于 60ml/h。

上述检查完毕后监理（建设）、施工单位有关人员在空调水系统安装检验批质量验收记录（设备）、工程系统调试检验批验收记录表格上签字认可。

10. 管道变径工艺措施：

空调水系统管道内一般为冷热水，水平安装的管道变径不当，宜产生气塞、加大管道内水流阻力，并不利于泄水和放空。在管道安装施工的变径部位，应制做上部平齐的偏心变径大小头（输送蒸汽的管道应使管底平齐）。

11. 风管法兰连接部位橡胶垫工艺做法：

风管法兰间密封条应选用阻燃型橡胶条，在风管法兰转角处橡胶条不得断开。施工过程中该部位的橡胶条边缘处留 3mm，剪 90°角后对折。风管法兰间橡胶条接头处，通常采用燕尾槽连接做法。上述连接两种部位在施工过程中应涂胶粘牢。见图 6.3.11。

6.3.2.7 绝热（保温）工艺和材料选择

处于住宅工程各部位的绝热材料应注意有所不同，特别是其外保护层的选择尤为重要。一般说来处于建筑物地下室机房内管道绝热保温保护层应选择镀锌铁皮加工制作，而在室内一层以上则选择不锈钢板或用阻燃型 PAP 材料制作，则因其具有整洁、亮丽效果，由此给整个空调工程观感能提高一个挡次。

绝热保温工程中的薄弱环是阀门和法兰的处理。应选用可单独拆卸的成品阻燃有机玻

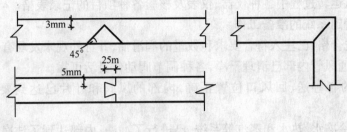

图 6.3.11

璃钢壳,玻璃钢具有抗老化、抗冲击力大、防腐、防水阻燃等良好性能。并且内衬干法纤维保护层。待管道绝热(保温)施工完成后,将内衬保温层的法兰或阀门保温套两片在法兰或阀门合成,外壳周边用法兰吻合后,用不锈钢螺栓固定。

阀门、法兰保温外保护层见图 6.3.12 和图 6.3.13。

图 6.3.12

图 6.3.13

6.4 通风空调系统的调试

6.4.1 系统的调试

1. 参加调试的人员要妥善安排,做到思想重视、分工明确、组织严密、指挥统一、行动一致。

2. 制订通风、空调单项工程试车调试方案,报有关单位人员批准后,严格按方案要求进行工作。

3. 参加调试的人员要认真熟悉调试的有关资料和生产工艺要求,掌握调试中的问题处理知识和技巧。

4. 按照设计和施工质量验收规范的要求,全面检查已完工的系统。

5. 调试中所用水、电、暖气及压缩空气等应具有可供使用的条件,并无泄漏堵塞等情况。

6. 调试场地整洁,有标示牌,并有相应保护设施。

7. 准备好试运转过程中各种仪器、仪表及核验各种项目的记录表格。

6.4.2 设备和管道系统的准备工作

1. 设备清洗合格,已注入符合要求和数量的润滑油,并且外观未发现有任何缺陷。

2. 空调器、通风管内部已清理干净,各种调节阀动作灵活可靠。

3. 系统中的各种送、回风口位置正确,内部的风阀和叶片已达到要求的开度和角度。

4. 冷却水、冷冻水、热水和蒸汽等系统,已进行了冲洗;内部达到了洁净的要求,并无泄露现象。

5. 制冷系统经过气压试验,通气排污完毕,管路系统严密性达到了标准的要求。

6. 各系统使用的阀门试压合格,安装的位置和方向正确,阀门动作灵敏可靠。

7. 各排水系统畅通无阻,附属设备和部件已达到试车运行的条件。

8. 电气和自控系统已达到设计及规范的要求,具备试车运行的条件。

6.4.3 系统无负荷联合试运转及调试

各单机试运转合格后,应进行整个通风与空调系统的无负荷联合试运转。目的是检验通风与空调系统的温度、流速等是否达到设计及有关标准的规定,也是考核设计制造和安装的质量能否满足工艺生产及生活的要求。

1. 集中式通风空调系统试运转的准备工作:

(1) 要熟悉通风与空调系统的有关资料,了解设计图纸和安装说明的意图,掌握设备构造和性能以及各种参数的具体要求。

(2) 了解工艺流程和各送风、回风、供热、供冷、自动调节等系统的工作原理,控制机构的操作方法等,并能熟练运用。

(3) 编制无负荷联合试运转方案,并制定具体实施办法,保证联合试运转的顺利进行。

(4) 在单机试运转的基础上进行一次全面的检查,发现隐患及时处理,特别是单机试运转遗留的问题,更应慎重对待。

(5) 作好机具、仪器仪表的准备,同时要有合格证明或检查试验报告,不符合要求机餐和仪器仪表不能在试运转工作中使用。

(6) 电源、水源、气源等应准备齐全,并能保证联合试运转的顺利进行,风机、水泵及空气处理设备运转正常。

6.4.4 试运转的主要项目和程序

1. 电气设备和主回路的检查测试,要按照有关的规程标准进行。

2. 空调设备和附属设备试运转,是在电气设备和主回路符合要求的情况下进行,包括风机和水泵的试运转。对风机盘管、表冷器、加热器、换热器和油过滤器等进一步复查和试运转,考核其安装质量,并对发现的问题及时加以处理。

3. 风机性能和系统风量的测定和调整。风机性能应能满足设计要求,通过对送风、回风系统风量的测定与调整,使总风量和新风量、回风量、干管及支管风量,送风口风量及回风口风量等,均能达到设计规定,空调房间回风量保持正压。

4. 风机盘管的三速、温控开关的动作应正确,并与机组的运行状态一一对应。

5. 空调机性能的检测和调整。通过检测,空调机性能和系统风量应满足使用要求。

6. 自动调节和检测系统的检验、调整和试运转,主要是对系统的线路、仪表、敏感元件、调节、执行机构等进行一次检查和调整,使其达到工艺生产的要求,同时在联合试运转中,动作要灵活、准确、可靠。

7. 空调系统综合效果检验和测定,要在分项调试合格的基础上进行,使空调、自动调节系统的各环节投入试运转,确定房间温度等允许变动范围及空气参数的稳定。

8. 风机盘管、通风机、空调机组等设备运行时产生的噪声应进行测定,应符合设计要求并不能超过产品性能说明书的规定值。

6.4.5　通风系统的试运转调试

1. 试运转前的检查

(1) 试运转前,应按设计要求进行一次全面系统检查,确保施工质量,不留隐患。

(2) 检查内容主要包括通风系统中的设备、部件和管路安装规格、位置、尺寸和数量是否符合要求;调节装置制作与安装是否正确;连接是否牢固;风管的咬口、焊接、法兰等处是否严密,漏风率不得超过标准要求,各种阀的开启方向和动作是否灵活、准确;风机的转动方向要符合设计要求等。

2. 试运转过程中的检测项目

(1) 测量风机的风压、风量、转数和效率是否达到设计要求。

(2) 各出风口送出的空气温度是否满足使用的要求。

(3) 各出风口和吸风口风量是否符合标准的规定。

(4) 测量各参数的数值都应在允许的偏差范围内。

(5) 试运行时要注意安全,同时要防止吸入杂物伤人或损坏设备。

(6) 试运转过程中,要做到分工明确。对出现的问题,及时加以处理。

6.5　工 程 竣 工 验 收

1. 工程完工后应作好安装验收批、子分部、分部工程的验收,施工各环节竣工前施工单位应进行自检,并做好记录,立卷建立工程档案。

2. 通风与空调工程竣工验收时,应检查竣工验收的资料,一般包括下列文件及记录:

(1) 图纸会审记录、设计变更通知书和竣工图;

(2) 主要材料、设备、成品、半成品和仪表的出厂合格证明及进场检(试)验报告;

(3) 隐蔽工程检查验收记录;

(4) 工程设备、风管系统、管道系统安装及检验记录;

(5) 管道试验记录;

(6) 设备单机试运转记录;

(7) 系统无生产负荷联合试运转与调试记录;

(8) 分部(子分部)工程质量验收记录;

(9) 观感质量综合检查记录;

(10) 安全和功能检验资料的核查记录。

6.6 精 品 案 例

1. 工程简解:

山东省广播电视厅高层公寓工程,建筑面积 23000m²,框架结构 24 层。本工程于 1997 年 11 月开工,1998 年 12 月竣工。安装有通风与空调系统,建筑、安装工程经投入使用几年来效果良好。1999 年度获山东建筑质量最高奖"泰山杯",2000 年度获国家质量最高奖"鲁班奖"。

2. 风机盘管安装进、出风管道与盘管采用帆布短管连接,进出水管用软管与盘管连接。同时在安装其吊架时安装减振橡胶垫。上述工艺降低了震动与噪声。

3. 设备与管道安装其标高、位置、走向等准确,支、吊架安装间距合理、牢固。管道保温密实外观整洁、美观,见图 6.6.1、图 6.6.2。

图 6.6.1

图 6.6.2

7 住 宅 电 梯

7.1 质 量 要 求

7.1.1 适用施工规定及规范、标准

《电梯制造与安装安全规范》(GB 7588—1995)；

《电梯安装验收规范》(GB 10060—93)；

《电梯技术条件》(GB/T 10058—1997)；

《电梯试验方法》(GB/T 10059—1997)；

《电梯工程施工质量验收规范》(GB 50310—2002)；

《液压电梯》(JG 5071—1996)；

《特种设备质量监督与安全监察规定(13 号令)》国家质量技术监督局。

7.1.2 精品住宅电梯施工要求

1. 两列导轨内工作面的距离,轿厢导轨 0 ~ +1mm,对重导轨 0 ~ +2mm。

2. 导轨接头处台阶修光长度为 300mm,修光后台阶不大于 0.02mm。

3. 轿厢导轨工作面对 5m 铅垂线的相对最大偏差不大于 0.7mm。

4. 承重梁的相对水平偏差小于 0.5mm。曳引轮垂直偏差不大于 0.5mm。

5. 层门门扇与门扇、门扇与门套、门扇下端与地坎的平行度偏差不大于 2mm。

6. 层门地坎水平度不大于 1/1000。

7. 层门地坎至轿厢地坎之间的水平距离偏差为 0 ~ +2mm。

8. 轿厢底盘平面的水平度不大于 2/1000。

9. 桥厢架上限位开关碰铁相对铅垂线偏差不大于 1mm。

10. 操纵箱安装好的板面和壁板的间隙为 0 ~ 0.5mm。

11. 调速客梯的平层准确度在 ±5mm 以内。

12. 测试电梯起、制动加速度和振动加速度。

7.2 精 品 策 划

7.2.1 施工组织

7.2.1.1 施工项目管理和人员组织

1. 由项目经理负责并组建有技术负责人、专职质检员、各专业工长和施工班组的管理网络,同时设立质量保证体系。

2. 施工人员的配备根据电梯种类、安装台数、层站设置、工期等情况考虑和决定。

3. 电梯安装作业工种的操作人员,必须是经过国家有关部门考核合格,持有效执业证

件,方可上岗。

7.2.1.2 机具准备

1. 进入施工现场的机具必须是性能良好,其中测量机具、仪表等应经在政府规定的计量校验部门校验合格,在有效期内使用。

2. 电梯安装常用的施工机具见表 7.2.1 施工机具表,数量的配备根据工程规模决定。

7.2.1.3 现场组织

1. 了解设备的到货和保管情况、运输通道、土建有无可供利用的提升设备,确定设备大件的就位方式,考虑设备运输和堆放措施等。

2. 落实电源、库房、工具房等临时设施,考虑井道施工照明及用电布设。

3. 安排井道脚手架搭设工作。

7.2.1.4 设备进场验收

1. 设备开箱点件验收

(1) 查对设备型号、箱号及包装情况是否与订货合同相符。

(2) 选好堆放地点。开箱前应先清除箱顶上的泥土及杂物等,开箱从顶板开始进行。

(3) 会同建设单位作清点、检查,并做好记录。

(4) 清点、检查工作应仔细认真,不仅清点大件,对内部零件如控制柜插件等也必须仔细清点,对设备质量要认真检查,发现问题及时提出。

(5) 取出并保管好装箱单、合格证、说明书、图纸等随机技术资料。

2. 设备运输和堆放

(1) 工字钢、曳引机、限速器、盘柜等运至机房;导向轮、复绕轮、轿厢运至夹层及顶层;厅门运至各层。

设备及部件的吊装运输通常利用土建塔吊或者利用井道机房面设吊点,用卷扬机吊装的机械化、半机械化方法。

(2) 现场宜设置两个仓库,一个用于堆放机械零件及工具,一个用于堆放电气设备零件。

(3) 对易变形弯曲的部件,如导轨、门扇、轿厢旁板等应放平垫实,电气及易损元件应妥善保管。

7.2.1.5 土建交接检验

1. 井道及设备基础的坐标位置、外观尺寸、平整度等按《混凝土结构工程施工质量验收规范》(GB 50204—2002)要求进行检验。

2. 机房须有足够的面积、高度、承重能力及通风良好。

3. 预留孔、件的尺寸及位置正确。

4. 各层井道壁的平面尺寸。

5. 各层门孔、牛腿尺寸。

7.2.2 主要施工机具、检测设备、仪器

1. 施工机具、检测设备、仪器见表 7.2.1、表 7.2.2。

2. 对检验量具与仪器要求:

(1) 检验用的量具和仪器应在计量检定合格的有效期内,并有检验单位的设备编号。

施工机具表

表 7.2.1

序号	名　称	参考型号规格	序号	名　称	参考型号规格
1	叉 车	3t	11	砂轮切割机	Φ400
2	卷 扬 机	SJ 1～5t	12	刀口直尺	L＝300 0.01
3	手 动 葫 芦	HS 1～5t	13	塞 尺	L＝100 20片
4	千 斤 顶	Q 或 QY 5t	14	斜 塞 尺	L＝100 0～15
5	电 焊 机	BX1-250	15	水 平 尺	L＝500 0.5
6	气 焊 工 具	1 套	16	标 准 砝 码	
7	台 钻	Φ13 Z518	17	磁 力 线 锤	5m
8	冲 击 电 钻	222～422	18	线 锤	
9	手 提 电 钻	Φ6～13	19	力 矩 扳 手	500N·m
10	手 提 砂 轮	Φ100			

检测设备、仪器表

表 7.2.2

序号	名　称	参考型号规格	序号	名　称	参考型号规格
1	垂 准 仪	JZC	6	万 用 表	
2	拉 力 计	500N	7	钳形电流表	M1-132
3	声 级 计	JB-1	8	接地电阻测量仪	
4	转 速 表	LZ-45	9	绝缘电阻测量仪	
5	加速度测试仪	JC-6			

（2）量具和仪器的精确度应满足下列测量精度的要求：

质量、力、长度、时间和速度：±1%；

加速度、减速度：±5%；

电压、电流：±5%。

电梯有些部件的安装精度要求较高,在检测中应根据被测项目的精度来决定量具和仪器的精度。一般仪器灵敏度应小于被检参数允许偏差的1/10,仪器的误差应小于被检参数允许的1/3～1/10,而且同一电梯相关项目的检测最好使用同一量具。

7.2.3　控制要点

7.2.3.1　工程质量控制措施

质量控制从材料配件、安装施工、管理、施工人员四方面加以控制。

1. 材料配件必须有合格证并经检查完整良好。

2. 安装施工控制要点在本章"过程控制"7.3.3～7.3.9各条中叙述。

3. 质量管理应有质保措施和岗位质量责任制,严格执行"三检制",并有技术措施。做好施工记录和质量评定。

4. 施工人员应是熟练操作的合格人员,并经技术交底,工作责任心强。

7.2.3.2　工程质量控制程序

按工程质量控制图执行,见图7.2.1。

7.2.4　电梯安装专项设计

1. 电梯安装样板架设计

见图7.2.2、图7.2.3、图7.2.4。

2. 导轨校正卡板设计

见图7.2.5、图7.2.6、图7.2.7、图7.2.8。

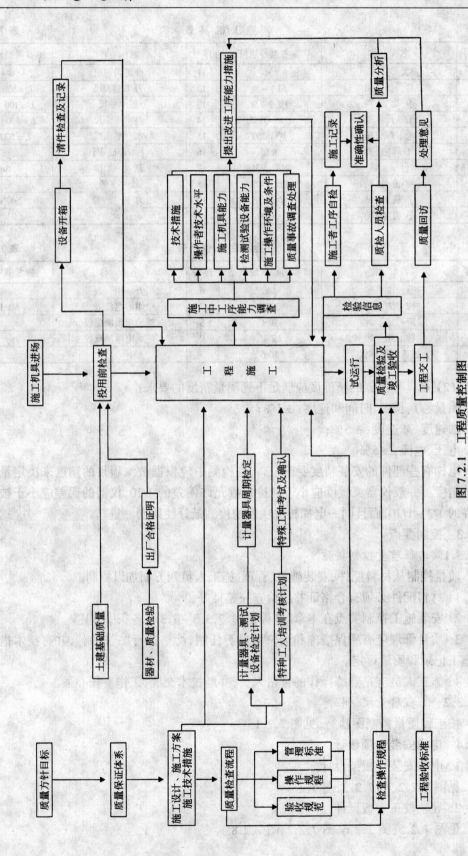

图 7.2.1 工程质量控制图

样 板 架 木 条 尺 寸

提升高度（m）	厚（mm）	宽（mm）
≤20	40	80
20～40	50～60	100
>40	80	100

注：提升高度提高，木条厚度要相应增加，或采用角钢制作。

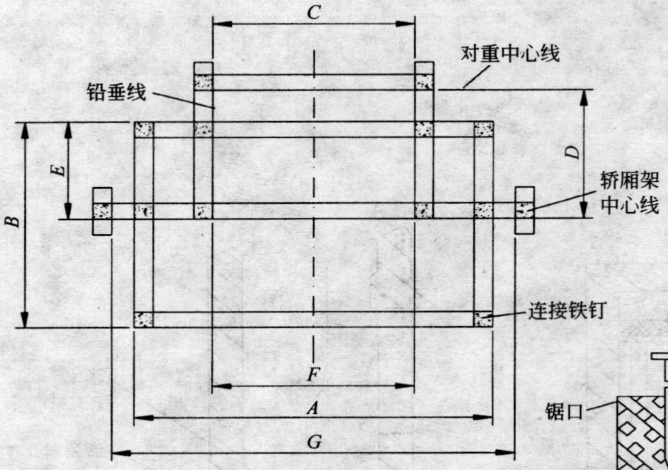

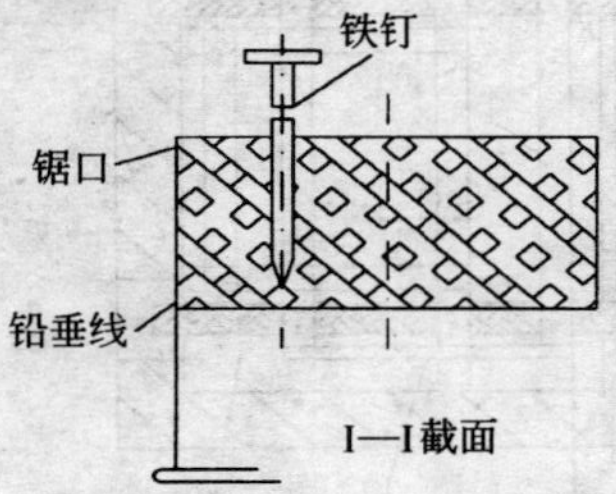

安装说明

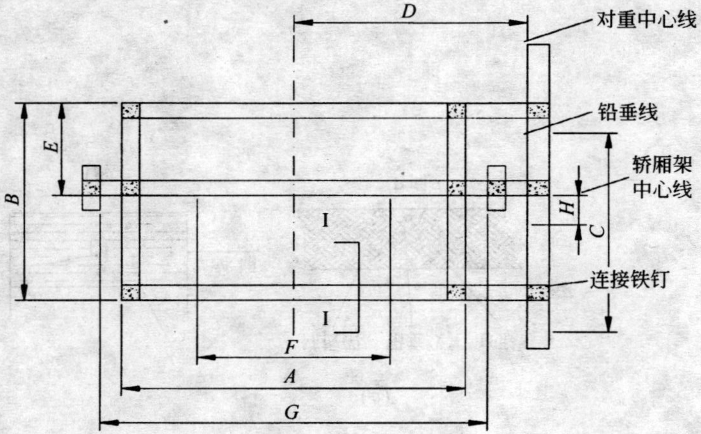

1. 图(a)、(b)分别适用于对重在轿厢后面安装和对重在轿厢侧面安装。

2. 图(a)、(b)中：A—轿厢宽；B—轿厢深；C—对重导轨架距离；D—轿厢门净宽度；中心线至对重中心线距离；E—轿厢导轨架中心线至轿厢后边缘；F—轿门净宽度；G—轿厢导轨架距离；H—轿厢与对重偏心距离。

3. 在井道顶部样板架上面固定铅垂线时，应按Ⅰ—Ⅰ截面的方法进行。

图 7.2.2 制作样板架

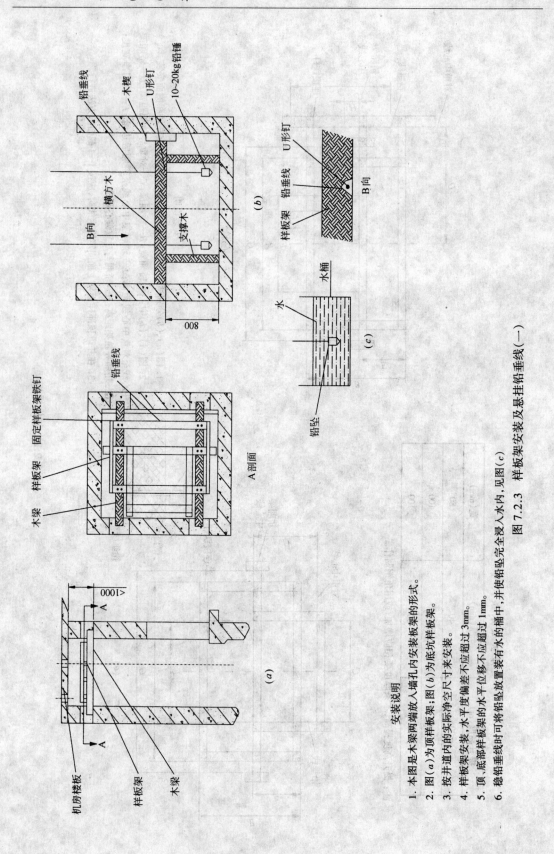

安装说明

1. 本图是木梁两端放入墙孔内安装板板架的形式。
2. 图(a)为顶样板架;图(b)为底坑样板架。
3. 按井道内的实际净空尺寸来安装。
4. 样板架安装,水平度偏差不应超过3mm。
5. 顶、底部样板架的水平位移不应超过1mm。
6. 稳铅垂线时可将铅坠放置装有水的桶中,并使铅坠完全浸入水内,见图(c)。

图7.2.3　样板架安装及悬挂铅垂线(一)

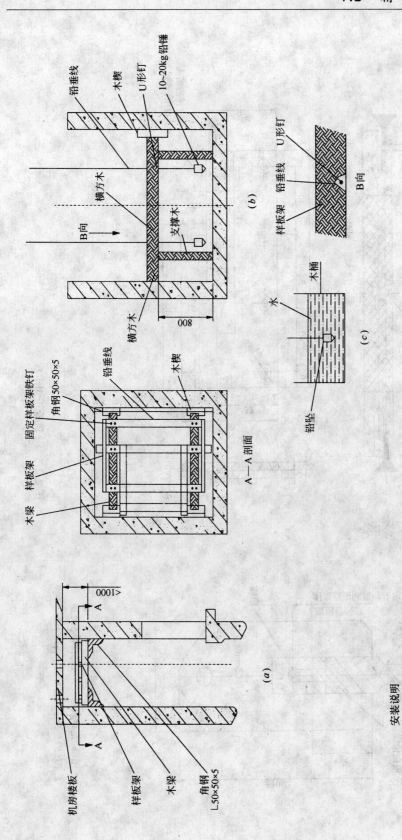

图 7.2.4 样板架安装及悬挂铅垂线(二)

安装说明

1. 本图(a)为顶样板架,图(b)为底坑样板架。
2. 图(a)为顶样板架,图(b)为底坑样板架。
3. 按井道内的实际净空尺寸来安装。
4. 样板架安装,水平度偏差不应超过3mm。
5. 顶,底部样板架的水平位移差不应超过1mm。
6. 稳铅垂线时可将铅坠放置装有水的桶中,并使铅坠完全浸入水内,见图(c)。

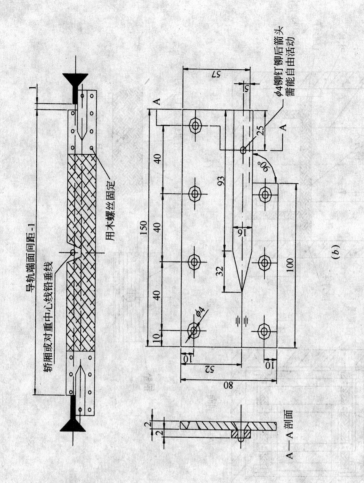

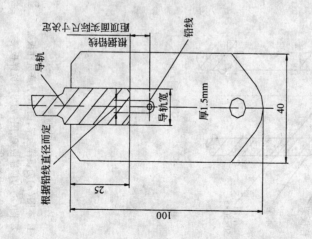

图 7.2.5 导轨校正用卡板

安装说明

1. 图 (a) 是导轨初检卡板,材料 45 号钢。

2. 图 (b) 是校正两列对应导轨用卡板。

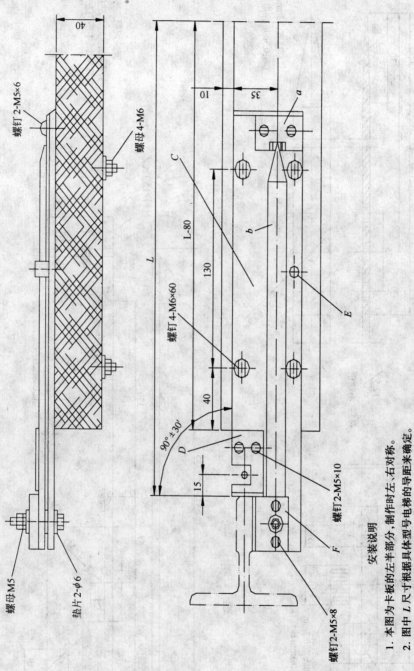

图 7.2.6　两根铅垂线为准的校正卡板（一）

安装说明

1. 本图为卡板的左半部分，制作时左、右对称。
2. 图中 *L* 尺寸根据具体型号电梯的导距来确定。

螺钉 2-M5×6

螺母 4-M6

螺母 M5

垫片 2-φ6

螺钉 4-M6×60

螺钉 2-M5×10

螺钉 2-M5×8

L　L-80　130　40　15

10　35

90°±30′

a　*b*　*C*　*D*　*E*　*F*

40

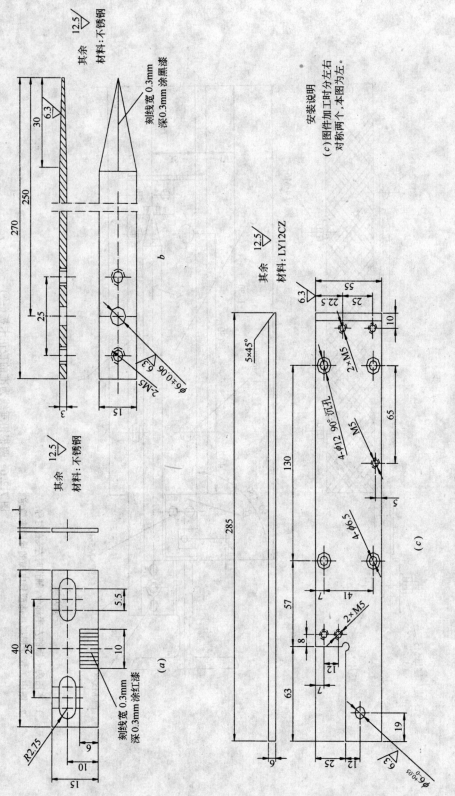

其余 12.5/
材料：不锈钢

刻线宽 0.3mm
深 0.3mm 涂黑漆

安装说明

(c) 图件加工时分左右
对称两个，本图为左。

其余 12.5/
材料：LY12CZ

其余 12.5/
材料：不锈钢

刻线宽 0.3mm
深 0.3mm 涂红漆

(a)

(c)

图 7.2.7　两根铅垂线为准的校正卡板（二）

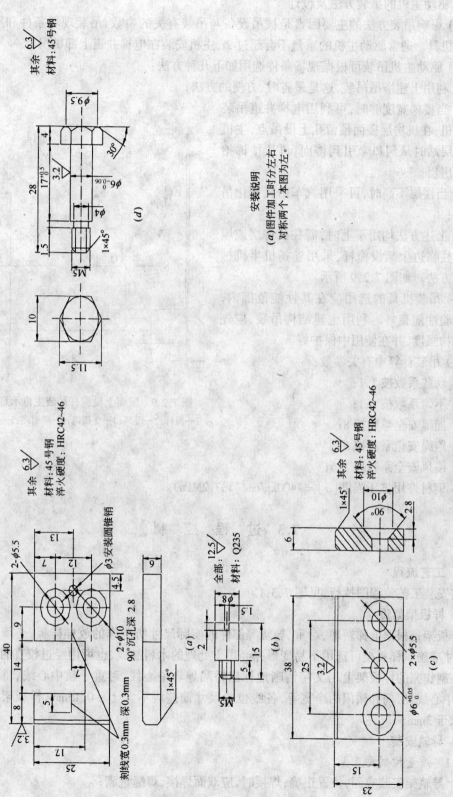

图 7.2.8 两根铅垂线为准的校正卡板(三)

安装说明

(a)图件加工时分左右对称两个,本图为左。

3. 驱动主机的吊装方法及设计

(1) 影响吊装方法的主要因素是被吊设备与吊装有关的参数、吊装现场条件和所采用的施工机具。通常驱动主机的重量不会超过 2t,主机安装在电梯井道上部机房。

(2) 驱动主机吊装可根据现场条件选用如下几种方法:

1) 利用土建塔吊吊装,这是最省时、方便的方法;

2) 当楼梯宽度够时,可利用电梯井道吊装驱动主机,在机房层楼面预留孔上设吊点,主机吊至顶层站时从门口牵引到楼面,再从楼梯抬运至机房层;

3) 当楼层不高时,可采用汽车吊机械化吊装方法;

4) 上述方法均用不上时,需在机房层或屋面的外柱临边上架设桅杆,采用卷扬机半机械化吊装方法。如图 7.2.9 所示。

(3) 吊装机具的选用应在其性能范围内,且经检验性能良好。利用土建结构吊装,应先核实结构强度,并在使用中保护好。

(4) 吊装计算中有关参数:

1) 动载系数按 1.1;

2) 不匀系数按 1.1;

3) 捆绳安全系数按 8;

4) 跑绳安全系数按 5;

5) 缆风安全系数按 3.5;

6) 钢材许用抗压强度 $[\sigma] = 1400 \text{kg/cm}^2 (137.2 \text{MPa})$。

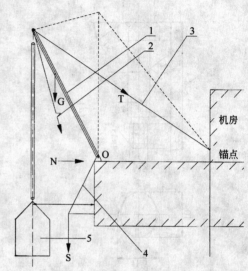

图 7.2.9　屋面上设桅杆吊装主机示意图
1—桅杆;2—缆风;3—变幅绳;4—牵引绳;5—主机

7.3 过 程 控 制

7.3.1 工艺流程

按安装工艺流程图执行,见图 7.3.1。

7.3.2 样板架架设

样板架是根据电梯轿厢、对重、导轨等部件的实际尺寸所制作的放样样板,必须结构牢固,尺寸准确。样板架可选用不易变形并经烘干处理的木料制成,也可用经过校直的角钢制作。在制作完的样板架上用文字清晰地标出轿厢导轨中心线、对重导轨中心线、轿厢中心线、门中心线、层门和轿门的净宽等,各线位置尺寸偏差应不大于 ±0.15mm,样板架水平度应不大于 3mm。

7.3.3 导轨安装

7.3.3.1 质量控制要点

1. 导轨架安装牢固,位置正确;焊接时,应双面焊接,焊缝饱满;

2. 注意两导轨的相互偏差;

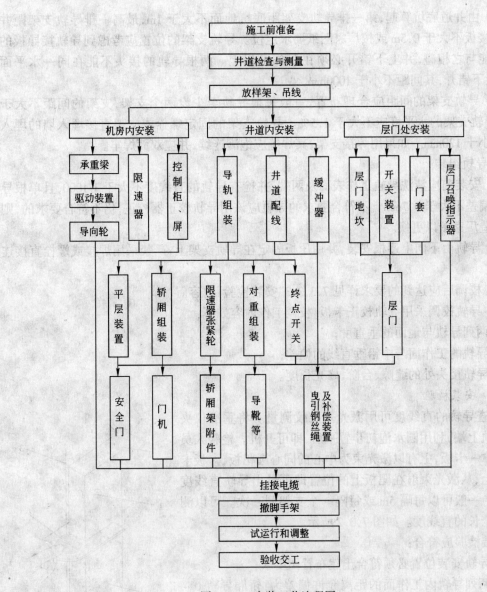

图 7.3.1　安装工艺流程图

3．曳引驱动电梯导轨越程长度要高出轿厢和对重可能达到最高点以上不少于 0.1 + $0.035V^2$(m)处；

4．液压电梯轿厢在顶层时,导轨越程长度要高出不小于油缸行程余量的引起轿厢向上距离与 150mm 之和;在底层时,底层导轨长度应能保证轿厢压实缓冲器后,导靴或滚轮不脱离导轨。

5．注意导轨安装垂直度和接头。

7.3.3.2　安装工艺

1．导轨支架安装

导轨支架与井道墙的固定方法可按现场情况选用对穿螺栓固定法、预埋螺栓或直接埋设固定法、预埋钢板焊接固定法和膨胀螺栓固定法。

(1) 由井道底坑算起,第一排导轨支架距底坑地面不大于 1m,最高一排导轨支架距井道顶部楼板不大于 0.5m 或按厂家图纸要求定位。导轨支架的位置应考虑到导轨接导板的位置不能与之相碰,并上下错开必须在 200mm 以上。两根导轨的接头不能在同一水平面上,应上下错开,其间距不小于 1000mm。

(2) 导轨支架的间距应合理布置,一般每根导轨至少设两个支架,支架的间距不大于 2.5m,导轨支架的水平度应不大于 1.5‰。导轨支架的固定螺栓或支架直接埋入墙的埋入深度不小于 120mm。如果用焊接支架,其焊缝应饱满连续,并应双面焊牢。

2. 导轨组装

(1) 安装前应清洗导轨工作表面及两端,并检查导轨的直线度不大于 1/1000,且单根导轨全长偏差不大于 0.7mm。不符合要求的导轨应该用导轨校正器校正,仍不符合要求的,则要求制造厂家予以更换。

(2) 导轨由下向上逐根安装,并用压板固定在导轨支架上,严禁采用焊接或螺栓直接连接。

(3) 校调后应达到的要求详见 7.3.3.3"安装检验"内容。

(4) 导轨校调采用导轨校正卡板,校调工作内容如下:

1) 两列导轨与地面的垂直度;

2) 导轨的工作面与中铅垂直线的偏差;

3) 导轨接头处的缝隙、台阶、修光长度。

7.3.3.3 安装检验

检查导轨的直线度可用激光垂准仪测量。将垂准仪夹持在导轨上端,利用圆水泡初步置平后,即可开机。检验人员在轿顶拿一卡板,上有以激光束为中心的同心圆靶板,卡板卡在导轨上,从激光束射在靶板上的位置即可量出导轨直线度的偏差。一般可以每隔 5m 或每隔一个支架测一次。可以测出导轨全长的直线度。如图 7.3.2 所示。

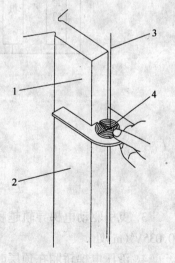

图 7.3.2 激光测导轨直线度
1—导轨;2—卡板;3—激光束;
4—同心圆靶板

安装检验应符合:

1. 导轨安装位置必须符合土建布置图要求;

2. 两列导轨内工作面的距离允许偏差为:轿厢导轨 0 ~ +1mm,对重导轨 0 ~ +2mm;

3. 导轨接头处台阶修光长度为 300mm,修光后的台阶不大于 0.02mm;

4. 轿厢导轨的工作面(侧面和顶面)对 5m 铅垂线的相对偏差不大于 0.7mm;

5. 导轨接头处没有连续缝隙,且局部缝隙不大于 0.5mm;

6. 导轨支架在井道壁上的安装应可靠固定,水平度不大于 1.5‰,预埋件符合土建布置图要求。

7.3.4 曳引机及曳引绳安装

7.3.4.1 质量控制要点

1. 驱动主机承重梁需埋入承重墙时,要控制埋入长度和支承长度;

2. 曳引轮、导向轮、反绳轮安装必须牢固,转动灵活,注意控制安装的几何尺寸,水平度及垂直度;当曳引绳采用曳引钢带时,要确保钢带在整个过程都位于反绳轮槽中央;

3. 钢丝绳要擦拭干净,严禁有死弯、松股及断丝现象;

4. 注意曳引钢丝绳绳头制作;

5. 注意各曳引绳张力保持平衡;

6. 制动器工作灵活可靠。

7.3.4.2 安装工艺

1. 承重梁安装

要求在墙内的支承长度要超过墙厚中心 20mm 以上,且不小于 75mm。另一头安设在井道壁或建筑承重梁上。承重梁安装时,两端要垫钢板。在位置和水平度调整好后应用钢板焊接固定,并用水泥浇灌牢固。承重梁的纵向水平偏差应小于 0.5/1000,两梁的相对水平偏差应小于 0.5mm。

2. 曳引机安装

(1) 需在承重梁和曳引机之间设减震装置。减震装置通过螺栓与曳引机连为一体。

(2) 曳引机安装位置的校正:校正前,要先在曳引机上方拉一根水平线,从该水平线上悬挂两根铅垂线,分别对准井道样板架标出的轿厢中心点和对重装置中心点,再按曳引轮的节圆直径,在水平线上再悬挂一根铅垂线。根据轿厢中心铅垂线和曳引轮的节圆直径铅垂线,去调整曳引机的安装位置。

(3) 曳引轮调整:曳引轮的调整,可通过调整电动机与底座间的垫片来实现。曳引机全面校调后,必须把压板和挡板稳固妥当,以防轿厢运行时,引起曳引机窜动。

以上为有机房电梯曳引机安装。

(4) 无机房电梯曳引机安装

无机房电梯曳引机体积较有机房电梯曳引机小,一般固定在井道顶部的侧边。根据不同电梯产品,常见的固定方式有两种,一种是固定在钢梁上,另一种是固定在轨道上。

第一种方式通常随梯带有专用的钢梁组件,并设有专用于吊装曳引机的小型卷扬机。安装时应先将钢梁固定在井道两边井壁上并找平找正,然后安装卷扬机盒和小型卷扬机,再将曳引机连同机架用小型卷扬机起吊至安装位置与钢梁连接及固定。安装过程见图 7.3.3。

第二种方式应先安装并找正导轨,然后拆下将要安装曳引机的最上一节导轨,将曳引机安装在该节导轨上,再一起吊至安装位置并将该节导轨重新安装及固定牢靠,见图 7.3.4。

当井道顶部土建结构上未设置专用吊装梁及预埋吊点时,应在井道壁设置临时吊装用钢梁提供吊点。

3. 曳引绳安装

当轿厢和对重安装完成后,进行曳引绳安装。

(1) 根据电梯的布置方式,曳引比及加工绳头的余量,并结合现场实际测量长度截取曳引绳。曳引绳为钢丝绳时,为了避免截断处绳头松散,应先用铁丝将其扎紧。

(2) 将曳引绳绕过曳引轮悬垂至对重,用夹绳装置把曳引绳固定在曳引轮上,另一端展

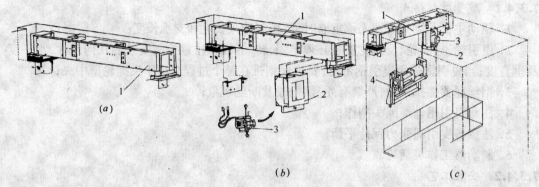

图 7.3.3   无机房电梯曳引机安装(一)
(固定在钢梁上的方式)
(a)曳引机梁定位;(b)安装卷扬机、安装卷扬机盒,然后安装卷扬机;(c)曳引机定位,将曳引机连同
机器底座搬进底坑里,吊起曳引机并与曳引机梁固定
1—曳引机梁;2—卷扬机盒;3—卷扬机;4—曳引机

开悬垂至轿厢。

(3) 根据不同的端接装置(浇灌锥套、自锁楔型绳套、绳夹),使用不同的连接方法。浇灌锥套的连接方法在7.3.5.2的5."悬挂装置安装"中叙述。

(4) 对曳引比为1:1的,分别将绳头端接装置与轿厢上横梁及对重的绳头板联接。对曳引比为2:1的,则两端绳头应分别与机房内的绳头板联接。

(5) 绳头端接装置联接好后,用手动葫芦吊起组装好的轿厢,拆除轿底托架,然后将轿厢缓缓放下,使曳引绳全部受力和张紧。

(6) 调整轿厢和对重侧的绳头螺栓,使各曳引绳张力均衡。

图 7.3.4   无机房电梯曳引机安装(二)
(固定在轿厢导轨上的方式)
1—曳引机;2—轿厢导轨

7.3.4.3   安装检验

1. 注意驱动主机、主机底座与承重梁的安装方式及安装精度。

2. 轿厢空载时,曳引轮垂直度往加载的反方向预偏差不大于0.5mm,曳引轮、导向轮平行度偏差不大于1mm。

3. 制动器动作应灵活,松闸时两侧闸瓦应同步打开,与制动轮间隙不大于0.7mm,对无机房电梯,此间隙应尽量小,以降低制动器动作时的噪声。

4. 钢丝绳头制作应牢固。

5. 电梯能正常运行后,应再次调节曳引绳张力,各曳引绳张力与其平均值偏差不超过5%。

6. 无机房电梯,有的为了降低噪声,采用曳引钢带(复合材料)传动。安装时应保证曳引钢带在反绳轮槽的中央。

7.3.5　门系统及轿厢、对重安装

7.3.5.1　质量控制要点

1. 轿厢组装牢固,轿壁结合处平整,注意控制开门侧轿壁的垂直度;
2. 控制轿厢地坎与各层门地坎间隙;
3. 控制开门刀与各层门地坎以及各层门开门装置的滚轮与轿厢地坎之间的间隙;
4. 层门指示灯盒安装位置正确,其面板与墙面紧贴,横竖端正;
5. 门扇平整,启闭时无摆动、撞击和阻滞现象。中分式门关闭时上、下部同时合拢;
6. 注意层门地坎水平度和门套垂直度;
7. 控制层门地坎需高出地面的高度;
8. 导靴安装要能保证电梯正常运行,如采用滚轮导靴,应保证滚轮对导轨的正确贴合和压力均匀。

7.3.5.2　安装工艺

1. 层门安装

(1) 层门地坎安装:层门地坎埋设前,先按轿厢净开门宽度在每根地坎上做相应的标记,用来校正安装时的左右偏差。从样板架或轿厢上悬放两根与净开门宽度相同的铅垂线,作为地坎安装基准,在层门地坎下面装上开脚,与混凝土牢固地结合。同时在层门地坎两端装立柱的螺孔内拧上螺栓,以免埋地坎时螺孔堵塞,然后将地坎埋设于牛腿上。地坎应高出装修后的楼板地面 2~5mm,并抹成 1/1000~1/50 的过渡斜坡,地坎水平度不大于 1/1000。层门地坎与轿厢地坎间隙尺寸偏差为 0~+2mm。如未做牛腿,可补加钢牛腿。

(2) 层门导轨安装:门导轨一般安装在层门两侧的立柱上,立柱与地坎、井道壁固定。门导轨与层门地坎槽在两端和中间三处距离的偏差均不大于 ±1mm。立柱与导轨调节达到要求后,应将门立柱外侧与井道间的空隙填实,防止受冲击后立柱产生偏差。

(3) 层门门扇安装:首先将门滑轮、门导靴等附件与门扇牢固连接,然后将门扇挂在门导轨上。层门装好后应满足如下要求:

1) 层门门扇与门扇之间,门扇与门套,门扇下端与地坎之间的间隙,应为 1~6mm;平行度偏差不大于 2mm;
2) 门刀与层门地坎的间隙为 5~10mm;
3) 门扇挂架的偏心挡轮与导轨下端面间隙不大于 0.5mm;
4) 门滚轮及其相对运动部件,在门扇运动时应无卡阻现象。

(4) 层门锁的安装:为确保安全,层门装好后,应立即安装门锁。层门门锁和机电联锁机构的位置,由轿门的门刀顶面沿井道悬挂一根铅垂线决定。门锁安装后应满足如下要求:

1) 层门锁钩、锁挡及动触点应动作灵活,在电气安全装置动作之前,锁紧组件的最小啮合长度为 7mm,锁钩与锁挡的侧向间隙为 2~3mm;
2) 门锁滚轮与轿厢地坎间隙为 5~10mm;
3) 门刀与门锁滚轮之间应有适当的间隙,且两侧间隙要均匀、对称,轿厢运行过程中,门刀不能擦碰门锁滚轮;
4) 如果从动门由间接机械联接,则应安装一个证实从动门闭合的位置电气触点,安装调整后,应保证层门完全闭合后电气触点才开始动作;

5) 强迫关门装置的安装,应满足层门自闭力的要求。图 7.3.5 为层门机构示意图。

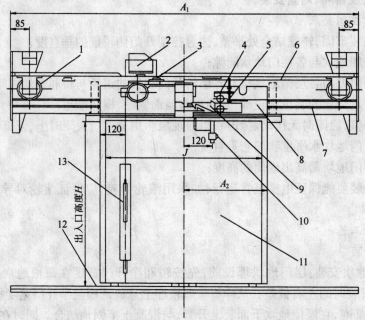

图 7.3.5 层门机构
1—滑轮;2—安全触点;3—钢丝绳连接扣;4—门锁轮;5—钢丝绳连接扣;6—传动钢
丝绳;7—门滑轨;8—门吊板;9—门锁;10—手工开门顶杆;11—层门;12—层门地坎;
13—自动关门重锤

2. 轿门安装

轿门在轿厢安装后进行安装,安装基本与层门类似,其不同之处是:

(1) 轿门的各类机械、电气等保护装置应灵敏可靠。如关门力限制器应调节到在关门行程 1/3 之后,阻止关门的力不超过 150N。

(2) 门刀应正确定位固定。门刀与各层地坎的间隙 5~10mm。

(3) 采用双门刀时,应注意以固定门刀为基准来调节活动门刀的位置,保证开锁的可靠性。

门系统中的门机装置,一般出厂时已组装好,待轿厢整体安装完毕后,将门机装置整体固定于轿顶,然后与门机的传动机构相联接。

3. 轿厢的安装

轿厢的组装一般在上端站进行。组装轿厢前,先要拆除上端站的脚手架。然后在上端站层门口地面与对面井道壁之间,架设两根不小于 200mm×200mm 水平方木或钢梁,一端平压在层门门口上,另一端要插入井壁,并用木料顶挤牢固。这两根水平梁就是组装轿厢的支承架。最后在与轿厢中心对应的机房地板预留孔处,悬挂一台 2~3t 的环链手动葫芦,用来手动吊装轿厢厢底及上、下梁等大型部件。

轿厢和安全钳的组装,可按如下步骤进行:

(1) 铺下梁:将下梁放到支撑架上,使两端的安全钳口与两列导轨的距离一致,并校正水平,水平度不大于 2/1000。

(2) 铺轿厢底:把轿厢底放到下梁上支撑垫好,并校正、校平,水平度不大于 2/1000。

(3) 竖立梁:将轿厢两边的立梁,用螺栓分别与下梁、轿底连接并紧固。立梁在整个高度内的垂直度偏差不大于 1.5mm。

(4) 安装上梁:用手动葫芦吊起上梁,并用螺栓与两边立梁紧固成一体。紧固后的上、下梁和两边的立梁,不应有扭转力矩存在。

(5) 安装安全钳:把安全钳楔块放入上下梁两端的安全钳口内,装上拉杆,使拉杆的下端与楔块连接,上端与上梁的安全钳联动机构相连,并使两楔块和拉杆的提拉高度对称一致。安全钳口底面与导轨正工作面的间隙为 3.5mm,楔块与导轨两侧工作面的间隙为 2~3mm。

(6) 安装、调整导靴:安装上两边的导靴,使两边的导靴垂直后,再调整导靴的调整螺钉,使其符合规定。

(7) 安装端站保护开关碰铁:按工艺要求,在立梁上装好端站开关碰铁,碰铁相对铅垂线的偏差不超过 1mm。

(8) 安装轿厢顶、轿厢壁:将轿厢顶用手动葫芦吊挂在上梁下面,并将每面轿厢壁组装成单扇后,与轿厢顶、轿厢底固定好。

(9) 安装内部设施:在轿厢内装扶手、照明灯、操纵箱、轿内指层灯箱、各种装饰等。

(10) 安装轿门:安装轿厢门的上滑道,并装轿门。若轿门装有安全触板,动作时其碰撞力应不大于 5N。

为了消声防振,在轿顶、轿壁和轿底之间,以及轿顶与立柱间,都垫有消声减振的橡胶垫,见图 7.3.6、图 7.3.7。客梯一般都采用活络轿底或活络轿厢,轿底或整个轿厢安设在底梁的弹性橡胶上,既可起到减振作用,而且称重装置根据橡胶垫的压缩量即可检出轿厢的载荷。

4. 对重安装

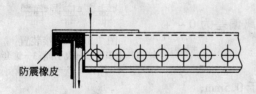

图 7.3.6 轿顶与轿臂之间的防震消音装置

安装对重架时,应先在底坑架设一个由方木构成的木台架,其高度为底坑地面到缓冲越程位置时的距离。然后先拆卸下对重架一侧上下两个导靴,在电梯的第二层左右吊挂一个手动葫芦,用手动葫芦将对重架由下端站口吊入井道底坑内的木台架上,再装上导靴。最后将对重块装入架内。在对重重量调整到设计的平衡系数点后,用压板固紧。

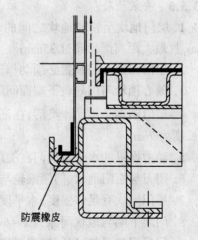

图 7.3.7 轿底与轿臂之间的防震消音装置

5. 悬挂装置安装

轿厢或对重要通过悬挂装置(绳头组合)相连接。常用的连接方法有浇灌锥套法(见图 7.3.8),还有吸收冲击和均衡张力的弹簧和用以调节和紧固的螺帽,见图 7.3.9。在螺杆的

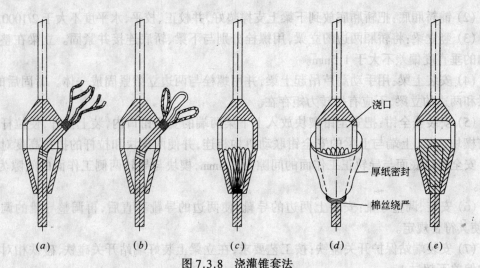

图 7.3.8   浇灌锥套法

(a)松开绳股;(b)弯折钢丝;(c)拉入锥套;(d)浇灌准备;(e)浇灌巴氏合金

端部还插有开口销,以防螺帽脱出。以浇灌锥套法加以说明:首先将钢丝绳穿进清洗干净的锥套,将绳头拆散剪去绳芯洗净油污,将绳股或钢丝绳向绳中心折弯(扎花),折弯长度不少于钢丝绳直径的 2.5 倍。然后将折弯部分紧紧拉入锥套内,再把锥套垂直竖起来。浇灌时要注意锥套应先行烘烤预热以除去可能存在的水分,将熔化的巴氏合金浇入锥套冷却即可。巴氏合金加热的温度要适中,一般为 330 ~ 360℃,浇灌要一次完成,要让熔化的合金充满全部锥套。

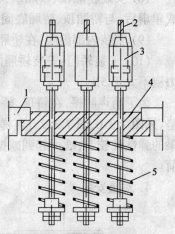

图 7.3.9   端接装置
1—上横梁;2—曳引绳;3—锥套;
4—绳头板;5—绳头弹簧

7.3.5.3   安装检验

1. 层门地坎至轿厢地坎之间的水平距离偏差为 0 ~ + 2mm,且最大距离严禁超过 35mm;

2. 层门强迫关门装置必须动作正常;

3. 偏心挡轮与门导轨下端面间隙不大于 0.5mm;

4. 层门锁钩必须动作灵活,在证实锁紧的电气安全装置动作之前,锁紧元件的最小啮合长度为 7mm;

5. 动力操纵的水平滑动门在关门开始的 1/3 行程之后,阻止关门的力严禁超过 150N;

6. 门刀与层门地坎、门锁滚轮与轿厢地坎间隙应为 5 ~ 10mm;

7. 层门地坎有足够强度,水平度不大于 1/1000,地坎应高出装修地面 2 ~ 5mm;

8. 门扇下端与地坎间隙为 1 ~ 6mm;

9. 门扇安装平整,启闭轻快平稳;

10. 用专用钥匙打开层门时,安全可靠,层门关闭后,任何人不能从外面将层门扒开;

11. 层门外观应平整、光洁,无划伤或碰伤痕迹;

12. 轿厢底盘平面的水平度不大于 2/1000;

13. 轿厢组装必须牢固,轿壁结合处应平整,开门侧轿壁的垂直度偏差不大于 1/1000;

14. 限位器开关碰铁工作性能良好；

15. 悬挂装置连接必须牢固,连接的抗拉强度不得低于钢丝绳破断拉力的80%；

16. 对重块在电梯运行中不能发生窜动,产生噪声。

7.3.6 安全部件安装

7.3.6.1 质量控制要点

1. 各种安全保护开关的固定必须可靠且不得采用焊接；

2. 急停、检修、程序转换等按钮和开关的动作必须灵活；

3. 极限、限位、强迫减速装置的安装正确,功能必须可靠；

4. 轿厢自动门的安全触板必须灵活可靠；

5. 注意井道内的对重装置、轿厢地坎及门滑道的端部与井壁的安全距离,注意曳引绳、运行电缆、补偿链(绳)及其他运动部件在运行中不得与任何部件碰撞或磨擦；

6. 注意限速器、安全钳、缓冲器的安装精度及安装要求。

7.3.6.2 安装工艺

1. 限速装置安装

安装时在限速器轮绳槽中心挂一铅垂线到轿厢横梁处的安全钳拉杆的绳接头中心,再从这里另挂一根铅垂线到底坑中张紧轮绳槽中心,要求上下垂直重合,然后在限速器绳槽的另一侧中心到底坑中的张紧轮槽再拉一线,如果限速器绳轮的直径与张紧轮直径相同,则这根线也是铅垂的。

采用悬臂重锤的张紧装置时,其重锤是整体式的,只要按要求就位即可。限速装置安装好后要进行调校。

2. 安全钳安装

这部分内容已在7.3.5.2轿厢安装中已述及。如在电梯底坑的下方具有人能通行的过道或空间时,则对重也应设有安全钳装置,否则,应将对重缓冲器安装在一直延伸到坚固地面上的实心桩墩上。限速器—安全钳联动系统是电梯的超速(失控)保护装置。如图7.3.10为楔块渐进式安全钳结构图。

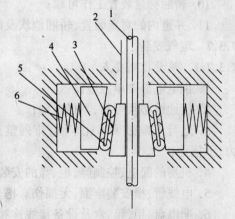

图 7.3.10　楔块渐进式安全钳结构
1—导轨;2—拉杆;3—楔块;4—钳座;
5—滚珠;6—弹簧

3. 缓冲器安装

缓冲器安装在底坑槽钢或底坑地面上。若底坑设有槽钢,缓冲器则通过螺栓把缓冲器固定在底坑的槽钢上；若底坑未设槽钢,则缓冲器安装在混凝土基础上。安装时,把缓冲器按要求位置支撑到要求的高度,校正、校平后,穿好地脚螺栓,再制作基础模板,浇灌混凝土砂浆,把缓冲器固定在混凝土基础上。

4. 其他安全部件的设置

(1) 超越上下端站工作位置的保护装置——包括强迫减速开关、终端限位开关、终端极限开关。

(2) 层门门锁与轿门电气联锁装置——确保门不关闭、电梯不能运行。

(3) 门安全保护装置——层门、轿门设置门光电装置、门电子检测装置、门安全触板等。

(4) 电梯不安全运行防止系统——如轿厢超载装置、限速器断绳保护装置、选层器断带保护装置等。

(5) 不正常状态处理系统——机房曳引机的手动盘车、自备发电机供电、安全窗等。

(6) 供电系统断相、错相保护装置——相序保护继电器等。

(7) 报警装置——轿厢内与消防监控中心联系的警铃、电话对讲等。

7.3.6.3 安装检验

1. 限速器动作速度整定封记必须完好,且无拆动痕迹,动作速度符合铭牌值;限速器轮的垂直度偏差不大于 0.5mm;

2. 限速器张紧装置与其限位开关相对位置安装应正确;

3. 限速器钢丝绳至导轨工作面和侧面两个方向距离的偏差均不大于 10mm;

4. 当安全钳可调节时,整定封记应完好,且无拆动痕迹;

5. 安全钳与导轨的间隙应符合产品设计要求;

6. 液压缓冲器柱塞垂直度不大于 0.5%,充液量正确;

7. 轿厢在两端站平层位置时,轿厢、对重的缓冲器撞板与缓冲器顶面间的距离应符合土建布置图要求。轿厢、对重的缓冲器撞板中心与缓冲器中心的偏差不应大于 20mm;

8. 同一基础上的两个缓冲器顶部与轿底对应距离差不大于 2mm;

9. 强迫减速开关、限位开关、极限开关、液压缓冲器安全开关必须按顺序动作;

10. 轿厢称量装置工作可靠;

11. 井道内的对重装置、轿厢地坎及门滑道的端部与井壁的安全距离严禁小于 20mm。

7.3.7 电气安装

7.3.7.1 质量控制要点

1. 供电电源要单独敷设;

2. 接地线必须可靠,不得遗漏;

3. 运行电缆必须绑扎牢固,排列整齐,无扭曲,敷设长度要保证轿厢在极限位置不受力、不拖地;

4. 机房的配电、控制屏、柜、盘的安装布局合理,横竖端正;

5. 电线管、槽安装牢固,无损伤。槽盖齐全无翘角,与箱、盒及设备连接正确;

6. 配电盘、柜、箱、盒及设备接线连接牢固,接触良好,绝缘包扎紧密、可靠,标志清楚,绑扎整齐;

7. 电气设备和配线的绝缘电阻值符合规范要求。

7.3.7.2 安装工艺

1. 机房电气装置安装

(1) 控制柜安装

控制柜应按机房面积及型式作合理安排,且必须符合维修方便、巡视安全的原则。控制柜的安装位置应符合:

1) 控制柜、屏正面距门、窗不小于 600mm;

2) 控制柜、屏的维修侧距墙不小于 600mm;

3) 控制柜、屏距机械设备不小于 500mm;

4) 控制柜、屏安装后的垂直度应不大于 3/1000,并应有与机房地面固定的措施。

(2) 机房布线

1) 电梯动力与控制线路应分离敷设,从进机房电源起零线和接地线应始终分开。电梯供电应为专用线路,采用三相五线制 TN—S 系统,接地线(PE 保护线)的颜色为黄绿双色绝缘电线。除 36V 及其以下安全电压外的电气设备金属外壳,均应设有易于识别的接地端,并进行可靠接地。接地线应直接接至接地干线上,不得互相串接后再接地。图 7.3.11 为电气部件接地示意图。

2) 线管、线槽的敷设应平直、整齐、牢固,线槽内导线总面积不大于槽净面积的 60%;线管内导线总面积不大于管内净面积的 40%;软管固定间距不大于 1m,端头固定间距不大于 0.1m。

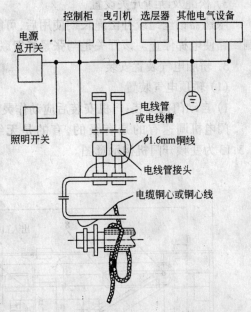

图 7.3.11　电气部件接地示意图

(3) 电源开关设置

电梯的供电电源应由专用开关单独控制供电。每台电梯分设动力开关和单相照明电源开关。控制轿厢电路电源的开关和控制机房、井道和底坑电路电源的开关应分别设置,且具有保护特性。同一机房中有几台电梯时,各台电梯主电源开关应易于识别。

主开关箱应安装于机房进门处便于操作的位置,离地面高度 1.3～1.5m。

2. 井道电气装置安装

(1) 强迫减速开关、限位开关和极限开关的设置是防止电梯运行越程的三道保护开关。

极限开关的安装位置应尽量接近端站,但必须确保与限位开关不联动,而且必须在对重(或轿厢)接触缓冲器之前动作,并在缓冲器被压缩期间保持极限开关的保护作用状态。

防越程保护开关必须保证与之接触的碰板有足够的长度,在轿厢整个越程的范围内都能压住开关,使触点断开,确保控制电路始终不能接通。图 7.3.12 为端站防越程保护开关安装位置图。

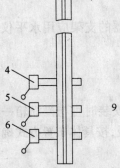

图 7.3.12　端站防越程保护开关安装位置图
1、6—终端极限开关;2—上限位开关;3—上强迫减速开关;4—下强迫减速开关;5—下限位开关;7—导轨;8—井道顶部;9—井道底部

(2) 底坑停止开关及井道照明设备安装

1) 该开关应设非自动复位装置且有红色标记。安装的位置应是检修人员入底坑便于操作的位置。

2) 封闭式井道内应设置永久性照明装置。除井道最高处与最低处 0.5m 内各装一灯外,中间灯距不超过 7m。

3) 松绳及断绳开关设置

限速器钢丝绳或补偿绳长期使用后,可能伸长或断绳,必须设置断绳开关能自动切断控制回路使电梯停止。该开关是与张紧装置联动的。

3. 轿厢电气装置安装

(1) 轿顶电气装置

1) 自动门机安装:门机安装后应动作灵活,运行平稳,门扇运行至端点时应无撞击声。门电机调速有的是有级的,有的是无级的。目前较先进的应为变频调速方式。图7.3.13为变频开门机构示意图。

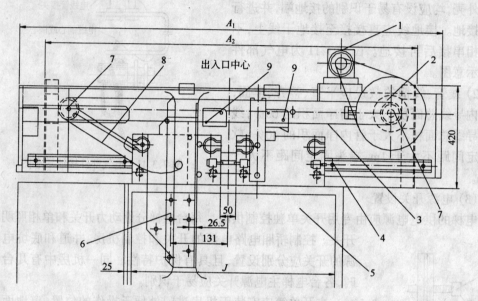

图 7.3.13   变频开门机构
1—变频电机;2—皮带轮;3—防滑同步皮带;4—门导轨;5—轿门门扇;
6—门刀;7—齿轮;8—门刀控制杆;9—安全触电

2) 平层感应装置(井道传感器)

平层感应装置安装应牢固可靠,间隙、间距符合规定要求,感应器的支架应用水平仪校平。永磁感应器安装完后应将封闭磁板取下,否则感应器不起作用。

(2) 轿内电气装置

1) 操纵箱:安装好的板面和壁板的间隙应保持在 0～0.5mm。

2) 信号箱、轿内层楼指示器:信号箱常与操纵箱共享一块面板,安装时可与操纵箱一起完成。轿内层楼指示器有的安装于轿门上方,有的与操纵箱共享面板,按具体布置方式确定安装方法。

3) 照明设备、风扇安装。照明设备、风扇的安装应牢固、可靠。

3. 轿底电气装置

有的电梯在轿底设置照明灯,灯开关的位置应设于易触及的位置。装有活动轿底的,则还有几只微动开关,一般出厂时已安装好,只须按载重量调整其位置。图7.3.14为活动轿厢式超载装置图。轿厢使用荷重传感器的,应按原设计位置固定好,传感器的输出线应联接牢固。图 7.3.15 为荷重传感器称量装置。

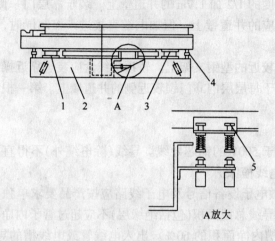

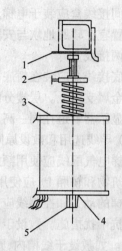

图 7.3.14　活动轿厢式超载装置
1—轿厢底；2—轿底框；3—橡胶块；4—限位螺钉；5—微动开关

图 7.3.15　荷重传感器称重装置
1—压板；2—铁心；3—差动变压器；
4—调至红线；5—铁心

4. 层站电气装置安装

层楼指示器的面板位于门框中心，离楼面高度约为 2350mm，安装后水平度不大于3/1000。

墙面与按钮盒的间隙应在 1.0mm 以内。图 7.3.16 为层楼指示器及按钮盒的安装位置图。

5. 供电及控制线路安装

（1）管路、线槽敷设原则

电梯机房和井道内的电线管、槽盒与轿厢、对重、钢丝绳、软电缆的距离，在机房内不应小于 50mm，井道内不应小于 100mm。井道内严禁使用可燃性材料制成的电线管或电线槽。

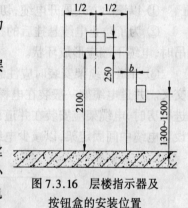

图 7.3.16　层楼指示器及
按钮盒的安装位置

1）电线管：排列时不要重叠，敷设时尽可能走捷径，以减少弯头。当 90°弯头超过三只时应设接线盒，以便于穿电线。对于明管，应排列整齐美观，要求横平竖直，水平和垂直偏差均不大于 2/1000，全长最大偏差不大于 20mm。设立的固定支架，其水平管支承点间距约为 1.5m，竖直和支承间距为 2m。

2）电线槽：安装前应检查槽的平整性，内外应无锈蚀和毛刺。安装后应横平竖直，其水平度和垂直度均不大于 2/1000，线槽之间接口应平直，槽盖应齐全，盖好后无翘曲。数槽并列安装时，槽盖应便于开启。槽的压板螺栓应稳固。

3）软管：安装时应平直，弯曲半径不应小于管子外径的 4 倍。固定点应均匀，间距不大于 1m。其自由端头长度不大于 100mm。在与箱、盒、设备连接处应采用专用接头。安装在轿厢上时应防止振动和摆动。与机械配合的活动部分，其长度应满足机械部分的活动极限，两端应可靠固定。

4）接线盒：

总接线盒可安装于机房或隔音层内，或上端站地坎以上 3.5m 的井道壁上。

中间接线盒应装于电梯正常提升高度的 1/2 加 1.7m 的井道壁上。装于靠层门一侧时，水平位置宜在轿厢地坎与安全钳之间对应的井道壁上。但如电缆直接进入控制屏时，可不设以上两接线盒。

轿底接线盒应装在轿底面向层门侧较近的型钢支架上。轿顶接线盒应装于靠近操纵箱一侧的金属支架上。层楼分线盒应安装于每层层门靠门锁较近侧的井道墙上。第一根线管与层楼显示器管道在同一高度。

（2）导线选用和敷设原则

电梯电气配线应使用额定电压不低于 500V 的铜芯导线。导线（除电缆外）不得直接敷设在建筑物和轿厢上，应使用电线管和电线槽保护。

电梯的动力和控制线应分别敷设，微电子设备信号及电子线路应按产品要求单独敷设或采用抗干扰措施。敷设于电线管内的导线总截面积（包括绝缘层）不应超过管子内净截面的 40%。如敷设于线槽内，则不应超过槽内净面积的 60%。出入电线管或电线槽的导线，应使用专用护口或其他保护措施。导线的两端应有清晰的接线编号或标记。

（3）悬挂电缆的安装

1）圆形电缆的安装

①以滚动方式展开电缆，切勿从卷盘的侧边或从电缆卷中将电缆拉出。

②为了防止电缆悬挂后的扭曲，圆电缆被安装在轿厢侧旁以前必须悬挂数个小时，悬吊时，电缆下端应形成环状。

③井道电缆架安装时应注意避免与限速器钢丝绳、井道的传感器及限位、极限开关等交叉。井道电缆架一般装在电梯正常提升高度的 1/2 加 1～1.5m 的井道壁上。如电缆直接进机房时，电缆架应安装在井道顶部墙壁上，但应在提升高度的 1/2 加 1～1.5m 的井道壁上设置电缆中间固定架，以减少电缆运行中的摆动。电缆悬挂方式见图 7.3.17。

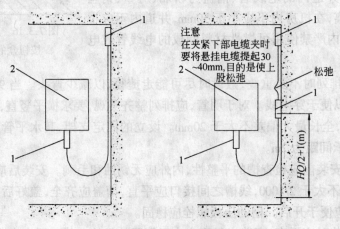

图 7.3.17　电缆悬挂方式
1—电缆架；2—轿厢

④电缆的固定绑扎可参见图 7.3.18、图 7.3.19。绑扎应均匀、牢固、可靠，其绑扎长度为 30～70mm。

⑤当有数条电缆时，要保持电缆的活动间距，并沿高度错开约 30mm。如图 7.3.20 所示。

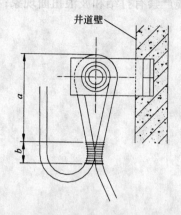

图 7.3.18　井道电缆绑扎示意图
a = 钢管直径 2.5 倍, 且不大于 200mm; b = 30 ~ 70mm

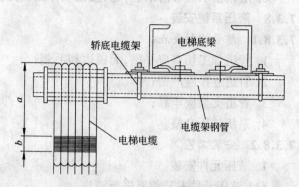

图 7.3.19　轿底电缆绑扎示意图
a = 钢管直径 2.5 倍, 且不大于 200mm; b = 30 ~ 70mm

2) 扁形电缆的安装

① 扁形电缆的固定可采用专用扁电缆楔形夹。

② 扁电缆的其他安装要求与圆电缆相同。安装后的电缆不应有打结和波浪曲扭现象。轿厢外侧的悬垂电缆在其整个长度内均平行于井道壁。

(4) 绝缘与接地要求

电气线路绝缘电阻不小于 0.5MΩ。做此项测量时, 全部电脑和微电子设备组件应脱开, 以免造成不必要的损坏。

所有电梯电气设备的金属外壳均应有易于识别的接地端, 并可靠接地, 其接地电阻值不应大于 4Ω。接地线应用铜芯线, 其截面积应符合有关电气规范要求。

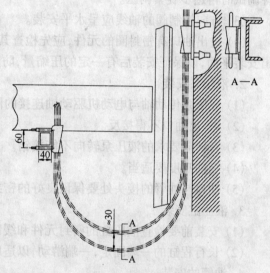

图 7.3.20　电缆间的活动间隙

电线管接头、束结(外接头)和分线盒之间均应用专用接地线卡跨接。

轿厢应有良好接地, 如采用电缆芯线作接地线时, 不得少于两根, 且截面积大于 1.5mm²。

7.3.7.3　安装检验

1. 电气设备接地必须符合下列规定:

(1) 所有电气设备及导管、线槽的外露可导电部分均必须可靠接地(PE);

(2) 接地线应分别直接接到接地干线接线柱上, 不得互相串接后再接地;

(3) 接地线应采用黄绿双色绝缘电线;

2. 电气安全线路绝缘电阻值不小于 0.5MΩ;

3. 主电源开关不能切断轿厢照明和通风、机房和井道照明、电源插座, 以及报警装置的供电电路;

4. 控制屏、柜安装正确, 接线良好;

5. 随行电缆端部固定可靠,长度符合运行要求;电缆严禁有打结和波浪扭曲现象;

6. 层站指示信号清晰、明亮,按钮动作正确无误。

7.3.8 液压系统安装

7.3.8.1 质量控制要点

1. 管道加工切口应平整,无锐边和毛刺;

2. 管道连接应严密;

3. 管道支架应牢靠;

4. 系统试压合格。

7.3.8.2 安装工艺

1. 液压元件安装

(1) 液压元件安装前要进行清洗。

(2) 不要将外形相似的元件,如溢流阀、减压阀等错装。装配时调压弹簧要全部放松,待调试时再逐步旋紧调压。

(3) 方向控制阀的轴线应呈水平安装。

(4) 进出油口有密封圈的元件,应先检查其密封圈是否合乎要求。安装前,密封圈应突出安装平面,以保证安装后有一定的压缩量,防止泄漏。

2. 液压泵安装

(1) 液压泵传动轴与电动机驱动轴连接的同轴度偏差不大于 0.1mm。

(2) 进、出油口不得接反。

(3) 有转向要求的液压泵转向不能接错。

(4) 吸油高度要适当。

(5) 油口与油管的接头处要保证良好的密封。

3. 液压缸安装

(1) 安装前要检查液压缸的密封元件和缓冲装置是否正确配置。

(2) 长行程缸的一端固定,一端游动,以适应温度变化引起的伸缩。

4. 油管的安装

(1) 油管应尽可能短,为了防止振动,须将油管安装在牢固的地方,较细的油管可沿壁布置,长管用管夹支撑或用木材、橡胶衬垫,弯管半径一般应大于油管外径的三倍。

(2) 油管焊接

1) 焊前管子两端应开坡口,坡口角度 37.5°,钝边 1.0 ~ 1.5mm,组对间隙 3.2mm。

2) 焊接前坡口周围 200mm 以内的油污、水迹、铁锈、毛刺等杂质、杂物均应清除干净,并露出金属光泽。

3) 管道对口时应使内壁齐平,错口允许偏差 0.2 倍壁厚,且小于 2mm。

4) 焊缝均应焊透,焊缝表面质量外观成形良好,目视或放大镜检查其焊缝表面不得有裂纹、气孔、焊瘤、咬肉夹渣,未溶合和孤坑等焊接缺陷,焊材与母材应平缓过渡,焊缝质量不小于Ⅲ级焊缝标准。

(3) 油管螺纹连接

1) 管子应采用机械切割,切割面不得有毛边、毛刺,管子螺纹密封面应符合现行国家标准《圆柱体细纹基本牙型和基本尺寸》(GB 7037—87)、《圆柱管细纹公差和配合》(GB 7037—

87)、《管细纹旋入端用普通细纹尺寸系列》(GB 1414—78)的有关规定。

2) 专用连接的密封填料应均匀附着在管道的螺纹部分;拧紧螺纹时,不得将填料挤入管道内;连接后,应将连接处外部清理干净。

3) 接头完成后不得露出超过三圈螺纹,严禁以倒扣的方法调整公差。

(4) 法兰必须在油管的平直部分接合,并且保证法兰盘与油管的轴线垂直。

(5) 管道坐标位置、标高的安装允许偏差为 ±10mm;水平度或垂直度允许偏差为 2‰。

(6) 安装橡胶软管时要防止扭转,并留有一定的松弛量。避免软管承受拉力或接头处受弯曲。软管与管接头的连接要可靠,保证在冲击压力作用下也不会产生拔脱喷油现象。

(7) 各接头处要紧固、密封,吸油管不应漏气,管道及接头不得采用强力对口或加偏心垫、多层垫的调整方法。

(8) 全部管路应分试装和正式安装两次进行。

6. 液压系统的清洗

(1) 清洗用油宜采用工作用油或试车油,不能用煤油、汽油、酒精、蒸汽或其他液体,以防腐蚀。

(2) 清洗时,回油管路上应装过滤器或过滤网。过滤精度不低于 $25\mu m$。

(3) 清洗完毕,使系统在正常运转状态下油路循环 4h。

(4) 清洗完毕后要将回路内的清洗油排除干净,油箱中注入工作用油。

(5) 系统试压在系统调试时进行。

7.3.8.3　安装检验

1. 液压泵驱动轴同轴度偏差不大于 1mm;

2. 管道安装位置、标高允许偏差不大于 10mm,水平度、垂直度不大于 2‰;

3. 油管连接符合要求,支架牢靠;

4. 系统清洗清洁。

7.3.9　整机调试运行

7.3.9.1　质量控制要点

1. 电梯安装完经检查、清洗、润滑合格后,按规范规定检查平衡系数;

2. 电梯能安全启动、运行和停止;

3. 曳引机工作正常;

4. 启动、运行和停止时,轿厢内无较大的震动和冲击,制动器可靠;

5. 运行控制功能达到设计要求;指令、召唤、定向、程序转换、开关、截车、停车、平层等准确无误,专用光信号显示清晰、正确;

6. 减速器油温符合要求;

7. 轿厢空载,以检修速度下降,使安全钳动作,电梯必须能可靠地停止。动作后应能正常恢复;

8. 超载试验安全;

9. 平层准确;

10. 机房及轿厢噪声不大于规范要求。

7.3.9.2　试运行前的检查

1. 井道内和人口处:

(1) 检查缓冲装置是否可靠固定；

(2) 检查液压缓冲器的油量与指定量是否相符；检查液压缓冲器开关的可靠性；

(3) 检查极限开关及其他安全开关的可靠性；

(4) 检查所有楼层门和安全门是否都锁上；

(5) 检查导轨是否清洁；

(6) 检查安全钳；

7) 检查电梯运行路线是否无障碍。

2．轿厢和对重：

(1) 检查对重与轿厢间的间隙是否与指定相符；

(2) 检查电缆接线柱是否接线可靠；

(3) 检查螺母和锁紧螺母是否拧紧以及开口销是否已固好；

(4) 检查轿厢运行中是否有伸出的障碍物；

(5) 检查轿厢安全窗开关的可靠性。

3．机房：

(1) 检查电源引入线及接线是否拧紧；检查相序保护开关、短路、过载保护开关的可靠性；

(2) 检查控制柜内主回路和控制回路的开关、保险丝是否在分断状态；

(3) 检查各部件是否都已良好接地；

(4) 检查曳引机；

(5) 检查限速器及限速绳的张紧开关可靠性；

(6) 按规定的测试要求进行绝缘测试。

7.3.9.3　试运行及调整

试运行时，应由三人进行。机房、轿厢和轿厢顶各一人，由轿厢顶上的人担任指挥。

必须注意，试运行要在慢速检修状态下进行。使电梯上下往复数次，针对下列项目，逐项进行检核和校调：

1．轿门地坎的间隙，层门锁滚轮和门刀及轿门地坎和层门地坎的间隙，检查它们各层是否一致和合乎要求。

2．干簧管平层感应器和换速感应器与轿厢的间隙，隔磁板与传感器凹口底面及两侧的间隙是否符合要求。

3．极限开关、上下端站限位开关等安全设施的动作是否灵活可靠，是否能起到安全保护的作用。

凡经检查不合要求的，应立即予以调整校正。

经慢速试运行和对有关部件进行校调后，即可进行快速试运行和调试。电梯的快速试运行，要根据随机技术文件、电梯技术条件、电梯制造及安装的规范要求，使电梯往复启动、加速、平层、单层和多层运行，到站提前换速，各层站平层停靠，开关门等，全面考核电梯的各项功能。并反复调整电梯在关门启动、加速、换速、平层停靠、开门等过程的可靠性和舒适感。反复调整轿厢在各层站的平层准确度，自动开关门过程中的速度和噪声水平等。通过调整，提高电梯在运行过程中的安全、可靠、舒适等综合技术指标。

7.3.9.4 整机性能试验

电梯经试运行后,还应作如下试验和测试符合要求后,方能交付使用。

1. 平衡系数测定

平衡系数应在 40%～50% 之间,若制造厂提供了该电梯的平衡系数,则以设计值为准。因为平衡系统是设计的一个基础数据,试验时按以下方法进行:

(1) 交流拖动时用"电流法",直流拖动时用"电流——电压"法。

(2) 应使用标准砝码进行检查,若用对重铁或其他重物,则应精确称重,其误差应不大于 ±1%。

(3) 测量时应对电压进行监测,尤其在 25%～75% 负荷时,电压波动不应大于 2%。

(4) 对变压变频拖动的电梯,电流测量应在变频器前端进行。

(5) 检测中尽可能人不要在轿内而在外部操作。

(6) 检测时先利用控制柜中的层站指示或曳引绳是作记号标出对重与轿厢在同一水平时的位置,再在轿厢内按 0%、25%、40%、50%、75%、100%、110% 的载荷,令电梯分别上、下行一次,记下对重与轿厢运行至同一水平时的上行和下行电流值。

(7) 在坐标纸上以载荷作横座标,以电流作竖座标,将上行电流和下行电流分别连成两条电流曲线,曲线交点的横坐标即是该电梯的平衡系数。

2. 空载、半载和满载运行试验

(1) 在轿厢空载、半载、满载三种工况下分别进行。在通电持续率 40% 的情况下,起制动运行 1000 次(一天不少于 8h,每小时 120 次),电梯应运行平稳、制动可靠、无故障,电机、减速箱油温升在允许范围内。

(2) 液压电梯也要在轿厢空载和满载两种工况下分别进行。电梯在底层和顶层之间往返逐层运行各 4h,应保证启动、停靠和平层正常,运行平稳无故障。

3. 超载运行试验

(1) 在电梯装有 110% 的额定载重量,通电持续率 40% 的情况下,全程范围连续运行,起制动 30 次,电梯应可靠启动、运行和停层。

(2) 液压电梯装 110% 的额定载荷,在底层与顶层之间往复运行 30min,电梯各部件工作正常,电梯应可靠启动、运行和停层。

4. 曳引试验

(1) 轿厢在行程上部范围空载上行及行程下部范围载有 125% 额定载重量下行,分别停层三次以上,轿厢必须可靠地制停。

(2) 当对重支承在被其压缩的缓冲器上时,空载轿厢不能被曳引机提升起。

5. 安全钳动作试验

轿厢内先测定轿厢底的左右倾斜度,应不超过 3‰,然后在均匀分布 125% 的额定载荷,用检修速度或平层速度进行试验,安全钳动作时必须有一段制停距离,以保证轿厢的平均减速度符合使用要求。安全钳动作时,轿厢倾斜度不能超过原正常位置的 5%。

6. 油压缓冲器动作试验

轿厢以额定载重量和检修速度点动下行,将轿厢缓冲器完全压缩,再将轿厢提起,从轿厢离开缓冲器瞬间起开始记时,缓冲器柱塞复位时间不大于 120s。试验对重缓冲器时,则轿厢空载,检修速度点动上行,直至对重将缓冲器完全压缩,步骤和要求同上。

7. 静载试验

液压电梯应做静载试验。轿厢在底层站平层,均匀加入 200% 的额定载荷,保持 5min,各构件应无损坏和永久变形,液压装置无渗漏,轿厢无不正常沉降。

8. 沉降试验

液压电梯应做沉降试验。载有额定载重量的轿厢停靠在最高层站时,停梯 10min,沉降量不应大于 10mm。

9. 电梯运行速度测试

供电电源在额定电压、额定频率下,轿厢半载直驶下行至井道中段时在机房测量,测出的电梯实际运行速度不大于额定值的 105%,不小于额定值的 92%。

10. 起、制动加速度和振动加速度测试

(1) 电梯起、制动加速度检测:要求最大值不大于 1.5m/s^2;其最小值为:当电梯额定速度为 1m/s < V ≤ 2m/s 时,平均加减速度不小于 0.48m/s^2;当电梯额定速度为 2m/s < V ≤ 2.5m/s 时,平均加减速度不小于 0.65m/s^2。

(2) 电梯运行中垂直振动加速度(峰值)不大于 0.25m/s^2,水平振动加速度(峰值)不大于 0.15m/s^2。

11. 噪声测量

电梯的噪声测试包括机房噪声测试、轿厢噪声测试和开关门噪声测试。

(1) 机房噪声测试时,电梯用正常运行速度运行,声级计距地面高 1.5m,距声源 1m 处进行测试,从不同方位取测试点 3 个,结果取平均,该值应不大于 80dB(A)。

(2) 运行中的轿厢噪声测试时,应关闭轿厢内风机,声级计置于轿厢中央距轿厢地面高 1.5m,取最大值,该值应不大于 55dB(A)。

(3) 开关门噪声测试时,声级计分别置于层门和轿厢门宽度的中央,距门 0.24m,距地面 1.5m,取最大值,该值应不大于 65dB(A)。

要注意测量的结果如果与背景噪声相比小于 10dB(A) 时,说明背景噪声对测量结果影响较大,应对测量结果进行修正。

12. 平层准确度测定

交直流调速客梯的平层准确度应在 ±5mm 以内。

(1) 分空载和额定负载两种工况下分别进行试验;

(2) 电梯额定速度不大于 1m/s 时,轿厢由底层站向上逐层停靠和从上端站向下逐层停靠,测量每次的平层误差;

(3) 电梯额定速度大于 1m/s 时,轿厢以达到额定速度的最小间隔层站为停层间距,从底层向上和从上端站向下运行,按停站间距停站,测量平层误差。

7.3.9.5 液压系统的调试

1. 调试目的

(1) 调整液压系统各个动作的各项参数,使压力、速度、行程的始点和终点、各动作的时间和整个工作循环的总时间等都达到设计要求的技术指标。

(2) 调整液压系统,使工作性能达到稳定可靠。

2. 调试步骤

(1) 空载试运行

1) 液压泵在卸荷状态下检查其卸荷力是否在规定的范围内。

2) 检查油管接头处、元件结合面及密封处有无泄漏。管路油压试验应按规定试验,压力试验合格。

3) 调整各压力控制阀的预定值,保压或延时时间等项目,检查各参数的准确性和稳定性。

4) 限速切断阀的在额定工作压力的 1.5 倍情况下,保持 5min,应无泄露;溢流阀在系统压力与满载压力的 140% ~ 170% 时动作。

5) 检查各执行元件是否按预定顺序和工作循环动作,各动作是否协调,运动是否平稳。

6) 空载运行 4h 后,检查温升及各工作部件的精度是否达到要求。

(2) 负载试运行

采用间断加载的方式进行,一般包括轻负载、最大工作负载、超负载试车三个阶段。运行中仔细观察运转状态并综合检查流量、压力、速度、冲击、振动、噪声、平稳性、泄漏、油温等情况。检查液压油温升等保护装置功能正常。

调试完毕后,系统进入正常工作状态,锁紧调整部位,再次紧固各固定件。

7.3.10 整体功能检验

整体功能是电梯的各种功能和安全装置的可靠性,应在前节部件和机构检验合格的基础上进行。由于整体检验很多是带载荷的试验,电梯各结构将受到较大的静载荷和动载荷,所以在试验前应对各结构的连接和紧固进行检查,确保处于完好状态。在带载荷试验中,载荷要准确,应使用标准砝码或经过精确称量的重块。

7.3.10.1 控制功能检验

电梯的功能随控制方式而不同,而且不同品牌的相同控制方式的电梯,功能也不尽相同。所以在功能检验时应根据基本的控制要求和该电梯合同中规定的功能逐一进行检验。

1. 正常运行基本控制功能

(1) 厅外召唤、轿厢内选层以及司机发出的操作指令应正确地传递、登记和执行,电梯应按指令要求准确启动运行和停站。

(2) 轿厢运行的位置、方向应在层站和轿厢内正确显示。

(3) 门的自动操作和手动开关门操作正常。

(4) 开门或未关门时不能运行,电气安全装置动作时轿厢不能运行或停止运行。

(5) 集选电梯在运行中应能"顺向截车",并能响应最近最远端的反向运行指令。

检验方法:逐项试验

2. 检修运行功能

(1) 检修运行应取消轿厢自动运行和门的自动操作,但各安全装置仍有效。

(2) 多个检修运行装置中应保证轿顶优先。

3. 消防功能

(1) 火灾返基站功能。

(2) 消防员操作功能应符合消防电梯关于设置位置、井道、速度和停站的要求。

4. 紧急操作功能

(1) 手动紧急操作,用手动盘车试验。

(2) 电动紧急操作,此时轿厢速度不大于 0.63m/s。

(3) 液压电梯紧急操作,此时轿厢下降最大速度不大于 0.3m/s。

7.3.10.2 基本性能检验

1. 电梯运行速度

(1) 曳引电梯运行速度检验:按 7.3.9.4 中第 9 条执行。

(2) 液压电梯的速度检验:空载上行时与额定速度的偏差不大于 ±8%,满载下行时与额定速度的偏差不大于 ±8%。

2. 乘客电梯起、制动加速度和振动加速度

按 7.3.9.4 中第 10 条执行。

3. 曳引条件

按 7.3.9.4 中第 4 条执行。

4. 平衡系数

按 7.3.9.4 中第 1 条执行。

5. 平层准确度

按 7.3.9.4 中第 12 条执行。

6. 噪声测量

按 7.3.9.4 中第 11 条执行。

7. 液压电梯沉降试验。

按 7.3.9.4 中第 8 条执行。

7.3.10.3 安全装置性能检验

1. 停止装置,任一停止装置动作,轿厢应立即停止运行,轿厢未运行时则不能再启动。

2. 端站防越程保护:

(1) 端站强迫换速;

(2) 限位开关;

(3) 极限开关;

(4) 液压油缸全伸时自身限位。

3. 门与电气安全触点联锁。

4. 限速器

(1) 限速器钢丝绳张力

其动作时限速器绳的最大张力应大于安全钳提拉力的两倍,并不小于 300N。

检验方法:

1) 在轿厢静止的情况下,在轿顶用 300N 的弹簧测力计在限速器绳的绳头处向上拉安全钳联动机构,直到安全钳动作,记录测力计指示的数据。

2) 人为动作限速器后,在轿顶用弹簧测力计在绳头以上的位置将限速器绳向下拉,直到 300N 或上一步骤中测力计数据 2 倍以上时,限速器绳仍未打滑即为合格。

(2) 限速器动作速度

应符合 GB 7588—1995 的要求。

检验方法:用转速表进行测定。

5. 渐进式安全钳

按7.3.9.4中第5条执行。

6. 制动系统

检验方法：

（1）空载轿厢以正常速度下行，突然切断电源或按动停止装置，轿厢应立即制停。

（2）轿厢均匀分布125%载荷，轿内无人时以正常速度下行，突然切断电源，轿厢应能制停，同时测量制停距离，以保证制停的平均减速度不大于$1g$。

7. 缓冲器

（1）蓄能型缓冲器

检验方法：轿厢载以额定重量，在短接下限位和极限开关电路后，以检修状态点动下行，将全部重量压在缓冲器上（曳引绳松弛）。5min后提起轿厢，缓冲器完全复位。

（2）耗能型缓冲器

按7.3.9.4中第6条执行。

8. 超载保护

电梯的超载保护装置是称量装置的一部分，超载保护是电梯的重要安全性能，必须进行单独检验。

检验方法：结合带载荷的试验如曳引试验，制动试验，安全钳试验等在加载至额定重量时，观察有无声响和指示灯警告，且自动和手动关门均应失效，电梯无法启动。

7.3.10.4　载荷运行试验

1. 运行试验

按7.3.9.4中第2条执行。

2. 超载运行试验

按7.3.9.4中第3条执行。

7.4　精　品　案　例

7.4.1　案例一

1. 工程简介

百花公寓4、5号楼由2栋29层塔楼组成，通过地下室相连，总建筑面积约4.6万 m^2。总体工程于1998年12月竣工，1999年被评为省优质样板工程。每栋楼设三部电梯，电梯具体参数如表7.4.1。

表7.4.1

梯　号	型　号	层　站	载重(kg)	速度(m/s)	生产厂家	用　途	控制方式
1	GPS-Ⅲ	28/28	1000	1.75	日本三菱	客　梯	智能群控（AI-2100）
2	GPS-Ⅲ	28/28	1000	1.75	日本三菱	客　梯	
3	GPS-Ⅲ	29/29	1000	1.75	日本三菱	消防梯	

本工程的电梯自交付使用至今，运行平稳舒适、安全可靠，故障率很低，还没有住户投诉记录。这和日本三菱电梯的优良品质、安装单位的精心施工以及物业管理单位的认真管理是密不可分的。

2. 精品点评

导轨安装得好坏直接影响到电梯运行的平稳舒适,甚至安全。本工程的特点就是导轨安装调试得好。施工时克服了以往的一些通病,工艺上采取了一些措施。

安装前,除了清洗导轨接头及工作面外,还对导轨进行了直线度检查、修整,确保了每条导轨直线度偏差小于 1‰。

调试时,除利用放线时的导轨顶面线,再放一条导轨侧面线。从导轨的顶面和侧面两个方向来确保它的垂直度以及两列导轨的平行偏差。

检验时,利用沈阳产 JZC 激光仪,根据测出的标靶上的点绘曲线图,发现整列导轨工作面的缺陷,从整体考虑修正。

导轨的接头处用专用刨刀修整,接头没有连续缝隙,台阶小于 0.1mm。每列导轨相对基准线每 5m 的偏差:主轨 0.5mm,付轨 0.5mm。两列导轨的顶面距离偏差:主轨 +1mm,付轨 +1.5mm。

附图:图 7.4.1~图 7.4.3。

图 7.4.1　百花公寓电梯井道及轨道

7.4.2　案例二

1. 工程简介

怡景花园景庭苑为两栋地上十层、地下一层的高尚住宅,每栋配有日立 NPX 型电梯

(1000kg,1.5m/s)并联电梯 2 台。1998 年 11 月开工,1999 年 1 月安装调试完毕,经验收合格后交付使用。该工程于 2000 年 12 月被评为省优质样板工程。

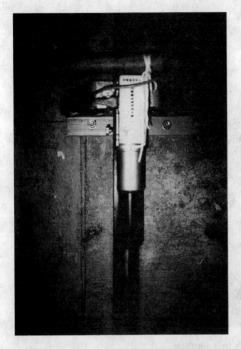 

图 7.4.2　百花公寓电梯轨道检验激光仪　　　图 7.4.3　百花公寓电梯导轨检验激光仪标靶

2. 精品点评

本工程对曳引机的安装作了严格控制,保证了轿厢、对重、曳引绳等其他部件的安装质量,为电梯运行的高质量打好了基础。

承重梁一头安设在井道壁延伸上来的墙内,在墙内的支承长度超过墙中心,达到 120mm,另一头安设在井道壁上。安装时承重梁两端垫钢板,分散对墙体的压力。承重梁的纵向水平度小于 0.5/1000,两梁的相对水平误差小于 0.5mm。在位置和水平度调好后,用钢板焊接固定,并用水泥浇灌牢固。

机架装在承重梁上,中间安设橡胶缓冲垫。利用垫片调整缓冲垫的高差,保证四个缓冲垫的高差小于 0.5mm。

校正曳引机的安装位置,先在曳引机上方拉一根水平线,从该线上悬挂两根铅垂线,分别对准井道样架标出的轿厢和对重的中心点。再按曳引轮的节圆直径挂一根铅垂线,以此三条线调整曳引机和导向轮的径向安装位置。曳引轮的轴向位置通过调整电动机与底座之间的垫片来实现,曳引轮和导向轮对铅垂线的偏差在空载和满载时都小于 2mm,两轮的平行偏差小于 1mm。全面调整后,把压板和挡板稳固妥当。

吊运、安装过程中对设备作了精心保护,没有发生磕碰现象。安装完后,曳引机运转平稳,没有窜动现象,噪声较小,机房噪声实测为 70dB。

附图:图 7.4.4 和图 7.4.5。

7.4.3 案例三

1. 工程概况

图 7.4.4   承重梁一边入墙安装

图 7.4.5   承重梁另一边支墩安装

港逸豪庭是集商业广场与高尚住宅为一体的高层建筑,建筑高度 150 余米,地下 2 层、地上 46 层。建筑面积 9.7 万平方米。楼宇内配置 14 台三菱升降电梯,智能群控。速度 3.0m/s 12 台,1.0m/s 2 台。电梯排列均为相向并列群梯(见后照片)。该电梯工程于 2000 年 7 月开工,同年 10 月完工并通过验收交付使用。电梯乘坐平稳舒适,电梯大堂美观,深受住户好评。

2. 精品点评

(1) 放线架的精心制作

放线架的制作与施放设定基准垂线,是整个电梯安装工程的关键,它关系到电梯安装精度和质量,决定电梯交付使用运行中的乘坐舒适感,同时也影响电梯大堂厅门观感。在制作放线架时,既要考虑同排电梯厅门在同一平面,又要考虑相对电梯在同一轴线。检查时,在首层、顶层和中间任一层的厅门口参照土建提供的基准线进行检查。

制作放线架时,指派有经验、负责任的专业技工制作。施放垂线时要注意查看天气变化,要根据当地气候变化情况,选择微(三级)风以下的最佳时间段施放垂线。垂线一般用0.5mm 的钢丝,线锤 10kg。因为井道烟囱效应很大,线锤不易自然停止摆动。稳定垂线办法是将线锤放入装油的桶中增大阻尼,使线锤减少摆动,保证了放线架的垂线稳定,同时使用激光仪再次复查垂线的垂直度。

为保证导轨及各安装点精度,减少风和其他因素给放线架、垂线带来的不利影响,在中间楼层增设辅助放线架。制作辅助放线架时,按照图纸尺寸,将先加工好的各放线板与设定的各条垂线自然吻合,再固定垂线。从而减少辅助放线架可能出现的折点,把误差值控制到最小。精确的放线架制作,为电梯安装打下良好的基础。

(2) 导轨的吊立和校正

该工程楼层高、梯速快,导轨用的是 T24kg,导轨自重量较大。为了保证导轨的垂直度,不使导轨在校正时,在各驳口(接头)处出现折点,吊立导轨时,先将各列导轨用导轨压板锁紧支架上作为临时调整,同时在两导轨驳口处加垫片预留调整间隙,待调校导轨时松开导轨压板取出驳口处的垫片,使调校的这根导轨处于独立自然无压力状态下校正。

采取上述措施后,导轨安装质量高于了规范标准。每 5m 与安装基准线的偏差:轿厢导轨为 − 0mm ~ + 0.3mm;对重导轨为 − 0mm ~ + 0.6mm。两列导轨顶面间距偏差:轿厢导轨为 − 0mm ~ + 1.0mm;对重导轨为 − 0mm ~ + 2mm。

附图:图 7.4.6 和图 7.4.7。

图 7.4.6 港逸豪庭电梯厅

图 7.4.7　港逸豪庭电梯井道及导轨